站在巨人的肩膀上
Standing on Shoulders of Giants

TURING

图灵教育

iTuring.cn

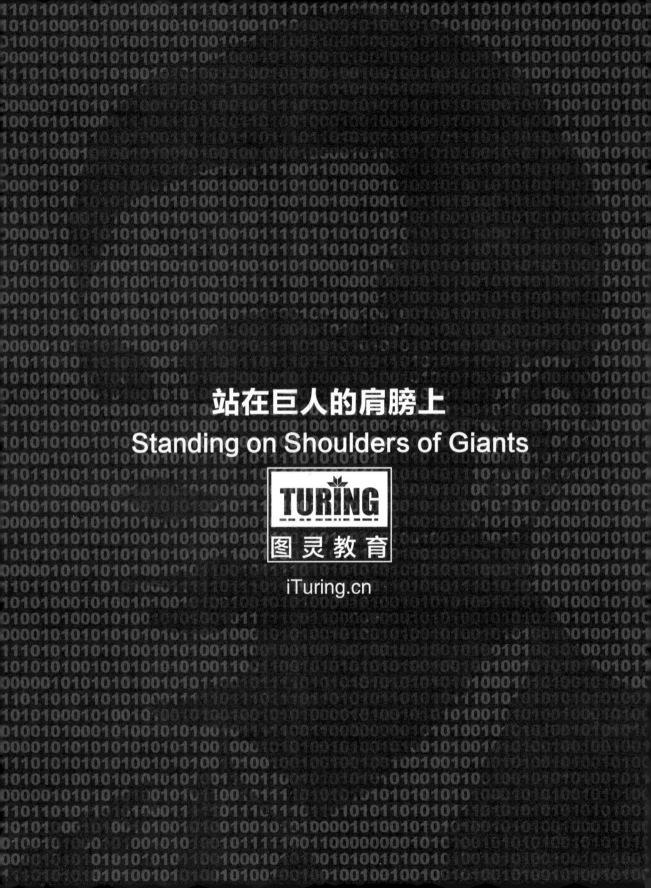

站在巨人的肩膀上

Standing on Shoulders of Giants

TURING

图灵教育

iTuring.cn

TURING 图灵程序设计丛书

Advanced Design and Implementation of Virtual Machines

虚拟机设计与实现
以JVM为例

李晓峰（Xiao-Feng Li）◎著

单业◎译

人 民 邮 电 出 版 社

北 京

图书在版编目（CIP）数据

虚拟机设计与实现：以JVM为例 / 李晓峰著；单业
译. -- 北京：人民邮电出版社，2020.1
（图灵程序设计丛书）
ISBN 978-7-115-52728-8

Ⅰ．①虚… Ⅱ．①李… ②单… Ⅲ．①JAVA语言—程
序设计 Ⅳ．①TP312.8

中国版本图书馆CIP数据核字(2019)第270342号

内 容 提 要

本书从一位虚拟机（VM）架构师的角度，以易于理解、层层深入的方式介绍了各种主题和算法，尤其是不同 VM 通用的主要技术。这些算法用图示充分解释，用便于理解的代码片段实现，使得这些抽象概念对系统软件工程师而言具像化并可编程。书中还包括一些同类文献中较少涉及的主题，例如运行时辅助、栈展开和本地接口。本书集理论性与实践性于一身，不仅结合了高层设计功能与底层实现，而且还结合了高级主题与商业解决方案，是 VM 设计和工程实践方面的理想参考读物。

本书适合对虚拟机感兴趣的软件开发者及研究人员阅读。

◆ 著　　李晓峰
译　　单　业
责任编辑　温　雪
责任印制　周昇亮

◆ 人民邮电出版社出版发行　　北京市丰台区成寿寺路11号
邮编 100164　电子邮件 315@ptpress.com.cn
网址 http://www.ptpress.com.cn
三河市祥达印刷包装有限公司印刷

◆ 开本：800×1000　1/16
印张：23.75
字数：560千字　　　　　　　　2020年1月第1版
印数：1-4 000册　　　　　　　2020年1月河北第1次印刷
著作权合同登记号　图字：01-2019-7211号

定价：129.00元
读者服务热线：(010)51095183转600　印装质量热线：(010)81055316
反盗版热线：(010)81055315
广告经营许可证：京东工商广登字 20170147 号

版 权 声 明

中文版序

亲爱的读者：

你现在看到的这本书讨论的是语言虚拟机的设计与实现技术。虚拟机这个概念的内涵在过去十几年里逐渐发生了变化，从特指实现某个语言的运行时技术，扩大到系统仿真的各类技术，甚至容器技术。其中一个原因是，语言虚拟机已经被广泛应用在各个领域，并与各种系统紧密结合，从而不再新奇和稀有。如果现在的程序员在平时的工作中接触不到某种语言的虚拟机，那倒是比较少见了。尽管如此，语言虚拟机的设计技术对大多数人来说，仍然深不可测。虽然市场上已经有了一些相关图书，网络上的各种文章也层出不穷，但现有的资料要么偏于理论和概念，要么仅限于讨论语言虚拟机的某个局部，很难让学习者对语言虚拟机技术有全面而系统的理解。学习者往往还要通过阅读某个虚拟机的源码来学习相关技术，但因为并不了解其设计决策的来龙去脉，所以在想改进一个虚拟机或者开发自己的虚拟机项目时，仍会感到力不从心。

笔者多年来一直从事虚拟机技术的研究与开发，同时也大量涉猎操作系统、编译器和语言设计的相关技术。由本人及所带领团队开发的各类虚拟机软件和技术已经被应用在数以亿计的服务器、个人计算机、手机和其他智能设备中，一些创新研究成果以学术论文的形式发表在著名的国际会议上。在这个过程中，笔者对虚拟机设计的特点有了较深的理解，经常受邀给一些研究和开发机构做报告或培训，并先后为北京大学和中国科技大学计算机系的研究生讲授过短期课程。笔者的一些博客文章，一度在 Google 搜索相关技术时排名居前，给业界同行带来了有益的启发。在和同行的交流中，笔者也往往会得到一些精彩的反馈，加深了自己对该领域的理解，并在项目中得以实践。这样，经过反复的"研发实践-提炼总结-交流反馈-吸收改进"，笔者对虚拟机的技术逐步形成了一套较为系统的设计方法论。这些心得体会，在现有的技术资料中很难找到较完整的表述，因此一些同事和朋友还是会经常向我咨询相关问题，并建议我能整理成文字，给相关开发人员提供帮助，并填补虚拟机技术文献的空白。这就是我写这本书的初衷。

把多年的知识积累系统地写出来，并做到深入浅出，这不是一件容易的事。由于笔者所从事的工作的特点，业余时间不是在加班，就是在学习充电，并且经常出差，这样的情况下要保障每天写书一小时，而且内容前后保持连贯、环环相扣，是需要极大的毅力的。从动笔开始，前前后后写了近四年才搁笔。当然，写作期间也有不少乐趣，特别是每当自己精心绘制出一幅图，将语言难以表达的意思较好地表达出来时，总会端详片刻，体验一下表达的乐趣。但总体来说，遗憾比快乐更多。这么说的一个重要原因是，尽管用时颇长，但本来计划好的内容还是有很大一部分因种种原因未能写成，只能留待未来去弥补了。好在成书的部分已经相对完整，基本概括了典型的语言虚拟机的所有核心部件的设计。对学习者来说，如果掌握了这些内容，那么对虚拟机技术的理解就已经相当深入了，足以支撑其进入任意一种语言虚拟机的设计开发。不过需要提醒的是，本书对读者的系统软件基础有一定的要求，即了解基本的编译器和操作系统技术。在遇到生疏的术语时，请查阅相关资料。

本书有两个特点：一是比较系统全面，很多内容在其他资料中难以见到，比如异常处理的实现等；二是内容尽量做到深入浅出，既有理论阐述，又有代码示例。笔者尽力将典型虚拟机设计的方方面面都有机地串联在一起，并解释它们的来龙去脉，而不是简单地进行技术堆砌。对每个主题的内容，本书也尽量按照平常的思维模式，循序渐进地讲解。不过请读者注意，本书的重点是虚拟机中特有的技术，如果某种技术在编译器或操作系统中已经有充分的讨论，本书则会略去。读者如果对那些技术感兴趣，应能找到比本书更好的资料。另外，本书内容虽然是虚拟机通用技术为主，但为了避免泛泛而谈，主要以 JVM 设计为例，并兼顾其他虚拟机。还有，近几年来，语言虚拟机设计技术又有了新的发展，比如异步编程，但本书没有涵盖，请读者海涵。读者若有任何对本书内容的批评和建议，请与我联系，不胜荣幸！

最后，感谢我的老朋友、著名编译专家周志德（Fred Chow）欣然为本书作序，同时感谢译者单业和图灵编辑团队对本书的出版所做的重要贡献。在我与图灵出版团队的交往中，我深切感受到他们对图书质量的严格要求和对读者的诚挚与负责。希望本书能为图灵的精品书单增添光彩。

李晓峰

2019 年 11 月 1 日于美国硅谷

序

　　传统上，一个计算系统建立在支持操作系统的硬件平台之上，应用程序在操作系统中以硬件执行的机器指令形式运行。随着编程语言的发展，程序员已经开始感恩动态或托管语言在提升编程效率方面的优势。通过提供更好的安全性和软件可移植性，虚拟机（VM）现已成为更适合软件程序的执行环境。目前最先进的 VM 设计代表了过去几十年的研究及开发活动的成果。这些工作大体上致力于改进 VM 在功能和性能方面的实现。随着时间积累，当前产品级质量的 VM 已经变得非常复杂，并且通常要耗费巨大的精力来实现。即使对经验丰富的软件工程师来说，理解 VM 如何工作也成为了一项挑战。

　　从李晓峰任职于 Intel 公司开始，我和他相识已经超过 15 年了。他带领开发了 Intel 平台上的多个编译器和托管运行时系统。李晓峰是 Apache Harmony 项目中 JVM 的主要贡献者。他还在 Perl、Ruby、JavaScript 以及 Android 相关的 VM 设计方面做了大量的研究工作。李晓峰在 VM 工程和产品方面拥有丰富的经验，这使他对 VM 设计的不同领域都有实质性的见解，而这又让他拥有独特的视角，能够在本书中探讨与 VM 相关的诸多话题。

　　作为研究者和工程师，李晓峰从系统架构师的独特视角撰写了本书。他强调工程实践中应考虑的因素，并关注各种组件之间的交互及合作方式，及其给接口层设计带来的影响。其他关于 VM 的书中通常很少讨论这些细节。本书还提供了详细的图示和代码片段，清晰地阐释了书中的观点。关于 VM 设计与实现的高级主题，本书已经成为了我不可或缺的参考书。我向系统软件开发者，尤其是托管运行时系统的开发者，强烈推荐本书，因为本书能够清晰地解答他们在探索 VM 相关话题时所产生的疑问。

　　李晓峰完成了这部关于 VM 的专著，在 VM 设计和工程实践方面做出了巨大的贡献。

周志德（Fred Chow）

Futurewei Technologies 首席科学家

前　言

本书的主题是为 Java 和 JavaScript 这样的编程语言设计和实现虚拟机。

虚拟机（VM），也称为托管运行时系统，或者托管运行环境。它还有一个更通俗的名字——沙盒技术。自几十年前被发明以来，VM 一直吸引着软件研究人员和开发者的兴趣和关注。这是因为 VM 为软件带来了重要属性，比如安全性、高生产率和可移植性。在当今的计算系统中，VM 已经变得无处不在——从物联网（Internet of Things，IoT）节点到移动电话、个人计算机，再到云平台。

我的许多从事软件相关工作的朋友都乐于学习 VM 的知识。他们经常向我咨询他们在日常工作中使用的 VM 的相关问题。我发现这些问题很多都和 VM 中的常用技术有关，但他们很难从现有的图书和其他文档中找到有用信息。究其原因，这些资料要么主要关注规范和原则，要么是研究论文，过于学术化。当我的朋友 Ruijun He——Taylor & Francis 出版集团的编辑——邀请我撰写 VM 主题的书时，我觉得专门为有兴趣探索 VM 工作机制的软件开发者写本书是一个好主意。

我曾应邀在高校和公司做关于 VM 的讲座。这些讲座笔记逐渐累积，似乎可以成书了。我曾以为把它们整理成书应该很容易，但实际情况是，当我试图用系统化和条理化的方式组织这些材料，并辅之以深刻的理论支持与实用的代码片段时，才发现这是一项艰巨的挑战。

我尽力让本书有别于类似主题的已有文献。因此，我从 VM 架构师的角度来组织内容，尝试用整体方法来设计 VM。本书大部分内容在 2014 年年底前完成。从那之后，我一直关注着业界 VM 的新发展。不过本书并不打算面面俱到地讨论各种 VM 实现，而是专注于不同 VM 通用的那些最重要的技术。我非常乐意根据读者的反馈来改进和调整本书的内容。若对本书有任何评论，可以反馈给本书出版社，或发邮件给本书作者：li@xiaofeng.info。[①]

李晓峰

---

① 本书中文版勘误可以到图灵社区页面（http://www.ituring.com.cn/book/2600）提交。——编者注

关于本书

　　随着运行时引擎的地位越发重要，并在日常计算系统中变得无处不在，软件社区对现代虚拟机设计和实现的详尽解释产生了强烈的需求，包括 Java 虚拟机（JVM）、JavaScript 引擎和 Android 执行引擎。社区希望看到的不止是形式化的算法描述，还有实用的代码片段。社区希望理解的不止是研究课题，还有工程上的解决方案。本书以独特的论述方式，结合了高层设计功能与底层实现，同时也结合了高级主题与商业解决方案，希望以此来满足上述需求。

　　本书采用整体方法来介绍 VM 体系结构的设计，将内容组织为一致的框架，以易于理解、层层深入的方式介绍了各种主题和算法。它关注 VM 设计的关键方面，而这些在其他书中通常是被忽略的，比如运行时辅助、栈展开和本地接口。这些算法用图示充分展示，用便于理解的代码片段实现，使得这些抽象概念对系统软件工程师而言具像化并可编程。

目　录

第一部分

虚拟机基础

第 1 章　虚拟机简介

本章介绍虚拟机的概念。虚拟机已经以各种形式发展了数十年。1995 年，Sun 公司发布了 Java 编程语言以及相应的 Java 虚拟机（JVM），由此虚拟机开始为普通开发者所知。

1.1　虚拟机类型

虚拟机是一个计算系统。计算系统的最终目标是执行预先编程的逻辑。这些逻辑可以以非常底层的形式表达，包含了实际计算机的所有细节；也可以通过脚本或标记语言在很高的层次上表达。从这个角度看，根据抽象层次和模拟范围，可以把虚拟机大致分为如下 4 种类型。

- ❑ 类型 1，**完整指令集架构（ISA）虚拟机**，提供完整的计算机系统 ISA 模拟或虚拟化。客户操作系统和应用程序在这个虚拟机上可以像在实际计算机上那样运行（例如 VirtualBox、QEMU 和 XEN）。
- ❑ 类型 2，**应用程序二进制接口（ABI）虚拟机**，提供客户进程 ABI 模拟。针对这套 ABI 的应用程序，可以在这个进程中与其他本地 ABI 应用程序进程并肩运行［例如安腾处理器上的 Intel IA-32 Execution Layer（IA-32 执行层）、Transmeta 提供 X86 模拟的 Code Morphing，以及 Apple 的用于模拟 PowerPC 的 Rosetta 转译层］。
- ❑ 类型 3，**虚拟 ISA 虚拟机**，提供一个运行时引擎，以便虚拟 ISA 编码的应用程序在其上执行。虚拟 ISA 通常定义了一套高层的、规模有限的 ISA 语义，所以不需要虚拟机模拟完整的计算机系统［例如 Sun Microsystems 的 JVM、Microsoft 的通用语言运行时（Common Language Runtime），以及 Parrot Foundation 的 ParrotVM］。
- ❑ 类型 4，**语言虚拟机**，提供一个运行时引擎来执行以客户语言编写的程序。程序通常以客户语言的源码形式提供给虚拟机，并没有预先完全编译为机器码。运行时引擎需要解释或翻译程序，还要实现一些像内存管理这样的由语言抽象出的功能（例如 Basic、Lisp、Tcl 和 Ruby 的运行时引擎）。

上述几种虚拟机类型的边界并不是完全清晰的。许多虚拟机的设计跨越了边界。例如，某个语言虚拟机可以把程序编译为某种虚拟 ISA，然后在这个虚拟 ISA 的虚拟机上执行，这样就利用了虚拟 ISA 虚拟机技术。即便如此，为虚拟机分类以便于社区交流仍是有意义的。

1

前两种虚拟机类型分别是 ISA 模拟和 ABI 模拟。它们的目标是在主机上运行为非本地 ISA 或 ABI 开发的现有客户操作系统或客户应用程序。它们有时也被称为模拟器。

另外两种虚拟机是语言运行时引擎，其目标是执行以虚拟 ISA 或客户语言形式编写的逻辑。在某些上下文中，虚拟 ISA 也被看作一种特殊的语言；除此之外，这两种语言运行时引擎并没有本质上的区别。

本书的主题是语言运行时引擎。除非特别指出，否则后面章节中的关键词"虚拟机"只表示语言运行时引擎，并且"运行时引擎"和"虚拟机"可以互换使用。使用"运行时引擎"这种表达是因为虚拟机提供的服务多数只在运行时可用。相比之下，在"编译器 + 操作系统"这套传统配置中，应用程序由编译器静态编译之后发布。出于同样的原因，有些人使用"运行时系统"来指代运行时可用的、让软件能够执行的服务。

1.2 为什么需要虚拟机

虚拟机是现代编程不可或缺的技术。虚拟机改善了（计算机）安全性、（编程）效率和（应用程序）可移植性。

对安全语言来说，虚拟机是必要的。这里**安全语言**（safe language）是一个非常宽泛的概念，主要指提供了内存安全、运算安全和控制安全特性的语言。通过安全语言，能尽早安全地捕获程序 bug 或运行错误。

(1) 内存安全确保内存中某种类型的数据总是遵循对这种类型的限制。例如，指针变量永远不会持有非法指针，数组元素永远不会越界。

(2) 运算安全确保对某种类型数据的运算总是遵循对这种类型的限制。例如，指针变量不允许进行任意算术运算。

(3) 控制安全确保代码执行流既不会卡住也不会跑飞（例如跳转到恶意代码段）。控制安全也可以被看作某种特殊的运算安全。

几乎所有的现代编程语言都是安全语言，例如 Java、C#、Java 字节码、Microsoft 中间语言（Microsoft Intermediate Language）以及 JavaScript，尽管它们各自的安全程度有所不同。

要支持安全语言，虚拟机往往是必要的，因为安全语言本身并不能满足所有的安全需求。例如，程序不应该直接分配一块没有类型的内存。它需要虚拟机来为它提供带类型的内存，例如某种类型的对象。如果没有虚拟机，那么安全语言必须引入非安全的操作支持，比如 Rust 语言。

虚拟机为安全语言的代码和数据提供"托管"。因此，这些代码和数据有时被称为"托管代码"和"托管数据"。相应地，虚拟机有时也被称为"托管运行时""托管系统"或者"托管执行环境"。

因为用安全语言编写的程序更加难以被恶意代码攻击，所以在安全沙盒技术中有时会利用虚拟机。Google Chrome NaCl 技术就是一个例子。

因为安全语言能够在编译时或运行时尽早安全地捕获程序中的 bug，所以显著提高了开发者的生产率。

虚拟机对可移植性的改善是指，虚拟 ISA 或者客户语言并没有绑定到任何特定的本地 ISA 或 ABI 定义上。虚拟 ISA 中的应用程序可以在任意部署了相应虚拟机的系统上运行。可移植性的另一个方面是，很多用其他编程语言编写的应用程序也可以选择编译到这个虚拟 ISA 或客户语言，而不是直接编译到本地机器码，因为这样就可以从虚拟机的各种特性中获益，例如可移植性、高性能和安全性。

虚拟机也可以支持非安全语言，但这只是一种扩展，而不是最初的设计意图。非安全语言用于辅助安全语言访问底层资源，或者重用以非安全语言编写的遗留代码。

1.3 虚拟机示例

虚拟机作为客户语言的运行时引擎，可以根据其执行引擎的实现分为几类。执行引擎是表达应用程序的操作语义的组件。有两种基本的执行引擎，分别是解释和编译。

通过解释，通常不会从应用程序代码生成机器码。根据客户语言的语法规范，应用程序代码被解释器语法分析为可表达程序语义的某种内部表示，然后执行引擎通过跟踪实现内部表示的操作语义来操纵程序状态（也就是对代码的执行）。

通过编译，应用程序代码也会被解释器进行语法分析，不过之后会根据操作语义将其翻译为机器码。然后，主机会执行这些机器码，以此操纵应用程序状态。

这两种虚拟机之间并没有严格的界限。基于解释器的虚拟机把客户语言代码编译为另一种客户语言代码，然后加以解释，这是很常见的。在编译器领域，"另一种客户语言"的代码通常称为"中间表示"（intermediate presentation，IR）。虚拟机先解释执行一段应用程序代码，然后再编译执行一段应用程序代码，这也是很常见的。

虚拟机可以用软件实现，也可以用硬件实现，还可以结合二者实现。有些硬件被设计为直接执行虚拟 ISA 指令，这就不再是虚拟机了，因为虚拟 ISA 已经不再是虚拟的。但习惯上还是称其为虚拟机，只是用硬件实现而已。

既然几乎所有现代语言都依赖于虚拟机，那么每个终端用户的系统中有一两个必不可少的虚拟机也就不足为奇了。下面给出几个示例。

1.3.1 JavaScript 引擎

最常用的虚拟机可能就是 Web 浏览器中的 JavaScript 引擎。例如，Google Chrome 的 V8 JavaScript 引擎、Mozilla Firefox 的 SpiderMonkey、Apple Safari 的 JavaScriptCore，以及 Microsoft IE 的 Chakra。它们都是独立开发的，并采用了不同的技术来加速 JavaScript 代码执行。

1

最早出现的 JavaScript 引擎名为 SpiderMonkey。Firefox 将其从纯粹的基于解释的虚拟机逐步演化为基于编译的引擎，这其中经历了一系列项目，例如 TraceMonkey、JägerMonkey 和 IonMonkey。SpiderMonkey 在 2015 年的版本把 JavaScript 代码翻译为字节码形式的 IR，然后调用 IonMonkey 把字节码编译为机器码。从内部来看，IonMonkey 是传统的静态编译器，通过静态单赋值（static single assignment，SSA）表示来构造控制流图（control flow graph，CFG），从而使得高级优化成为可能。

1.3.2　Perl 引擎

另一类广泛使用的虚拟机是传统脚本语言虚拟机，例如 UNIX shell、Windows PowerShell、Perl、Python 和 Ruby。它们被称为脚本语言，是因为它们通常都以"编写，执行"这样的交互方式使用，开发周期很短。交互执行意味着程序执行一行代码，然后等待程序员输入下一行代码来执行。脚本语言也常用于批量执行或自动执行一系列任务。

要支持任务的批量执行，相比于编写单个执行任务的语言，脚本语言在语言设计方面要更加高级。在编程语言领域，它们通常被归类为"高级"或"非常高级"的语言；也就是说，它们是安全语言，并且易于编写特定领域的任务。正如前文所述，安全语言需要虚拟机来提供安全需求和底层支持。交互模式支持通常意味着虚拟机具有基于解释的执行引擎。

由于在 Web 通用网关接口编程方面的广泛应用，Perl 是 20 世纪 90 年代后期最流行的脚本语言之一。Perl 虚拟机就是一个解释器。它有两个阶段：第一阶段把 Perl 程序翻译为一系列操作码（称为 op code 或者字节码），然后第二阶段一步步遍历 op code 序列来执行它们。对于每个 op code，调用一个相应的函数（称为 pp code）来实现其语义。在两个阶段之间会执行一些优化来缩短 op code 序列，或者把某些序列替换为更快的表达形式。

现在 Perl 语言分裂为两个变体，Perl 5 和 Perl 6，这是因为这两种分离的语言规范之间并不兼容，尽管多数特性还是共享的。Perl 5 是传统 Perl 的自然演进，而 Perl 6 实际上已经是全新的设计。目前有一些可用的 Perl 6 实现，但其中没有 100% 完整的。Rakudo Perl 和 ParrotVM 是其中的代表。Rakudo 把 Perl 程序翻译为一种 ParrotVM 定义的字节码，然后 ParrotVM 执行这些字节码序列。由于 Perl 6 社区试图用 Perl 6（的某个子集）本身开发编译器（Rakudo），所以涉及自举（bootstrapping）的问题，因此实际的设计会更复杂一些。

1.3.3　Android Java VM

Google Android 是一种用于智能设备的操作系统。Android 应用程序的主要编程语言是 Java 的一种变体。Java 程序被编译为 JVM 字节码，然后翻译为另一种形式的字节码，称为 dex。Android 应用程序以打包 dex 字节码的形式发布，一同发布的还有其他形式的代码和资源。

智能设备执行 Android 应用程序的时候，需要虚拟机来执行 dex 代码。在 Kitkat 版本之前的 Android 版本中，虚拟机名为 Dalvik，它有一个解释器以及一个即时（just-in-time）编译器。（实际上解释器包含一个可移植版本和一个快速版本。）Dalvik 用解释器开始执行 dex 代码，并维护一个计数器来记录同一 dex 代码片段的执行次数。一旦确信某段 dex 代码足够热（即频繁使用），Dalvik 就会调用编译器把这段代码编译为机器码，然后下次就可以直接执行机器码以提高性能。

从 Kitkat 版本开始，Android 引入了一个名为 ART（Android Runtime）的新虚拟机。ART 在应用程序安装到设备上时就把 dex 代码编译为机器码，而不是像 Dalvik 那样在应用程序执行时编译。编译后的代码缓存在持久存储中。这种方法称为预编译（或 AOT 编译，AOT 即 ahead-of-time 的缩写）。应用程序执行时，ART 运行时引擎直接调用预先编译的代码，而无须解释或即时编译。这样应用程序启动过程就会更快。ART 用更长的安装时间换得了更快的应用程序启动。这是合理的，因为应用程序只安装一次，但通常会运行多次。而且由于安装包需要从网络下载，安装时间较长也是可以接受的，而启动时间则是用户与设备交互过程中至关重要的一点。

1.3.4 Apache Harmony

Apache Harmony 是由 Apache 软件基金会和社区贡献者开发的一个开源 Java 实现。它包括一个名为动态运行时层虚拟机（Dynamic Runtime Layer Virtual Machine，DRLVM）的 JVM 实现，这个实现对 Java SE 6 类库的完成度超过 97%，还包括一组工具和文档。

Google Android 采用了 Apache Harmony 实现的一个子集作为其 Java 核心库，现在已经安装在 10 亿多台设备上。Apache Harmony 项目本身已在 2011 年终止，但在 Apache 网站上仍然可以获得其代码库。2015 年，Google Android 不再采用 Apache Harmony 的类库，转用 OpenJDK。

实现完整的 Java 平台，特别是那些大量的类库，需要巨大的工作量，而实现一个 JVM 则相对容易一些。据我所知，已经有几十个声明对外发布的 JVM 实现，但独立的 Java 类库实现只有 3 个：OpenJDK、GNU Classpath 和 Apache Harmony。目前 OpenJDK 库实现可能是唯一仍在活跃维护中的 Java 类库。

尽管 JVM 不同实现的代码可能完全不同，但采用的技术却是类似的，这是因为包含学术界和工业界在内的社区一直在保持着积极的交流。

第 2 章　虚拟机内部组成

一个完整的语言实现通常至少包括 3 个主要部分：虚拟机、语言库和工具集。

除非是非常底层且非常原始的语言，比如针对某个特定处理器的汇编语言，否则一个常用语言的实现通常会把这个语言的核心库作为虚拟机的一部分包含进去。有时候这个虚拟机不得不硬编码一些只能用于关联库的逻辑。例如，Java 虚拟机（JVM）不能没有库程序包 java.lang，这是因为有些核心数据结构——比如 Java 对象和 Java 类——依赖于程序包 java.lang.Object 以及 java.lang.Class 中的定义。

为了能用某个语言开发程序，通常需要针对这个语言的工具集与虚拟机合作，以支持调试、性能分析（profiling）、打包，等等。

库与工具集设计要考虑的因素不同于虚拟机设计，所需的专业知识也大相径庭。本书只讨论虚拟机设计。

2.1　虚拟机核心组件

同一语言的不同虚拟机实现可能在所有方面都大不相同，但必须遵循并支持同一个语言标准。因此，通常每个实现都必须包含一系列功能类似的核心组件。

根据虚拟机的共同特征，一个实现必须有把应用程序代码加载到内存中，并把符号解析到内部地址的组件（加载器与动态链接器）；有执行程序操作的组件（执行引擎）；管理各种计算资源，包括内存（内存管理器）和处理器（线程调度器）；为该语言不能直接访问的外部资源提供某种访问方式（语言扩展或者本地接口）。

2.1.1　加载器与动态链接器

加载器的功能是把应用程序包加载到内存中，将其解析为数据结构，可能还要加载应用程序所需的额外资源。内存中的数据结构具有语义含义，比如代码或数据。有时加载时会生成反射数据或元数据，帮助虚拟机理解应用程序。

动态链接器试图把所有被引用的符号解析到可访问的内存地址。如果有更多作为符号被引用的数据和代码还没有被加载的话，它可能会触发加载器加载这些数据和代码。

加载器和动态链接器有时候是不可分离的，并在同一个组件中实现。有些系统中它们合称为加载器，而在另一些系统中被称为动态链接器。

注意，虚拟机通常并不包括链接器。传统上链接器是指把编译器生成的多个目标文件（object file）链接为单独的集成应用程序包的组件。它是一个编译时组件，而动态链接器是一个运行时组件，在应用程序将要被执行的时候使用。澄清这一点之后，本书后文中的术语"链接器"特指动态链接器。

出于安全的考虑，加载器可能会检查被加载应用程序的数据及代码完整性。在某些虚拟机设计中，这个检查操作可能被推迟，由执行引擎处理。

2.1.2   执行引擎

应用程序一旦加载和链接之后，就可以由执行引擎来执行了。执行引擎是执行程序代码指定操作的组件，也是虚拟机的核心组件。这是显然的，因为应用程序存在的目的就是执行。

前文已经讨论过，执行引擎可实现为解释器或编译器，也可以灵活地实现为二者的混合。它也是决定虚拟机实现类型的主要因素。这一点将在第 4 章深入讨论。

2.1.3   内存管理器

虚拟机通常有一个名为内存管理器的组件来管理它的数据（以及保存数据的内存）。根据数据对应用程序是否可见，虚拟机所需的数据大体上可以分为两类。

- 虚拟机数据：虚拟机需要内存来加载应用程序代码，并持有支持数据。这一类数据对应用程序是不可见的，而又是应用程序执行所必需的。
- 应用程序数据：应用程序需要存储它的静态数据和动态数据。这一类数据对应用程序是可见的。动态数据存储在应用程序的堆中。注意，栈上数据在编译时分配，并不由内存管理器管理。

内存管理器通常只管理应用程序数据，虚拟机数据则留给内部管理或者底层系统。在实际的虚拟机实现中，内存管理主要管理应用程序动态数据，也就是应用程序堆的内存。这是设计复杂度与收益的权衡，因为应用程序堆数据是虚拟机执行实例所有数据中最活跃、最动态的部分，关注堆数据就可以很大程度上解决虚拟机的大部分内存问题。其余数据的管理则主要留给底层系统。

根据设计的不同，内存管理器也可能选择把管理任务委托给底层系统，例如通过调用 malloc() 和 free() 函数。不管是哪种情况，对虚拟机而言，内存管理器组件总是必要且正当的。

□ **必要性**：正如前文提到的，安全语言不允许应用程序直接操纵内存。应用程序代码访问的任何数据都不能是原始内存，比如通过 malloc() 分配的那样。它们必须关联到某个元数据或者管理信息，以指明数据类型、大小、允许的操作，等等。元数据是语言相关的，底层系统无法提供元数据。在应用程序可见层次与底层系统所能提供的层次之间，需要内存管理器充当中间层。

□ **正当性**：安全语言应用程序通常不会显式释放为其数据分配的内存。应用程序可能会给出数据生存期的提示，但要依赖虚拟机来执行清除。尽管底层系统可能会提供某种层次的内存回收支持，但仍需要虚拟机来直接管理应用程序数据（以及关联内存），因为只有虚拟机准确地了解应用程序的数据类型和生命周期。如果内存管理器不去辅助回收已经无用的数据，虚拟机可能仍然能够正确运行，但是资源使用和性能会受到影响。

在操作系统中，传统的内存管理器关注内存分配，依赖应用程序来显式释放内存，或者等待应用程序退出，以回收所有进程内存。与之相对的是，虚拟机中的内存管理器关注内存回收。为了高效回收内存，内存管理器也需要处理内存分配。因为内存回收是内存管理器自动为应用程序执行的，所以社区通常称其为"自动内存管理器"，或者更常用的"垃圾回收器"。

2.1.4 线程调度器

当系统不想把所有操作都放到单个序列中时，多线程化使得系统能拥有多个控制流。多线程化有时也简称为"线程化"，这不会引起任何混淆。

有些语言有内建的线程特性，有些则没有。但是几乎所有重要编程语言的虚拟机都具有某种形式的线程支持，即使这个语言本身并没有提供内建支持。这是因为线程是提供多任务、并行化和事件协调的一个简单方法。线程化并不是实现多任务的唯一方法，但它是冯·诺伊曼结构计算机上最常用的方法。和其他系统中一样，实现线程的虚拟机组件称为线程调度器，因为它的主要功能就是调度任务执行。

垃圾回收器辅助执行引擎利用内存资源，而线程调度器辅助利用处理器资源。在目前的冯·诺伊曼计算机模型体系结构中，这两者总是并存的。

2.1.5 语言扩展

由于安全性的需求，安全语言或高级语言需要依赖虚拟机来访问底层资源。有两种相辅相成的方法来提供这类功能。

1. 运行时服务

内存管理器是一个把应用程序连接到底层内存资源的例子。程序代码只需要通过封装良好的应用程序接口（API）来声明一个新的类或者创建一个新的对象即可。它对内存一无所知，不管是虚拟内存还是物理内存。然后虚拟机的运行时服务实现所有的支持，这些支持对应用程序而言是透明的。其他的运行时服务的例子包括性能分析（profiling）、调试、异常/信号处理和互操作性。

有时候，运行时服务可以通过客户端/服务器架构实现。服务提供者不需要与应用程序处于同一个进程中，甚至不需要与之处于同一个机器中。

运行时服务可以以多种形式提供给应用程序，比如 API、运行时对象和环境变量。举例来说，JavaScript 大量使用文档对象模型对象来访问不能直接通过 JavaScript 访问的网页内容。

2. 语言扩展

运行时服务可能不够灵活，并且通常局限于语言规范及其执行模型所定义的特定功能。与之相对的是，语言扩展能够为语言提供当前语言规范和执行模型之外的功能。在编程语言社区中，有时候它也被称为"外部功能接口"（foreign function interface，FFI）。

根据设计的不同，一个语言可以用多种方式访问以另一种语言（也就是外部语言）编写的代码。例如，在某些语言中，外部语言的代码可以被嵌入或内联（inline）于宿主语言中；在另一些语言中，则只能通过封装好的函数接口、对象、类、模块等调用外部语言代码。

由于其底层特性，C 语言可能是这方面最常用的外部语言。它被用作操作系统和系统库的主要编程语言，控制所有系统资源。

Java 的 C 扩展称为 Java 本地接口（Java Native Interface），它支持用 C 语言实现 Java 方法。PhoneGap 扩展了 JavaScript，以便访问智能设备环境中的所有本地资源。实际上，JavaScript 本身也可以看作 HTML 这个标记语言的外部语言。

注意，语言扩展和为语言增加功能的普通库并不相同。普通库不能提供任何超过语言能力本身的功能。换句话说，普通库只是把常用的程序集合在一起以避免重复开发。语言扩展是能够扩展语言规范的功能。许多语言扩展是以库的形式提供的，有时候这会造成混淆。扩展功能被封装在普通库中，隐藏于开发者视线之外。例如，Java 语言中文件相关的操作和系统调用就是封装在 Java.io.File 这样的 Java 标准库中的。

2.1.6 传统模型与虚拟机模型

从传统计算模型的角度看，虚拟机实际上拥有几乎相同的组件，但组织方式不同。例如，要在 X86 目标机器上支持 C 语言，需要一个像 GNU GCC 这样的编译器把源码翻译为 X86 机器码，然后需要链接器把结果打包为一个可执行文件。这个可执行文件执行的时候，需要一个加载器把文件加载到内存中，然后需要一个动态链接器把所有被引用的符号解析到内存地址。最后，运行时服务准备运行栈和执行上下文，然后把程序控制交给 main() 函数作为入口点来执行这个应用程序。在多任务和多用户的真实系统中，需要操作系统来协调对系统资源的利用，特别是内存和处理器。除了运行时服务，操作系统还提供了一种语言扩展形式——系统调用——让语言能够完全访问本地资源。图 2-1 展示了语言支持的传统模型。

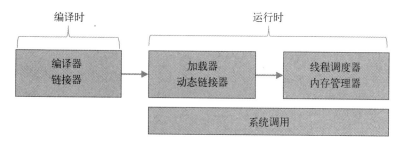

图 2-1　语言支持的传统模型

　　基本上，传统模型把语言支持解耦为两个阶段：以编译器为中心的编译时阶段；围绕着操作系统的运行时阶段。使得这种解耦成为可能的关键点是编译器的使用，在传统模型中它不是执行引擎的一部分。如果使用解释器的话，这种解耦就不可能做到了。

　　不同于传统模型，虚拟机把所有组件放在一起，在运行时完成所有工作。如果想要一个可以直接运行 C#程序源代码的操作系统的话，那么这个系统最终就是一个 C#虚拟机，也就是一个实际执行 C#语言的机器。所以，传统模型与虚拟机的本质区别就在于处理程序代码的时机。如果只在运行时处理的话，这个系统就是一个虚拟机。这也是虚拟机被称为运行时引擎或者运行时系统的原因。图 2-2 展示了语言支持的虚拟机模型。

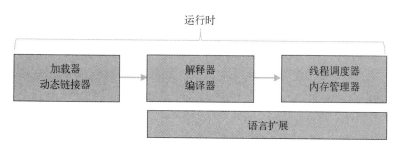

图 2-2　语言支持的虚拟机模型

　　这两种模型并非总是界限分明的。虚拟机也可能提前进行部分预处理，或编译应用程序以节省运行时开销。这里有几个安装时处理的例子。Android Dalvik 会在安装时通过一个名为 dexopt 的程序预处理应用程序 dexcode，这个程序使得代码序列更简明。Android 运行时用 dex2oat 把应用程序 dexcode 编译为机器码。Microsoft .NET 有一个名为 NGEN.exe（NGEN 即 native image generator，本地映像生成器）的工具把通用中间语言（Common Intermediate Language，CIL）字节码编译为机器码。

2.2　虚拟 ISA

　　语言虚拟机可以实现真实语言，也可以实现虚拟语言。这里虚拟语言的意思是没有人直接使用它来编程，它只会由工具自动生成。换句话说，虚拟语言通常用作其他语言的编译目标。

有些语言生来就是作为编译目标语言存在的，还有一些语言则原本按照编程源码语言来设计，但常被用作虚拟语言。比如，因为 JavaScript 语言非常流行，在因特网上被广泛使用，所以它被用作许多其他语言的编译目标。如果某个特定语言的程序总是可以被编译为 JavaScript 代码，这个语言就自动获得了具有浏览器或者服务端 JavaScript 引擎的所有平台的支持。

然而，虚拟语言生来就是作为编译目标语言存在的。尽管有些开发者能够直接用虚拟语言编程，但虚拟语言更多用于中间表示。因此，虚拟语言多数是人类不可读的，例如 Java 字节码、LLVM 位码和 ParrotVM 字节码。这里"人类不可读"的意思是"与人类语言区别太大，相对来说无法人工编程"。尽管汇编语言是按照编程语言来设计的，但由于其原始的形式，也被归类为虚拟语言。

虚拟指令集结构（instruction set architecture，ISA）是一种虚拟语言，定义了虚拟机的指令集和执行模型。这个指令集可能类似于真实机器 ISA。这也是它被称为虚拟 ISA，以及它的实现被称为虚拟机的原因。最广为人知的虚拟 ISA 可能就是 JVM。

2.2.1　JVM

JVM 规范不仅是一组虚拟指令，而且还是一个抽象计算机的所有体系结构模型，包括执行模型、内存模型、线程模型和安全模型。对于一个符合规范的 JVM 实现，这些都是不可或缺的。

JVM 指令的操作码（opcode）编码为一个字节，所以称为字节码。操作码是规定指令要执行的操作的数据。有些 JVM 指令还包含操作码之后的额外字节来指定参数，称为操作数（operand）。有一个特殊的字节码"wide"作为指令前缀，允许紧随其后的操作码来操作更长的参数。

一个字节可以编码 256 个数字，目前 202 个已投入使用，51 个未使用，还有 3 个为 JVM 实现的运行时服务保留，不应该出现在应用程序代码中。其中一个保留字节码是 0xca，用来支持 JVM 的"断点"功能。在之后的文本中，"Java 字节码""JVM 指令"和"JVM 语言"是同义词。

注意，Java 字节码与 Java 编程语言之间没有固有的或强制性的关系。它被称为 Java 字节码，只是因为它最初被设计用来作为 Java 语言的编译目标语言。因此，它们有一些共用的概念和词汇。作为类比，我们可以把 Java 字节码看作 X86 汇编语言，把 JVM 看作 Intel X86 处理器，把 Java 语言看作 C 语言。我们知道，X86 汇编语言技术上和 C 语言没什么关系。图 2-3 中展示了这个关系。

图 2-3　Java 语言与 JVM 语言

Java 字节码不一定由 Java 源码编译而来。许多其他语言也可以编译为 Java 字节码，只要编译结果符合 JVM 规范，就可以在 JVM 中运行。另一种在 JVM 中运行其他语言的方法是用 Java

语言开发它们的语言虚拟机（比如一个解释器）。换句话说，它们的虚拟机实际上是 Java 应用程序。接下来，其他语言的应用程序就可以运行在它们的虚拟机中，然后这个虚拟机作为 Java 应用程序运行在 JVM 中，JVM 又作为一个可执行程序运行在实际机器中。

对感兴趣的读者多说几句：JVM 也可以用 Java 语言来开发，但不是非常方便，因为 Java 语言是一种安全语言，这使得底层操作比较困难。通常需要一些技巧来绕过语言中的障碍。

Java 应用程序以 Java 类文件的形式发布。一个 Java 类文件包括单个类或接口的定义。与其他二进制文件格式（比如可执行或可链接格式）一样，Java 类文件主要包括字节码序列，以及包含字节码序列引用符号的符号表。

下面是一个 Java 类文件的数据结构，以类 C 语法表示：

```
ClassFile {
    u4 magic;                    // 0xCAFEBABE
    u2 minor_version;            // 类文件次版本号
    u2 major_version;            // 类文件主版本号
    u2 constant_pool_count;      // 下一项的条目数量
    cp_info constant_pool[constant_pool_count-1]; // 常量
    u2 access_flags;             // 类访问标志
    u2 this_class;               // 本类在常量池中的索引
    u2 super_class;              // 父类在常量池中的索引
    u2 interfaces_count;         // 实现的接口数量
    u2 interfaces[interfaces_count];   // 接口索引
    u2 fields_count;             // 类中字段的数量
    field_info fields[fields_count];   // 字段描述
    u2 methods_count;            // 类中方法的数量
    method_info methods[methods_count]; // 方法描述
    u2 attributes_count;         // 类中属性的数量
    attribute_info attributes[attributes_count]; // 属性
}
```

最有趣的条目之一是每个 method_info 中的 code_attribute。下面给出 code_attribute 的数据结构：

```
Code_attribute {
    u2 attribute_name_index;     // code_attribute 总是名为 "code"
    u4 attribute_length;         // 后面项目的长度
    u2 max_stack;                // 执行时的最大栈深度
    u2 max_locals;               // 局部变量最大数量
    u4 code_length;              // 字节码序列长度
    u1 code[code_length];        // 方法的字节码序列
    u2 exception_table_length;   // 异常数量
    {   u2 start_pc;             // 一个异常活跃范围开始点
        u2 end_pc;               // 一个异常活跃范围结束点
        u2 handler_pc;           // 异常处理函数开始点
        u2 catch_type;           // 异常类索引
    } exception_table[exception_table_length];  // 所有异常表
    u2 attributes_count;         // 方法的属性数量
    attribute_info attributes[attributes_count];// 属性
}
```

以下是由一个简单 Java for 循环编译得来的字节码序列示例。先给出 Java 源码：

```
public static void main(String args[]){
    int j=1;
    for (int i=0; i<10; i++){
        j*=2;
    }
    return;
}
```

然后是编译后的字节序列，以及注释中的操作码助记符和语义。注意这一段字节码序列不一定是由上面的 Java 代码编译生成的，也可能是通过编译其他语言源码生成的，甚至是直接编码的，就像汇编语言一样。

```
// Method descriptor ([Ljava/lang/String;)V
// 最大栈深度为 2，最大局部变量个数为 3
// 局部变量：
// args: 索引为 0，类型为 java.lang.String[]
//    j: 索引为 1，类型为 int
//    i: 索引为 2，类型为 int

04            // 0: iconst_1       ; 常量值 1 压栈
3c            // 1: istore_1       ; 栈顶弹出并保存在变量 1(j)中
03            // 2: iconst_0       ; 常量值 0 压栈
3d            // 3: istore_2       ; 栈顶弹出并保存在变量 2(i)中
a7 00 0a      // 4: goto +10       ; 跳转到位置 14(=4+10)的字节码处
1b            // 7: iload_1        ; 局部变量 1(j)压栈
05            // 8: iconst_2       ; 常量 2 压栈
68            // 9: imul           ; 栈顶弹出两个条目，相乘，把结果压栈
3c            // 10: istore_1      ; 栈顶弹出并保存到变量 1(j)
84 02 01      // 11: iinc 2 1      ; 变量 2(i)增加 1
1c            // 14: iload_2       ; 局部变量 2(i)压栈
10 0a         // 15: bipush 10     ; 值 10 压栈
a1 ff f6      // 17: if_icmplt -10 ; 栈顶弹出两个条目，
//                               ; 条件跳转到位置 7(=17-10)处
b1            // 20: return        ; return
```

在不同的上下文中，JVM 有两个可能的含义。一个是指 Sun Microsystems（现在是 Oracle）的 JVM 规范定义的抽象计算机，另一个是指 JVM 规范的一个虚拟机实现。有时候我们用所有首字母大写的 JVM 指代抽象模型，使用小写的 jvm 表示实现。JVM 规范（不考虑版本号）只有一个，但不同的 JVM 实现有很多。JVM 规范独立于 Java 语言规范发布。但是从 Java Standard Edition（SE）7 开始，JVM 规范和 Java 语言规范以相同的 Java SE 版本号联合发布。

应用程序提供给 JVM 之后，JVM 的类加载器加载并解析初始类文件，然后把项目放在内存中相应的数据结构中。接下来，JVM 把所有的符号引用解析到直接引用的内存地址。类初始化之后（即调用初始化器之后），JVM 调用初始类的 main() 方法来执行这个应用程序。

Java 平台（例如 Java SE 8）是一个 Java 语言、JVM、Java 类库和工具的规范集合。Java 实现（例如 OpenJDK 8）是一个 Java 平台的完整实现。Java 平台有不同的版本（或者 profile），称

为标准版（Java SE）、企业版（Java EE）等。它们都共享同样的 Java 语言规范和 JVM 规范，但是定义了不同的库，并可能有不同的实现。

2.2.2 JVM 与 CLR

经过与 Java 的数年争斗，Microsoft 设计了安全语言 C#，以及用途更广泛的 .NET 框架。.NET 框架是一个通用语言基础架构（Common Language Infrastructure，CLI）规范的实现。像 Java 平台一样，CLI 包含了多个组件，比如名为虚拟执行系统（Virtual Execution System，VES）的虚拟机规范和名为 CLI 标准库的类库规范。通用语言运行时（Common Language Runtime，CLR）虚拟机是 VES 的 .NET 实现。

Java 这个术语已经承载了太多意义。CLI 试图把规范名称和实现名称分离开来，尽管这可能会导致更多的混淆。

表 2-1 给出了一个非常高层的 Java 与 CLI 的术语对比。

表 2-1 CLI 平台与 Java 平台概念对比

平台概念	通用语言基础架构	Java 平台
虚拟机	虚拟执行系统	Java 虚拟机
虚拟机语言	通用中间语言	Java 字节码
发布包	Assembly	JAR（Java 类文件）
库	标准库	Java 类库
主要的高级语言	C#	Java
语言扩展	平台调用服务	Java 本地接口
一个平台实现	Microsoft .NET 框架	Oracle OpenJDK
一个 VM 实现	通用语言运行时	Hotspot

CLI 和 Java 有两个"与众不同"的特征值得指出。

(1) CLI 从发明之初开始，就试图提供遵循 CLI 语言规范的跨语言交互性。已知的符合 CLI 规范的语言包括 C#、C++/CLI、VB.NET、IronPython 和 IronRuby。尽管语言交互性并不是 Java 的设计目标，但对 Java 来说，只要一个语言可以编译为 Java 类文件，就自动获得了这个特性。符合 JVM 规范的语言包括 Java、Groovy、Scala、Jython 和 JRuby。由于这种相似性，Java 和 C# 实际上可以在彼此的系统中实现。

(2) Microsoft 有大量的遗留本地库，特别是 Win32 API 服务，如果要用 C# 重写会非常麻烦，因此 CLI 提供了平台调用服务（Platform Invocation Service，P/Invoke），用于安全代码访问非安全本地代码。它允许开发者在 C# 代码中简单地导入和声明目标本地函数，剩余工作由编译器和运行时为开发者执行。相比之下，Java 本地接口会更麻烦一些，因为需要用人工数据转换代码封装本地函数。但是，Java 要提供类似 P/Invoke 的支持并不困难。Java Native Access 的目标就在于此。

以下是一个由简单的 C# for 循环编译而来的 CIL 字节码序列。先给出 C#源码：

```
static void test( ){
    int i = 0;
    while(i < 10){
        i++;
    }
}
```

　　然后是编译后的 CIL 字节码序列（只展示了操作码助记符）和注释中的语义。和 Java 字节码一样，CIL 字节码不一定由以上的 C#源码生成。它也可能从其他语言的源码编译而来，甚至可能像汇编语言一样是直接编写的。CIL 和 Java 字节码的相似之处显而易见。

```
.method private hidebysig static void test() cil managed
{
  .maxstack  2
  .locals init ([0] int32 i,
                [1] bool CS$4$0000)

    IL_0000:  nop            // 空操作，只用于调试
    IL_0001:  ldc.i4.0       // 加载常数 0 到栈上
    IL_0002:  stloc.0        // 弹出栈并保存在索引为 0 的局部变量（i）
    IL_0003:  br.s   IL_000b // 跳转到 IL_000b
    IL_0005:  nop            // 空操作
    IL_0006:  ldloc.0        // 加载局部变量 i 到栈上
    IL_0007:  ldc.i4.1       // 加载常量 1 到栈上
    IL_0008:  add            // 栈顶弹出两个条目，相加，把结果压栈
    IL_0009:  stloc.0        // 弹出栈顶并保存到局部变量 i
    IL_000a:  nop            // 空操作
    IL_000b:  ldloc.0        // 加载局部变量 i 到栈上
    IL_000c:  ldc.i4.10      // 加载常量 10 到栈上
    IL_000d:  clt            // 栈顶弹出两个条目，比较(<)，结果压栈
    IL_000f:  stloc.1        // 弹出栈顶，保存到索引为 1 的局部变量
    IL_0010:  ldloc.1        // 加载索引为 1 的局部变量到栈上
    IL_0011:  brtrue.s IL_0005 // 弹出栈顶，
                           // 如果值为 true，分支跳转到 IL_0005
    IL_0013:  ret            // return
}
```

　　本书的目标不在于讨论或对比任何具体 VM 规范。这里只是简单介绍一下虚拟 ISA，以便读者理解后续章节的内容。

第3章 虚拟机中的数据结构

Java 虚拟机（JVM）的实现有一些核心数据结构，比如对象、类和虚函数表。

3.1 对象与类

　　JVM 语言（即字节码指令集）有两个数据类型：基本类型和引用类型。基本类型的变量持有一个直接值，比如一个数字、一个布尔值或一个返回地址。在某些其他语言中，基本类型有时候也称为值类型。引用类型的变量持有一个指向对象的指针。每个对象都是一个引用类型（比如一个类或数组）的实例。本书其他部分中，除非特别指出，术语"类"（class）泛指类、数组和接口。注意接口没有实例，但有实现接口的类的实例。图 3-1 中展示了它们的关系。

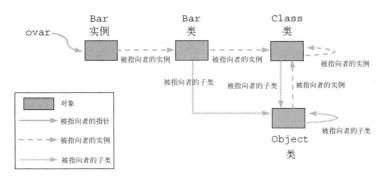

图 3-1　对象、Object 和 Class 的关系

　　一个类定义了两部分数据：实例数据和类数据。实例数据由各个对象独自拥有，而类数据由同一个类的所有实例共享。每个类在内部也表示为一个对象。

　　Java 中有两个特殊的类：Object 和 Class。它们都在 Java API 的 java.lang 包内。Object 类是所有类的父类，Class 类是所有类的类型。它们是系统类的一部分，要完整表达语义，JVM 就必须支持系统类。举例来说，引用变量 ovar 持有指向 Bar 类的一个实例的指针。Bar 类本身是 Class 的一个实例，Class 也是其本身的一个实例。Bar 类是 Object 类的子类，Object 本身也是自身的一个子类。

数组是一类特殊的类，由虚拟机（VM）创建，而不是从类文件中加载。和其他类一样，一个数组类也是 Class 类的一个实例，并且是 Object 类的子类。

3.2   对象表示

一个类基本上定义了两种信息：一种是实例数据，包括对象字段和虚方法；另一种是类数据，包括静态字段和静态方法。

为了表示一个对象，需要分配一段内存来持有实例数据，该数据由它的类和它的所有父类定义。实际上，因为虚方法由一个类的所有实例共享，所以只有对象字段需要为每个实例分配内存。只要对象能够访问它的虚方法，那么就只需要虚方法表示的单个副本即可。换句话说，指向虚方法数据结构的指针（或指针链）应该与对象相关联。

这还不足以表示一个对象。对象还需要访问其类数据的方法，比如，检查它属于哪个类。可以通过简单地把类数据和虚方法放在一起来实现这一点，这样它们总是能相互访问。基于这一讨论，一个内存中的简单布局包括两部分——对象头和对象字段。对象头中编码了一个指向类数据的指针，类数据包含或指向虚方法数据结构，如图 3-2a 所示。

尽管有多种不同的实现，最常用的对象设计是用一个指针指向虚方法指针表（称为"vtable"）。vtable 包含指向虚方法的函数指针，这样只用几条指令就可以执行虚方法调用。这个设计基于以下观察结果，即 VM 中最频繁的内存访问是两类操作：一类是对象字段访问，另一类是虚方法调用。把它们放在一起有助于提高性能。关于方法的其他信息，比如名称和签名等，可以放在类数据中。vtable 对于一个类是唯一的。因此，vtable 指针有时可以用作类的标识符，如图 3-2b 所示。

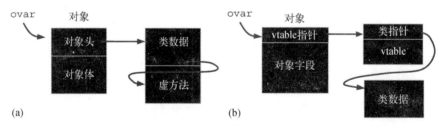

图 3-2   对象头中包含元数据，对象体中包含字段的对象表示：(a) 对象头放置类指针；
(b) 对象头放置 vtable 指针

类数据中包含类的所有描述信息，例如字段、方法、实现接口等。尤其考虑到每个类都是 Class 类的一个实例，因此类数据还包含 Class 类的实例数据。

3.3   方法描述

方法需要一个 VM 中的数据结构来描述它的信息。以下代码给出了一个典型 JVM 实现中的方法信息。

```
typedef struct Method{
    char *name;                 // 方法名
    char *descriptor;           // 方法描述符
    Class *owner_class;         // 拥有这个方法的类
    unsigned char *byte_code;   // 字节码序列
    Handler *handlers;          // 异常处理函数
    LineNum *linenums;          // 行号表
    LocalVar *localvars;        // 局部变量
    Exception *exceptions;      // 可能抛出的异常

    uint16 modifier;            // 方法访问控制修饰符
    uint16 max_stack;           // 最大栈深度
    uint16 max_locals;          // 最大局部变量数量

    uint16 vtable_offset;       // vtable 中的偏移量
    JIT_STATUS state;           // JIT 编译状态
    unsigned char *jitted_code; // 编译后的代码

    struct {
        unsigned is_init        : 1;
        unsigned is_clinit      : 1;
        unsigned is_finalize    : 1;
        unsigned is_overridden  : 1;
        unsigned is_nop         : 1;
    } flags;                // 方法属性

} Method;
```

这个数据结构包含了要在运行时编译、调试、性能分析和链接一个方法所需的所有信息，包括用于异常处理和垃圾回收的信息。根据 VM 实现的不同，这个数据结构可能不包含 jitted_code 字段，该字段用于即时编译。is_nop 标志是用于优化的，指明方法是否内容为空。

第二部分

虚拟机设计

第 4 章　执行引擎设计

执行引擎是执行应用程序代码实际操作的组件。应用程序的最终目的就是执行，所以通常认为执行引擎是 VM 的核心组件，其余组件是执行引擎的辅助组件。有时候执行引擎的设计大体上决定了 VM 的设计。基本执行机制有两种，分别是解释和编译。

4.1　解释器

解释器的设计是很直观的。一旦应用程序被加载到内存中，并已经被解析为语义数据结构，VM 就可以一个接一个地取得代码序列并执行定义的操作。下面是一个简单解释器的伪代码。

```
interpret(method)
{
    while( 序列中还有代码 ){
        从序列中读取下一个代码；
        if (代码需要更多数据){
            从序列中读取更多数据；
        }
        执行代码指定的动作；
    }
}
```

这个解释器应该适用于很多语言。这个算法的核心就是代码序列上的大循环（称为分发循环），这个循环取得、解码并执行每一段代码。真实的复杂性隐藏在"执行代码指定的动作"这个步骤里面。举例来说，如果代码要创建某个类的一个新实例，解释器就会调用垃圾回收器来分配一段内存，把这段内存内容清零，初始化对象头（比如安装这个类的 vtable 指针），然后返回对象指针。

如果代码要调用一个虚方法，那么解释器需要找到这个方法的地址，准备一个栈帧，压栈参数，通过递归解释来调用这个方法，然后返回结果。如果目标方法的代码不在内存中或者还没有初始化，对它的调用可能会引发方法代码的加载和解析。换句话说，VM 的所有支持性功能响应着解释器，围绕着解释器工作。

如果执行流被异常中断，那么解释器逻辑就没有那么直观了。异常把控制流引入可能在当前方法之外的异常处理器。第 11 章会介绍异常处理。

4.1.1 超级指令

解释的速度通常比较慢，原因之一是这个分发大循环设计在每个被解释的代码处都涉及分支。分支可能引发分支预测失败和指令缓存未命中，两者的开销都很大。分发还涉及很多内存访问，用于读取和解码每段代码。我们很容易想到一种加速技术，就是把两个或更多代码合并到一趟预处理中。然后解释器一次可以获取并执行多条代码，这样就减少了分发次数。这种合并的代码有时也被称为超级指令、快速指令或者虚拟指令。

例如，用 Java 字节码给一个局部变量增加一个常量，通常需要 4 个字节码：

```
//var_1 = var_2 + 2;
1: iload_1    ; 变量 1 压栈
2: iconst_2   ; 常量值 2 压栈
3: iadd       ; 栈顶两个条目相加
4: istore_1   ; 栈顶弹出并保存在变量 1 中
```

如果在一个方法中，这个模式很常用，那就可以用一个未使用字节码把它们合并为一条快速指令。然后解释器只需要解释这个效果等同于 4 个字节码的单个字节码即可。

因为未使用字节码的个数有限，所以超级指令的应用也是有限的。一种思路是通过对工作负载进行性能分析找出最高效的字节码组合，从而为不同的工作负载定义不同的超级指令。

4.1.2 选择性内联

另外一种加速技术是，提前把对一个字节码的执行逻辑编译为二进制机器码，并将其放在 VM 实现里。当分发到这个字节码时，解释器直接把控制转移到 VM 维护的这段机器码。更进一步来说，可以把多个字节码的机器码连接到一起，以免除对它们的分发。这个技术是动态超级指令生成的一个变通方法，有时候称为"选择性内联"。

既然需要为每个字节码静态生成二进制机器码作为 VM 实现的一部分，VM 开发者必须确保生成的二进制码足够通用，适用于所有可能的执行上下文。有时候，如果两段二进制代码不能直接连接，仍然需要一些接缝代码。因此，连接后的代码质量并不高。即时（just-in-time，JIT）编译可以解决这个问题。

4.2 JIT 编译

JIT 编译在运行时把一段应用程序代码编译为二进制机器码，然后让 VM 直接执行生成的代码，而不是解释原来的应用程序代码。这就像是把这整段应用程序代码当作一个超级指令。

JIT 的第一个问题是如何选择要编译的应用程序代码片段。人们自然会考虑把一个方法作为一个编译单元，因为它有定义良好的语义边界。这也解释了为什么几乎所有典型的 JIT 都是基于方法的。

4.2.1　基于方法的 JIT

由于方法是一个基本语言结构，基于方法的 JIT 设计很好地融入了 VM 架构。关键的数据结构是 vtable。在 VM 中使用 JIT 的时候，类的 vtable 被安装为指向虚方法的函数指针。例如，要调用 over.foo()，可以通过 ovar 的 vtable 找到函数指针。图 4-1 中展示了 vtable 数据结构。

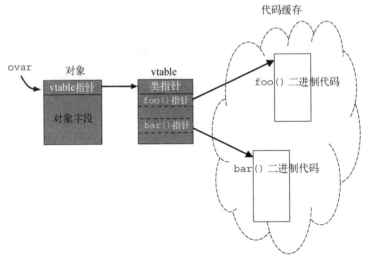

图 4-1　vtable 数据结构

在类初始化过程中，当方法还没有编译的时候，指向虚函数的函数指针实际上指向的是一段跳板代码，它会调用编译器来编译这个虚方法。当这个虚方法第一次被调用的时候，就会调用编译器。编译器编译这个虚方法，并把编译后的二进制代码地址（也就是指向编译后方法的函数指针）安装到 vtable 槽位中，替换原来指向跳板代码的的指针，然后把控制转到这个二进制代码来完成第一次调用。从下一次开始，任何对这个方法的调用都会通过 vtable 直接进入到编译后的代码。如果不再需要跳板代码，可以将其释放，也可以留待再次使用，以防为了节省代码缓存占用的内存释放编译后代码的情况。图 4-2 中展示了跳板代码与 JIT 编译。

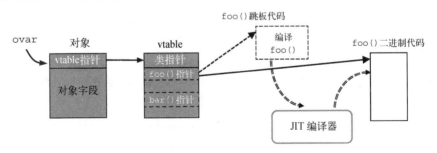

图 4-2　跳板代码与 JIT 编译

通过这种方式，可以只用几条机器指令很快完成虚方法调用。例如，调用 ovar.foo() 的步骤可以用下面的伪代码表示。

```
vtable = *ovar;    // 从 ovar 指针得到 vtable 指针
foo_funcptr = *(vtable + foo_offset); // 得到指向 foo() 的指针
(*foo_funcptr)(); // 调用 foo()
```

如果是用于 X86 处理器的 VM，调用一个对象虚方法的指令如下所示：假定 eax 寄存器持有 ovar，对象的第一个槽位（偏移 0）是 vtable 指针，foo 方法的函数指针位于 vtable 的偏移 16 的位置。

```
movl (%eax), %eax       // eax 现在持有 vtable 指针
movl 16(%eax), %eax     // eax 现在持有 foo 的 func_ptr
call %eax               // 调用 foo()
```

在方法调用之前，所有参数都应该已经由调用方（即发起调用的方法）准备好，所以这里不需要再次准备参数。当执行最后一条 call 指令的时候，X86 处理器会把这个调用的返回地址自动压栈，它会指向这条 call 指令的下一条指令。

当这个方法没有编译的时候，调用实际上会像下面这样进入跳板代码。假定方法 foo() 的描述数据结构位于 0x7001234，JIT 编译器入口位于地址 0x7005678。

```
pushl $0x7001234    // foo() 的描述地址
call $0x7005678     // jit_compile(method) 的地址
jmp %eax            // eax 持有编译后代码入口地址
```

跳板代码首先把虚方法 foo() 的方法数据结构地址压栈。与调用 foo() 时的原始栈状态（即参数和返回地址）相比，现在运行时栈多出了一个条目。然后多出的条目被对 VM 函数 jit_compile() 的调用所消耗，栈返回到调用 foo() 时的状态。为了让被调用方（即被调用的函数）清理参数，需要把 jit_compile() 定义为 STDCALL 调用惯例。函数 jit_compile() 的原型如下。

```
void* STDCALL jit_compile(Method* method)
```

函数属性 STDCALL 应该按照 VM 开发环境需要来定义。例如，如果使用 GCC 的话，可以定义如下，此时可能需要把 STDCALL 放在函数原型的结尾。

```
#define STDCALL __attribute__((stdcall))
```

根据 X86 调用惯例，函数调用返回值保存在寄存器 eax 中。这里，它持有编译后二进制代码的入口点地址。尽管这个地址应该是用作 call 的目标，但用 jmp 指令也可以，因为返回地址已经由 call 指令放在栈上了。下次调用 foo() 的时候，call 指令会略过跳板代码直接进入这段二进制代码，因为 vtable 槽位已经被编译器更新为指向这段二进制代码。

如果多个线程想要调用同一个方法并触发方法的 JIT 编译器，VM 需要确保对同一方法编译的互斥性。下面是 Apache Harmony 的 jit_compile() 实现的一个简化版本。

```
void* STDCALL jit_a_method(Method* kmethod)
{
    uint8* funcptr= NULL;
```

```
/* 确保拥有这个方法的类已经初始化 */
class_initialize( kmethod->owner_class );

/* 互斥编译 */
spin_lock( kmethod );

/* 如果已经编译了，返回 */
if( kmethod->state == JIT_STATUS_Compiled ){
    spin_unlock( kmethod );
    return kmethod->jitted_code;
}

/* 现在这个线程拥有这次编译 */
kmethod->state = JIT_STATUS_Compiling;

if( ! kmethod->is_native_method ){
    funcptr = compile( kmethod );
} else{   /* 从即时编译到本地代码的封装 */
    funcptr = generate_java_to_native_stub( kmethod );
}
/* 用新的 funcptr 更新 vtable 槽，替换掉原来指向跳板代码的指针 */
method_update_vtable( kmethod, funcptr );

/* 这个方法已经编译 */
kmethod->state = JIT_STATUS_Compiled;
spin_unlock( kmethod );

return funcptr;
}
```

上面代码中的 compile() 函数完成把应用程序翻译为机器码的实际编译。

注意上面的跳板代码中，我们已经很大程度上把代码序列简化为一个对 jit_method() 的直接调用。在现实中，编译个方法可能会抛出异常，或者进入 Java 代码执行并触发垃圾回收（GC），所以从 Java 代码执行到 JIT 编译器（用本地代码编写）的过程需要完整的 Java 到本地转换。需要记录工作来确保在进入本地代码之前所有信息都准备好了，从本地代码返回之后所有信息也都清理好了。我们将在第 7 章讨论这个主题。

4.2.2　基于踪迹的 JIT

近年来，基于踪迹（trace）的 JIT 已经吸引了大量关注。踪迹是运行时执行的一段代码路径。基于踪迹的 JIT 只编译指定路径上的代码，忽略不在指定路径分支上的其他代码路径。

使用踪迹作为编译单元的一个主要动因是为了避免编译冷代码，以节省编译开销，包括时间和空间开销。基于方法的 JIT 编译整个方法，包括热代码和冷代码，甚至包括永远不会执行的代码。基于踪迹的 JIT 分析运行时代码执行，只编译热代码路径，称为"踪迹"（trace）。

基于踪迹的 JIT 需要执行以下任务。

(1) 识别并形成踪迹。

(2) 编译踪迹，缓存二进制代码。

(3) 自适应性地管理踪迹。

　　既然踪迹是热执行路径，那么就必须在运行时通过性能分析来识别。一个常用的分析方法是在踪迹的可能入口构建一个计数器。每次执行入口后的代码，就递增这个计数器的值。当计数器达到某个阈值时，这段被执行的代码就被看作热代码。

　　根据设计方式的不同，通常有 3 种位置来放置计数器：方法开头、循环头和基本块。

　　基于方法的 JIT 通常使用基于方法的性能分析，也就是说，如果某个方法足够热，VM 可以选择编译它（如果它只是被解释过）或者用更高级的优化重新编译它（如果它已经被编译过）。基于方法的分析实现起来很直观，因为方法入口对执行引擎来说总是已知的。但是基于方法的性能分析不足以识别所有的热代码。有时候，应用程序把主要时间花费在一个方法的热点循环中，而这个方法本身只会被调用几次，比如 Java 应用程序的 main() 方法。即使基于方法的性能分析识别出了一个热方法，这个方法中的代码也可能不全是热代码。

　　对应用程序的性能优化来说，循环通常是最重要的，因为耗时的应用程序通常会在循环上花费很多执行时间。许多高级编译优化都是专门针对循环开发的，比如循环不变量提升、并行化和向量化。因此，使用基于循环的性能分析来识别热代码是很自然的做法。可以在编译时通过分析代码控制流结构，或者在运行时通过分析后向边（back edge）来识别循环结构。

　　编译时循环识别需要 VM 构造应用程序的控制流图，然后以深度优先的方式遍历这个图。指向一个已经访问过的节点的边称为后向边，这是潜在循环结构的一个指示器。如果执行引擎不构造控制流图的话，编译时循环识别可能不适用于基于踪迹的 JIT。另外一个问题是，编译时分析可能只会找到迭代式循环，而很难找到递归式循环。

　　运行时循环识别更简单一些。只要控制流回到已经执行过的代码，就可以确定循环。这段代码也被认定为循环头，可以在这里构造一个计数器。这种方法只能在解释器中实现，因为它需要监视每个分支操作的执行，包括普通的跳转、切换、调用、返回和异常抛出。Mozilla Firefox 的 TraceMonkey 就使用这种方法。

　　Google Android 的 Dalvik VM 在基本块层级分析热代码。它为每个最大基本块构造一个计数器。这里基本块是一个编译器术语，指具有单个入口点和单个出口点的一段代码。最大基本块是指不能再扩大的基本块，也就是说，如果能包括更多指令，它就不再是基本块。

　　一旦确定了一段热代码，就可以形成一条踪迹，方法是在它的下一次执行过程中从入口开始记录操作（即路径追踪），入口就是这个踪迹的起点。这个过程有时候也称为追踪（tracing）。对基于循环的追踪来说，踪迹的终点是控制流回到起点的位置。对基于基本块的追踪来说，踪迹的终点是基本块的出口点。这两种方法中，踪迹的长度都是有限的，以避免执行偏离期望路径。如果出现一些不支持的情况，比如异常抛出或者进入运行时服务，那么追踪过程可以中断。

基于循环的踪迹中，在一些中间点上控制分支可能会离开热路径。追踪执行过程中只记录这些点上控制实际通过的分支。但在之后的每趟执行中，控制可能不走记录在踪迹中的分支，而走其他路径。VM 应该确保这种情况下追踪的正确执行。换句话说，追踪执行应该能够在中间点离开踪迹。

在记录踪迹的时候，VM 也记录要保持踪迹有效必须满足的条件。当这个踪迹被编译的时候，在生成代码中插入条件检查代码，以确保跟踪这条踪迹的条件都满足；如果条件不满足，控制流会终止踪迹执行，并根据条件优雅地把控制转移到踪迹外路径。这个条件检查代码称为"守卫代码"（guard）或者"侧门离开"（side exit）。比如，对于下面的循环：

```
for (i = 0; i < n; ++i)
    j += i;
```

踪迹的伪代码可能看起来如下：

```
start_trace (int i, int j):
    ++i;
    temp = j + i;
    guard( temp not overflow );
    j = temp;
    guard( i < n );
    goto start_trace (int i, int j);
```

在 JavaScript 这样的动态类型语言中，变量的类型可以动态变化。如果变量类型改变，那么"同一个"运算符，比如"+"，在运行时就可能有不同的操作。踪迹只记录追踪执行时的类型，如果在后面的执行中类型改变，执行就可能失效。因此，踪迹还需要守卫特定的类型。另一方面，特定的类型使得踪迹可以应用很多编译器优化。例如，如果一个踪迹中的变量都是小整数，编译器可以很容易地利用高级寄存器分配技术优化代码。否则，就需要分配内存以备放置大整数。实际上，TraceMonkey 的主要动因就是基于这样一个观察结果，即多数程序中的类型不会频繁改变，踪迹的特定类型覆盖了多数运行时的可能性。

从踪迹的侧门离开会导致很高的开销。如果侧门离开频繁出现的话，踪迹的整个使用效果都会大打折扣。侧门离开频繁发生的一个解决方案是动态扩展追踪范围。

对基于循环的追踪来说，如果运行时一个守卫检查失败的话，VM 会检查它在踪迹中的位置。如果它位于踪迹的起点，就会记录一个新的踪迹。对动态类型语言来说，这条新踪迹通常和原来的踪迹是同一段热代码，只不过有一套新的具体类型。如果守卫检查在踪迹的中部失败，VM 会识别踪迹的一条分支，并开始分析它的热度。如果这个分支足够热，就会从它开始生成一条新踪迹。由此，新踪迹会和原踪迹一起形成一棵"踪迹树"。应该控制好踪迹的分支数量，以避免发生"踪迹爆炸"的情况。

在基于基本块的追踪中，可以把基本块踪迹"链接"起来，以避免运行时服务或解释器的介入。也就是说，当你知道要从一条踪迹离开，进入另一条踪迹的时候，控制可以直接转移到下一条踪迹。可以插入守卫代码来确保链接有效。链接的踪迹也可以构成踪迹树或者踪迹图。

基于循环的追踪有一个优点：可以自动内联方法，只要这些方法在循环踪迹的执行路径上即可。基于基本块的追踪通常不会跨过方法边界，除非这个方法极其简单，可以随时内联。这两种方法都不能处理递归方法追踪。尽管基于循环的追踪能够识别一个递归的重复执行，但要为这个递归形成踪迹还是有挑战性的。除了尾递归，普通递归有分立的两个重复执行阶段：一个是持续向栈上压入新的方法帧的"向下迭代"阶段，另一个是从栈上弹出帧的"向上迭代"阶段。这两个阶段彼此之间并不了解，所以第二个阶段必须了解如何弹出帧并向调用帧传递返回值。这非常随意，很难正确处理。即使解决了这个问题，间接递归仍是一个没有解决的问题，也就是一个方法通过调用另外的方法来调用自身。

基于踪迹的 JIT 有一个问题：VM 如何确定一个踪迹是否已被编译。在基于方法的 JIT 中，这个问题可以通过使用 vtable 来解决。vtable 链接到即时编译的代码，如果没有编译就会链接到跳板代码。基于踪迹的 JIT 没有 vtable，因为踪迹不像方法那样拥有定义良好的单元。基于踪迹的 JIT 需要一种方法来维护踪迹及其状态。一个简单的解决方案就是使用一个动态表，其中可以插入新确定的踪迹的信息。Dalvik VM 使用散列表把踪迹起始地址映射到散列索引，有时候会引起散列冲突，导致不精确的踪迹状态。例如，Dalvik VM 把性能分析计数器存储在散列条目中，如果有新踪迹映射到同一条目中，这个计数器就会被重置。这可能导致冷踪迹覆盖热踪迹信息的情况发生，结果就违背了基于踪迹的 JIT 的设计初衷。

就我所知，在基于踪迹的 JIT 中没有基于方法的追踪。并非不能实现，而是它没有太大的用处。如果一个方法有热循环，但这个方法本身只被调用少数几次，基于方法的追踪可能无法发现这个热循环并编译它。如果一个方法只是因为它在一个热循环中被调用而成为热方法，那么只编译这个函数而不编译循环体中的其他部分，可能并不会优化这个循环的性能。动态语言中方法的行为主要由参数类型决定，因此基于方法的追踪可能有用。但在这种情况下，JIT 带类型特化的基于方法编译可能是更好的解决方案。

截止到 2015 年，所有知名的 VM 都不再使用基于踪迹的 JIT，主要是由于较差的性能，或者提高性能会导致的极高设计复杂性。与基于方法的 JIT 相比，节省编译时间的好处要么不明显，要么很多情况下都不重要。运行时类型特化和数据实例化带来的性能收益不只是追踪可以带来的，也可以通过类型推导或者其他 JIT 分析获得。最终，对全面发掘潜能的编译器来说，踪迹并不是合适的语义单元层级。

4.2.3 基于区域的 JIT

基于区域的 JIT 可以看作基于方法的 JIT 和基于踪迹的 JIT 的混合。编译单元可以是一个基本块或者更大的单元，但不需要依赖于追踪。基于区域的 JIT 就像是一个更小粒度的基于方法的 JIT，它仍然可以利用运行时信息来执行类型特化和数据实例化。

对于 Java 这样的静态类型语言，基于区域的 JIT 避免编译整个方法，非常有利于在内存极度有限的平台上使用。当方法太大或者需要太长时间编译的时候，基于区域的 JIT 也很有用。可以把这个方法划分为几个区域，然后只编译选定的区域。在某种程度上，基于区域的编译可以看作外联（outlining）和基于方法的编译的组合。外联是一种编译技术，与内联相对。它把一段代码移出原来的方法，并将其封装为一个新方法。原来的代码被替换为一个方法调用，来调用新方法。新方法用基于方法的 JIT 来编译。

对动态语言来说，基于区域的 JIT 可以在避免踪迹爆炸的同时应用类型特化。实现这一点靠的是基本块不涉及控制流的事实。在基本块层级的编译不需要处理任何分支，这就减少了出现编译路径指数增长的可能性。这里仍然需要守卫检查，用于类型特化和数据实例化。

Facebook 的 PHP 语言虚拟机（HipHop virtual machine，HHVM）实现了基于区域的 JIT。它没有采用性能分析或者追踪，而在第一次遇到基本块时编译它，使用编译器可用的运行时类型进行类型特化。HHVM 把一个区域的特化代码称为 "tracelet"。在编译后的区域入口点生成守卫代码，确保运行时输入变量的类型满足期望；否则会再次触发编译器，为遇到的新输入类型生成一段新的特化类型代码。它把同一段区域的不同特化类型的编译后代码连接成一个链表，与运行时实际输入类型进行匹配，成功匹配会触发踪迹执行。在链表的结尾是一段跳转代码，用来在链表内找不到匹配的踪迹时触发新的踪迹编译。HHVM 把这个区域的多个踪迹称为 "平行 tracelet"。平行 tracelet 实际上把守卫代码扩展为一系列条件分支，它们或者触发一个匹配的 tracelet 执行，或者匹配失败触发 tracelet 编译。

Dalvik VM 的基于踪迹的 JIT 在某种程度上也可以看作基于区域的 JIT。

4.3   解释器与 JIT 编译器的关系

尽管通常解释器要比 JIT 慢，它仍然广泛应用于 VM 的实现。解释器有一些优点，比如更低的内存占用，以及更短的应用程序启动时间。但这些都不是根本原因。在使用解释器的所有原因中，最主要的就是它的简单性。当出现一个新语言或者现有语言出现一个新特性的时候，在解释器中实现比在 JIT 编译器中实现要快得多。使用解释器的话，开发者用 VM 实现语言（比如 C 语言）直接实现新语言特性的逻辑。换句话说，使用解释器对开发者只有两个要求：

(1) 熟悉 VM 实现语言；
(2) 理解新语言特性，包括语法和语义。

相比之下，要在 JIT 编译器中实现新语言特性，对开发者有更多的要求：

(1) 熟悉目标机器应用程序二进制接口（Application Binary Interface，ABI）规范；
(2) 熟练掌握把新语言特性映射到目标机器 ABI 的运行时技术；
(3) 熟练掌握开发编译器以生成期望中的目标机器码的技能。

因此，解释器可以帮助开发者关注于新语言特性，加速开发过程，并让社区更快接受新特性。

使用解释器的另一个重要原因是，考虑到性价比，某些语言特性很难，或者不值得实现在编译器中，比如：

❑ 评估字符串形式程序的 `eval()` 函数，涉及 VM 的重入；

❑ 抛出一个异常的 `throw()` 语句，需要展开运行时栈，因此涉及 VM 状态反射；

❑ 创建一个新对象的 `new()` 操作符，需要来自内存管理器的支持，因此可能触发 GC。

即使在最完整的基于编译的 VM 中，这些特性通常也是实现在 VM 的运行时服务之上的，需要在 JIT 编译的代码和 VM 代码之间控制切换。通常 VM 代码和 JIT 编译的代码有不同的执行上下文，比如各自惯例下的不同栈帧布局。举例来说，在 JIT 编译代码中，栈帧支持直接方法调用和返回，所以它使用硬件本地帧指针和指令指针（也称为程序计数器），比如 X86 架构的 `bp` 和 `ip` 寄存器。在 VM 代码中，目标程序（比如 Java 字节码）的程序计数器通常保存在全局变量中，并指向当前运行的字节码位置。VM 可能还会分配专门的内存区域用于保存方法栈帧。JIT 编译代码和 VM 代码之间的控制切换可能还需要保存和恢复执行上下文。既然解释器没有 JIT 编译代码，那么它也不需要 JIT 编译代码的执行上下文，它是 VM 的一个集成部分。在解释器中基于运行时服务实现这些语言特性非常简单。

尽管解释器并不是为了性能而设计的，但这无法阻止在解释器中使用编译来获得更高性能。通常向解释器引入 JIT 编译器有两种正交的方法。一种方法是在解释和编译之间来回切换执行引擎，然后对热代码应用 JIT。另一种方法是把应用程序代码编译为中间表示（intermediate representation，IR），比如字节码，然后解释 IR 代码。这种方法的好处在于 IR 代码的良好格式，使得解释器可以快速分发。这种方法广泛应用于当前基于解释器的 VM 中。因为这种方法不会生成机器码，所以可以灵活定义 IR 的语法和语义，在编码所有语言特性的同时，仍然保持解释器跨硬件平台的可移植性。

4.4　AOT 编译

尽管编译有助于提高性能，但是 JIT 只在运行时工作，这不可避免地增加了应用程序执行的运行时开销。提前（ahead-of-time，AOT）编译试图通过在执行之前编译应用程序代码来尽可能降低运行时开销。

所有传统编译器都是在应用程序开发阶段采用 AOT 编译。而对于通常在 VM 中运行的安全语言应用程序来说，很少在开发阶段执行 AOT 编译，因为这可能或多或少地损失了安全语言编程的最初优势。如果没有额外的安全手段，那么预先编译好的二进制代码几乎无法保证安全性，也无法用单个副本跨多个指令集架构（ISA）运行。

AOT 编译通常在应用程序分发或部署之后执行。例如，OdinMonkey 是 asm.js 的一个 AOT 编译器，由 Mozillla Firefox 开发，作为 SpiderMonkey 的一部分内部实现。OdinMonkey 在 asm.js 语言加载到浏览器之后，以及被应用程序执行之前编译它。由于应用程序在加载到浏览器之前并没有编译，它仍然保持着 JavaScript 语言安全性和可移植性的优点，这对 Web 应用程序来说是至关重要的。

asm.js 是 JavaScript 语言的一个子集，所以用它编写的应用程序仍然可以用 IonMonkey 即时编译，这是 SpiderMonkey 中一个基于方法的 JIT 实现。区别在于，asm.js 没有像动态类型、异常抛出和 GC 这样的运行时特性，这实际上使得 asm.js 不再是一个动态语言，而是类似于 C 语言这样可以提前编译的语言。一个事实是，asm.js 代码通常是由 C/C++ 程序自动生成的。LLVM clang 把 C/C++ 代码编译为 LLVM 位码，然后 Emscripten 把位码翻译为 asm.js 代码。所以 asm.js 扮演的角色更像是以 C/C++ 开发的中间语言，用于 Web 应用程序的部署。目前 asm.js 已经演化为 Web Assembly。

Google Chrome 的可移植本地客户端（portable native client，PNaCl）技术并没有使用 asm.js 作为 Web 应用程序的中间语言；相反，它把 C/C++ Web 应用程序编译为 LLVM 位码，然后直接以位码形式发布 Web 应用程序，最后在加载到 Chrome 的时候进行 AOT 编译。

与之相对的是，Google Chrome 的 NaCl 和 Microsoft Windows 的 ActiveX 技术在开发时把 Web 应用程序编译为本地二进制机器码。这自然导致需要根据不同的 ISA 把 Web 应用程序编译为多个版本。因为这些技术没有将安全语言用于应用程序发布，所以它们不得不提供其他安全手段，比如 Chrome 为 NaCl 代码提供的沙盒，以及 Windows 为 ActiveX 代码提供的数字签名。

除了可移植性和安全性这些优点，不在编译时执行 AOT 编译通常还有一个深层原因：安全语言的动态特性导致用 AOT 编译完整编译一个应用程序可能非常具有挑战性。像反射、eval() 函数、动态类加载、动态类型和 GC 这样的动态特性，使得一些应用程序信息只在运行时可得，而完成 AOT 编译需要这些信息。

举例来说，安全语言通常不指定对象的物理布局，这是由 GC 运行时自行决定的。当 AOT 编译器编译与对象字段或属性相关的表达式时，它甚至不知道这个对象数据在内存中是连续的还是分散的。如果不能获得对象布局信息的话，它就没有办法为对象数据访问生成本地指令，除非通过速度慢得多的反射支持。JIT 编译器则没有这样的问题，因为在它生成指令的时候，可以在运行时从 VM 和 GC 获得所有信息。

动态类加载也增加了 AOT 编译的难度。如果在 AOT 编译时一个类还没有加载，就无法编译它的方法。动态类型也与之类似，它允许变量的类型在运行时动态改变。如果 AOT 编译器不能推断出变量类型，那么就没有什么简单的办法可以为这个变量的操作生成高效代码。

针对这些问题，AOT 编译器通常会生成代码来链接到一些动态库，以此把这些问题推迟到运行时。一个极端的解决方案是把整个运行时系统和应用程序代码编译到一起，这实际上是把 VM 绑定到了应用程序发布包。这是目前发布 HTML5 应用程序的一种典型方案。它并没有真正提前编译应用程序。

为了简化 AOT 编译，一种很常见的方法是在伪运行时状态下执行编译。也就是说，尽可能多设置运行时状态，同时又避免真正的代码运行。例如，AOT 编译器可能会加载所有需要的类，并从目标 VM 中得到对象布局信息。或者 AOT 编译器可以在 VM 启动之后以及任何代码执行之前执行。如果 VM 启动的目的就是辅助 AOT 编译，那就可以在编译结束后关闭 VM。在伪运行时 AOT 编译中，不应该向系统提交应用程序执行结果。

还有一种 AOT 解决方案是只编译能够编译的代码，把不可编译的部分留给运行时。

Firefox OdinMonkey 可以为 asm.js 代码执行 AOT 编译，因为 asm.js 实际上去除了 JavaScript 的所有动态特性。Android 应用程序的中间语言 dexcode 保持了 Java 字节码的一些动态特性，Android 运行时（ART）需要在伪运行时状态下对 dexcode 执行 AOT 编译。为了确定需要编译哪些类，ART 需要加载所有需要的类，因此在 AOT 编译过程中，用一个内建解释器执行了这些类的初始化。换句话说，AOT 编译器几乎涉及一个完整的 VM。

既然有些 AOT 编译器需要执行应用程序代码，那么讨论一下 JIT 编译和 AOT 编译的界限还是比较有趣的。它们的区别如下。

(1) AOT 编译的执行通常不会真正运行应用程序或者提交执行结果。换句话说，应用程序不是处于"运行时"状态。AOT 可能执行应用程序的某些代码，但这只是为了 AOT 编译可能实现而做出的妥协，而不是为了获得作为应用程序开发目的的执行结果。

(2) AOT 编译不能完全确定它编译的方法是否会在应用程序的实际运行中执行，因为它并没有关于控制流的所有运行时信息。AOT 可能采用一些启发式方法或者性能分析信息，以辅助方法选择。相比之下，JIT 只编译确定会执行的方法。

(3) AOT 编译和应用程序执行是两个严格区分的阶段。这两个阶段不会交叠，在时间和空间上都可以分开。换句话说，如果需要的话，AOT 编译阶段可以在一个地方保存编译结果，然后执行阶段可以在另一个地方使用这个结果，不需要再次编译。根据 VM、语言和应用程序的设计，AOT 编译可以在应用程序开发、部署、安装和启动等时刻运行。

采用 AOT 编译的主要动因是为了节省 JIT 编译在时间和空间方面的运行时开销，同时又保持相对于解释器的性能优势。但是由于 AOT 的非运行时特性，AOT 可能无法实现 JIT 可用的所有优化。例如，动态语言的类型特化需要编译器了解变量的运行时类型，而这在 AOT 中通常是无法获得的。另一个例子是关于运行时安全增强。JVM 要求确保对数组元素的访问一直在数组边界内，所以在任何数组元素访问之前都会进行数组边界检查。如果编译器确定访问一直在数组边界内，它可能会去掉多余的边界检查。通常在 JIT 时比在 AOT 时更容易获得元素索引和数组长度。

然而，AOT 编译能够采用一些重量级优化，这种优化手段由于运行时开销过大而通常不用于 JIT。应用程序执行过程中，太长的 JIT 编译时间可能导致应用程序执行时出现用户能够感知到的卡顿，所以有时它需要平衡编译时间和执行时间。AOT 可能就不需要这种权衡。因此，AOT 可以应用像过程间优化和全应用程序逃逸分析这样的优化，这些通常在 JIT 中不会完整应用。

尽管所有的传统静态编译都可以看作 AOT 编译，但通常不这么称呼。当明确指出时，AOT 编译通常被认为是 JIT 的一种特殊形式，是一种动态编译而非静态编译方式。

4.5 编译时与运行时

编译时是指编译器编译的时刻。运行时是指应用程序运行的时刻。传统上，二者是解耦的，而在基于 JIT 的 VM 中二者是交叠的，因为 JIT 在运行时编译。对这些术语更好的定义应该揭示这些阶段的主语和宾语之间的联系。

假定用 L 语言编写的程序 P 编译为机器码 C，编译时指的是程序 P 从 L 编译到 C 的时段，而运行时指的是程序 P 以 C 的形式执行的时段。

在 VM 中有两种不同的运行时。一种是程序执行的时候，即程序运行时，也称为应用程序运行时，或者简称为运行时。另一种是编译代码 C 执行的时候，即编译代码运行时。当 VM 启动运行程序 P 的时候，它进入应用程序运行时状态，但不一定运行任何编译代码 C。当应用程序代码由 L 编译到 C 的时候，它处于编译时状态。代码编译时和代码运行时都发生在应用程序运行时。图 4-3 阐释了这种关系。

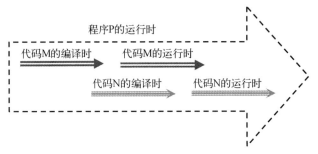

图 4-3　VM 中编译时和运行时的关系

对 VM 开发者来说，编译时和运行时的区别很重要，因为这决定哪些是可用的，哪些可能发生，以及可能在什么时候发生。举例来说，在 JVM 中，一个 ovar 对象被创建后，它的方法 foo() 第一次被调用的时候，会触发 JIT 对 foo() 方法进行编译。在 foo() 方法中，有一个对 ovar.data 的对象字段访问，如以下代码所示。

```
int local = ovar.data;
```

JIT 可能看到如下的相应字节码。

```
getfield 2   // 从对象中加载字段#2"data"
istore_4     // 把值保存在局部变量中
```

当 JIT 生成本地机器码的时候，这个对象已经创建，JIT 可以在编译字节码的时候获得它的地址，比如 0x00abcd00。但是 JIT 不应该为 getfield 2 生成下面这样的代码。

```
// 假定"data"字段位于从对象起始地址偏移 0x10 的位置，
// 即位于 0x00abcd10，
// 因为有 0x00abcd10 = 0x00abcd00 + 0x10

movl 0x00abcd10, %eax   // 把"data"内容复制到 eax。错!
movl %eax, $16(%esp)    // 复制 eax 值到局部栈
```

这段代码直接在 0x00abcd10 访问 ovar.data，这是不正确的。原因如下。

(1) 尽管 ovar 对象的地址在字节码编译时是 0x00abcd00，在编译后代码执行时这个地址可能有所不同，因为这个对象可能会被垃圾回收器移动。

(2) 尽管 foo() 方法被编译是由于在 ovar 对象上的调用，ovar 是某个类（比如 kclass）的一个实例，但是这个类可能会创建其他实例。foo() 方法也可能在这些其他实例上被调用。不同的实例，地址也不同。

实际上，尽管 ovar 是触发 foo() 编译的对象，但它可能甚至不是第一个调用 foo() 编译后代码的对象。在多线程应用程序中，另外一个线程可能就在编译后代码地址安装到 kclass 的 vtable 之后，以及触发编译的线程开始运行 foo() 的编译后代码之前调用 foo()。所以，正确的生成代码序列应如下所示。

```
// 假定 ovar 保存在从栈顶偏移 0x20 的位置（保存在寄存器 esp 中）

movl $0x20(%esp), %eax   // 复制 "ovar" 到 eax
movl $0x10(%eax), %eax   // 复制 "ovar.data" 到 eax
movl %eax, $16(%esp)     // 复制 eax 值到局部栈
```

另一个例子是调用 ovar 对象的虚方法，比如：

```
ovar.foo();
```

对应的字节码序列可能如下所示。

```
aload_0              // 加载 ovar 到栈上
invokevirtual #16 // 调用 ovar.foo()
```

在编译时，JIT 知道当前对象 ovar 的类 kclass 的 vtable 地址（比如 0x00001000）。在 vtable 的已知偏移量（比如 0x10），JIT 可以找到 foo() 的入口点（比如 0x00002000）。但即使编译后代码不会移动，JIT 也不能生成像下面这样直接调用入口点的指令。

```
    call 0x00002000    // 调用 kclass 的方法 foo()
```

原因在于，运行时 ovar 指向的实际对象可能是 kclass 的一个子类实例，比如 sclass，而 sclass 可能覆盖了 kclass 的方法 foo()。这意味着，JIT 在编译时了解的 foo() 可能不是在运行时实际调用的 foo()。所以正确的生成代码应该试图从 ovar 对象的 vtable 确定正确的方法，如以下代码所示。

```
movl $0x20(%esp), %eax      // 复制 "ovar" 到 eax
movl (%eax), %eax           // 加载 vtable 指针到 eax
movl $0x10(%eax), %eax      // 加载 foo() 的入口点
call %eax                   // 调用 ovar.foo()
```

在方法编译时可以使用某些应用程序运行时信息。比如，正如我们已经看到的，JVM 中一个方法在 vtable 中的偏移量，在编译时是可用的。JIT 不需要在每次调用方法时都生成指令来获取这个偏移量，如下所示。

```
pushl $16               // 方法索引压栈
pushl $0x20(%esp)       // "ovar" 压栈
call get_vtable_offset  // foo() 的偏移在 eax 中
movl $0x20(%esp), %ebx  // 复制 "ovar" 到 ebx
movl (%ebx), %ebx       // 加载 vtable 指针到 ebx
addl %ebx, %eax         // eax 现在持有 foo() 的入口
call %eax               // 调用 ovar.foo()
```

在 JVM 中，一旦一个类已经加载，在整个应用程序运行过程中，某个方法在 vtable 中的偏移就是固定的，所以在方法编译时 JIT 可以使用这个偏移，这不会在方法运行时引起任何问题。

注意，对于不同的语言，编译时或运行时可用的信息也是不同的。在某些动态语言中，可以在运行时增加或删除对象属性（或字段），所以通常不可能在编译时确定这些属性的固定位置。例如，在 JavaScript 中，经常使用一个散列表把属性名称映射到值。这种情况下，对属性的访问函数必须在运行时被调用以获得这些值。

编译时和运行时的界限并不像图 4-3 中所展示的那么清晰。这里的微妙之处在于，这两个阶段经常是交叠的。比如，为了编译一个方法（当这个方法在编译中），编译器可能不得不执行另外一个方法（比如类初始化）才能完成对这个方法的编译。

另一方面，当一个方法的编译后代码执行的时候，可能会调用另一个方法，并因此触发这个方法的 JIT 编译。所以经常能看到方法 A 的编译触发方法 B 的执行，然后又触发方法 C 的编译，接着又触发方法 D 的编译，等等。因此，VM 的运行时栈可能交叠着编译帧和执行帧。

在纯粹基于解释器的 VM 中，可以说没有编译时，因此程序运行时与编译后代码运行时没有区别。VM 的整个生命周期就是执行应用程序代码，因此都处于运行时。这是 VM 也被称为运行时系统的一个原因。

第5章 垃圾回收设计

安全语言并不向程序员提供直接的内存管理应用程序接口（API），而是把这个任务委托给虚拟机（VM）。程序员只要按照需求创建对象即可，无须操心对象分配在哪里，以及对象数据如何布局。此外，程序员不需要监管对象的生存期，也不需要在对象对程序已经无用的时候释放其占用的内存。

垃圾回收器（GC）是为程序员执行所有动态数据管理工作的 VM 组件。"垃圾回收器"这个名称并不十分准确，因为它所做的不只是回收无用对象（也就是垃圾）。回收总是和重用联系在一起的。一旦垃圾回收算法设计好，把回收的空间重用于对象分配的方式也就大致确定了，反之亦然。所以比起"垃圾回收"，有些开发者更喜欢使用"自动内存管理"这个名称。

垃圾回收的关键点是确定对象的生存期，也就是何时可以回收对象。

5.1 对象生存期

当一个对象对程序不再有用的时候，它就死亡了，于是可以被回收。这是一个循环定义，但它确实强调了何时可以回收一个对象。"对象对程序有用"意味着这个对象将在未来某个时刻被程序访问。

传统静态编译器通过"活性分析"算法确定一个变量的生存期，以此辅助像寄存器分配这样的优化。如果一个变量持有一个可能在将来被用到的值，那么编译器认为这个变量是活跃的。生存期范围从对变量的一次写操作开始，直到对这个被写入值的最后一次读取结束。对象的活性最终可以用类似的方法定义。对一个对象来说，如果它的数据可能在未来被读取，那么这个对象就被认为是活着的。对象生存期管理与变量活性分析的区别如下。

(1) 如果没有过程间分析的话，活性分析只分析"方法内"局部变量的活跃范围。相比之下，对象可以"跨方法"传递，这种情况很常见，很难使用传统活性分析方法来分析。

(2) 活性分析提供的活跃信息"可能"为真。即使它不真实，也不会引发错误，只是这个变量留存的时间会长于所需时间。而 GC 的死亡信息"必须"正确；否则，如果活跃对象被回收，程序就可能出错。

(3) 即使采用过程间分析，活性分析也几乎无法处理复杂程序逻辑，特别是对于信息无法静态获取的动态程序行为，比如异常抛出和虚方法调用。

由于前面提到的原因，传统活性分析在对象生存期管理中的适用性非常有限。要找到活跃对象，动态分析方法更适合，像引用计数（reference counting，RC）和对象追踪这样的技术都可以用到。不过，活性分析仍然有用。比如，在编译器插桩（instrument）代码的时候，它可以用在RC中，5.2节会介绍这一点。它还可以在逃逸分析中用来识别方法局部对象。方法局部对象只在方法内部活动（也就是不会从方法中逃逸），因此可以把它们当作局部变量管理，在方法的栈帧上分配。这种情况不是 GC 的主要目的所在，我们把它留到以后讨论。GC 需要处理的常见情况是对象跨方法甚至跨线程活跃的情况。

5.2 引用计数

一个对象什么时候对应用程序不再有用，具体的时间点很难精确地掌握，因为这需要预测程序的未来行为。而了解在运行时的某一点上是否可以访问一个对象，则要简单一些。如果应用程序失去了对一个对象的引用，那么它就没有办法再去访问这个对象，因此对应用程序来说，这个对象一定是不再有用了。

一个对象可能在应用程序失去对它的所有引用之前就变得无用。换句话说，对象可达性比对象有用性更保守一些，这就意味着对象回收会晚于它能够被回收的时刻。但这是回收及时性和分析复杂度之间的一个合理妥协。

要确定应用程序是否还持有一个对象的任何引用，很直观的思路就是使用 RC 技术，其思路就是把每个对象的引用数目记录在一个计数器中。每当系统中安装对这个对象的一个新引用，比如写入内存、加载到栈上、或者保存在一个寄存器中时，就递增计数器。当现有引用被其他值覆盖的时候，就递减计数器。

当计数器归零的时候，这个对象就是不可达的，然后这个对象就可以被回收了。当回收一个对象 S 的时候，S 引用的所有其他对象也都要递减各自的引用计数器。如果其中任何一个计数器也归零，那么相应的对象也应该被回收。这个过程需要持续传递，直到不再有新的对象变为不可达为止。

在一个简单实现中，需要表 5-1 中的原语来完成 RC 操作。根据上下文的不同，RC 可以表示引用数（reference count）或者引用计数（reference counting）。

表 5-1 引用计数原语

操 作 码	操 作 数	语 义
incRC	obj1	对象 obj1 的 RC 递增
decRC	obj1	对象 obj1 的 RC 递减
testRC	obj1	测试对象 obj1 的 RC 是否降为 0，如果是的话，回收它并且递归更新

表 5-2 给出了一些使得实现更便捷的补充原语。

表 5-2　引用计数补充原语

操 作 码	操 作 数	语 义
dectestRC	obj1	decRC 然后 testRC
updSlot	obj1, obj2	incRC obj2 并 dectestRC obj1

RC 原语通常由编译器插桩到生成代码中。编译器插桩需要扫描一个方法两次。在第一趟扫描中，每当遇到在堆或栈中写入一个引用时（在实际实现中，有些引用保存在堆和栈之外。对它们的写入也需要插桩。比如，类的静态字段可能分配在独立的内存空间中，其中可能包含引用。这里用堆和栈代表根据 VM 语义所有引用可能写入的空间），编译器执行以下操作。

□ 每当对象 obj1 有引用加载到栈上时，为它插入 incRC。
□ 每当一个对象的包含值 obj1 的字段被重写为值 obj2 时，为它插入 updSlot。

编译器不会插桩用作方法参数或者返回值的引用，因为参数会被调用方的栈帧持有，而当前方法返回的时候，返回值也会出现在调用方的上下文中。

在第二趟扫描中，编译器对在第一趟扫描中插桩了 incRC 或者 updSlot 的对象执行活性分析，然后执行以下操作。

□ 在它们的活跃范围终点，也就是它们的引用刚刚结束最后一次使用的位置，插入 dectestRC 来递减它们的 RC，如果它们的 RC 降到零就回收这些对象。如果活跃范围在 return 语句结束，就用 decRC 代替 dectestRC，因为如果向调用方返回对象引用，那么可以确定这个对象的 RC 一定不为零。

在 JVM 的 RC 实现中，可能通过 Java 本地接口（JNI）在 Java 代码和本地代码之间传递对象。这些对象也需要在本地代码中更新它们的 RC。我们需要插桩下面这些 JNI 相关操作：设定一个引用类型字段，设定一个引用类型静态字段，对象克隆，以及数组克隆。在模块化良好的实现中，比如 Apache Harmony，只需要修改 4 个函数。

RC 操作可能带来巨大的运行时开销。这些操作中很多是可以被消除的冗余操作。例如，同一个对象上一对相连的 incRC 和 dectestRC，可以替换为一个 testRC 来捕捉可能的零 RC。因为对同一个对象的引用可能来自不同的变量，所以可以应用别名分析帮助判断它们是否指向同一对象，以便于应用优化。

要实现 RC 算法，一个问题是把每个对象的引用计数器放置在何处。计数器值不能太小，以至于不能记录大数值；也不能太大，以至于带来巨大的内存开销。根据目标应用程序的不同特性，它可以是 1 个字节、2 个字节，甚至是 4 个字节。如果 RC 值溢出计数器存储，VM 就不得不放弃追踪，并认为这个对象永远活跃，或者使用其他 GC 算法来回收它。

计数器最小可以是 1 位。值"1"意味着它被引用过一次。当这个对象被创建，并且它的引用被安装到系统中之后，这一点就成立了。一旦失去了这个单独引用，这个对象就会被回收。如果它有多个引用，这个计数器就会溢出，这个对象就会永远生存。如果应用程序的多数对象都只有一个引用的话，那么这样设计有时候是合理的。

紧接着的一个问题就是，在多线程应用程序中如何更新计数器。递增和递减操作本质上都是读–修改–写操作。如果不使用原子化控制，两个线程对同一个计数器的同时操作就可能导致不正确的值。有些 GC 选择使用原子操作来递增和递减。这样的设计中，"递减并测试"并不一定要是原子的，因为计数器一旦归零就无法改变。

对于多数已知处理器来说，原子指令都是代价昂贵的。RC 算法可以选择不使用原子 RC 更新。这样做的代价是，如果某个对象被第二个线程引用的话，那么就放弃 RC 追踪，让它变成永存的。为了实现这一点，需要额外的位来记录它创建线程的 ID。当一个线程试图更新一个对象的 RC 时，它总是测试保存的线程 ID 是否和它自己的 ID 相同。如果相同的话，这个线程就继续 RC 更新；否则，就把 RC 设为溢出。如果多数对象都是线程局部对象的话，这个方法非常有用。

除了运行时开销较高，RC GC 的主要缺点是循环引用问题，其中的对象形成了引用环。一个极端的例子是自指引用。这种情况下，即使是当应用程序已经无法到达环中任何一个对象的时候，环中对象的 RC 也永远无法归零。它们成为无法回收的"漂浮垃圾"。

为了避免或者修正引用环，社区已经提出了各种技术。比如，Apple 为引用使用"weak"或者"unowned"修饰符，用来向 Swift 运行时系统指示在 RC 算法中不要为这个引用计数。

在生成代码中插入 RC 操作增加了代码量。这可能导致更多指令缓存失效。在内存较小的系统中，代码膨胀可能严重到足以使得 RC 算法失效或者无法应用。解释器则不会有这个问题。

5.3 对象追踪

RC 的根本问题存在于它的设计本质之中。它试图追踪引用数目来确定对象的活性，但是只有来自应用程序的引用才能给出这个对象的可达性。当指向对象 S 的一个引用安装到对象 T 中时，这只意味着对象 S 被对象 T 所引用，而不是对象 S 被应用程序所引用。

前面已经提到，我们使用"对象可达性"来作为"对象有用性"的近似。非零 RC 不一定意味着这个对象对于应用程序是可达的。只有当对象由应用程序直接或间接引用时，才可以认为它是可达的。

如果一个对象由应用程序直接引用，那么它的引用必须安装在应用程序的执行上下文中，包括栈帧、寄存器和全局变量。应用程序可以通过它们的名字或者地址直接访问这些位置。保存在这些位置的对象引用称为"根"引用。

如果一个对象由应用程序间接引用，它的引用没有安装在应用程序的执行上下文中，而是安装在其他可达对象中。所以可达性是一个可传递关系。所有的可达对象都可以认为是活跃的。这是偏保守的, 有可能包含应用程序未来永远不会使用的对象, 但是它不会比 RC 方法保留更多无用对象, 因为所有可达对象都一定有非零引用。RC 保留了所有可达对象, 以及循环引用留下的漂浮垃圾。

确定对象可达性的过程称为 "可达性分析"。根据定义, 这个过程包含两个阶段: 第一阶段是找到直接可达对象 ("根" 对象); 第二阶段是找到所有间接可达对象。

❑ 第一阶段检查应用程序的执行上下文, 确定持有对象引用的 (在栈、寄存器和全局变量中的) 所有槽位。这些槽位合称为 "根集" (root-set), 这个过程被称为 "根集枚举"。根集持有的引用称为 "根引用", 或者简称 "根"。

❑ 第二阶段从根对象开始, 通过跟踪可达对象中的引用遍历对象邻接图, 直到所有的可达对象都被访问过。这个过程通常称为 "堆追踪" 或者 "对象追踪"。

所有的可达对象都被标记为活跃, 其余的对象则是垃圾。所以第二阶段也称为 "活跃对象标记"。使用可达性分析的 GC 算法称为 "追踪 GC"。

通常不能在应用程序活跃运行的时候执行对象追踪, 因为执行上下文和对象图都在持续变化之中。应用程序执行和可达性分析之间是一个竞态条件。例如, 如果在栈枚举之后以及寄存器枚举之前, 一个寄存器 R 内的引用 S 被安装到栈上, 并且寄存器 R 被清空。那么引用 R 就从根集中丢失了。

因此, GC 开始可达性分析 (根集枚举和堆追踪) 的时候, 应用程序执行通常会被暂停。如果这个应用程序是多线程的, 那么所有的线程都要暂停。这称为 "停止世界" (stop-the-world)。GC 结束之后才能恢复应用程序运行。GC 暂停时间可能会影响到应用程序的响应性。有些算法会减少暂停时间, 甚至试图完全消除它。我们将在第四部分讨论这个主题。

下面给出对象追踪阶段的伪代码。它以深度优先顺序从根集遍历对象邻接图。

```
void traverse_object_graph()
{
    mark_stack = load_root_references();

    while ( !stack_is_empty(mark_stack) ){
        Object* ovar = stack_pop( mark_stack );
        for (each object oref referenced by object ovar){
            if( obj_is_marked(oref) )
                continue;
            mark_object( oref );
            stack_push( mark_stack, oref);
        }
    }
}
```

这个算法首先把根集引用加载到栈上 (mark_stack), 然后弹出栈顶元素用于对象扫描。未标记的对象引用被压入栈中。持续这个过程直到栈空, 这时所有的可达对象都被标记了。

5.4　RC 与对象追踪

很有趣一点的是，RC 和对象追踪的特性是互补的。

(1) RC 试图找到不再被引用的（即死亡的）对象。对象追踪试图找到可达（即活跃的）对象。

(2) RC 在运行时执行，是应用程序执行的一部分。对象追踪需要暂停应用程序的执行。RC 有运行时开销，而对象追踪需要暂停时间。

(3) 一旦应用程序失去对一个对象的引用，RC 会实时识别出死亡对象。对象一个接一个地死亡。对象追踪则以批处理模式识别死亡对象。当所有的可达对象都标记好时，剩余对象都一起瞬间死亡。在对象追踪结束前，可以认为所有的对象都活着。

(4) RC 可以实时回收死亡对象并重用内存。堆上只包含活跃对象。对象追踪只在一次回收后腾出并利用空间。当它开始回收的时候，堆可能主要被死亡对象所占据。换句话说，使用对象追踪的内存利用效率要低一些。

可以在同一个 GC 算法中实现 RC 和对象追踪，以利用二者的优点。混合算法可以用 RC 动态处理某些对象，把另一些对象留给对象追踪。

直观来看，我们可以在引用不会大量更新的区域应用 RC。如果我们把堆分为几个区域，可能某个区域的对象比另一个区域的对象引用更新更频繁。引用更新最频繁的区域是应用程序的执行上下文。

图 5-1 中展示了这些区域，其中区域 1 是执行上下文。区域间的箭头表示从一个区域到另一个区域中对象的引用。

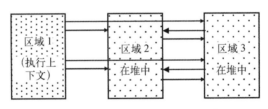

图 5-1　应用程序中有引用的区域

延迟引用计数（deferred reference-counting，DRC）是一种使用 RC 和对象追踪的混合算法。DRC 只追踪堆中（即图 5-1 中的区域 2 和区域 3）的引用更新，这可以节省追踪执行上下文中引用更新的大量运行时开销。当一个对象 RC 降为零时，就把它放入一个名为 ZCT（零引用表）的表中。当堆满了或者 ZCT 满了的时候，就会触发一次对象追踪过程，这个过程只识别根（即区域 1 中的引用）。ZCT 中由根引用的对象被认为是活跃的，其余对象被认为是已经死亡，会被回收。

另外一种情况下，如果已知区域 3 中的对象多数是活跃的，在回收过程中就不需要花时间追踪其中的对象，那么可以假设区域 3 为全活，这样就可以节省对象追踪时间并减少 GC 暂停时间。因为区域 2 中的一些活跃对象可能是通过区域 3 中的对象可达的，所以 GC 需要找到从区域 3 到区域 2 的那些引用。

具体思路是在运行时动态追踪这些引用。一旦安装一个从区域 3 指向区域 2 的引用时，就在记忆集（remembered set，或者简单说 remember set）中记录槽位地址。一旦堆空间满了或者记忆集满了，就用一次追踪 GC 回收区域 2（既然认为区域 3 都是活跃的）。现在对象追踪的初始引用包含来自根集（区域 1）和来自记忆集（区域 3）中的引用。对象追踪只在区域 2 上执行。"区域式 GC"和"分代式 GC"算法中应用了这个思路。

也可以只在某些类型的对象上应用 RC，这样可以实时回收它们的空间。当堆满了的时候，就触发一次普通对象追踪回收。如果引用计数的对象是生灭频繁的主要活跃对象，那么这种方法很有用。对它们使用 RC 可以实时回收内存，以此推迟下一次对象追踪回收。这个思路被称为"循环 GC"（Cycler GC）。

5.5　GC 安全点

在 GC 社区中，人们通常把应用程序线程称为修改器（mutator），因为它们会修改堆。执行垃圾回收的线程则称为回收器（collector），因为它们回收堆。注意修改器和回收器不一定是分离的线程，一个线程可以在修改器和回收器之间变换角色。

前面已经提到过，对象追踪需要暂停修改器来进行垃圾回收。为了枚举根集，回收器需要了解引用在执行上下文中安装的位置。这个信息由运行时和编译器提供。例如，只有编译器了解，在代码的某个执行点上，哪些栈槽位和寄存器中持有引用。前提是编译器在编译程序的时候记录了这个信息。如果编译器没有维护这类信息，回收器只能利用某些启发式算法来保守地猜测上下文中的引用。例如，一个栈槽位中的值看起来像一个指针，它可以被看作一个引用，然后回收器通过检查它指向堆的位置是否真是一个对象来验证猜测。如果它是一个对象，回收器就认为它是活跃的，尽管这不一定是真的，因为栈上的值可能就是一个无关的数字，比如一个整数。这类 GC 算法保留了一个活跃对象的超集，因此称为保守式 GC。如果回收器能够得到精确的根集，那么称为精确式 GC。

为了支持精确根集枚举，编译器可以为每条指令记录相关信息，以备在这条指令上需要暂停运行（即停止世界）时使用。但是为每条指令维护这些信息，代价很昂贵，也没有必要，因为指令中只有很小一部分有机会成为实际执行中的暂停点。编译器只需要为这些点维护相关信息，这些点称为 GC 安全点，在这些点上执行根集枚举和垃圾回收是安全的。

并非在所有语言中，编译器都普遍有能力支持精确根集枚举。只有安全语言具备这种能力，因为非安全语言可能会让编译器迷惑，比如在整数变量中保存引用。

暂停修改器基本上有两种方法：抢占式与自愿式。抢占式方法是指，只要回收器需要执行回收的时候就可以暂停修改器。如果它发现修改器暂停在非安全点上，它可以恢复修改器，向前滚动到一个安全点。目前几乎没有 VM 采用这种方法。

自愿式暂停是指，如果回收器想要触发一次回收，它会设置一个标志，或者向修改器发出一个通知。修改器一旦发现这个标志，或者收到通知，就会在某个安全点暂停自己的工作。修改器可以在 GC 安全点轮询这个标志，那么轮询点就是安全点。编译器负责在安全点插入轮询指令。VM 代码有时候也需要一些安全点，这是由 VM 开发者插入的。

抢占式方法和自愿式方法有时候也被分别称为基于中断的方法和基于轮询的方法。目前常用的是基于轮询的方法。轮询点插入要遵循下列基本原则。

(1) 首先，程序代码中的轮询点应该足够接近，这样回收器等待修改器暂停不需要花太长时间。回收器设置回收标志的时候，堆可能已经满了，所以其他一些修改器可能已经在焦急地等待回收器来回收堆，接下来才能继续运行。修改器不应该运行太长时间而不轮询标志。

(2) 其次，程序代码中的轮询点应该尽可能少。每次轮询点执行都会带来一些开销。太多的轮询点会导致很高的运行时负担。

这两个原则是相互矛盾的。最好的妥协是只拥有必要且足够的安全点。以下是一些需要考虑的因素。

- □ 对象分配点必须是安全点。如果栈已经满了，分配可能失败，那么就应该触发一次回收，为这次分配回收内存。
- □ 轮询点应该插入到可能长时间执行的点。通常来说，如果一个应用程序运行很长时间，那么它必然有重复代码序列——要么是循环，要么是通过递归调用。因此，在循环返回处和方法调用处拥有轮询点是至关重要的。
- □ 最后一个应该拥有安全点的位置是阻塞处或休眠处，这些位置上线程无法继续进行。阻塞（或休眠）线程不能响应回收触发事件，但是它应该在进入休眠或者阻塞之前准备好状态，以允许回收发生。

除了执行时间控制这一方面，从另一个角度看安全点位置选取也是有帮助的。我们可以根据栈状态来考虑选择策略。

当修改器因为 GC 而暂停时，修改器的栈由被调用的方法的栈帧组成，如果这是一个 Java 应用程序的主线程，那么底帧为 main()。除了顶层帧之外，每个栈帧都在一个调用点上。最顶栈帧或者是一个触发 GC 的对象分配点，或者是在长时间运行（循环），又或者是在阻塞（于一个系统调用）的状态中。所有这些位置都应该是准备好了栈信息用于根枚举的安全点。

在实际的实现中，安全区域用来支持阻塞（和休眠）的情况。当 GC 标志被置起的时候，如果线程已经处于阻塞状态，这个线程无法轮询标志，就需要安全区域来允许回收继续进行。安全区域是指这样一段代码，线程进入这个区域时，枚举上下文已经准备好，并且在这个区域内没有引用被修改。换句话说，在这个区域内的任何位置上，根枚举和对象追踪都是安全的。安全区可以看作扩展的大型安全点。

当修改器从阻塞中恢复时，在离开安全区域之前，它会检查是否有回收正在进行中。如果答案是肯定的，那么修改器就像在安全点上一样，通过暂停自身留在安全区域内，直到回收结束。

如果没有回收正在进行中，那么当修改器从阻塞中恢复之后，它可以继续运行，离开这个区域。

下面是回收器暂停所有修改器来进行根枚举的伪代码。

```
stop_the_world_root_set_enumeration()
{
    vm_suspend_all_threads();
    for ( each thread tvar ) {
        vm_enumerate_roots_in_thread( tvar );
    }
    vm_enumerate_root_in_globals();  // 在全局数据中
}
```

下面的伪代码是轮询点的一个典型实现。

```
void gc_polling_point()
{
    VM_Thread* self = current_thread();
    if( !self->suspend_event )
        return;

    self->at_safe_point = true;
    wait_for_resume( self->resume_event );
    self->at_safe_point = false;
}
```

下面的伪代码是安全区域入口和出口的一个典型实现。

```
void gc_safe_region_enter()
{
    VM_Thread* self = current_thread();
    self->at_safe_point = true;
}

void gc_safe_region_exit()
{
    VM_Thread* self = current_thread();
    if( !self->suspend_event ){
        self->at_safe_point = false;
        return;
    }

    wait_for_resume( tself->resume_event );
    self->at_safe_point = false;
}
```

回收器和修改器之间线程交互的实际控制可能要复杂得多，但概念是不变的。第 6 章将深入讨论这个主题。

5.6　常用追踪 GC 算法

对象追踪标记了堆中所有活跃对象之后，回收器就会回收所有死亡对象。

根据回收死亡对象方式的不同，基本上有两种回收算法。一种是在对象标记阶段之后清除死亡对象，称为标记清除 GC（mark-sweep GC）。另一种是把所有活跃对象移动到一个新空间中，然后释放其余空间，称为追踪复制 GC（trace-copy GC）。

5.6.1　标记清除

图 5-2 展示了标记清除回收的过程。

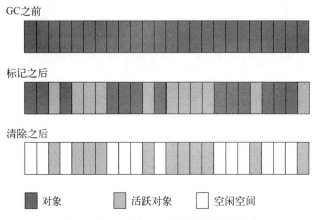

图 5-2　标记清除 GC 不同阶段的堆状态

在标记清除 GC 中，至少需要在堆上遍历两趟，一趟用于标记，一趟用于清除。当堆满了的时候，触发一次回收。在回收之后，把释放的空间标记出来，用于新对象分配。标记清除 GC 的伪代码如下。

```
void mark_sweep()
{
    pass1:
        traverse_object_graph();
    pass2:
        sweep_space();
}
```

5.6.2　追踪复制

追踪复制 GC 把这两趟合并为一趟。基本上它有两个空间，一个用于分配，另一个为复制对象而保留。每当它标记一个活跃对象之后，就把这个对象移动到保留空间，然后通过遍历这个对象的邻接图继续处理其他对象。图 5-3 展示了追踪复制回收过程。

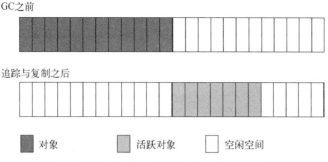

图 5-3　追踪复制 GC 不同阶段的堆状态

回收结束之后，分配空间和保留空间的角色互换。然后修改器在分配空间上分配新对象，一旦它被填满，就会触发新一轮回收。

显然，追踪复制 GC 有如下优点：只有一趟操作；相邻活跃对象带来更好的数据局部性；连续空闲空间有助于更快的对象分配。它的缺点是必须保留足够的空间用于对象复制。保守的设计会保留一半堆，万一大多数对象都是活跃的，也足以应对。因此，这个算法变体称为半空间 GC。与之相比，标记清除 GC 是"就地回收"的，也就是说，它不需要额外的空间用于回收。

在追踪复制 GC 中，当一个对象复制到保留空间后，原来的副本仍保留在分配空间中，因为可能有其他一些对象仍然在引用它。在原来的对象中安装一个指向新副本的指针（称为转发指针），这样其他对象可以从原始副本中找到新地址。持有原来副本引用的对象应该更新它们的指针以指向新的副本。追踪复制 GC 的伪代码如下。

```
void trace_copy()
{
    stack mark_stack = load_root_set();

    while ( !stack_is_empty(mark_stack) ){
        Object** slot = stack_pop( mark_stack );
        Object* ovar = *slot;
        Object* new_ovar = null;

        if( obj_is_copied(ovar) ){
            // ovar 已经被复制
            new_ovar = forwarding_pointer(ovar);
            // 更新槽位以指向新地址
            *slot = new_ovar;
            continue;
        }
        mark_object( ovar );
        // 复制 ovar，在 ovar 中安装转发指针
        new_ovar = copy_object( ovar );
        // 更新槽位以指向新地址
        *slot = new_ovar;
        for (each reference slot pref in new_ovar){
            stack_push( mark_stack, pref );
        }
    }
}
```

注意这个算法与 `traverse_object_graph()` 中的算法有一个不明显的区别，那就是，标记栈（mark_stack）的元素类型不是对象引用（用类型 `Object*` 表示），而是持有对象引用的槽位地址，即引用槽位（用类型 `Object**` 表示）。这个变化至关重要，因为如果被引用对象发生移动，那么槽中的值也需要更新。因此，第一条语句是 `load_root_set()`，而不是之前使用的 `load_root_references()`。

5.7　常用追踪 GC 变体

没有哪个 GC 算法能在所有应用程序中都发挥最优性能。因此，要根据目标应用程序的特性决定使用哪个算法。本节会介绍几种通过修改标记清除算法和追踪复制算法来实现的追踪 GC 变体。

5.7.1　标记压缩

使用标记清除 GC，我们可以把清除修改为压缩，这样可以留下连续空闲空间。其思路是把所有的活跃对象移动到堆的一端，如图 5-4 所示。该算法称为标记压缩 GC（mark-compact GC）。

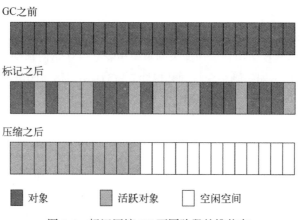

图 5-4　标记压缩 GC 不同阶段的堆状态

尽管标记压缩 GC 具有获得连续空闲空间的优点，但与标记清除 GC 相比，代价是额外的对象移动。因此，标记压缩通常不作为 GC 实现中的独立算法，而是与其他回收算法结合使用。

5.7.2　滑动压缩

可以通过某种方式来设计标记压缩算法，使得压缩前后活跃对象在堆中的顺序保持不变。也就是说，要按照它们原来堆地址的线性顺序移动对象。这种变体称为滑动压缩 GC（slide-compact GC）。通常这种方法的缓存局部性比追踪复制更好一些。追踪复制按照在对象图遍历过程中活跃对象的访问顺序来移动对象，这个顺序通常不同于原来的堆地址顺序。原来的堆地址顺序通常是对象分配的顺序，也是对象访问的顺序。维护这个顺序意味着良好的访问局部性。

典型的滑动压缩GC需要在回收过程中增加额外两趟操作。一趟计算所有生存对象的新位置；另一趟更新活跃对象中的所有引用，以指向它们所引用对象的新地址。额外添加趟次是因为，和就地式 GC 一样，对象移动的顺序对于正确性是至关重要的。否则，移动一个活跃对象可能会导致另外一个活跃对象在移动之前就被覆盖掉。下面给出滑动压缩 GC 的伪代码。

```
void slide_compact()
{
    pass1:
        traverse_object_graph();
    pass2:
        compute_new_locations();
    pass3:
        fix_object_references();
    pass4:
        compact_space();
}
```

注意额外的这几趟，它们的顺序对于滑动压缩 GC 不是强制性的。第 15 章将讨论对它进行的各种优化。

5.7.3 追踪转发

追踪复制 GC 的一个变体不需要每次切换分配空间和保留空间的角色。而是，它总是使用一个空间用作分配，另一个空间用作复制。我们称之为追踪转发 GC（trace-forward GC）。这是基于这样一个观察，有些应用程序在堆满的时候只有少量活跃对象。它不需要保留一半堆用于复制，如图 5-5 所示。

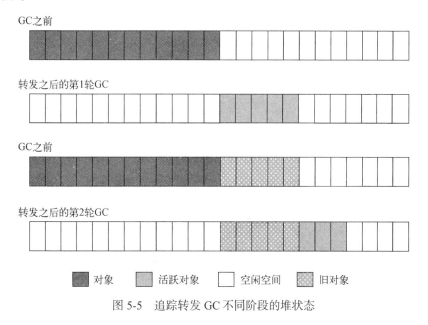

图 5-5   追踪转发 GC 不同阶段的堆状态

在每次回收过程中，活跃对象都被转发到保留空间。在之前回收中已经被转发的旧对象不参与当前这一轮回收的转发。在几轮回收之后，保留空间不足以持有转发对象。回收必须回到像标记压缩这样的就地式 GC 算法。

5.7.4　标记复制

有一种追踪转发和标记压缩的混合算法，称为标记复制（mark-copy）。它标记所有的活跃对象，但不在标记过程中转发。标记复制算法用额外一趟操作把标记过的对象（活跃对象）复制到保留空间，所以它不是就地式 GC 算法。与标记压缩相比，标记复制的优点是，因为被引用的对象不会被对象移动所覆盖，所以它可以把引用修正和对象移动过程合并到一起。可以通过原来对象中的转发指针找到被转发对象的新地址。

```
void mark_copy()
{
    pass1:
        traverse_object_graph();
    pass2:
        compute_new_locations();
    pass3:
        compact_space();
}
```

在极端情况下，标记复制 GC 中的保留空闲空间可能小到只有一页（或者根据设计的任意大小）。我们称之为"种子页"。可以把一个或多个页中的活跃对象撤移到种子页中，然后这些撤空的页面被释放，可以被当作新的保留空闲页。这个设计保留了压缩和复制回收的优点，同时又只需要保留很小的空闲空间用于复制。在并发回收中，堆是一部分接着一部分回收的，这个特性就非常有用。第 17 章将讨论并发移动回收。

5.7.5　分代式 GC

在追踪转发 GC 中，旧对象尽管不需要参与对象转发，但仍需要参与对象标记，否则 GC 无法正确找到分配空间中的所有活跃对象。旧对象通过两种方式参与对象标记。一种与分配空间中的对象一样，除了可达的旧对象（也就是活跃对象）不被转发，就和区域式 GC 一样。另一种完全不追踪旧对象，而是像在分代式 GC 中一样使用记忆集。

分代式 GC 的设计是基于这样的观察：从上一次回收中活下来的对象通常会活得更久。GC 在下一次回收中不会花费时间再次追踪它们，而是假定它们都是活跃的。它需要在记忆集中记录所有从老对象到新对象的引用，把它们作为根引用的一部分。

如图 5-6 所示，现在分配空间是第 1 代（或者被称为年轻一代、托儿所，等等），转发空间是第 2 代（或者老一代、成熟一代，等等）。既然 GC 不在第 2 代中追踪，那么所有到第 2 代的引用都被忽略，图中用虚线箭头表示。第 2 代的对象完全不会被回收。GC 只需要关心到第 1 代的引用，包括来自执行上下文和第 2 代的引用，图中用实线箭头表示。

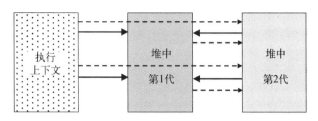

图 5-6 堆中的几代以及各代之间的引用

1. 记忆集与写屏障

在堆布局如图 5-6 所示的分代式回收中，到第 1 代的引用保存在两个集合之中，一个是来自执行上下文的根集，另一个是来自第 2 代的记忆集。根集是通过执行上下文中的枚举获得的。根据算法的不同，记忆集来自最后一次回收，或来自写屏障。我们把记忆集中来自回收的部分称为"回收器记忆集"，把来自写屏障的部分称为"修改器记忆集"。图 5-7 展示了到第 1 代的所有引用。

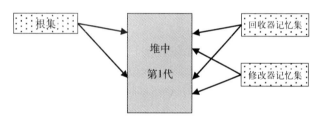

图 5-7 根集与记忆集

回收器记忆集持有上一次回收过程中记录的引用。有些 GC 算法不把所有来自第 1 代的活跃对象转发到第 2 代，而是把一部分活跃对象保存在第 1 代中。当其他对象被转发到第 2 代的时候，从转发对象（第 2 代）到非转发对象（第 1 代）的引用就变成了跨代引用，应该由回收器来记忆。

修改器记忆集持有上一次回收之后应用程序执行过程中记录的引用。应用程序可能会在执行过程中写入一些从第 2 代到第 1 代的跨代引用。这些引用可以通过写屏障捕获，写屏障是一个每当引用写入堆时就会调用的回调函数。写屏障查看写入的引用是否从第 2 代到第 1 代，如果答案为肯定的话就记录它。以下代码是一个写屏障的实现示例。每当向 slot 写入引用 ovar 时就会调用它。

```
void write_barrier(Object** slot, Object* ovar)
{
    if ( slot is in old-generation){
        if ( ovar is in young-generation)
            mutator_remember( slot );
    }
}
```

与 RC 插桩类似，写屏障由编译器在每次引用写入堆的时候插入。JNI 代码也要遵循这个惯例。

当应用程序执行对象克隆或者数组复制的操作时，不需要为每个引用写入使用写屏障。可以只调用一个写屏障，记录对这个对象的所有引用写入。

可以利用底层操作系统的虚拟内存支持来隐式实现写屏障，而不用插桩每个引用写操作。也就是说，GC 保护第 2 代的内存页，这样每个对其执行的写操作都会导致页面异常。异常处理函数作为写屏障，会执行记忆操作。

注意，写屏障通常记录槽地址（slot）而不是引用本身（ovar），原因是这个槽位可能在下一次回收之前很快被再次写入，那么引用值就会被替换为新值。旧值 ovar 引用的对象可能在回收的时候就已经死亡了，因此不需要记忆它。这里的写屏障值只是为了告诉 GC，记录的槽可能持有一个跨代引用。GC 负责在回收的过程中检查槽中实际的值。

2. 牌桌与记忆集枚举

记忆集可以有效减少第 2 代中的追踪时间。一个问题是如何保存记忆集。简单的解决方案就是在 VM 中分配运行时数据结构，但如果存在大量跨代引用写操作的话，这可能会导致巨大的内存开销。

一个替代解决方案是不为每个引用写保存槽地址，而是在堆中标记这个槽位来表示这个槽位可能包含跨代引用。更进一步来说，GC 可以标记槽位所在的堆区域（比如一个页），而不是分别标记每个槽位。当回收发生的时候，GC 将枚举这些标记的区域，找到持有跨代引用的槽位。这就是记忆集枚举，和 GC 在根集枚举中所做的类似。

记忆集枚举的实现依赖于堆数据结构的设计。例如，在某些设计中，堆以页为粒度来组织，每个页都有一个页头来存储本页的元数据。在应用程序执行过程中，当老一代中发生引用写操作的时候，写屏障可以在被写的对象所在页的头中标记一位。这一位表示这一页有一个槽位可能包含跨代引用。回收发生的时候，GC 会扫描这一页，逐个检查对象，找到跨代引用。这种计数方法称为“牌桌”或者“牌标记”。本例中的页就是一张牌。这是记忆集的一个具体实现，因此也是 RC 的一种具体形式。

与记忆集相比，牌桌牺牲枚举时间来换取较小的内存负担。因为牌桌方法只需要了解一个堆区域是否被写入，所以可以重用操作系统（OS）支持，就是把被写的页在它的页表项中标记为脏的。这种方式不需要在 VM 中实现写屏障，取而代之的是读取页表的脏位用于记忆集枚举。由于修改器记忆集应该在回收之后被清空，页表的脏位在回收中也应该被重置。

再次强调，没有哪个算法能一直优于其他算法。我们要根据应用程序特性与 GC 算法的匹配度来选择适合的算法。

5.8 移动式 GC 与非移动式 GC

标记清除 GC 不移动对象,因此是非移动式 GC。复制或者压缩 GC 是移动式 GC。本节会讨论它们的一些优缺点。

5.8.1 数据局部性

使用非移动式 GC 的时候,活跃对象与死亡对象以及空闲空间交替并存。对活跃对象的访问是分散于内存中的,这会导致较差的数据局部性。

移动式 GC 可以一起移动活跃对象,这解决了分散访问的问题。但它需要把对象从旧位置复制到新位置,因此还要把所有过时引用修正为指向新位置,而这样做会带来开销。

5.8.2 跳增指针分配

移走活跃对象之后,移动式 GC 留下了连续空闲空间,这使得对象分配非常简单高效。

移动式 GC 可以使用一个指向空闲空间中当前空闲位置的分配指针。当分配一个对象的时候,移动式 GC 只会把分配指针跳增对象大小。这称为"跳增指针分配器"(bump-pointer allocator),下面给出其伪代码。其中用天花板指针来保护空闲空间耗尽这个边界条件。

```
typedef struct Allocator{
    void* free;
    void* ceiling;
} Allocator;

Object* object_alloc(int size, Allocator* allocator)
{
    int free =(int)allocator->free;
    int ceiling = (int) allocator->ceiling;

    int new_free = size + free;
    if ( new_free > ceiling)
        return null;

    allocator->free = (void*)new_free;
    return (Object*)free;
}
```

有了连续空闲空间,容纳大对象分配也变得很容易。

5.8.3 空闲列表与分配位图

对于非移动式 GC 来说,跳增指针分配很难实现。回收之后,空闲空间可能很快就会碎片化为很多小块。非移动式 GC 通常把空闲块组织为空闲列表。新一次分配从列表中选择一个满足尺寸要求的块。如果这个块比对象要大,分配之后的剩余部分还可以放回空闲列表。回收之后,重新构造空闲列表。

遍历和操作列表的效率要比跳增一个指针低得多。一个类似于对记忆集的牌做标记的解决方案是，不使用专门的空闲列表数据结构，而是用堆中的某些位来指示可用块。例如，这个实现可以使用页头作为位图，其中一位对应页中某个单位大小。位值 1 表示这个单元已经被分配，0 表示它是可用的。某些微处理器可以用单条指令确定一个字中的第一个 1 或 0 的位置，这可以用于检查位图，以快速找到页中的空闲单元。

5.8.4　离散大小列表

为了加速非移动式 GC 的分配，更常用的方法是使用离散大小列表，而不是空闲列表。其思路是把堆组织为块，这些块用于特定大小的对象。这个大小叫作块的"槽位大小"。一个块只能持有和它的槽位同等大小的对象。块的槽位大小从一个小的值开始，比如 8 字节，直到一个大的值，比如 1KB，以固定或可变大小递增。对象会被分配在最合适槽位大小的块中，也就是说，大于等于对象大小的最接近值。大于最大槽位大小的对象会单独分配，而不是放在块中。

当应用程序分配某个大小的对象时，如果没有最合适槽位大小的空闲块可用，就从全局空闲空间中分配一个空闲块。这个空闲块指定为匹配这个对象分配的槽位大小。

当回收被触发的时候，可能某些槽位大小的块有许多，却没有其他槽位大小的块。回收完成之后，有些块中可能不再有活跃对象。可以把这些块返还给全局空闲空间。

在块头（block header）中，有一个位图指示这个块空间使用或对象分配的状态，其中一个位（或者一组位）对应一个槽位。如果一个位值为 1，对应的槽位已经分配给某个对象；否则它就是空闲的。

5.8.5　标记位与分配位

在回收之后，一个块中只有活跃对象，应该在位图中反映它们的状态指示空间使用情况。也就是说，回收之后，持有活跃对象的槽位应该在修改器执行之前置起它的分配位。

如果对象追踪也用块头位图指示对象标记状态，那么回收之后，用于活跃对象标记的这些位在应用程序执行之前可以用来表示对象分配状态。基于这一观察结果，一个自然而然的设计就是在回收之后把这些标记位重用为分配位。这个设计中，每个槽对应两位，一个用作分配位，另一个用作标记位。一次回收之后，它们的角色对调。

这些位的使用方式如下。

(1) 一次回收之后，除了一些分配位设为 1，表示这些槽位已经被占用以外，位图的其余所有位都设为 0。在执行过程中，随着块中分配更多的对象，更多的分配位被设置为 1。

(2) 发生回收后，GC 追踪对象的时候使用标记位。位值为 1 表示对应的槽位持有一个活跃对象。

(3) 对象追踪结束后，所有的活跃对象都标记在位图中。标记位值为 0 的槽位持有死亡对象，可以被回收。GC 清除这些槽位的分配位。这就有效地执行了"清除"动作。

(4) 回收结束之后，应用程序执行恢复之前，GC 交换分配位和标记位的角色。也就是说，在接下来的应用程序执行过程中，把标记位用作分配位。然后过程回到步骤(1)。

图 5-8 展示了这个设计的步骤。

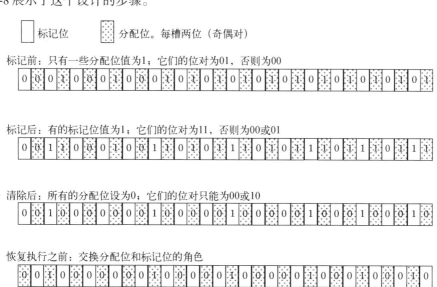

图 5-8　槽位大小相同的块的位图设计

5.8.6　线程局部分配

跳增指针分配只可用于空闲空间属于单个线程的情况。如果有多个线程，那么分配应该是线程安全的。指针跳增必须修改为原子化操作，如以下伪代码所示。

```
Object* object_alloc(int size, Allocator* allocator)
{
    int ceiling = (int) allocator->ceiling;
    int free, new_free;
    do{
        free = allocator->free;
        new_free = size + free;
        if ( new_free > ceiling )
            return null;

        bool ok = CompareExchange(&allocator->free, free, new_free);
    }while( !ok );

    return (Object*)free;
}
```

为每个对象分配使用原子指令代价过于昂贵。一个常见的解决方案是只对块分配使用原子操作。每个线程从全局空闲空间中用原子指令抓取一个空闲块，然后在块中用跳增指针进行对象分配，不用原子操作。这个块是线程局部的，用于分配。

组织为离散大小列表的堆也可以从线程局部块中获益。每个块属于单个线程，用于对象分配。否则，多个线程就必须使用原子指令，在共享块中竞争得到一个槽位。

线程局部块的尺寸不能太小。从全局空闲空间中分配一个块需要原子指令。频繁的块分配会削弱线程局部块的优势。然而，块尺寸也不能太大，否则如果应用程序中有很多线程，有些线程可能并不活跃分配对象，那么就会浪费其中只有少数几个对象的块空间。

5.8.7   移动式 GC 与非移动式 GC 的混合

尽管离散大小列表支持快速分配，但 GC 有可能无法找到具有最合适槽位大小的空闲块用于对象分配，同时在其他尺寸槽位的块中仍有大量空闲槽位。这可能引入以下 3 种内存碎片。

- □ 块内碎片。如果块的槽位大小不是按照一个字的大小递增，那么一个块的槽位大小可能大于分配在其中的对象大小。于是每个槽位都可能浪费一个或多个字的空间。
- □ 块间碎片。应用程序的对象大小可能分布并不均匀，所以有些槽位大小可能使用大量块，而其他大小的槽位可能只有很少的对象。即使某个槽位大小只有一个对象，也要为这个槽位分配一个块。于是这个块空间就浪费了。
- □ 线程间碎片。每个线程抓取自己的线程局部块。一个线程可能大量分配某个大小的对象，而另一个线程可能分配很少的同样大小的对象。于是这个块空间就浪费了，因为这些块并不是线程间共享的。

如果块很大的话，碎片问题就更加严重。为了解决这个问题，可以向非移动式 GC 引入移动式算法。

移动式 GC 和非移动式 GC 混合有以下几种常用的方式。

针对不同回收：一种混合方式是在不同的回收中使用不同的算法。例如，在几轮标记清除回收之后，空间碎片问题非常严重，这时候 GC 可以使用一个压缩回收来打包同样槽位大小的块。

压缩回收把同样大小的对象移动到那些同样槽位大小的半满的块中。压缩之后，对于每个槽位大小，只有一个块是半满的。所有其他同样大小槽位的块要么是满的，要么是空的。空的块会返还给全局空闲空间。这有助于缓解碎片问题。

针对不同堆空间：移动算法和非移动算法也可以合作管理堆的不同部分。比如在分代式 GC 中，可以对年轻一代应用移动算法，对成熟一代应用非移动算法。

这是合理的。年轻一代通常死亡率更高。这意味着一次回收中，年轻一代的生存对象数量通常比较小。移动少量对象留下大量空闲空间是值得的。但是，成熟一代只用为年轻一代中存活的对象分配，这比起修改器的对象分配要少得多。因此，使用非移动式 GC 处理成熟一代的碎片问题是可以接受的。

针对不同对象：移动式 GC 还可能需要非移动式 GC 的帮助，因为它无法简单支持某些语言所需的保守式 GC。那些语言没有精确根集。例如，它们可能在整数中保存一个对象引用。GC 扫描应用程序执行上下文的时候，不得不保守地把任何看起来像引用的数据当作引用。既然这个含义模糊的引用可能实际上是整数，那就不应该移动这些模糊引用指向的对象，否则可能会错误地修改槽位中的整数。一个解决方案是允许在移动式 GC 中锁定对象，这样模糊引用指向的对象就都被锁定了，也就是不能移动。这也是移动式 GC 与非移动式 GC 的一种混合。

5

第 6 章　线程设计

多数编程语言或者以语言构件（比如 Java 中的 Thread），或者以外部库（比如 C 中的 Pthreads）的形式来支持线程（即多线程编程）。因为语言构件作为一种语言特性，它的语义在可移植性和安全性方面能够得到保证，所以是支持线程更好的方式。某些研究者认为把线程实现为库不可能没有任何问题。

如果一个语言有线程构件，那么实现其支持是虚拟机（VM）的责任。因为 VM 通常作为用户应用程序运行，不能访问系统任务调度，所以 VM 实现通常要依赖于操作系统（OS）功能来获得完整的线程支持，否则只能实现用户级线程（green threads 或类似的协程），无法充分利用系统能力。不同 OS 中的线程应用程序接口（API）可能也有所不同，但它们都提供了类似的基本功能。最常见的功能是线程创建、mutex（双向同步）、条件变量（单向同步）和原子操作。我们以 JVM 为例来讨论如何用这些常用功能实现 Java 线程。首先我们应该回答线程是什么。

6.1　什么是线程

线程就是一个执行控制流。它是一个只对控制流机器有效的概念，当前几乎所有处理器都是控制流机器。

控制流是一个指令序列的执行。为了表示控制流，需要两个核心实体：程序计数器和栈指针。程序计数器指向序列中要执行的下一条指令。栈指针指向存储临时执行结果的下一个位置。程序计数器和栈指针合在一起可以唯一标识一个执行控制流。它们通常不能与其他线程共享；否则，混乱的指令或者混乱的数据都可能会导致不正确的结果。其他所有计算资源都可以在线程间共享，比如堆、代码和处理器，因为这些资源并不是必须按顺序访问的。由于程序计数器和栈指针对线程具有唯一性，它们也被合称为线程上下文。

线程上下文意味着，如果一个系统提供了线程支持，那么它至少应该提供一种方法，可以把一个线程上下文与另一个区分开来。独立的线程上下文可以由软件、硬件或者二者混合实现。如果线程上下文在处理器硬件中提供，那么线程称为硬件线程。根据设计的不同，不同的硬件线程可以共享同一个处理器流水线，也可以使用不同的流水线。前者称为同步多线程（simultaneous multithreading，SMT）。超线程（Hyperthreading，HT）是 SMT 的一种实现。一个控制流处理器必须提供至少一个硬件线程上下文，否则就没有控制流了。

如果处理器只有一个线程上下文，那它就不支持硬件多线程。可以由软件来提供多线程。也就是说，多个软件线程可以复用（multiplex）这同一个硬件线程上下文。当一个软件线程被调度运行的时候，它的上下文会被加载到硬件线程上下文中。如果它被从处理器上调度出去，那么它的上下文会被存储在别处，给下一个调度进来的软件线程让路。这称为上下文切换。

既然多个软件线程可以共享同一个硬件上下文，那就不难想象，一个软件线程上下文也可以被另一级的多个软件线程复用。概念上来说，可以构建无限多等级的软件线程，每个高层线程复用它下一级线程的上下文。如果多个高层线程在下一级线程中复用同一个线程上下文，就称为 $M:1$ 映射。

也可以构造 $1:1$ 映射和 $M:N$ 映射。它们只是 $M:1$ 映射的特殊形式。$1:1$ 映射适用于低层线程功能与高层线程相当，但没有映射的话，高层线程就无法直接使用这些功能的情况。例如，低层和高层可以分别是从硬件到软件、从内核到用户空间、从 OS 到 VM，等等。

$M:N$ 映射是指多个线程复用多个上下文的情况。例如，一个多核处理器有多个硬件线程上下文，每个核上都有一个。当它执行多个软件线程的时候，每个软件线程可以被调度到任何一个核上。结果就是 M 个软件线程在 N 个硬件核上运行。

由于线程支持多个层级，当讨论到一个线程的时候，应该指出它位于哪个层级上。一个层级上的单个线程可能包含更高层级上的多个线程。

现实中没有必要构造太多层级的线程，通常不超过 3 级。第 2 级共享第 1 级的硬件上下文，第 3 级共享第 2 级的软件上下文。

在 Linux 设计中，内核线程（软件线程）以 $M:N$ 映射复用硬件上下文，glibc 的用户线程以 $1:1$ 映射使用内核线程上下文。有些系统在用户线程和内核线程之间使用 $M:N$ 或者 $M:1$ 映射，比如 GNU Portable Threads 和 Windows Fiber。但是这些特性要么不常用，要么只用于特殊情况。

注意，在这里进程是一个无关紧要的概念，尽管进程常常和线程相混淆。线程主要是关于"执行的控制流"，而进程主要是关于"内存空间隔离"。如果两个线程运行在隔离的内存空间中，可以认为它们是运行在不同的进程中。在 Linux 内核中，因为所有的任务共享内核内存空间，所以在严格意义上说，在内核级别中没有进程，只有内核线程。进程只存在于用户空间，用户空间为每个进程建立了隔离的虚拟内存空间。在内核上下文中讨论进程也不是错误的，但这里进程实际上是指 $1:1$ 映射到用户进程的内核线程。

6.2　内核线程与用户线程

线程设计中，紧接着线程上下文问题之后的第二个问题就是如何在线程间切换线程上下文，也就是线程调度的设计。

如果线程完全是在软件中实现的，那么线程调度就是在软件中执行的。为了避免一个线程长时间运行占用线程上下文，以至于饿死其他线程，软件线程设计必须保证存在执行切换操作的时机。一个简单的方法是利用普通硬件中断。一旦线程收到一个硬件中断（多数是定时器中断），就陷入中断处理函数，然后在处理函数中，通过保存当前线程上下文并加载下一个线程上下文来实现线程调度。从中断处理函数中恢复执行时，就继续执行新的线程。

有时候，定时器中断还不够。在 $M:1$ 映射中，高层级的所有软件线程在低层级上都被认为是同一个线程。因此，它们在低层级上是作为同一个线程被调度的。这意味着它们一起共享低层级上单个线程的时间片。如果低层级线程被调度出处理器，它包含的所有高层级线程也就都无法继续执行。这是 $M:1$ 映射的一个普遍问题。

因此，如果当前线程休眠（也就是被调度出处理器），那么在定时器打断休眠之前，就无法调度执行其他任何线程。底层调度器只能看到一个休眠中的线程，它不知道有很多就绪的线程共享同一个线程上下文（以及同一个时间片）。这不是期望的结果，因为这时候计算资源在空闲中被浪费掉了，同时又有一些线程在等待运行。一个直观的解决方案是，如果一个线程要进入休眠，它会自愿调用调度器。然后调度器就可以切换上下文到下一个线程。这被称为让行（yield），类似于应用程序触发阻塞系统调用之前的垃圾回收轮询点。

休眠线程让行后，它只让所在层级的线程调度器看来处于休眠状态。在低层级线程调度器眼中，可能看到这个线程继续执行而没有休眠，因为它把所有的高层线程看作同一个单独线程。阻塞操作的让行需要在阻塞操作的实现中支持。例如，现在休眠操作需要两个动作：一个是把这个线程调度出上下文，并置为休眠状态；另一个是调度另一个线程进入上下文。换句话说，高层的阻塞操作实际上在低层看来是非阻塞的。

非阻塞操作对于有大量异步任务（特别是输入/输出操作）的计算来说，可以通过 $M:1$ 映射有效地提高任务并发性，但仍然不能解决资源（特别是多核资源）的利用问题。不管高层调度器设计得如何之好，也只能顶多保证共享的这一个时间片尽量不被浪费。它不能比一个单独底层线程得到更多的时间片。只有最底层线程能控制所有的可用时间片，这就是内核线程。如果一个高层线程想要尽可能多地使用资源，它就必须利用内核线程的支持。这也就是为什么通常在内核线程之上只有不超过一层的额外线程，除非上层线程用 $1:1$ 映射保留了内核线程的调度优势。内核线程级之上的 $M:N$ 或者 $M:1$ 映射在多核资源利用方面没有多大益处，却增加了设计复杂性。

图 6-1 展示了当前 OS 中一个常见的线程设计。

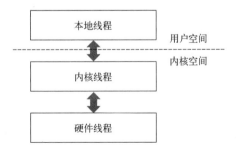

图 6-1   现代操作系统中常见的线程设计

这个线程设计有 3 层。底层是处理器中的硬件线程。每个核有一个或多个线程上下文。中间层是复用硬件线程的内核线程。如果硬件是单核单线程处理器，那么内核线程到硬件线程是 $M:1$ 映射。否则，如果硬件有多个上下文，那么就是 $M:N$ 映射。这个映射由 OS 内核调度器实现。

顶层是运行在用户空间的本地线程。本地线程和内核线程之间的映射通常是 $1:1$，原因前文已经介绍过。这一层映射由 glibc 用对内核线程的用户封装来实现。本地线程通常被认为是 OS 在用户空间这一层提供的线程，因此有时候也称为 OS 线程。

本地线程之上的线程库通常称为用户层线程或者绿色线程，尽管用户层线程在某些场景下有自己的优势，但现在已经很少使用了。目前在异步编程中应用较多的协程（coroutine）可归于此类。

例如，在 $M:1$ 映射用户层线程设计中，多个用户线程永远不会在多个核上并行运行，因为在内核级或者硬件级上它们只是同一个线程，共享低层的同一个线程上下文。那么它们的用户线程编程也就无须使用原子指令。出于这个原因，$M:1$ 映射有时候也被用作脚本语言 VM 的简单快捷线程实现，比如 Ruby。

另一个 $M:1$ 映射用户层线程设计的例子是输入/输出（I/O）密集型环境。用户层线程可以向多个运行中任务提供非阻塞 I/O 操作。这些任务实际上运行在同一个本地线程中，不能在多核处理器上真正地并发运行。在这种环境下，这不是一个问题，因为这些任务不是 CPU 密集型的，而是大部分时间在等待 I/O。共享一个本地线程的时间片就足够了。Node.js 使用这个模型。

6.3　VM 线程到 OS 线程的映射

要实现安全语言线程构件，最高效的方法是在 OS 线程（本地线程）和 VM 线程之间使用 $1:1$ 映射。其他映射通常不会有更高价值，除非在某个领域有特殊的语言要求。

Java 线程和传统（及经典）线程的定义方式是一样的，正如 Java 语言规范中所言："Java 虚拟机可以支持同时运行的多个线程。这些线程独立执行代码，以操作处于共享主内存中的值和对象。线程可以通过多硬件处理器、单硬件处理器时间分片，或者通过多硬件处理器时间分片来支持。"就像 JVM 规范中定义的，每个 JVM 线程有自己的 pc（程序计数器）寄存器和 JVM 栈。JVM 有一个堆，由所有 JVM 线程共享。这个定义使得 $1:1$ 映射成为最佳选择。

下面的代码是一个支持 JVM 线程的 VM 线程数据结构的常见定义。

```
struct VM_Thread {
    void* os_thread;        // OS 线程句柄
    Object* java_thread;    // JVM 线程句柄

    uint32 tid;             // JVM 线程标识符
    volatile int status;    // JVM 线程状态
    int priority;           // 线程优先级
    bool is_daemon;         // 是否为 daemon
    // 其他额外的字段会在后面介绍
}
```

Java API 规范中规定，调用 Thread.start() 会启动线程从 Thread 实例的 run() 方法开始执行。所以我们需要实现两个封装，一个用于 Thread.run()，另一个用于 Thread.start()。下面的伪代码给出了一个概念设计。

Thread.start() 启动线程执行。

```
// 调用这个方法时，参数为 java Thread 对象
void thread_start(Object* jthread)
{
    // 创建 VM_Thread 数据结构
    VM_Thread* kthread = vmthread_data_init( );

    if ( !jthread || !kthread) {
        vm_throw_exception("NullPointerException");
    }

    if (kthread->status != THREAD_STATE_STARTED){
        vm_throw_exception("IllegalThreadStateException");
    }
    // 连接 Java 和 VM 线程数据/对象
    bind_java_and_vm_thread(kthread, jthread);
    set_init_java_thread_priority(jthread);
    // 这里锁定，在 thread_run() 中解锁
    global_thread_lock();
    // 创建线程从 thread_run() 执行
    kthread->os_thread =
        os_thread_create(thread_run, kthread);

    return;
}
```

Thread.run() 在一个新线程上下文中由 Thread.start() 调用。

```
unsigned STDCALL thread_run(VM_Thread* kthread )
{
    // 设置线程状态
    kthread->status = THREAD_STATE_RUNNING;
    // 锁定部分在 thread_start() 中
    global_thread_unlock();

    // 找出 Thread.run() 中的方法结构
    vm_string* sname = string_pool_lookup("run");
    vm_string* sdesc = string_pool_lookup("()V");
    Object* jthread = kthread->java_thread;
    vm_class* thread_class = object_get_class(jthread);
    vm_method* km_thread_run =
        class_lookup_method( thread_class, jname, jdesc);

    // 执行 Thread.run()
    vm_execute_java_method( km_thread_run, jthread, NULL);

    // 退出线程
    destroy_thread_data(kthread);
    return 0;
}
```

下面是上述概念代码中使用的线程状态定义。

```
enum thread_state{
    THREAD_STATE_UNKNOWN,    // 状态为未知
    THREAD_STATE_ZOMBIE,     // 执行完毕
    THREAD_STATE_RUNNING,    // 线程活跃中
    THREAD_STATE_SLEEPING,   // 线程休眠中
    THREAD_STATE_MONITOR,    // 在一个 monitor 上等待
    THREAD_STATE_WAIT,       // 在一个对象上等待
    THREAD_STATE_STARTED     // 启动后运行前
}
```

在这个线程状态定义中，这些状态是互斥的，有时这不够高效，或难以理解。例如，当应用程序检查一个线程是否存活的时候，VM 对于除 UNKNOWN 和 ZOMBIE 之外的所有状态都会返回真。在某些其他的 JVM 设计中，比如 Apache Harmony，线程状态用位标识符定义，可以将其组合起来。实际上它把线程状态设计为多个层次：一层是运行状态（例如 SLEEPING、RUNNING），一层是执行代码类型（例如 IS_NATIVE），还有一层表示组合状态（例如 ALIVE）。

在上面线程数据结构和状态的示例代码中，有一些关于 monitor 和 wait 的数据，这些是接下来将要介绍的基本线程构件。

6.4　同步构件

多个线程要相互合作，需要至少两个基本同步构件。一个用来支持共享数据的互斥访问，另一个用来支持共享数据的条件访问。前者通常用锁实现（即 mutex）。后者也是必要的，因为只用互斥无法高效地实现条件访问。以经典的生产者–消费者问题为例，共享队列未占满的时候，生产者只入队一个项目。下面的代码显然是不正确的。

```
while( true ){
    // 生产者锁住队列进行检查
    lock( Queue );
    while( Queue is full ){
        continue;
    }
    enqueue(Queue, Item);
    unlock( Queue );
}
```

这段代码不正确的原因是，当生产者锁住队列之后，消费者就不能访问队列来消费项目，以此改变队列的状态。如果队列已满，生产者就会永远不停检查队列的状态，这样就造成了一个活锁。

下面的代码也不正确。

```
while( true ){
    // 生产者检查队列，不用锁
    while( Queue is full ){
        continue;
```

```
    }
    lock( Queue );
    enqueue(Queue, Item);
    unlock( Queue );
}
```

上面的代码只把入队操作放到临界区，而把条件检查放在外面。当一个生产者发现条件为真，然后继续进入临界区的时候，另一个生产者可能执行同样的操作，并在当前生产者之前把一个项目入队，放到最后一个空位置上。然后当前生产者会继续运行，向一个已满队列入队一个项目，这是不正确的。

要避免这样的竞态条件，条件检查和入队操作都应该被锁保护。下面的代码给出了一个正确的解决方案。

```
while( true ){
    // 生产者锁住队列进行检查
    lock( Queue );
    while( Queue is full ){
        unlock( Queue );
        lock( Queue );
    }
    enqueue(Queue, Item);
    unlock( Queue );
}
```

上面的代码语义正确，但效率不高，因为在忙循环里生产者解锁队列之后立即又锁住队列。消费者可能找不到机会来锁住队列并消耗项目。结果生产者可能会循环很长时间，却只做了无用功。

更高效的设计通常是在忙循环中插入一个 yield()或者 sleep(n)，n 为毫秒数，在试图再次上锁之前向其他线程让出 CPU 片。

```
while( true ){
    // 生产者锁住队列进行检查
    lock( Queue );
    while( Queue is full ){
        unlock( Queue );
        yield(); // 或者 sleep(n)等一会
        lock( Queue );
    }
    enqueue(Queue, Item);
    unlock( Queue );
}
```

这个设计模式比较笨拙，不能灵活处理各种不同情况。更好的方案是让线程可以休眠，并且只在条件满足之后才醒来，如以下代码所示。

```
while( true ){
    // 生产者锁住队列进行检查
    lock( Queue );
    while( Queue is full ){
        unlock( Queue );
```

```
        sleep_waiting( Queue is not full );
            lock( Queue );
    }
    enqueue(Queue, Item);
    unlock( Queue );
}
```

通过这种方式，生产者只在需要的时候工作，不会浪费 CPU 周期。JVM 定义了监视器（monitor）用来实现互斥和条件访问。

6.5 monitor

monitor 由 mutex 和条件变量组成。

6.5.1 互斥

在 JVM 中，每个对象都与一个 monitor 关联，线程用字节码指令 monitorenter 和 monitorexit 来锁住和解锁这个 monitor。这个锁是可重入的，意思是如果一个线程多次锁住它，需要解锁同样次数才能解除锁定效果。Java 程序中的每个同步（synchronized）块或方法都由一对 monitorenter 和 monitorexit 在块/方法的入口点和出口点封装起来。

为了支持条件访问，每个对象还与一个等待队列关联。线程在这个对象上调用 wait() 就会被添加到这个队列中并进入休眠，然后其他线程在这个对象上调用 notify() 或者 notifyAll() 方法时，这个线程会被唤醒。

回到经典的生产者–消费者问题，使用 monitor 字节码，其概念代码如下所示。

```
while( true ){
    // 生产者锁住队列进行检查
    monitorenter( Queue );
    while( Queue is full ){
        monitorexit( Queue );
        sleep_waiting( Queue );
        monitorenter( Queue );
    }
    enqueue(Queue, Item);
    monitorexit( Queue );
}
```

使用关键字 synchronized 取代一对 monitorenter 和 monitorexit，可以把这段代码重写如下。

```
while( true ){
    // 生产者锁住队列进行检查
    synchronized( Queue ){
        while( Queue.full() ){
            monitorexit( Queue );
            sleep_waiting( Queue );
```

```
        monitorenter( Queue );
    }
    Queue.enqueue(Item);
    }
}
```

6.5.2 条件变量

Java 中 wait() 操作的关键点是,在一个对象上调用 wait() 的线程应该已经持有这个对象 monitor 的锁。wait() 操作原子化地释放这个锁,并把调用者线程置入休眠状态。一旦这个线程从休眠中被唤醒,它就会自动锁住这个对象的 monitor。因此,对象上的 wait() 实际上包含以下 3 个操作。

```
object.wait():
    monitorexit( object );
    sleep_waiting( object );
    monitorenter( object );
```

通过 wait() 实现生产者的 Java 代码如下。

```
while( true ){
    synchronized( Queue ){
        while( Queue.full() ){
            Queue.wait();
        }
        Queue.enqueue(Item);
    }
}
```

一个 Java 对象的等待队列与这个线程等待的条件没有关联。有可能在同一个对象等待的多个线程等待的是不同的条件。检查等待条件是否为真,是线程醒来后自己的责任。

在生产者的例子中,当生产者从 Queue.wait() 方法返回的时候,它必须检查 Queue 是否为满。如果它仍然是满的,那么这个线程就再次 wait()。否则它就继续执行下一步项目入队操作。这个线程不需要担心条件检查和入队动作的原子化问题,因为它从 wait() 返回的时候已经持有锁了。

当一个线程等待的对象接收到通知的时候,这个线程就会醒来。当其他线程在这个对象上调用 notify() 或者 notifyAll() 的时候,通知会被发出。如果等待线程被中断,线程也会醒来。

6.5.3 monitorenter

要在 JVM 中实现 monitor,关键是维护休眠等待锁或条件的线程。一个简单的解决方案是用线程列表保存这些信息。图 6-2 展示了包含 monitor 支持字段的线程数据结构。

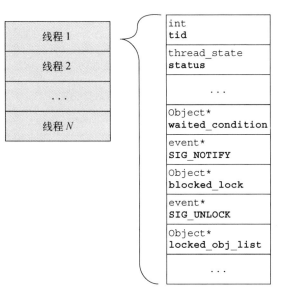

图 6-2　实现 JVM monitor 的数据结构

　　每个线程都有一个已进入的 monitor 的列表（`locked_obj_list`），它因无法锁定而阻塞的一个对象（`blocked_lock`），以及它等待条件的一个对象（`waited_condition`）。

　　我们用对象头元数据中的 1 位 `LOCK_BIT` 来指示这个对象是否被某个线程锁住。如果它被一个线程锁住，那么它就会被记录在这个线程的列表 `locked_obj_list` 中。列表 `locked_obj_list` 的节点类型如下。

```
struct Locked_obj
{
    Object* jobject;    // 锁住的 monitor 对象
    int recursion;      // 重复锁定的次数
    Locked_obj* next;   // 列表中的下一个节点
}
```

`monitorenter` 的操作语义如下。

- 步骤 1：检查 monitor 是否已被锁定。
- 步骤 2：如果 monitor 没有锁定，锁住它然后返回。
- 步骤 3：如果 monitor 已经锁定，检查它是否被本线程锁定。如果是的话，递增重复锁定数字并返回。
- 步骤 4：如果 monitor 由其他线程锁定，等待以后再次锁定它。

`monitorenter` 的伪代码可以像下面这样实现。

```
void STDCALL vm_object_lock(Object* jmon)
{
    Locked_obj* plock = null;
    Locked_obj* head = thread_get_locked_obj_list();
```

```
        // 试图非阻塞锁定这个对象
        // 测试并设置对象的 LOCK_BIT
        bool result = lock_non_blocking(jmon);
        if( !result ){
            // 对象已被锁定
            // 查询当前线程的 locked_obj_list
            plock = lookup_in_locked_obj_list(head, jmon);
            if( plock->jobject == jmon){
                // 由本线程锁定，增加进入次数
                plock->recursion++;
                return;
            }else{
                // 由其他线程锁定，在 monitor 上休眠
                jmon = lock_blocking(jmon);
                // 当它从休眠中醒来的时候，持有锁
                // 重新加载 jmon，以防被 GC 移动过
            }
        }
        // 当前线程第一次持有锁
        // 在它的 locked_obj_list 中记录这个对象
        plock = (Locked_obj*)vm_alloc(sizeof(Locked_obj));
        plock->jobject = jmon;
        plock->recursion = 0;
        plock->next = head;
        thread_insert_locked_obj_list(plock);

        return;
    }
```

lock_non_blocking()的概念代码如下所示。它不会阻塞线程，而会返回锁定操作的成功或失败的结果。注意，这段代码本身是不正确的，因为没有保证所需的原子操作。当多个线程竞争锁定的时候，结果也许是无法预料的。例如，有可能每个线程都确信自己获得了锁。后面会介绍如何用原子指令正确实现它。

```
bool lock_non_blocking(Object* jmon)
{
    // 假定 Object 关于锁定状态的元数据位于对象头中
    uint32* pheader = (uint32*)object_header_addr(jmon);
    uint32 lock_bit_mask = 1 << LOCK_BIT;
    {   // 下面的操作应该是原子化的，比如
        // compare-exchange（或 test-swap、test-set）
        // 后面会讨论这一点
        uint32 orig_bit_val = (*pheader) & lock_bit_mask
        *pheader |= lock_bit_mask;
    }
    return !orig_bit_val;
}
```

lock_non_blocking()的逆操作是 lock_release()，它清除对象头中的 LOCK_BIT，表示未锁状态。因为只有锁的拥有者可以释放这个锁，所以它不需要原子化操作。

```
void lock_release(Object* jmon)
{
```

```
    uint32* pheader = (uint32*) object_header_addr(jmon);
    uint32 lock_bit_mask = 1 << LOCK_BIT;
    *pheader &= ~lock_bit_mask;
}
```

下面给出 lock_blocking() 的伪代码。

```
Object* lock_blocking(Object* jmon)
{
    VM_Thread* self = thread_self();
    // 试图获得锁
    while( !lock_non_blocking(jmon) ){
        // 无法获得锁，进入休眠
        // 记录被阻塞的锁
        self->blocked_lock = jmon;
        self->status = THREAD_STATE_MONITOR;
        // 休眠等待唤醒
        wait_for_signal( self->SIG_UNLOCK, 0);
        // 被解锁这个 monitor 的线程唤醒
        self->status = THREAD_STATE_RUNNING;
        // 重新加载对象，以防被 GC 移动过
        jmon = self->blocked_lock;
        self->blocked_lock = null;
        // 循环回去再次竞争锁
    }
    // 终于获得锁，然后返回
    return jmon;
}
```

当锁不可得的时候，线程就在一个事件 self->SIG_UNLOCK 上等待。当它从等待中被唤醒之后，线程循环回去，再次锁定这个 monitor。线程锁定这个 monitor 之后，函数返回。

6.5.4　monitorexit

monitorexit 是 monitorenter 的反向操作。它的操作语义如下。

❑ 步骤 1：检查锁是否由自身持有。
❑ 步骤 2：如果不是由自身锁定，抛出一个异常指示 IllegalMonitorState，然后返回。
❑ 步骤 3：如果由自身锁定，检查重复次数，如果重复次数大于零，递减它然后返回。
❑ 步骤 4：如果重复为零，释放锁。
❑ 步骤 5：检查是否有任何线程阻塞等待锁定这个对象。如果没有等待线程就返回。如果有等待线程，唤醒它然后返回。

下面给出 monitorexit 的伪代码。

```
void STDCALL vm_object_unlock(Object* jmon)
{
    // 检查 jmon 是否为锁定对象
    Locked_obj* plock = null;
    Locked_obj* head = thread_get_locked_obj_list();
    plock = lookup_in_locked_obj_list(head, jmon);
```

```
    if( !plock ) {
        // 锁不由当前线程持有
        vm_throw_exception("IllegalMonitorState");
    }
    // 锁由当前线程持有
    plock->recursion--;
    if (plock->recursion == -1) {
        // 不再持有这个锁，释放锁记录
        plock->jobject = null;
        delete_from_locked_obj_list(head, jmon);
        // 清除对象头中的 LOCK_BIT
        // 与 lock_non_blocking()对应
        lock_release(jmon);
        // 与 lock_blocking()对应
        notify_blocking_threads(jmon);
    }
    return;
}
```

只有锁定线程可以解锁 monitor。因此，解锁函数实现起来很直观，不需要担心竞态条件。一旦 monitor 解锁之后，当前解锁线程需要唤醒阻塞等待锁定这个 monitor 的线程。没有规定要唤醒多少个线程。不管唤醒多少个线程，其中只有一个能够在竞争中赢得这个锁。所以只唤醒一个线程也是可以的。notify_blocking_threads()的伪代码如下所示。

```
void notify_blocking_threads(Object* jmon)
{
    VM_Thread* kthread = vm_thread_list();
    // 迭代线程列表找到阻塞线程
    for ( ; kthread != null; kthread = kthread->next){
        Object* blocked_lock = kthread->blocked_lock;
        if( blocked_lock == jmon ){
            // 唤醒这个线程
            deliver_signal(kthread->SIG_UNLOCK);
            return;
        }
    }
    return;
}
```

在 monitor 锁定和解锁实现中，代码利用 OS 支持来等待和发送信号。每个线程用两个信号（或事件）与其他线程及 OS 内核交流。在 Windows 系统中，这些信号可以实现为 Event 对象。在 Linux 系统中，这些信号可以用条件变量实现。它们不应该与 Java 方法 Object.wait()和 Object.notify()混淆。可以把它们看作实现于不同层级的类似构件。

这并不意外，因为 monitor 是一个常用基本线程同步构件。当前 OS 的设计或者直接支持 monitor，或者支持其他很容易实现 monitor 语义的构件。换句话说，其他系统的同步构件也可以构造在 JVM monitor 之上，尽管不一定能够获得很好的性能和可扩展性。

6.5.5 `Object.wait()`

有了前面实现的 monitorenter 和 monitorexit，可以用类似方法实现对象的 wait() 和 notify()。唯一值得指出的一点是，在 wait() 中解锁 monitor 之前，当前线程应该记录锁重复次数，这样当它再次获得锁的时候，可以恢复重复次数。

```
void object_wait(Object* jmon, unsigned int ms)
{
    // 检查 jmon 是否为锁定对象
    Locked_obj* plock = null;
    Locked_obj* head = thread_get_locked_obj_list();
    plock = lookup_in_locked_obj_list(head, jmon);

    if( !plock ) {
        vm_throw_exception("IllegalMonitorState");
        return;
    }

    // 在当前线程中记录 jmon
    VM_Thread* self = thread_self();
    self->waited_condition = jmon;
    self->status= THREAD_STATE_WAIT;
    // 在等待之前释放锁，记录锁定次数
    int temp_recursion = plock->recursion;
    plock->recursion = 0;
    vm_object_unlock(jmon);

    bool signaled = wait_for_signal(self->SIG_NOTIFY, ms);
    // 醒来
    self->status= THREAD_STATE_RUNNING;
    self->waited_condition = null;
    // 再次获得锁，插入到 locked_obj_list
    vm_object_lock(jmon);
    // 恢复锁定重复次数
    head = thread_get_locked_obj_list();
    // 找到节点
    plock = lookup_in_locked_obj_list(head, jmon);
    plock->recursion = temp_recursion;

    if(self->interrupted) {
        self->interrupted = false;
        vm_throw_exception("Interrupted");
    }
}
```

6.5.6 `Object.notify()`

对象的 notify() 与 notify_blocking_threads(jmon) 非常相似，除了它会向等待 SIG_NOTIFY（而不是 SIG_UNLOCK）的（一个或多个）线程发送一个信号。

```
void object_notify(Object* jmon)
{
    // 检查 jmon 是否为锁定对象
    Locked_obj* plock = null;
    Locked_obj* head = thread_get_locked_obj_list();
    plock = lookup_in_locked_obj_list(head, jmon);

    if( !plock ) {
        vm_throw_exception("IllegalMonitorState");
        return;
    }

    VM_Thread* kthread = vm_thread_list();
    // 迭代线程列表找到阻塞线程
    for ( ; kthread != null; kthread = kthread->next){
        Object* waited_cond = kthread->waited_condition;
        if(waited_cond == jmon ){
            // 唤醒这个线程
            deliver_signal(kthread->SIG_NOTIFY);
            return;
        }
    }
    return;
}
```

图 6-3 展示了线程操作 monitor 的状态转换图。工业界和学术界做了大量工作来探索对 monitor 实现的优化,例如元锁(meta-lock)、瘦锁(thin-lock),等等。第 18 章将介绍其中一些技术。

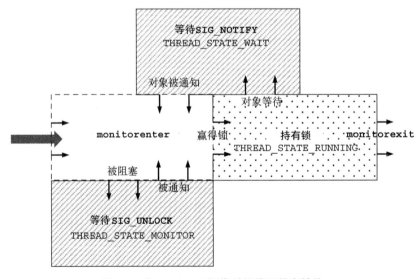

图 6-3   在 monitor 上操作时的线程状态转换

6.6　原子

JVM monitor 是一个阻塞操作。这意味着如果线程无法获得锁就会阻塞休眠。应用程序（不是 VM）无法试图获得锁而不被阻塞。有时候，一个线程可能只想知道自己能否获得锁，或者锁是否已经被别人拿到。然后这个线程才能决定下一步怎么做，是阻塞、重试，还是放弃。

例如，在并行图遍历算法中，多个线程试图用标签 VISITED 标记图节点。节点的初始状态为 NULL。如果节点已经是 VISITED 状态，就不需要任何操作。当线程到达一个节点的时候，基本上会执行以下操作：

```
if(flag == NULL ){
    flag == VISITED;
}
```

如果一个节点已经被访问过，当前线程就会放弃它，并继续访问图中下一个节点。如果其他线程正在访问同一个节点，这个线程既不希望被阻塞进入休眠，也不希望休眠以等待标志再次恢复为 NULL，所以下面的 JVM monitor 代码不会按照期望那样工作。

```
synchronized( Node ){
    if( flag == NULL ){
        flag == VISITED;
    }
}
```

在上面的代码中，如果另外一个线程已经锁定了 Node 对象的 monitor，那么当前线程不能继续，而是阻塞等待这个 monitor 解锁。这样做是多余的，因为当前线程应该继续操作下一个节点。对这个标志的这些操作，是常见的对一个内存值的 test&set（测试并设置）操作序列。如果可以原子化执行这个序列，就不需要涉及 monitor。这里需要的是下面的概念模型。

```
atomic{
    if(flag == NULL ){
        flag =- VISITED;
    }
}
```

出于这个目的，Java 引入了原子变量，原子变量可以对 test&set 这样的几个基本操作进行原子化操作。我们可以用原子变量实现图遍历。

```
AtomicInteger flag = new AtomicInteger(NULL);
flag.compareAndSet(NULL, VISITED);
```

这个操作的效率取决于 VM 中原子变量的实现。

所有现代微处理器都有像 test&set 这样用于简单内存操作的原子指令。在 X86 CPU 中，可以用带前缀 lock 的指令确保指令原子化。例如，下面的内联汇编代码实现了对内存中一个字的原子化比较与交换。它就是在非原子指令 cmpxchg 之前加上了前缀 lock。这个指令将内存 address 中的值与 cmperand 比较，如果相等，就把值 exchange 保存在 address 中；否则就不会存储。这两种情况下都会返回内存 address 中原来的值。

```
inline int AtomicCompareExchange(int *address,
                                 int comperand,
                                 int exchange)

{
#ifdef __LINUX__

__asm__(
    "lock \tcmpxchg %1, (%2)\t\n"
    :"=eax"(comperand)
    :"edx"(exchange), "r"(address), "eax"(comperand) );

#else
#ifdef __WINDOWS__
    __asm {
    mov eax, comperand
    mov edx, exchange
    mov ecx, address
    lock cmpxchg [ecx], edx
    mov comperand, eax
    }
#endif
#endif
}
```

当处理器执行带 `lock` 前缀的指令时，一种实现是处理器断言内存总线以获得对内存的独占访问。其他处理器的内存操作就会被阻塞等待总线断言（assertion）解除。

VM 可以用 `AtomicCompareExchange` 在如下伪代码中实现原子变量的 `compareAndSet` 方法。

```
boolean compareAndSet(int* this, int comp, int set)
{
    int original;
    original = AtomicCompareExchange(this, comp, set)
    if( original == comp )
        return true;

    return false;
}
```

有些处理器有对多指令临界区的硬件锁支持。支持硬件多线程的处理器通常会提供这个功能。原子也可以用这个功能实现。

在不使用基于总线内存子系统的多核计算机中，或者在分布式共享内存计算机系统中，内存访问互斥的开销要比在基于总线的系统中大得多。原子化的实现方法可能会完全不同。

在单核系统中，通常处理器自然而然就支持了指令级原子化。即使指令可能在流水线中乱序执行，处理器呈现给开发者的结果必须与按照指令序列顺序执行代码的结果一样。所以在单处理器系统中，不需要总线断言。例如，可以在 `AtomicCompareExchange` 的实现中省去前缀 `lock` 以降低处理器开销。

6.7　monitor 与原子

原子化帮助避免了阻塞同步，阻塞同步被认为是 monitor 的缺点。所以原子化有时候也称为非阻塞同步。但本质上来说，原子化和 monitor 是一样的，唯一的区别在于锁的粒度。

6.7.1　阻塞与非阻塞

使用 monitor，互斥可以通过检查内存中的共享数据实现，等待可以在 OS 层级通过线程调度实现。使用原子指令，互斥可以通过处理器断言内存总线实现，等待可以在处理器层级通过指令流水线调度实现。其他内存指令保存在一个队列中，直到内存断言解除才能进入流水线。总线断言只用于带有 `lock` 前缀的单个指令，因此对其他内存操作的阻塞时间非常短，例如几个周期到几百个周期。

与之相比，通过线程调度实现的 monitor 的等待时间由锁定临界区的持续时间和 OS 调度效率决定。其完成时间无法确保。如果开发者在临界区中只放入很短的代码序列，那么等待时间可以像调度时间片那么短，甚至还能更短。

对于互斥来说，总是会发生阻塞，并且在不同的层次上以不同的粒度阻塞。原子可以被看作指令级的指令粒度原子化，而 monitor 可以被看作 OS 级的时间片粒度原子化。当我们在 OS 级上讨论的时候，说原子是非阻塞的，这是没有问题的，也就是不涉及 OS 调度。如果一个算法只使用原子，就可以被看作非阻塞的，因为线程永远不会阻塞休眠。

6.7.2　中央控制点

不管原子化的粒度如何，要实现互斥，关键是要找到所有参与线程都必须经过的中央控制点。对原子指令来说，中央控制点就是总线，因为计算机中所有的内存操作都要经过它［这里只讨论共享内存多处理器（SMP），但对于非 SMP 来说，这个概念仍然是成立的］。因此，所有的原子指令，不管是否操作同样的内存地址，都是彼此互斥的。

对于 monitor 同步来说，中央控制点是 monitor 对象。因此，锁住的 monitor 只会阻塞想要锁住同一个对象的线程，而不会影响其他线程。如果所有的线程都使用同一个 monitor，那么它就成了一个大全局锁。

6.7.3　锁与非锁

要确定一个临界区是否需要锁，我们需要检查这个临界区的运行实例是交替执行还是同时并发执行。

来自于同一个处理器的指令总是按序完成提交，所以从程序的角度来说，它们不会相互交叠。每条指令（作为一个细粒度的临界区）可以被认为是原子的，`lock` 前缀可以省略。如果是多核的情况，所有核都可以同时向总线发起内存操作。来自不同核的指令可能交替访问总线，要得到原子化保证就要添加 lock 前缀。

作为对比，如果临界区是不同线程中的代码段，线程在同一个处理器上，那么它们的执行可能交替。或者线程在不同的处理器上，那么临界区可能并发运行。因此，这里要实现互斥，就不能省略 monitor 锁。

但是，特殊情况下 monitor 也可能省略它的锁。例如，如果应用程序只有一个线程，那么所有的锁都可以被省略。

甚至多线程下也可以省略锁。如果用户级线程库中所有线程共享同一个本地线程上下文，那么省略锁也是可能的。首先，使用同一个本地线程上下文，临界区的并发执行是不可能的。其次，如果代码满足以下两个条件，交替执行也是可以避免的。

❑ 线程库不会抢占式调度线程，而是只在线程自愿让行的时候才切换上下文。
❑ 所有用户线程只在临界区之外的代码区域让行。

有些系统利用了这个性质。

6.7.4   非阻塞之上的阻塞

由于 monitor 和原子的关系，多数 monitor 用原子来实现。换句话说，阻塞锁通常用非阻塞锁加上等待来实现，如以下概念代码所示。

```
void lock_blocking(Object* jmon)
{
retry:
    ok = lock_non_blocking(jmon);
    if( ok ) return;
    wait_on_lock(jmon);
    goto retry;
}
```

在以上锁定 monitor 的例子中，核心操作是 lock_non_blocking(jmon)，它使用原子test&set 来获得这个锁。前面已经介绍过，我们在对象头中用位 LOCK_BIT 指示对象是否已经锁定。所以 lock_non_blocking(jmon) 的伪代码如下。

```
bool lock_non_blocking (Object* jmon){
{
    volatile int* pheader = jmon->header;
    int orig = 0;

#ifdef __LINUX__
    __asm__ __volatile__(
        "lock btsl %2,%1\n\t"
        "sbbl %0,%0"
        :"=r" (orig),"=m" (*pheader) :"Ir" (LOCK_BIT) : "memory");
#else
```

```
#ifdef __WINDOWS__
    __asm{
        mov eax, pheader
        mov edx, LOCK_BIT
        xor ecx, ecx
        lock bts dword ptr [eax], edx
        sbb ecx, ecx
        mov orig, ecx
    }
#endif
#endif
    return (bool)!orig;
}
```

在这段示例代码中，指令 bts 使用了 lock 前缀，它会原子化地把指定内存的指定位与 1 交换。这一位原来的值保存在处理器的 CF（carry flag，进位标志）中。CF 值 1 表示锁由其他线程持有，值 0 表示当前线程成功锁定了它。

这个模式类似于 cmpxchg 指令，区别在于 bts 不把原来的值保存在一个寄存器中。然后代码用 sbb 指令把 CF 中的值转换到寄存器中。sbb 指令把源操作数与 CF 相加，然后在目标操作数中减去这个相加的结果。这个相减的结果保存在目标操作数中。由于源操作数和目标操作数都是 0，如果 CF 值为 0，那么目标操作数中的结果仍是 0。如果 CF 为 1，那么结果就是–1（即非零值）。因为 CF 的值与期望的布尔结果相反，所以这段代码返回了 CF 值的否。

原子不能代替 monitor，因为有时候如果等待时间长度不定的话，那么阻塞还是需要的。在多线程应用程序的开发中，monitor 和原子的作用通常是互补的。

6.8　回收器与修改器

应用程序在 VM 中运行的时候，通常存在几类线程。主要的一类是应用程序线程。从内存管理的角度看，应用程序线程也称为修改器，因为它改变内存。用于垃圾回收的线程叫作回收器。根据 VM 设计的不同，垃圾回收可以在修改器线程的上下文中执行，也可以在专用线程中执行。

使用停止世界（stop-the-world）GC，修改器被垃圾回收暂停，然后可以在被暂停的修改器的上下文中完成回收。在这种设计中，回收器和修改器是同一个本地线程的不同阶段。

使用专门线程用于垃圾回收也是很常见的，其中修改器和回收器由不同的本地线程支持。在停止世界 GC 中，回收器在回收进行时恢复执行，并在回收完成后休眠。在并发式 GC 中，修改器和回收器并发运行。

在 JVM 中，修改器是通常从 Thread.start() 启动并需要绑定到 Java 线程对象的 Java 线程。回收器不是 Java 线程。它们都可以重用来自线程池中的线程实体，以减少创建新线程的开销。

除了修改器和回收器，即时（JIT）编译也可以在专用线程中执行。举个例子，JIT 编译器编译一个方法的时候，如果它发现当前方法会调用几个还没有编译的方法，那么在多核系统中，它可以把它们传递给另一个专用 JIT 线程来并发编译。这样，通过把方法编译移出关键路径，也许可以减少应用程序的执行时间。

在 JVM 中，通常有专门的线程用于终结（finalization）和弱引用处理。JVM 规范没有指定终结死亡对象的时间要求，也没有指定弱引用对象入队的时间要求。用专门线程在任何关键路径之外分别处理它们是很方便的。这些线程一定是 Java 线程，因为它们在执行 Java 方法。考虑到这一点，应该把它们也当作修改器。第 12 章会进一步讨论这个主题。

在 Apache Harmony 中，修改器和回收器都是分配器（allocator）线程的子类。分配器负责从堆上分配内存。修改器在应用程序执行过程中会从堆上分配对象。回收器在把活跃对象从一处移动到另一处的时候会从堆上分配对象。以下代码是 Allocator 的简化定义。

```
struct Allocator{
    void *free;          // 分配起始地址
    void *ceiling;       // 分配上限（天花板）
    void* end;           // 分配块边界
    Block *alloc_block;  // 线程局部分配块
    Space* alloc_space;  // 全局块分配空间
    GC    *gc;           // gc 算法
    VM_Thread *thread;   // 分配器的线程
}
```

Allocator 维护了一个线程局部块（alloc_block），这样内存分配动作就可以无须互斥。在 Windows 系统中，当前线程的 Allocator 数据结构的地址保存在线程局部存储（TLS）中；在 Linux 系统中，则保存在线程专用数据（TSD）中。因此，每个线程（修改器或者回收器）都能快速找到它的 Allocator 数据用于对象分配。

6.9   线程局部数据

线程局部数据是指那些由一个线程单独拥有的数据。这些数据只能由这个线程访问。对开发者来说，线程局部数据是很有吸引力的，因为"线程局部"这个性质可以应用于多个方面。最显而易见的性质就是对线程局部数据的访问不需要锁来实现互斥。线程局部数据基本上可分为 3 种：寄存器文件、运行时栈和线程局部堆。

前文已经介绍过，基本上线程上下文由程序计数器和栈指针组成。它们是持有线程私有，或者唯一标识这个线程的数据的寄存器。现实中，线程上下文可能包含所有的寄存器，有时称为寄存器文件。

线程上下文可能由多个线程复用，但是当一个线程在执行的时候，通常它不能访问其他线程的上下文。不过有一些例外。例如，当一个线程暂停或调试另一个线程的时候，有一些 OS 允许这个线程访问被暂停或被调试的线程的上下文。有一些处理器提供了跨线程共享的全局寄存器。这些例外是已知的特殊情况，不会影响这里对线程局部的讨论。

运行时栈是线程的运行时临时数据，它也是线程局部的。由于栈通常分配在系统内存中，如果把栈指针传递给其他线程的话，那么它也是可以被其他线程访问的。和寄存器类似，运行时栈的跨线程访问是严格控制的特殊情况，不改变通常情况下的线程局部特性。

寄存器文件和运行时栈都是 OS 支持的线程局部数据，默认情况下应用程序不需要做额外工作，就可以假定它们的线程局部特性。也就是说，如果把一个变量放到寄存器中或者放到线程栈上，那么它不会被其他线程访问。

线程局部堆不同于寄存器或者栈。它不是由 OS 设计所支持的，而是由应用程序惯例所支持。默认情况下堆是由所有线程共享的。如果一个堆区域对一个线程是局部的，意味着下面两种情况之一成立。

- ❑ 第一种情况下，这个区域是其他线程不能访问的。这个区域可能被虚拟内存机制或者任何实施这个惯例的技术所保护，或者简单来说就是一个所有线程都遵守的规则。例如，线程局部块由一个线程持有，用于对象分配。这个块只在对象分配的意义上对线程是局部的。一旦对象被分配了，它就可以被所有线程访问。
- ❑ 第二种情况下，这个区域并不是设计为线程局部的，而是事实上只有一个线程会实际访问它。这种数据被称为"非逃逸"（nonescape）的，也就是说，它们被局限在这个线程的范围之内。一旦数据被其他线程访问，它就"逃离"了当前线程。"逃逸分析"是一个重要的编译器技术，它试图找到"非逃逸"数据并把它们作为线程局部数据来优化。

线程局部堆可能是临时的。它可以在一段时期内是线程局部的。在这段时间之后，它可能是其他线程可以访问的，或者可能被传递给第二个线程作为线程局部的。

有时候，线程可能想要通过同一个变量名（或同一个 API）访问各自的线程局部堆。比较好的做法是，不同线程访问变量 my_region（或者 API my_region()）的时候，返回调用线程自己的线程局部堆。也就是说，不同的调用线程有不同的线程局部堆，但是共享同一个名字。这个功能称为"线程局部存储"（thread-local storage，TLS）或"线程专用数据"（thread-specific data，TSD）。

这个功能可以构建在 OS 支持的线程局部数据之上。例如，每个线程把它的线程局部堆的地址放在同一个寄存器中。然后所有线程可以通过访问这个同名寄存器来访问各自的线程局部堆。尽管寄存器名是相同的，但是寄存器内容来自于不同的线程上下文。另外一个解决方案是把线程局部堆地址放到各自运行时栈的同一个槽位中。不同的线程可以在栈中使用同样的槽位号来提取各自的线程局部堆地址。

线程局部分配器

在 Apache Harmony 中，每个线程为线程局部数据分配一个堆区域。这个区域的地址保存在一个 TLS 变量中，可以使用 API vm_thread_local() 访问：

```
void*  tls_base = vm_thread_local();
```

在这个线程局部区域之内，Allocator 数据结构的地址保存在一个固定的位置。也就是说，从这个区域起点的偏移量是一个常量，这个常量保存在全局变量 `tls_alloc_offset` 中。使用这种设计，我们可以通过下面的代码序列访问这个分配器。

```
extern int tls_alloc_offset;
inline Allocator* thread_get_allocator()
{
    void* tls_base = vm_thread_local();
    char* tls_slot = (char*)tls_base + tls_alloc_offset;
    int* allocator = *(int*)tls_slot;
    return (Allocator*) allocator;
}
```

然后可以用如下伪代码实现跳增指针分配器。

```
// 这个例程不处理任何慢路径操作
// 而是如果不成功就返回 null
Object* gc_alloc_fast(unsigned size, Vtable* vt)
{
    // 如果要分配的对象有终结器就返回
    if(type_has_finalizer(vt)) return NULL;

    // 如果是大型对象就返回
    if ( size > GC_OBJ_SIZE_THRESHOLD ) return NULL;

    Object* p_obj = null;
    Allocator* allocator = thread_get_allocator();
    int free = (int)allocator->free;
    int ceiling = (int)allocator->ceiling;

    int new_free = free + size;
    if (new_free <= ceiling){
        p_obj = (Object*)free;
        allocator->free= (void*)new_free;
    }else{
        return null;
    }

    // 向对象头安装 vtable 指针
    obj_set_vt(p_obj, vt);
    return p_obj;
}
```

这个例程试图尽可能快地分配一个对象。特别是当它不能分配对象时，就直接返回 null。另一个例程 `gc_alloc()` 将处理 `gc_alloc_fast()` 中失败的慢路径的情况。当编译器生成对象分配的代码时候（比如 JVM 中的字节码 `new` 或 `newarray` 族），它以机器码生成如下的伪代码。

```
p_obj = gc_alloc_fast(size, vt);
if(p_obj == null){
    prepare_for_native_call();
    gc_alloc(size, vt);
    clean_after_native_call();
}
```

慢路径 `gc_alloc()` 可能触发垃圾回收，所以编译器需要维护栈来作为一个安全点支持根集枚举。栈准备和清理可能需要上百条指令，如果每个对象回收都需要执行的话，代价就过于昂贵。例程 `gc_alloc_fast()` 永远不会触发垃圾回收，因此节省了栈维护的开销。第 10 章会讨论慢路径支持。

6.10　GC 的线程暂停支持

当停止世界 GC 发生时，VM 需要暂停所有修改器以避免产生任何竞态条件。即使在并发 GC 中，修改器和回收器可以同时运行，它通常也需要暂停线程，主要是为了根集枚举。

6.10.1　GC 安全点

在典型的 VM 实现中，并不推荐使用暂停–前滚方法在一个 GC 安全点暂停线程。最好是修改器在一个安全点检测到一个回收事件的时候暂停自身。VM 需要为每个 GC 安全点插入轮询代码。轮询代码检查 VM 是否触发了回收事件，如果是的话，它就暂停当前线程。回收结束后，VM 发送另一个事件通知修改器从安全点恢复运行。

为了概念化描述这个设计，可以用两个事件实现 VM 和线程间的协议，一个指示暂停请求，另一个指示恢复请求。暂停请求可以是一个由 VM 在 GC 发生的时候设置的全局标志，或者是一个专门发送给待暂停线程的线程局部数据。恢复请求也可以通过重置同一个标志来实现。

VM 和目标线程之间的交互如图 6-4 所示。

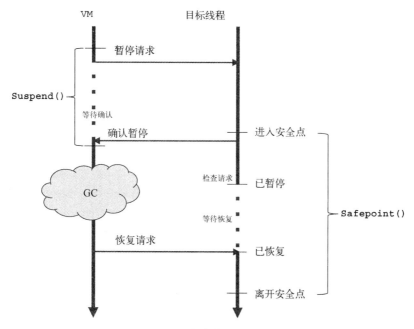

图 6-4　安全点线程交互

其概念代码如下。我们需要在线程数据结构中引入两个标志（或事件）。这些标志可以用 volatile 修饰，确保它们的访问总是从内存加载，并且它们的访问顺序遵循程序顺序。在拥有这两个值的线程启动的时候，它们都被设置为 FALSE。

```
struct VM_Thread{
    // 其他字段
    ...
    // VM 设置，请求暂停
    volatile bool to_suspend;
    // 自己设置，指示 GC 安全状态
    volatile bool gc_safe;
}

void vm_suspend_thread(VM_Thread* target)
{
    // 发送暂停请求
    target->to_suspend = TRUE;
    // 忙等目标确认暂停
    while( !target->gc_safe ){
        // 只是给其他线程一个检查运行的机会
        thread_yield();
    }
    // 目标确认暂停
    return;
}

void vm_resume_thread(VM_Thread* target)
{
    target->to_suspend = FALSE;
}

void vm_safepoint()
{
    self = current_thread();
    // 确认暂停
    self->gc_safe = TRUE;

    // 如果有请求，暂停自己
    // 直到被其他线程恢复
    while( self->to_suspend ){
        thread_yield();
    }

    // 离开安全点
    self->gc_safe = FALSE;
}
```

安全点轮询代码也可以设计为对一个内存地址的写操作。当 GC 发生时，VM 为这个位置设置写保护，在 GC 完成后再解除保护。当 GC 发生，并且修改器执行轮询代码的时候，会触发一个内存保护异常，OS 内核会向异常线程发送一个事件。应用程序已经注册了一个异常处理函数，将被调用以处理这个事件。处理函数通知 VM 发生阻塞，然后进入休眠状态，等待 GC 完成后

VM 发出的恢复事件。这种安全点设计可能更高效，因为快速路径（当 GC 不发生时）只是一个内存写操作，而以上代码的快速路径则至少需要一个内存读操作，以及一个对比和分支（compare & branch）。

6.10.2　GC 安全区域

VM 可能想要在安全点执行一些操作（例如，用于根集枚举，或者用于批量偏向锁重置）。这些操作可以在安全点代码的 3 个位置插入，如以下代码所示。这 3 段操作应该一直是安全的，不能接触任何对象数据，因为那样是非 GC 安全且违反安全点规则的。在常用路径（以下代码中的"安全操作 1"和"安全操作 3"）上的操作应该非常简洁，以保持安全点代码执行的轻量化。

有些 VM 设计要求每个修改器自行报告自己的根集，而不是由 VM 枚举所有修改器根集。那么可以在安全点代码的安全操作 2 处执行根集枚举。在线程开始枚举之前，它会检查自己是否已经有了根集。如果修改器从暂停中醒来后发现，在它离开暂停循环之前已经开始了又一轮回收，也就是说，当它休眠的时候，self->to_suspend 被设置为 0，然后又被设置为 1，此时已经有了根集的情况是可能的。

```
void vm_safepoint()
{
    self = current_thread();
    // 确认暂停
    self->gc_safe = TRUE;
    self->root_set = NULL;

    // ……GC 安全操作 1，可以是 no-op

    // 如果有请求，暂停自身
    // 直到被其他线程恢复
    while( self->to_suspend ){
        // GC 安全操作 2，可以是 no-op
        if( self->root_set == NULL ){
            self->root_set = thread_enumerate_roots();
        }
        thread_yield();
    }

    // ……GC 安全操作 3，可以是 no-op
    // 离开安全点
    self->gc_safe = FALSE;
}
```

图 6-5 展示了可以放置安全操作的位置。

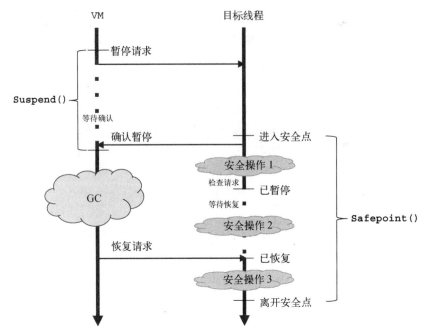

图 6-5　线程可以在安全点代码中执行 GC 安全操作

　　如果把上面"安全操作 1"处的 GC 安全操作扩展为一段大块代码，那么可以形成一个安全区域。安全区域是 GC 支持需要的另一个场景。安全区域不是一个点，而是一个 GC 在其中为安全的区域。例如，因为本地代码不直接接触对象，所以一个遵从 Java 本地接口（JNI）API 的本地方法通常是 GC 安全的，可以被放入安全区域。JIT 编译器不在本地方法中插入安全点，所以本地方法不能在中间暂停。这样，如果能保持整个 JNI 方法体都是 GC 安全的是很好的。在这个意义上，可以把这个本地方法看作一个大型安全点。（这是一个非常高层的描述，并不精确。后面我们会了解为什么这么说。）

　　安全区域的实现与安全点的实现类似，类似于把本地方法放到安全点代码中的"安全操作 1"处。唯一的区别是，现在为了实现安全区域，把原来的安全点实现分割为两个部分。第一部分在安全区域的入口执行，第二部分放在出口处。图 6-6 中展示了 VM 和目标线程的交互。

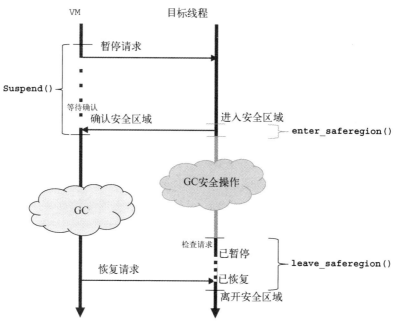

图 6-6　安全区域线程之间的交互

`vm_thread_suspend()`的代码和前面一样。安全区域部分的代码则变成下面这样。

```
void thread_enter_saferegion()
{
    self = current_thread();
    // 不管有没有请求
    // 先声明我们对 GC 是安全的
    self->gc_safe = TRUE;
}

void thread_leave_saferegion()
{
    self = current_thread();
    // 如果有请求，暂停自身
    while( self->to_suspend ){
        thread_yield();
    }
    // 离开安全区域
    self->gc_safe = FALSE;
}

bool thread_in_saferegion()
{
    self = current_thread();
    return self->gc_safe;
}
```

基于以上的讨论，安全点和安全区域几乎是同一个东西。安全点意味着它是唯一允许回收发生

的点，而安全区域意味着在整个区域范围内回收都是可以的。所以 thread_enter_saferegion()
和 thread_leave_saferegion()这一对有时候也被称为 **vm_enable_gc()**和 **vm _disable_gc()**。

实际上，可以通过调用安全区域代码实现安全点。

```
void vm_safepoint()
{
    thread_enter_saferegion();
    thread_leave_saferegion();
}
```

当进入操作和离开操作分为两部分时，有可能中间的安全操作会调用另一个本地方法，甚至
是 Java 方法。换句话说，控制流可能走出安全区域。现实中这是很常见的。VM 设计应该确保在
调用链上很好地维护了 GC 安全状态。

- ❑ Java 代码是非 GC 安全的，本地方法是 GC 安全的。
- ❑ 当代码从 Java 方法进入本地方法时，它就进入安全区域。
- ❑ 如果代码从本地方法进入 Java 方法，本地代码离开安全区域。

第 9 章会详细讨论，当 Java 和本地代码交互时，为何以及如何在 VM 中维护这一变化。

6.10.3　基于锁的安全点

如果深入查看线程交互的实现代码，可以发现这个思路和 Peterson 的互斥算法类似。这里的
语义是 VM 和目标线程竞争获得对象访问（或堆修改）权。想要回收垃圾的 VM 试图获得修改锁。
修改器通常持有这个锁，它会时不时地在不修改堆的时候，也就是在安全点和安全区域释放它的
修改锁。换句话说，进入安全区就像是释放修改锁，意味着这个线程此时不会修改堆，而是让回
收器去获得这个锁。

在这个概念模型中，用于线程暂停的数据结构可以把那两个 volatile 标志替换为一个可重入
阻塞锁（或 monitor）。

```
struct Thread{
    // 其他字段
    ...
    // 用于堆修改权限的锁
    Lock* mutable;
}

void vm_suspend_thread(VM_Thread* target)
{
    lock( target->mutable );
}

void vm_resume_thread(VM_Thread* target)
{
    unlock( target->mutable );
}
```

```
void thread_enter_saferegion()
{
    VM_Thread* self = current_thread();
    unlock( self->mutable );
}

void thread_leave_saferegion()
{
    VM_Thread* self = current_thread();
    lock( self->mutable );
}

void vm_safepoint()
{
    VM_Thread* self = current_thread();
    unlock( self->mutable );
    lock( self->mutable );
}
```

在以上实现中，这个算法重用了锁语义，由此得到对等待和通知的支持。当一个锁被释放时，所有的等待线程会竞争这个锁。例如，在一个安全点上，线程可能释放并立即获取这个锁，即使 VM（比如回收器）正在等待这个锁。在多数系统中，锁的实现确保了公平性，等待线程应该能够在确定时间内获得锁（比如下一个安全点），这就不是一个问题。或者可以在安全点的解锁和锁定中间插入一个 thread_yield() 来确保有一个等待线程可以有机会获得这个锁。

但是实际实现中不太可能使用这个基于锁的设计，因为锁定和解锁操作对安全点来说可能过于昂贵，更不用提 thread_yield() 了。thread_in_saferegion() 的实现也可能是有问题的，因为通常没有用来判断一个线程是否持有一个锁的直接原语。

6.10.4　回收中的线程交互

如果 GC 需要停止世界，VM 可以使用上面的原语来逐个暂停所有修改器。VM 实现不一定要使用专用线程来暂停修改器。暂停其他修改器的线程本身也可能是一个修改器，因为回收可能是这个修改器由于堆空间不足而无法成功分配对象时被触发的。这个修改器陷入 VM 代码来启动垃圾回收。

有可能出现多个修改器都分配对象失败，同时试图触发 GC 的情况，特别是在并行计算机中。这些修改器中的每一个都可能试图暂停其他修改器，这样会导致相互暂停死锁。为了避免死锁，使用一个全局锁是安全的，这个全局锁只允许一个修改器暂停其他修改器，如下面给出的代码实现所示。其思路是只允许一个中央控制来执行停止世界暂停。持有这个全局锁也可以防止系统创建可能逃离暂停的新线程。

```
void vm_suspend_all_threads()
{
    // 这是关键。下面可能出现的暂停操作……
    // 需要处于安全区域
```

```
    assert( thread_in_saferegion());

    // 获得全局锁，可能阻塞
    global_thread_lock();

    for( each target thread ){
        vm_suspend_thread( target->mutable );
    }

}

void vm_resume_all_threads()
{

    for( each target thread){
        vm_resume_thread( target->mutable );
    }

    // 释放全局锁
    global_thread_unlock();
}
```

当多个修改器分配新对象失败并同时触发 GC 时，它们可以竞争全局暂停锁。其中一个赢得这个锁并执行暂停。其他参与竞争的修改器会等待这个锁。在这个锁上等待不是个问题，因为它们处于安全点（或安全区域）。

上面这个算法的问题是，当 VM 释放全局锁并恢复所有等待全局锁的修改器时，被唤醒的修改器会竞争全局锁。其中赢得锁的修改器会启动又一轮修改器暂停，尽管它们刚刚被暂停过。

在实际的实现中，可以把全局暂停锁的获取和释放放在外层调用者中停止世界之前/之后的位置。把它们放在外面是有用的，因为修改器获得全局锁之后，可以在实际锁定世界之前再次检查堆空间能否满足对象分配需求。这可以避免等待全局锁的多个修改器接连停止世界的情况，因为后面赢得锁的修改器也许能够找到可用自由空间，然后就会退出回收过程。如果修改器在获得锁之后发现堆空间仍然不足，会执行真正的停止世界操作，如以下代码所示。

```
void vm_trigger_gc()
{
    thread_enter_saferegion();

    if( !heap_is_low() ) return;

    global_thread_lock();
    if( !heap_is_low() ){
        global_thread_unlock();
        return;
    }

    vm_suspend_all_threads();
    vm_reclaim_heap();
    vm_resume_all_threads();
```

```
        global_thread_unlock();

        thread_leave_saferegion();

        return;
    }
```

如以上代码所示，触发回收的线程应该在安全区域内，因为当它获取全局线程锁的时候可能阻塞。阻塞线程应该允许回收发生。

事实上，触发回收的线程确实在安全区域内，因为如果 GC 由对象分配触发，分配点应该是 Java 代码中的一个安全点，所以线程在可能被阻塞的锁定操作之前调用 `thread_enter_saferegion()` 不是一个问题。如果分配来自本地方法，那么它本身就在安全区域内。如果 GC 是由系统直接调用 GC 触发，那么它是一个调用点，同时也是一个安全点。

第三部分

虚拟机内部支持

第 7 章　本地接口

在对即时（JIT）编译、垃圾回收（GC）和线程的介绍过程中，我们提到了几个需要虚拟机（VM）内部提供支持的核心功能。第三部分的章节中将详细讨论这些主题。

7.1　为何需要本地接口

高级语言需要本地接口来访问底层系统资源和 VM 服务。由于安全性、可移植性和实现方面的原因，它们不能直接访问底层资源。

- ❑ 安全原因：高级语言不允许直接操纵内存地址、机器指令和输入/输出（I/O）接口等资源。当程序需要处理底层逻辑，或者需要提供高性能时，这些访问是必要的。
- ❑ 可移植性原因：高级语言本质上是平台无关的。要访问平台特定的功能，比如文件系统，它就需要使用平台的本地语言。
- ❑ 实现原因：有时候，有些库只有本地语言的实现可用，比如没有移植到高级语言或者只在遗留实现中存在的媒体库。

为了跨越这些鸿沟，高级语言需要在它的 VM 中实现本地接口。这里的"本地"（native）是指这个接口提供了对 VM 之下操作系统（OS）本地语言的访问。当前多数可用的 OS 本地语言是 C 语言，所以 Java 本地接口（JNI）提供 C 语言访问是合理的，但 JVM 也不排除用其他语言编写本地方法。

本地接口设计具有如下属性。

本地语言：一个 OS 的本地语言不一定是 C 语言，甚至也不一定是低级语言。这都取决于实现。对基于 Java 的 OS 来说，可以把 Java 看作这个 OS 的本地语言。但是，除非 OS 的硬件设计以某种方式支持安全编程，否则这样的 OS 仍然需要能访问底层硬件或系统资源的本地接口。最终的问题是，可以用计算机建模的这个世界本身是否安全。如果答案是否定的，那么在安全世界与非安全世界的边界处总是需要一个本地接口。因此，本地语言可以比 C 更低级或更高级，只要接口惯例具有良好的定义即可。

本地代码到托管代码：定义本地接口不止是为了让高级语言访问低级语言，也是为了反向访问，即低级语言访问高级语言。从低到高的访问也是需要的，否则就没有办法从 OS 访问 VM 系统，或者从本地代码回调到高级程序。例如，用 C 编写的在一个网络 socket 侦听的应用程序被一个 socket 事件唤醒，然后调用以 Java 程序编写的事件处理函数。

数据共享：定义本地接口的目的不只是为了高级语言与低级语言之间的代码访问，也是为了它们之间的数据共享。低级语言应该能够访问高级语言创建的数据。同时也需要高级语言能够访问低级语言创建的数据。

高级属性：尽管本地接口的设计目的是访问低级语言，但它也是高级语言设计的一部分。这意味着，本地接口的应用程序接口（API）不应该破坏高级语言重要的安全属性。例如，对于本地代码，对象的布局应该还是不透明的。本地代码应该仍然可以看到同样的异常抛出过程。

只有程序是用"本地接口"编写的时候，安全性才可能被保持，因为本地接口是在 VM 的控制之下。用"本地代码"编写但并不遵循"本地接口"的程序并不保持安全性。本地代码可以做它设计范围内的任何事情。它可以用低级语言 API 分配虚拟内存，创建本地线程，等等。然而这些实体不由 VM 管理，而是由低级语言的实现管理。举例来说，本地代码直接分配的虚拟内存不是 VM 的垃圾回收对象。

最近几年，Web 应用程序变得流行起来，其中的高级编程语言是 HTML/JavaScript。Web 应用程序的 VM 称为 Web 运行时，通常嵌入在 Web 浏览器中。因此，尽管在 Web 浏览器社区内，术语"本地语言"和 Java 社区中一样是指 C/C++，但在 Web 应用程序社区中，"本地语言"指的是不同的东西。

例如，Web 应用社区把 Java 称为 Android 的本地语言，因为 Android 的主要编程语言是 Java，而不是 Web 编程语言 HTML/JavaScript。类似地，Web 应用程序社区中 iOS 的本地语言是 Objective-C 或 Swift。但是，对 Chrome 或 Safari 浏览器开发者（不是 Web 应用程序开发者）来说，Web 运行时的本地语言仍然是 C/C++，因为这是实现 Web 运行时并提供底层资源访问的语言。

在本章随后的内容里，我们以 JNI 为例讨论常用本地接口实现的细节，但其设计并不局限于 JNI。

7.2　从托管代码到本地代码的转换

本地接口的首要需求是支持托管代码调用本地代码，以及反向调用。那么关键点就是在两个世界之间达成一个调用惯例共识。调用惯例定义了程序控制流从一个函数（或方法）转入或转出的应用程序二进制接口（Application Binary Interface，ABI），也就是如何传递参数和返回值，以及如何准备和恢复栈。有时还需要维护支持调试、异常处理和垃圾回收需求的栈帧信息。一旦定义了某种语言在某个平台上的调用惯例，任何在这个平台上为这种语言生成代码的编译器都应该遵循这个惯例。不同语言的代码如果都遵循同一个调用惯例的话，彼此之间也可能交互。

本地代码由另一个编译器编译，它不同于 VM 的 JIT 编译器。通常本地代码编译器也不是 VM 的一部分。换句话说，本地代码的调用惯例不是由 VM 定义的。如果托管代码想要与本地代码交互，它应该遵循本代码的调用惯例。也就是说，为了支持 JNI，JVM 应该了解 C 的调用惯例。

7.2.1　本地方法封装

JVM 中实现本地调用的一个常用方法是，生成封装代码来处理 Java 代码与本地代码的调用惯例转换。封装代码执行控制流传递所需的所有准备和维护工作，如图 7-1 和图 7-2 所示。

（源码中）期望的控制流语义：

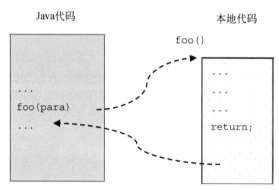

图 7-1　直接调用期望的控制流

（汇编码中）实际的控制流：

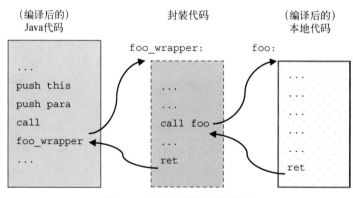

图 7-2　本地调用的封装代码

JIT 编译器在编译调用方的 Java 代码时，生成一条到封装代码的调用指令，然后封装代码调用到实际的本地代码。封装代码对 Java 调用方遵循 Java 调用惯例，对本地被调用方遵循本地调用惯例。为了实现桥接，特别是对 Java 调用方来说，本地方法要看起来就像是一个 Java 方法，它需要做以下几件事情：

❏ 参数准备与恢复；

❏ 栈展开支持；

❏ 垃圾回收支持；

❏ 异常支持；

❏ 同步支持。

本章只讨论关于参数的第一条，其余几条留待后续章节介绍。编译时生成代码与解释器运行时代码可以用同样的逻辑实现。

为了在 Java 中调用一个方法，JVM 规范定义了字节码级调用惯例。参数从左到右压栈。方法返回时清理被调用方栈帧。与之相对的是，C 语言参数压栈的顺序是从右到左，参数由调用方清理，因为被调用方不一定知道调用方压栈参数的个数。

还有一个值得注意的区别。JVM 中实例方法调用（字节码 invokevirtual）的第一个参数是当前实例引用 this，它是被调用方栈帧上位于槽位 0 的局部变量。参数 this 在实例方法签名定义中不是显式的。对静态 Java 方法调用来说，JVM 没有这种隐式参数。对本地方法调用来说，JVM 要求虚拟本地方法像 Java 一样把 this 引用作为参数传递，而静态本地方法要求传递类实例引用。另外，还需要传递一个 JNI 环境变量，其中存储了一个所有 JNI API 的函数表，以支持本地方法访问所有需要的 JVM 资源。

下面是一个展示封装支持的示例。

Java 代码中的 Java 方法如下所示：

```
public class Add{
    public static native int native_add(int x, int y);
    public static int java_add(int x, int y);
    public static int add(int x, int y){
        return native_add(x, y);
    }
}
```

为以上的 Java 方法 add(x, y) 生成的字节码如下所示：

```
0: iload_0
1: iload_1
2: invokestatic #2  // Method native_add:(II)I
5: ireturn
```

如前所述，静态方法调用（字节码 invokestatic）实际上是用一条到目标本地方法 native_add() 的封装代码的调用实现的。JIT 编译器以与调用静态 Java 方法相同的方式为 invokestatic 生成代码，只不过调用目标变成了封装代码。控制流进入封装代码后，运行时栈如图 7-3 所示，就像进入了静态 Java 方法一样。栈顶是返回地址，紧接着是两个参数。

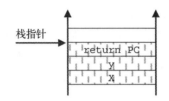

图 7-3 调用 Java 方法之后的栈数据

本地方法 native_add(x, y)应该用如下定义实现。它被调用之前所期望看到的相应栈数据如图 7-4 所示。

```
JNIEXPORT jint JNICALL Java_Add_native_1add
                  (JNIEnv *, jclass, jint, jint);
```

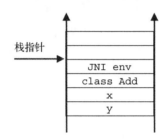

图 7-4 调用本地方法之前的栈数据

准备相应的栈数据是封装代码的责任。

图 7-3 是封装代码看到的栈，图 7-4 是调用本地方法之前封装准备的栈。栈上数据合起来的样子如图 7-5 所示。在这个 JNI 实现中，Java 调用方原本准备的栈仍然保存完好，将在封装代码返回时被清理。

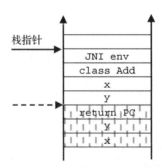

图 7-5 包含本地方法参数的栈数据

7.2.2 封装代码的 GC 支持

在调用方 Java 方法内，它的被调用方保存寄存器（callee-saved register）中可能有对象引用，需要在调用本地方法之前小心处理，原因如下。

(1) 如果被调用方本地方法（或者在它调用链上的任何方法）中发生 GC 的话，VM 需要枚举栈上和寄存器中的所有根引用。

(2) 因为本地代码是由其他编译器编译的，所以 JVM 不了解来自于调用方 Java 方法的哪些被调用方保存寄存器已被保存，以及保存在本地代码栈帧中的何处。

在调用本地方法之前，保存所有调用方 Java 方法的被调用方保存寄存器，可以确保所有引用都保存在了对 GC 来说安全的地方。假定在 X86 平台上的被调用方保存寄存器是 ebp、ebx、esi 和 edi，那么栈看起来就如图 7-6 所示。

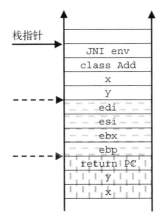

图 7-6　保留被调用方保存寄存器的栈数据

然后封装代码看起来如下所示：

```
// 首先保存被调用方保存寄存器
push ebp
push ebx
push esi
push edi
// 压栈本地方法参数
push [esp+20]          // 压栈 y
push [esp+28]          // 压栈 x
push addr_class_Add    // 压栈 Add 类实例
push addr_JNI_Env      // 压栈 JNI 环境变量
// 调用实际的本地方法实现
call Java_Add_native_1add
// 本地方法为 stdcall，不需要弹出参数
// 恢复被调用方保存寄存器
pop edi
pop esi
pop ebx
pop ebp
// 返回并弹出 Java 参数(x, y)
ret 8
```

这是一个高度简化的版本，因为其中没有包括栈展开、垃圾回收、同步和异常支持。甚至对于参数准备，它也没有展示单个参数可能占据栈上两个槽位的情况，比如 long 和 double 类型。下一节将简单介绍同步本地方法支持，以后再介绍其他主题。

7.2.3　封装代码的同步支持

如果一个 Java 方法被声明为 synchronized，编译器会在方法起始为 monitorenter 生成代码，在方法结尾为 monitorexit 生成代码。monitorenter 的位置是 GC 安全点，因此如果当前线程在执行 monitorenter 的时候需要等待 monitor，那么不会阻塞 GC。如果一个本地方法被声明为 synchronized，其语义与 Java 方法中相同。

因为本地方法由平台编译器编译，所以就没有为 monitorenter 或 monitorexit 生成代码。monitorenter 和 monitorexit 逻辑的插入就必须放在 Java 到本地的封装代码中实现，这是在 VM 控制之下的。下面给出一个针对同步本地方法的封装示例。

```
// 首先保存被调用方保存寄存器
push ebp
push ebx
push esi
push edi
// 压栈 monitor 对象，用于 monitorenter
push addr_class_Add
call vm_object_lock
// 压栈本地方法参数
push [esp+20]              // 压栈 y
push [esp+28]              // 压栈 x
push addr_class_Add        // 压栈 Add 类实例
push addr_JNI_Env          // 压栈 JNI 环境变量
// 调用实际本地方法实现
call Java_Add_native_1add
// 本地方法为 stdcall，不需要弹出参数
// 压栈 monitor 对象，用于 monitorexit
push addr_class_Add
call vm_object_unlock
// 恢复被调用方保存寄存器
pop edi
pop esi
pop ebx
pop ebp
// 返回并弹出 Java 参数(x, y)
ret 8
```

作为 Java 方法编译的对应过程，生成封装代码的过程有时被称为“本地方法编译”。它不会与本地编译器的编译相混淆，因为 JVM 中没有本地编译器。JIT 编译器不会编译本地方法，因此“本地方法编译”只生成封装代码，并为每个本地方法生成一段封装代码。

注意，其他 JVM 实现或者本地语言实现的调用惯例可能与我们在此使用的不同。这里的示例只是为了展示设计逻辑。

7.3　本地方法实现的绑定

封装代码由 JVM 生成。为了让封装代码调用本地方法，JVM 应该能够找到本地入口点的地址。本地方法可能由 JVM 实现，可能作为内建库静态链接到 JVM，还可能被构建为动态链接库，并由 JVM 在运行时加载。

为了定位一个本地方法，JVM 可以搜索它的本地方法表（可能不止一个），其中包括内建的本地方法，以及 Java 应用程序用 JNI 函数 `RegisterNatives` 注册的本地方法。如果这个本地方法不为 JVM 所知，那么 JVM 会继续用函数名在所有已加载动态库中搜索。这个函数名是用多个 mangling 方案之一创建的，因为本地编译器编译的本地方法使用的名称 mangling 生成的函数名，可能不同于 Java 代码中声明的函数名。如果无法找到并绑定被调用的本地方法，就会抛出一个异常。定位了这个本地方法之后，JVM 会为它生成封装代码来调用它。

封装代码生成之后，就会被当作本地方法的 JIT 编译代码来对待，方式几乎和 JIT 编译的 Java 代码一样。在 JIT 编译的 Java 代码看来，这个封装代码的入口点就是本地方法的入口。如果这个方法是虚拟的，vtable 中的相应条目也要更新。

7.4　本地代码到托管代码的转换

本地方法应该能够操作 Java 方法生成的对象，包括数据访问和方法调用。

JNI 规范提供了用于本地方法调用 Java 方法的 API。这些 API 应该由 JVM 实现，如下所示。

```
jint JNICALL CallStaticIntMethod(JNIEnv* jenv,
                                 jclass clazz,
                                 jmethodID method,
                                 ...)
```

这个 API 允许本地代码用可变参数调用某个类 `clazz` 的 `static` 方法 `method`，返回值类型为 `jint`。它的函数指针注册在 JNI 环境变量 `jenv` 中，本地代码可以在其中找到这个函数指针。下面给出一段从本地方法调用 Java 方法的示例代码：

```
// 本地方法 Add.native_1add()调用 Add.java_add()
JNIEXPORT jint JNICALL Java_Add_native_add
            (JNIEnv *jenv, jclass clazz, jint x, jint y)
{
    jmethodID mid = (*jenv)->GetStaticMethodID(jenv, clazz,
        "java_add", "(II)I" );
        int sum = (*jenv)->CallStaticIntMethod(jenv, clazz,
        mid, x, 0);
    return sum;
}
```

为了支持这类 API，JVM 所做的基本上就是准备参数，调用 Java 方法，然后读取返回值。它还会检查 Java 方法执行是否抛出任何异常。不需要为每个 Java 方法生成封装，因为代码路径都是一样的。这与从托管代码到本地代码的转换是不同的，那种情况下会为每个本地方法生成封装代码。

这个区别的原因在于，JVM 不想参与从托管代码到本地代码的转换过程。它试图在编译时生成封装代码，然后在转换过程中只有封装代码运行。如果对于所有本地方法，封装代码都是一样的，那么它就必须编入逻辑来检查目标本地方法是否为静态，是否为同步，然后根据不同情况进入不同的路径。它还需要插入逻辑来检查参数数量和每个参数的类型，然后据此准备栈参数。如果每个本地方法调用都要涉及这些逻辑，那么执行速度就太慢了，更不要说还有后面将要介绍的栈展开和垃圾回收支持。

如果这个负担只在编译时承担一次，并且运行时路径只需要执行必要的代码即可，那么执行速度就会快得多。通过为每个本地方法建立一个单独的封装代码，这种设计以内存空间为代价，换取了运行时性能。更重要的是，这个折中方案是可能实现的，因为多数本地方法相关的信息都是编译时可用的，因此每次执行时不需要在运行时检查或询问。前面已经提到，封装代码被看作"编译后的"本地方法的一部分。

相比之下，从本地到 Java 的转换逻辑就要简单得多。更重要的是，本地代码由本地语言编译器编译。编译时，编译器无法获得 Java 方法的信息。它需要通过 JNI API 利用 Java 的反射机制获取方法及其签名信息。这只有在执行本地方法的运行时才能发生。即便如此，为每个 Java 方法生成一段封装代码，以获得更快的本地代码到托管代码的转换速度，这也是可能的。

当 JVM 运行时收到对 `CallStaticIntMethod` 这样的 JNI API 的调用时，它会基于 Java 语义执行一些必要检查，然后调用一段桥接代码。这段桥接代码执行的是对封装代码在本地方法上的操作的反向操作，如图 7-7 所示。

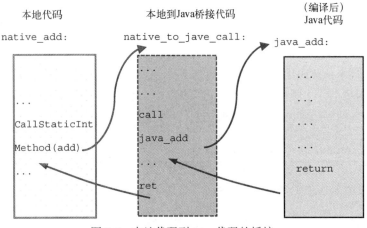

图 7-7 本地代码到 Java 代码的桥接

在下面的示例代码中，桥接代码是 `vm_execute_java_method()`。它根据 Java 方法调用惯例准备参数，然后调用到实际的 Java 方法地址中。假设要调用的 Java 方法在 `p_method` 中，参数保存在字数组 `p_args_words` 中。Java 方法调用的返回值会保存在双字数组 `p_ret` 中，以防出现返回值为 `double` 或者 `long` 类型的情况。代码框架如下所示。

```
void  vm_execute_java_method(  Method*  p_method,  uint32*
p_args_words, uint32 *p_ret)
{
    // 参数中的字 (word) 数 (不是参数个数,
    // 因为 long/double 是两个字)
    uint32 n_arg_words;
    java_type ret_type; // Java 方法返回类型
    method_get_param_info(p_method, &n_arg_words, &ret_type);

    void* java_entry;    // Java 方法入口点
    java_entry = method_get_entry(p_method);

    uint32 eax_var, edx_var;   // X86 惯例中返回值
    native_to_java_call(java_entry, n_arg_words, p_arg_
    words, &eax_var, &edx_var);

    // 检查是否有任何未处理异常
    if(thread_get_pending_exception()) return;

    /* 处理返回值 */
    if ( ret_type == JAVA_TYPE_VOID) return;
    p_ret[0] = eax_var;
    p_ret[1] = edx_var; // 只用于 long/double 类型
}
```

native_to_java_call 是一段把控制传递给 Java 方法的胶水代码。它所做的是在栈上准备参数，然后调用 Java 方法。

```
void native_to_java_call(void *java_entry,
        uint32 n_arg_words, uint32 *p_args_words,
        uint32 *p_eax_var, uint32 *p_edx_var)
{
    __asm {
        // 压栈所有参数
        mov     n_arg_words -> ecx
        mov     p_arg_words -> eax

loop_more_args:
        or      ecx, ecx        // 剩下的参数字数
        jz      finished_args   // 没有了就 break
        push    dword ptr [eax] // 压栈一个字
        dec     ecx             // 递减剩余数量
        add     4 -> eax        // 移动到下一个参数字
        jmp     loop_more_args  // 继续循环

finished_args:
        // 所有参数都在栈上，准备好调用
        call    dword ptr [meth_addr]

        // 如果有一个返回值
        mov     p_eax_var -> ecx
        mov     eax -> [ecx]    // 保存 eax 到 eax_var
        mov     p_edx_var -> ecx
        mov     edx -> [ecx]    // 保存 edx 到 edx_var
    }
}
```

这段代码通过迭代本地代码传入的参数(p_args_words),以从上到下的方式压栈用于 Java 方法调用的参数。也就是说,它首先压栈来自本地代码的第一个参数,由于本地方法与 Java 方法调用惯例的方式不同,这实际上反转了栈上的参数顺序。需要注意的另外一点是,静态 Java 方法的参数不包含类实例引用。

现在栈的情况是对 Java 代码到本地代码转换的反转。图 7-8 展示了这一点。

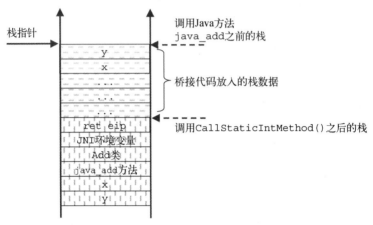

图 7-8 本地到 Java 转换的栈

从本地代码到 Java 代码的实际转换更加复杂,涉及 GC 和异常支持,稍后会再讨论。

7.5   本地代码到本地代码的转换

目前为止,我们只讨论了 Java 到 Java、Java 到本地和本地到 Java 的转换,还没有讨论本地到本地的情形。注意这里的本地到本地是指一个(Java 类的)本地方法调用另一个(Java 类的)本地方法,而不是像本地方法调用 C 函数这样的本地函数之间调用的情形。后者只是传统的 C 编程,不涉及 VM。对于前者来说,有一些有趣的问题值得讨论。

7.5.1   通过 JNI API 的本地到本地转换

一个本地方法可以不通过 JNI API 调用另一个本地方法。例如,在下面的代码中,本地方法 native_test1 和 native_test2 以两种方式调用另一个本地方法 native_add。一种方法是像 C 程序一样直接调用本地函数,另一种方法是通过 JNI API 调用。

在 Java 代码 Add.java 中:

```
public class Add{
    public static native int test1(int x, int y);
    public static native int test2(int x, int y);
    public static native int add(int x, int y);
    public static int java_add(int x, int y){
```

```
        return add(x, y);
    }
}
```

在本地代码 Add.c 中:

```
// 本地方法 Add.native_add()
JNIEXPORT jint JNICALL Java_Add_add
        (JNIEnv *jenv, jclass clazz, jint x, jint y)
{
    return x+y;
}

// 本地方法 Add.test1()
JNIEXPORT jint JNICALL Java_Add_test1
            (JNIEnv *jenv, jclass clazz, jint x, jint y)
{
    jint sum = Java_Add_add(jenv, clazz, x, y);
    return sum;
}

// 本地方法 Add.test2()
JNIEXPORT jint JNICALL Java_Add_test2
            (JNIEnv *jenv, jclass clazz, jint x, jint y)
{
    jmethodID mid = (*jenv)->GetStaticMethodID(jenv, clazz,"add", "(II)I" );
    int sum = (*jenv)->CallStaticIntMethod(jenv, clazz, mid, x, 0);
    return sum;
}
```

test1 和 test2 的代码结果相同，但是对 VM 来说则有很大区别。在 test1 中，Java_Add_add 的调用不经过任何封装代码。从 VM 的视角来看，这个调用是完全不可见的，可以被看作内联到了调用方 test1 的内部。

而在 test2 中，CallStaticIntMethod() 的调用需要经过 VM 内的两次转换，一次是从本地到 Java，另一次是 Java 到本地。

1. 本地到 Java 转换

尽管 Add.add() 是一个本地方法，JNI API CallStaticIntMethod() 会把被调用的方法看作一个 Java 方法。这也没有错，因为这里 Java 方法指的是这个方法是在 Java 世界中声明的，并以 JNI 惯例定义。它不是传统的本地 C 函数。

我们总是应该区分 Java 世界中的"本地方法"和 C 世界中的"本地函数"。前者需要 VM 的支持，并保持安全性。它由 JIT 编译器"编译为封装代码"。后者对 VM 来说是不可见的，由 C 编译器编译为二进制码。

为了从"本地世界"转换到"Java 世界"，vm_execute_java_method() 用于像为调用 JIT 编译的 Java 方法那样准备栈，包括以 Java 惯例压栈参数和接收返回值。vm_execute_java_method 调用的 Java 方法的二进制代码地址是这个方法的入口点，对于本地方法来说就是 Java 到本地封装代码。一旦它被调用，控制就传递到了 Java 到本地封装代码。

2. Java 到本地转换

一旦进入 Java 到本地封装代码，执行就开始准备从 Java 代码到本地方法的调用。它并不知道这个调用实际上是由另一个本地方法发起的。它只知道调用来自 Java 世界。栈应该看起来与从 `Add.java_add()` 调用的情况是一样的。

控制流如图 7-9 所示。

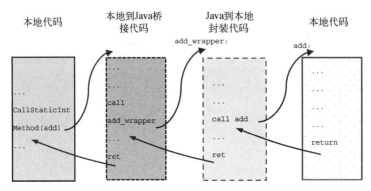

图 7-9   本地方法到本地方法的控制流图

然后栈看起来如图 7-10 所示。

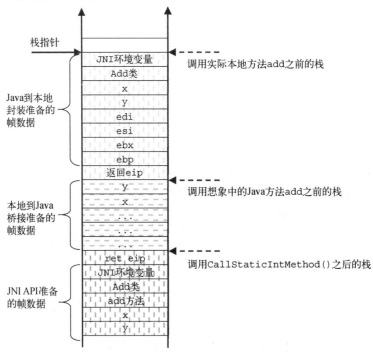

图 7-10   本地到本地方法调用的栈数据

可以看到参数在栈上复制了多次：

❏ 第一次是在调用 JNI API `CallStaticIntMethod()` 的时候；
❏ 第二次是当本地到 Java 桥接代码为 Java 方法调用准备栈的时候；
❏ 第三次是 Java 到本地封装代码为本地方法调用准备栈的时候。

根据实现细节的不同，复制有可能会多于三次。比如，本地到 Java 桥接代码可能在执行 Java 方法调用之前会再次压栈，以便于添加接收（这个调用的）对象的 `this` 指针。

如果发生参数再次压栈，参数旧有的副本就死掉了，因为方法调用只访问最新压栈的参数。这意味着在我们的示例实现中，至少有两组参数副本是死亡副本。后面我们会看到，这一点对于 GC 来说是至关重要的。

7.5.2　为什么在本地到本地转换中使用 JNI API

JNI API 需要经历两次转换，从应用程序开发者的角度来看，这似乎这是冗余的。为什么不直接调用本地方法呢？答案与 Java 的语义相关。

❏ **类初始化**：在调用类方法之前，为了保证正确，这个类必须已经初始化完毕。JNI API 实现中的转换代码确保了这个语义。
❏ **类继承**：调用一个指定 Java 类的方法时，实际的目标方法可能是目标对象中的一个重载方法，目标对象的类继承了指定类。JNI API 实现中的转换代码通过查找实际目标方法保证了这一语义。
❏ **待处理异常**：本地代码执行可能会引发需要处理的异常。如果不检查待处理异常，后续的本地方法调用可能导致意料之外的结果。

下面的示例代码展示了 JNI API 实现中执行的必要操作。它用参数数组 `args` 调用目标对象 `obj` 的 `methodID`，并返回一个对象。

```
jobject JNICALL CallObjectMethodA(JNIEnv * jni_env,
                                  jobject obj,
                                  jmethodID methodID,
                                  jvalue *args)
{
    if ( ExeceptionOccurred()) return NULL;

    Method *method = (Method *)methodID;

    // 查找目标 obj 的实际方法
    if (!method_is_private(method)) {
        char* m_name = method->get_name();
        char* m_desc = method->get_descriptor();
        method = object_lookup_method(obj, m_name, m_desc);
    }

    // 目标方法不能是抽象的
```

```
if (method->is_abstract()) {
    ThrowNew (jni_env, clazz_AbstractMethodError,
            "attempt to invoke abstract method");
    return NULL;
}

// 确保目标类已经初始化
jclass m_class = method->get_class();
if (!class_initialize(jni_env, m_class))
    return NULL;

// 添加 this 指针 obj 作为第一个参数
unsigned nargs = method->get_num_args();
int size_arg = sizeof(jvalue);
int size_nargs = nargs * arg_size;
jvalue *pargs = (jvalue*)alloca(size_nargs);
pargs[0] = (jvalue)obj;
memcpy(pargs + 1, args, (nargs - 1) * size_arg);

// 准备调用 java 方法
jobject result;
jmethodID mid = (jmethodID)method;

// 维护 GC 安全性不变
thread_leave_saferegion();
vm_execute_java_method(mid, pargs, &result);
thread_enter_saferegion();

return (jvalue)result;
}
```

　　这段代码中，除了前面提到的几点，它还处理了局部对象句柄，稍后就会介绍它。注意另一个要点是，在 Java 方法执行的前后，VM 必须维护 GC 安全性不变。正如我们之前在线程对 GC 的支持中所讨论的，这个不变性要求 Java 代码非安全，但本地代码安全。从 VM 的角度看，它不在乎目标方法本地与否，而是把它看作 Java 定义的方法，因此把 GC 安全性状态从安全改为非安全。即使目标方法是本地的，这也不是个问题，因为 Java 到本地封装代码会处理这个情况，第 9 章中将解释这一点。

　　现在我们了解了在 Java 世界和本地世界之间如何来回调用方法。这是本地接口设计中的代码访问支持。目前还没有介绍数据访问支持的方式，例如，如何在本地代码中创建和操纵 Java 对象，因为这需要垃圾回收的支持，这一主题我们也将在第 9 章中介绍。

第 8 章　栈展开

栈展开（stack unwinding）是指虚拟机枚举目标线程的栈内容的过程，通常涉及识别栈上方法帧的栈帧枚举过程，以及识别每个方法帧内容的栈槽枚举过程。这个过程从栈顶开始，因为这是当前栈指针指向的位置。我们知道栈指针是线程上下文的一部分，而线程上下文可以被线程直接访问。

8.1　为何需要栈展开

栈展开主要有两个应用场景，一个用于控制流转移，另一个用于栈内容检查。

❑ 控制流由线程上下文决定，线程上下文至少包含栈指针和程序计数器。要把线程控制流从一个位置转移到另一个位置，应该把线程上下文内容修改为指向新位置。通常，这个过程从当前位置弹出栈帧直到到达目标栈帧，而且不保存弹出栈帧的数据，因此被称为破坏性栈展开。

❑ 栈展开也可以用于枚举栈上数据，而且不改变线程上下文内容。这个应用场景也称为栈遍历或者逻辑栈展开，是非破坏性的。根据不同的需求，栈展开也可能有其他使用场景。

异常处理需要栈展开。它需要运行时递归地展开栈帧，直到在某个方法内找到 catch 块（也就是异常处理器），否则它就是未捕获异常，可能需要操作系统来处理。然后控制流从异常抛出点转移到异常处理点。如果异常处理和异常抛出不在同一个方法中的话，异常处理会摧毁位于异常处理器方法之上的栈帧。无论异常处理是否在同一个方法中，都需要展开**整个栈**来输出异常的栈轨迹。其他编程语言也有类似的控制流转移用例，比如 C 语言中的 `setjmp` 和 `longjmp`，以及 Scheme 语言中的 continuation。

对象追踪垃圾回收器需要通过栈展开找到运行时栈的根引用。调试器需要通过栈展开检查栈内容。有些性能分析工具也需要利用栈展开技术识别运行中的方法，以确定执行热点。

方法调用的返回也可以被看作栈展开的一种特殊情况，它展开一个帧并把控制从被调用方转移到调用方。但通常不把这称为栈展开。栈展开通常是指运行时服务，但函数返回通常不涉及运行时，而是返回指令的硬件功能。

为了支持栈展开，栈帧的构造方式需要满足以下两个要求。

- 栈帧通过反向指针链接起来，这样运行时可以通过追踪这个指针链找到每个栈帧。这个指针称为帧指针（frame-pointer）。
- 栈槽信息需要记录，这样运行时能够知晓如何枚举这些槽位。只有运行时需要枚举栈内容时才需要这一条。

本章接下来的部分将介绍如何支持 Java 方法帧和本地方法帧的栈展开。

8.2　Java 方法帧的栈展开

在 JVM 的实现中，即时（JIT）编译器决定了把 Java 方法帧链接到一起的方式。这与本地编译器的工作类似。

8.2.1　栈展开设计

一个常用实现是通过帧指针形成帧链，如图 8-1 所示。

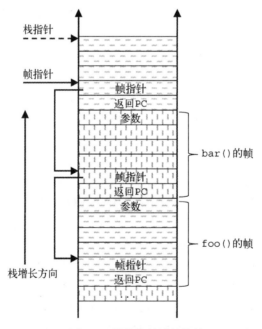

图 8-1　带帧指针链的栈帧

链中的帧指针以当前帧指针为起点，当前帧指针指向的栈槽中存储指向前一帧的帧指针，然后前一帧以递归的方式指向它的前一帧，直到栈底，那里的帧指针槽位内容为 NULL。当前帧指针可以是一个专用寄存器（比如 X86 中的 ebp），也可以保存在线程局部存储（TLS）中的一个变量中。这是线程上下文的一个新增内容。

构造这样的帧指针链很简单。JIT 编译器只需要生成以下两条指令作为方法**最开始**的指令：

```
push frame_pointer
move stack_pointer -> frame_pointer
```

在 X86 ISA 中，它们会转化为以下两条指令：

```
push ebp
move esp -> ebp
```

因为这是一个方法最开始的两条指令，在它们之前，最后执行的一条指令是调用当前方法的 call 指令。这时候，栈指针（也就是 X86 中的 esp）指向的当前栈顶槽位是返回 PC（也就是 X86 中的 eip）。返回 PC 指向调用者代码中 call 指令的下一条指令。当前帧指针（也就是 X86 中的 ebp）指向调用方帧。

对于下面的代码序列，在 call bar 执行之后，bar 方法执行之前，程序计数器状态如图 8-2 所示。

图 8-2　执行 call bar 指令后的状态快照

此刻（执行 call bar 之后）的栈数据如图 8-3 所示。注意栈指针和帧指针。

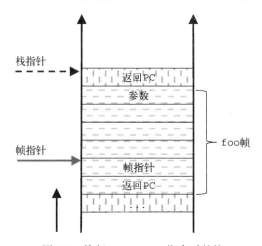

图 8-3　执行 call bar 指令后的栈

执行 bar 方法最开始的两条指令之后，栈如图 8-4 所示。栈指针和帧指针指向同一个槽位，其中存储了旧的帧指针值。这样就形成了帧指针链。

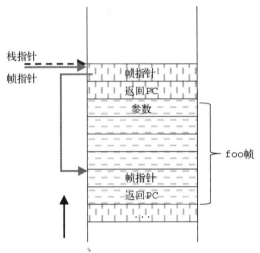

图 8-4 执行 bar 方法最开始的两条指令后的帧

为了正确维护帧指针链，在方法的尾部，方法返回需要执行下面的指令：

```
pop frame_pointer
return
```

以上代码等价于下面的指令：

```
mov (*frame_pointer) -> frame_pointer
pop     // 弹出旧的 frame_pointer
return
```

在 X86 ISA 中，相当于如下指令：

```
pop ebp
ret
```

或者换一种形式：

```
mov [ebp] -> ebp
ret 4
```

通过这种方式，方法返回的时候，帧指针寄存器指向了调用方栈帧。

8.2.2 栈展开实现

假定帧上下文数据结构持有 3 个寄存器值，即帧指针、栈指针和指令指针，那么栈展开过程就如以下代码所示：

```
struct Frame_context{
    uint32 ebp;
```

```
    uint32 esp;
    uint32 eip
}

void unwind_stack(VM_Thread* thread)
{
    Frame_context* frame = start_frame(thread);
    while( frame->ebp != NULL){
        // 找到当前帧的方法
        uint32 eip = frame->eip;
        Method* method = method_of_pc(eip);
        // 方法操作
        ...
        // 找到前一帧内容
        frame = find_preceding_frame(frame);
    }
}

// 展开到给定帧的前一帧
Frame_context* find_preceding_frame(Frame_context* frame)
{
    frame->eip = frame->ebp - 4;
    frame->esp = frame->ebp - 8;
    // 同 mov [ebp] -> ebp
    frame->ebp = *(uint32*)frame->ebp;
}
```

一个 VM 实现可能有多个 JIT 编译器，或者有带多级优化的单个 JIT 编译器。其中每一个都可能采用不同的栈帧组织方式。只有编译这个方法的 JIT 编译器确切了解它的栈帧是如何组织的。栈展开模块的设计需要确定每帧的 JIT 编译器，然后把展开过程委托给这个 JIT 编译器。伪代码如下所示，其中为每个编译单元，比如一个方法，维护一个 JIT_info 数据结构的实例。VM 可以为任何生成代码的地址取得一个 JIT_info 实例。可以通过这个 JIT_info 实例得到所有的编译相关信息。

```
struct JIT_info{
    JIT* jit;
    Method* method;
    void* code_addr;
    int code_size;
}

void unwind_stack(VM_Thread* thread){
    Frame_context* frame = start_frame(thread);
    while( frame->ebp != NULL ){
        uint32 eip = frame->eip;
        JIT_info* info = info_of_pc(eip);
        // 找到当前帧的方法
        Method* method = info->method;
        // 对方法进行操作
        ...
        // 找到前一帧内容
        JIT* jit = info->jit;
```

```
        frame = jit_find_preceding_frame(jit, frame);
    }
}
```

函数 jit_find_preceding_frame() 使用编译这个方法的 JIT 来展开它的帧。

8.3　本地方法帧的栈展开

如果运行时栈有本地方法帧，那么栈展开就会复杂许多，因为本地方法由本地编译器编译，它的栈帧链对于 JVM 来说是未知的。这种情况下，运行时无法直接展开本地帧，但它可以处理经由封装调用的本地方法，从而利用本地方法的封装代码绕过这个问题。

8.3.1　栈展开设计

前面已经介绍过，从 Java 代码调用或通过 JNI API 调用的本地方法被认为是 Java 世界的一个特殊部分。它们通过封装函数调用。这不同于把本地方法作为 C 函数直接调用。有了封装代码，VM 就有机会构造帧指针链，如图 8-5 所示。

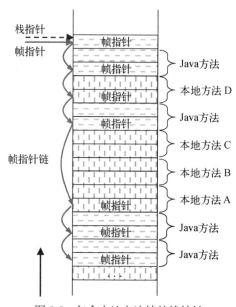

图 8-5　包含本地方法帧的栈帧链

图 8-5 中，本地方法 A 由 Java 代码调用，而本地方法 B 和本地方法 C 被直接调用，它们实际上应称为本地函数，而不是本地方法，因为它们的调用没有通过 JNI API。在这个设计中，本地方法 A、本地方法 B 和本地方法 C 的帧被认为是单个帧，属于本地方法 A。本地方法 B 和本地方法 C 被认为是本地方法 A 的内联函数。

尽管从 VM 的角度来看，本地方法 B 和本地方法 C 在栈上没有属于自己的帧，但从本地代码的角度来看，它们确实有自己的帧。只不过它们的本地帧对于 VM 是不可见的，而且 VM 也会忽略其中由本地编译器构造的本地帧指针链。

在实际的实现中，构造这样的帧指针链是很复杂的。其原因是，Java 代码（也就是 JIT 编译的代码）用专用寄存器保存帧指针，本地函数不能很好维护它的值，因为本地编译器不必然遵循 Java 帧的惯例。

不过，不必使用单个帧指针链维护栈帧。一种思路是使用两级链接。

一个链在一簇连续的 Java 帧内部，是它们原来的 Java 帧指针链。Java 帧簇（frame cluster）是指两个本地帧之间，或者栈底与第一个本地帧之间，或者最后一个本地帧与栈顶之间的连续 Java 帧。在一个 Java 帧内部，即原来的普通 Java 帧的栈指针链，在到达一个本地方法或者栈底时断裂。

另一级帧指针链接 Java 帧簇，如图 8-6 所示。我们把这一级帧指针称为"簇指针"。通过这种方法，VM 总可以通过簇指针找到下一个 Java 帧簇，然后用 Java 帧指针找到簇内的每个 Java 帧。

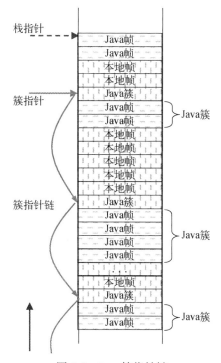

图 8-6　Java 簇指针链

Java 簇指针链从当前"簇指针"开始，它有如下两点用处。

❑ 它指向一个栈槽，该栈槽包含指向下一个 Java 帧簇的簇指针。
❑ 它指向的栈槽到当前 Java 帧簇的顶层 Java 方法帧有固定的偏移量。

这与普通帧指针的概念是一样的，运行时可以通过它找到当前帧的第一个槽位以及下一帧。

8.3.2   Java 到本地封装设计

为了支持这个设计，Java 到本地封装代码需要维护两个指针，一个是帧指针，另一个是簇指针。当前帧指针通常保存在专用寄存器中（比如 X86 ISA 中的 `ebp`），而簇指针没有这样内置的寄存器。更重要的是，本地方法不应该触碰簇指针，如果放在寄存器中就难以实现这一点。因为运行时栈是线程专有数据结构，所以一个很自然的设计就是在 TLS 中用一个线程局部变量来保存簇指针。

使用这个设计，应该把下面的代码段插入到 Java 到本地封装代码中，就放在帧指针链建立起来之后：

```
// 得到线程局部簇指针地址
p_cluster_pointer = get_address_of_cluster_pointer();
// 当前簇指针压栈，构造链
push *p_cluster_pointer;
// 用栈指针更新当前簇指针
*p_cluster_pointer = stack_pointer;
```

用 X86 指令表示为如下代码：

```
// 调用结果在 eax 中，eax = p_cluster_pointer
call get_address_of_cluster_pointer
push [eax]
mov esp -> [eax]
```

经过这个操作之后，栈就会如图 8-7 所示。从簇指针指向的位置开始，VM 可以找到 Java 簇中的第一个 Java 帧。从第一个 Java 帧开始，这个簇中其余的 Java 帧都可以被枚举到，直到到达一个本地帧或栈底。（要确定一个帧是 Java 帧还是本地帧，VM 可用的一种方法是检查这个帧的执行代码段是否由 JIT 编译。）

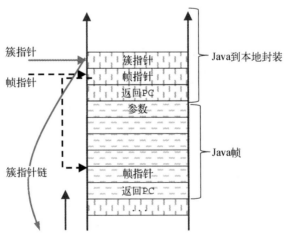

图 8-7   Java 到本地转换中保存的簇指针

控制流返回到 Java 代码的时候，在返回之前需要执行下面的代码：

```
// 得到线程局部簇指针的地址
p_cluster_pointer = get_address_of_cluster_pointer();
// 弹出保存的簇指针
pop cluster_pointer
// 恢复线程局部簇指针
*p_cluster_pointer = cluster_pointer;
```

用 X86 指令表示为如下代码：

```
// 调用结果在 eax 中，eax = p_cluster_pointer
call get_address_of_cluster_pointer
pop ecx        // 弹出保存的簇指针到 ecx 中
mov ecx -> [eax]
```

在实际实现中，可以把线程局部簇指针的地址保存在栈上，这样可以在控制返回到 Java 代码时省去这个函数调用。

有了 Java 簇指针后，就应该修改前面的 Java 到本地转换示例封装代码，把簇指针维护操作包含进去。注意这段代码在帧指针和簇指针之间还压栈了额外一些数据，如图 8-8 所示。

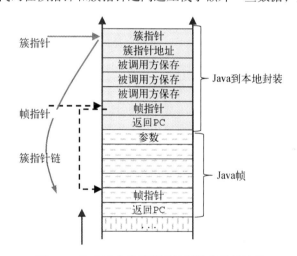

图 8-8　修改后支持栈展开的封装代码的栈帧

```
// 首先保存被调用方保存寄存器
push ebp
push ebx
push esi
push edi

// 调用结果在 eax 中，eax = p_cluster_pointer
call get_address_of_cluster_pointer
// 保存地址，返回时不需要调用上面的函数
push eax
// 保存 Java 簇指针的当前值
push [eax]
// 更新 Java 簇指针，指向当前位置
mov esp -> [eax]
```

```
// 压栈本地方法参数
push [esp+28]              // 压栈 y
push [esp+36]              // 压栈 x
push addr_class_Add        // 压栈 Add 类实例
push addr_JNI_Env          // 压栈 JNI 环境变量
// 调用实际本地方法实现
call Java_Add_native_1add
// 恢复 Java 簇指针
// 得到 Java 簇指针之前的值
pop ecx
// 得到 Java 簇指针地址
pop ebx
// 恢复前一个 Java 簇指针
mov ecx -> [ebx]

// 恢复被调用方保存寄存器
pop edi
pop esi
pop ebx
pop ebp
// 返回并弹出 Java 参数(x, y)
ret 8
```

其中的加粗代码体为我们新加入的用于栈展开支持的修改。

8.3.3　栈展开实现

为了简化代码，我们可以把用于 Java 到本地转换的保存数据组合成一个数据结构，名为 M2N_wrapper，表示 managed-to-native（托管到本地）转换数据。它的元素是图 8-8 中栈条目的 1∶1 映射。

```
struct M2N_wrapper{
        M2N_wrapper *jcp;
        M2N_wrapper **addr_jcp;
        uint32 edi;
        uint32 esi;
        uint32 ebx;
        uint32 ebp;
        uint32 eip;
}
```

有了这个数据结构，VM 可以通过簇指针 jcp 访问 M2N_wrapper 中的栈条目。

现在需要调整栈展开过程，把簇指针逻辑包含进去，如以下伪代码所示。注意在现实中，运行时栈总是有本地帧与 Java 帧的混合，因为不管怎样，Java main() 方法都是由本地代码调用的。因此，通过检查 ebp==NULL 确定栈底并不是最好的方法，因为在 Java 栈底 ebp 为 NULL 的可能性不大。不过 VM 可以检查 Java 簇指针是否为 NULL，也就是当前 Java 簇之下是否不再有 Java 帧。VM 实例最初加载的时候，Java 簇指针被设置为 NULL。

```
struct Frame_context{
    uint32 ebp;
    uint32 esp;
```

```
        uint32 eip;
        M2N_wrapper* jcp; // java 簇指针；
}

void unwind_stack(VM_Thread* thread)
{
        Frame_context* frame = start_frame(thread);
        Code_Type type = code_type(frame->eip);

        // Java 帧簇迭代
        Do {
                // Java 帧簇内部迭代
                while( type == CODE_TYPE_JAVA ){
                        Method* method = method_of_pc(frame->eip);
                        // 方法的操作
                        ...
                        // 找到之前的帧内容
                        uint32 ebp = frame->ebp;
                        frame->eip = ebp - 4;
                        frame->esp = ebp - 8;
                        ebp = *(uint32*)ebp;
                        frame->ebp = ebp;
                        type = code_type(frame->eip);
                }
                // eip 指向本地代码
                // 跳过本地帧到达下一个 java 簇
                M2N_wrapper* jcp = frame->jcp;
                int wrapper_size = sizeof(M2N_wrapper);
                if (jcp != NULL){
                        // 得到这个簇内第一个 Java 帧
                        frame->ebp = jcp->ebp;
                        frame->eip = jcp->eip;
                        frame->esp = jcp - wrapper_size;
                        jcp = jcp->jcp;
                        frame->jcp = jcp;
                        type = code_type(frame->eip);
                }
        }while( type == CODE_TYPE_JAVA)

}
```

以上设计在支持运行时栈展开的同时，也支持了 Java 与本地之间的快速控制流转换。慢一点的设计可以把运行时栈帧的元数据保存在一个 TLS 中，组织为一个影子栈数据结构。每次控制流与本地代码来回转化的时候，VM 可以把本地帧元数据压入影子栈中，或者从影子栈弹出本地帧元数据，以此维护这个信息与执行状态一致。使用这种方法，可以通过从 TLS 中获取元数据来支持本地帧栈展开。

8.3.4　本地帧与 C 帧

前面已经提到，有时候会出现本地方法通过 JNI API 调用另一个本地方法的情况，这会经历两次转换：第一次是从本地到 Java，第二次是从 Java 到本地。第一次转换（在 `vm_execute_java_method()`中）准备栈用来在当前本地帧之上调用一个 Java 方法。第二次转换（在 Java 到本地封装中）不知道这实际上是来自本地方法的调用，因为栈看起来就像是来自 Java 世界的调用。Java 到本地封装还会维护 Java 簇指针链，就像前面的栈帧是 Java 帧一样。

为了区分本地方法帧与传统 C 函数帧，我们用本地帧表示本地方法的帧，传统函数则用 C 帧表示。一个 C 帧可以属于一个本地方法，但这个方法是不经过 JNI API 直接从本地代码调用的。

所有本地帧通过 Java 簇指针链接在一起，即便两个相邻本地帧中间没有 Java 帧簇也是如此，如图 8-9 所示。

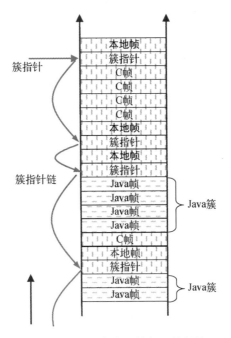

图 8-9　带有相邻本地帧与 C 帧的栈

栈展开过程中，本地到本地帧不需要特殊处理。如果一个本地帧前面是另一个本地帧的话，返回代码地址（`eip`）不属于 Java 方法代码，因此 VM 就可以知道前一个帧仍然是本地帧。于是，栈展开例程就可以直接通过加载下一个 Java 簇指针来展开下一个本地帧。

有了栈展开支持，就可以设计根集枚举和异常抛出。接下来的章节中会介绍这些主题。

第 9 章　垃圾回收支持

前面的章节中已经介绍了垃圾回收（GC）算法和 GC 安全点的概念。本章将介绍虚拟机（VM）为垃圾回收所提供的支持。

9.1　为何需要垃圾回收支持

在 Java 代码中支持 GC，主要任务是让 JIT 编译器生成安全点。安全点可能包含以下位置。它们可能触发回收、阻塞线程执行，或者导致线程长时间执行。每个安全点都需要一个 GC-map 数据结构支持根集枚举，其中存储执行上下文中哪些位置包含引用的相关信息。

(1) **对象分配点**：这是可能创建一个新对象的指令，比如字节码 new 和 newarray。如果空闲堆空间放不下这个新对象，就会触发垃圾回收。通常这是触发垃圾回收的唯一位置。这个位置的 GC-map 是必需的。另一方面，当一个修改器分配一个对象的时候，另一个修改器可能会触发一次回收。第一个修改器被阻塞，等待回收结束，然后它就能分配一个新对象。这种情况下，这个位置的 GC-map 也是必需的，这样才能够在这个位置执行根集枚举。

(2) **调用点**：这是调用 Java 或本地方法的指令，比如那些 invoke 系列字节码。回收发生的时候，运行时栈上的所有方法帧除了顶层帧都是调用点，所以调用点应该有 GC-map 信息。另一方面，这些方法可能形成长时间运行的递归调用循环。因此，调用点应该能够通过 GC 轮询代码响应其他线程触发的回收请求，这一点很重要。

(3) **阻塞点**：这是可能阻塞线程执行未知时长的指令，比如 monitorenter。这个位置应该有 GC-map 信息，这样回收可以在当前线程被阻塞的时候继续进行。

(4) **循环中**：可以是循环中的任意位置，一般是在回边上。未包含前面提到的几点的循环可能会运行很长时间，并无法响应回收请求。最好在循环中插入 GC 轮询代码，这样它可以查询回收请求，如果有待处理请求的话就暂停自身。轮询点应该有 GC-map，以此支持线程在轮询点上暂停时的回收。

(5) **异常抛出点**：在 Java 中，许多异常抛出点不需要是安全点，因为异常对象已经为显式异常抛出而创建，抛出过程是一个快速完成的 VM 服务。但下面的情况是需要 GC-map 的。

- 对于通过硬件异常处理函数捕获的隐式异常来说，处理函数可能需要为异常对象及栈轨迹等创建一些对象，这可能引起垃圾回收。
- 有时候，异常抛出也被用作控制流操纵的一部分。尽管不太可能长时间执行而不包含上面提到的几点，但如果有些异常抛出点有 GC 轮询代码可能也是有所帮助的。
- 如果异常抛出需要在异常抛出上下文之上执行额外的代码，这就像是调用进入了额外的代码。这个额外代码可能没有前面提到的点，所以需要为异常抛出点建立 GC-map。例如，异常抛出过程中的对象创建通常会涉及对象构造器执行。另一个例子（不是 Java）是 Microsoft 结构化异常处理中的过滤器表达式。

在以上的 GC 安全点列表中，前两点（对象分配点与调用点）是强制性的，因为对象分配时可能发生 GC，而调用点是那些 GC 发生时栈上的点。

接下来的两点（阻塞点和循环回边）看起来是为了优化而设置的，也就是说，是为了限定回收请求的响应速度。但对于某些应用程序来说，为了让应用程序继续前进，这些点是必需的。例如，持有一个 monitor 的线程触发了回收，同时另一个线程在阻塞等待这个 monitor。如果阻塞线程不允许回收继续，那么触发回收的线程就永远无法释放这个 monitor。但这种情况极少发生，所以也存在不支持这两类 GC 安全点的 VM 实现。

最后一点（异常抛出点）有点类似于调用点。

应该为所有 GC 安全点建立 GC-map。当回收发生时，这些点可能在栈上。还需要在调用点和循环回边插入 GC 轮询代码，以打断长时间执行。

在实际实现中，对象分配和阻塞操作被实现为对 VM 内存管理和线程管理服务代码的调用，所以也可以归为调用点这一类。出于这种考虑，也可以说 GC 安全点只包含调用点，有时候还包含循环回边。

当 GC 被触发时，所有线程都暂停在安全点上，它们的执行状态保存在各自的线程局部存储中。然后 VM（基于保存的执行状态）遍历每个线程的线程专有数据和全局数据来找到根集。线程专有数据包括运行时栈、寄存器文件和线程局部存储。全局数据包括加载的类、驻留字符串（interned string）和全局引用。下面这段伪代码在第 5 章中已经给出过。

```
void stop_the_world_root_set_enumeration()
{
    vm_suspend_all_threads();
    for ( each thread thr ) {
        vm_enumerate_root_in_thread( thr );
    }
    vm_enumerate_root_in_globals();  // 在全局数据中
}
```

对每个线程的枚举过程如以下代码所示。栈展开细节隐藏在相关函数里。

```
void vm_enumerate_root_in_thread(VM_Thread* thread)
{
    Frame_context *frame = start_frame(thread);
```

```
while(!is_stack_bottom(frame)){
    Code_Type type = code_type(frame);
    if( type == CODE_TYPE_JAVA){
        java_enumerate_root_set(frame);
    }else{ // 本地代码
        native_enumerate_root_set(frame)
    }

    /**
    这里 VM 可以把活跃方法的声明类的类加载器
    放在根引用中
    **/

    frame = preceding_frame(frame);
    }
}
```

Java 代码的根集枚举由 JIT 编译器（或解释器）执行，本地代码的根集枚举则由 VM 执行。

9.2 在 Java 代码中支持垃圾回收

为了枚举 Java 方法的根集，JIT 编译器为它所编译方法的每个安全点都创建了一个 GC-map 数据结构。同时，帧上下文也支持栈展开中的寄存器枚举。

9.2.1 GC-map

每个安全点上有一个 GC-map 为局部变量、操作数栈和寄存器文件记录位图。每一位代表一个变量、一个栈槽位或一个寄存器。如果某一项中有引用，对应的位就设置为 1，否则为 0。通常生成 GC-map 有 3 种方法：运行时更新、编译时生成，以及惰性（lazy）生成。

1. 运行时更新

可以在运行时动态维护 GC-map，方式是每个保存到变量、栈帧或寄存器的引用都更新相应的位。向原来包含非引用的条目保存一个引用意味着置起这一位，而把非引用保存到一个引用槽位意味着重置这一位。

这实现起来很简单，可能适用于解释器，但它会导致过高的运行时开销，所以 JIT 对这种方式没有兴趣。

2. 编译时生成

运行时更新这种方法不会提前为每个安全点生成 GC-map，而是为正在执行的方法动态维护运行时 GC-map。相比之下，JIT 可以在 Java 代码运行之前通过数据流分析推导出 GC-map 结果。它只需要在编译时为每个安全点生成一次 GC-map 即可。

为了识别栈上和变量中的引用，通常需要两轮分析。一轮是向前传播变量的类型信息，以此识别出引用变量。另一轮是向后传播，从流出变量回溯活性信息，以此识别出哪些引用变量在哪些阶段上是活跃的。然后对于每个安全点，编译器了解这一点上所有的活跃引用变量，并把这些信息保存在这个安全点的 GC-map 中。对栈帧中元素也进行同样的处理。寄存器主要用来保存来自局部变量和栈中的数据，以获得更快的处理速度，所以寄存器中的引用也可以从局部变量和栈推断出来，并由寄存器分配算法维护。

为所有方法的所有调用点维护 GC-map 信息会导致空间开销。研究表明，所需的额外空间大小约为所有 JIT 生成信息的 10%左右。这种方法用空间换取运行时效率。

3. 惰性生成

也可以在回收真正发生的时候才只为栈上的点惰性生成 GC-map。也就是说，如果回收不发生就不维护 GC-map 信息。当回收发生的时候，VM 检查栈上所有的帧，然后通过重新编译对应的方法或模拟方法执行到栈上当前安全点，为每一帧生成一个 GC-map。注意需要分析每一帧来生成它自己的 GC-map，同一个方法可能会被多次分析，因为这同一个方法可能被多个线程运行或者被同一个线程（间接或直接）递归运行。这种方法试图在运行时开销和内存开销之间找到平衡点，不过只有在内存比运行时效率更关键的时候，这种方法才是有用的。

以下代码是一个 Java 代码根集枚举的概念化实现。GC-map 数据结构 GC_map 包含 4 个位向量，指示对应的项目是否持有引用。这里不一定要有 4 个位向量，而要根据实际实现的情况而定。

```
struct GC_map{
    bitvector locals;        // 局部变量
    bitvector temps;         // 栈上的临时变量
    bitvector registers;     // 有引用的寄存器
    bitvector args;          // 调用的输出参数
}

struct Safe_point{
    uint32  eip;  // 安全点 PC
    GC_map* gc_map;
}

struct JIT_info{
    JIT* jit;
    Method* method;
    void* code_addr;
    int code_size;

    // 这个方法的安全点数量
    //
    int num_of_safepoints;

    // 下面这个数组实际上是动态分配的
    // 有 num_of_safepoints 个元素
    Safe_point* safepoint[1]
}

void java_enumerate_root_set(Frame_context* frame)
{
    Safe_point* safepoint = safepoint_of_frame(frame);
```

```
    GC_map* gc_map = safepoint->gc_map;
    jit_enumerate_locals(frame, gc_map->locals);
    jit_enumerate_temps(frame, gc_map->temps);
    jit_enumerate_registers(frame, gc_map->registers);
    jit_enumerate_args(frame, gc_map->args);

}
```

以下代码是一个枚举寄存器的示例。认真查看这段代码，可以发现它实际上并没有枚举寄存器本身，而是枚举保存寄存器的内存槽位。稍后我们会解释原因。

```
// 在进入 GC 之前，寄存器保存在栈上
void jit_enumerate_registers(Frame_context* frame,
                             bitvector bv)
{
    // 找到保存寄存器的起始地址
    uint32 start_addr = register_saved_start_addr(frame);

    for( int i=0; i< reg_num; i++){
        if( test_bit(bv, i) == 0 ) continue;
        // 位置起表明这个槽位持有一个引用
        uint32 root_slot = start_addr + i*slot_size;
        gc_add_root((Object**)root_slot);
    }
}
```

在这段示例概念代码中，持有一个对象引用的内存地址称为根槽位，这个地址被加入到根集中用于 GC。第 5 章已经介绍过，当 GC 需要从根遍历对象图时，它会像下面这样解引用根槽位。

```
Object* root_ref = *(Object**) root_slot;
```

当 GC 移动对象时，必须把这个槽位更新为持有指向对象新位置的新引用。

```
Object* ref = *(Object**) slot;
// 把对象从 ref 移动到 new_ref
Object* new_ref = object_copy(ref);
// 更新原来持有 ref 的槽位
*(Object**) slot = new_ref;
```

如果另一个内存槽位持有指向同一个已被移动的对象的引用，它的内容也应该被更新到指向新地址。这个槽位只持有旧对象地址，所以 GC 需要一种方法来找到移动对象的新位置。一个解决方案是由回收器在原来的对象中保存新地址值，称为转发指针（forwarding pointer），因为原来的对象已经不再有用。之后当 GC 接触持有引用的槽位时，会检查被引用对象的一个标志来确定它是否已被移动。如果对象被移动过，回收器就更新这个槽位，指向新位置。否则，就移动这个对象。这个逻辑有点像下面的代码。

```
Object* ref = *(Object**) slot;
// 假定新地址保存在原来对象头中
// 头中的一个位指示对象是否被移动过
Object* new_ref = NULL;
if( is_forwarded(ref) ){
    // 如果它被移动过，加载新地址
    new_ref = forwarding_pointer(ref);
```

```
}else{
    // 把对象从 ref 移动到 new_ref
    new_ref = object_copy(ref);
}
// 更新持有 root_ref 的槽位
*(Object**)slot = new_ref;
```

在并行 GC 实现中，有可能多个回收器（从对象图不同的遍历路径）到达同一个对象并试图移动它，所以如果回收器彼此有竞争，那么其对象移动操作必须是互斥的，只有一个回收器可以成功移动这个对象。失败的回收器会提取对象的新地址并以此修改自己的槽位。使用事务存储支持，这个过程可能会有所不同，第 19 章将介绍这一点。

9.2.2　带寄存器的栈展开

为了支持移动对象的 GC（也就是移动式 GC），GC 在内存和栈中枚举根槽位。接下来的问题就是 GC 如何枚举寄存器，因为寄存器不在内存中，又总是被活跃使用着。

在 Java 方法的调用点上，JIT 通常在调用之前把调用方保存寄存器保存在栈上，而被调用方保存寄存器保持不动。如果被调用方法需要使用这些被调用方保存寄存器，那么它们会在使用之前保存，然后在返回之前恢复。

如果被调用方保存寄存器中包含对象引用，并且在被调用方执行的过程中发生 GC，那么在被调用方保存寄存器的引用对象被移动过的情况下，这个引用也需要被更新为新地址。

寄存器枚举的解决方案很简单：把它们保存在栈上，然后枚举栈槽位。回收完成之后，在修改器执行恢复之前，把这些值恢复到寄存器中。这与方法调用是一样的。

如果所有寄存器都是调用方保存寄存器，在执行调用指令之前，有活跃数据的寄存器都已被保存在栈上。因为 JIT 了解调用点上栈的 GC-map，所以 GC 枚举它们并更新它们的值没有任何问题。在调用之后，调用方把保存的数据恢复到寄存器中，现在这些寄存器就有了最新数据。

如果有些寄存器是被调用方保存寄存器，并有待被调用方法使用，它们会在被调用方的起始代码中被保存，在结束代码中恢复。通过这种方式，如果被调用方法内发生 GC 的话，那么被调用方保存寄存器停留在被调用方的栈帧中。（实际上，它们是作为调用方栈帧的一部分被报告的，因为它们持有调用方执行状态数据，只有调用方了解它们是否持有任何对象引用。）

现在我们需要修改 Frame_context 数据结构，使得它不仅持有重要的指针，而且还拥有保存在栈上寄存器的栈地址。通过这种方式，JIT 可以枚举这些"寄存器槽位"来支持移动式 GC。

Frame_context 的旧有设计如下：

```
struct Frame_context{
    uint32 ebp;
    uint32 esp;
    uint32 eip;
    M2N_wrapper* jcp; // Java 簇指针
}
```

修改后的设计可以像下面这样，把寄存器所在的栈槽位地址包含进来。

```
struct Frame_context {
    uint32 ebp;
    uint32 esp;
    uint32 eip;
    M2N_wrapper* jcp;

    // 被调用方保存寄存器
    uint32 *p_edi;
    uint32 *p_esi;
    uint32 *p_ebx;

    // 调用方保存寄存器
    uint32 *p_eax;
    uint32 *p_ecx;
    uint32 *p_edx;

}
```

VM 在展开栈的时候，会在 JIT 的帮助下用正确的值为寄存器填充帧上下文。假定调用方保存寄存器在调用的传出参数之前保存，并且被调用方保存寄存器在被调用方帧的起始处保存，那么栈看起来就如图 9-1 所示。

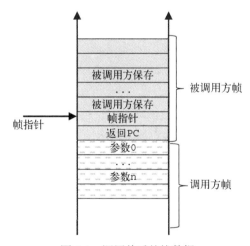

图 9-1　调用前后的栈数据

举个例子，下面的伪代码展开一层栈帧。

```
Frame_context* preceding_frame(Frame_context* frame)
{
    int num_callee_saved = 0;
    uint32 ebp = 0

    Code_Type type = code_type(frame->eip);
    if( type == CODE_TYPE_JAVA ){
        JIT_info* info = info_of_pc(frame->eip);
```

```
                  // 这一帧里被调用方保存寄存器的数量
                  num_callee_saved = info->num_saved_callee_regs;

                  // 找到前一个帧上下文
                  ebp = frame->ebp;
                  frame->eip = ebp - 4;
                  frame->esp = ebp - 8;
                  frame->ebp = *(uint32*)ebp;
         }else{ // eip 指向本地代码
                  // M2N_wrapper 中被调用方保存寄存器数量是常量
                  num_callee_saved = NUM_M2N_SAVED_REGS;

                  M2N_wrapper* jcp = frame->jcp;
                  if (jcp == NULL) return NULL;

                  ebp = jcp->ebp;
                  frame->ebp = ebp;
                  frame->eip = jcp->eip;
                  frame->esp = jcp - SIZE_M2N_WRAPPER;
                  frame->jcp = jcp->jcp;
         }

         // 假定被调用方寄存器总是按照定义顺序保存
         switch (num_callee_saved){
                  case 3: frame->p_edi = (uint32*)(ebp - 12);
                  case 2: frame->p_esi = (uint32*)(ebp - 8);
                  case 1: frame->p_ebx = (uint32*)(ebp - 4);
                  case 0: break;
                  default: assert(0);
         }

         return frame;
}
```

这段示例代码只关心被调用方保存寄存器的栈槽位。调用方保存寄存器的槽位，作为调用方帧的一部分，是调用点安全点处的 GC-map 所了解的。这里，我们假定被调用方保存寄存器总是按顺序保存。也就是说，如果被调用方只保存一个被调用方保存寄存器，那一定是 ebx；如果保存两个，那一定是 ebx 和 esi。

帧上下文也包含调用方保存寄存器。这用于帧不在调用点上，而是在硬件异常上的情况。调用方保存寄存器中的值不是由异常之前的方法来保存，而是由硬件在异常上下文中保存的，异常上下文也应该被枚举。

9.3   在本地代码中支持垃圾回收

本地方法不能与 Java 方法使用同样的垃圾回收支持技术，原因有以下两点。

❑ 如果在回收发生时本地栈帧中有引用指针，那么 VM 不能精确地分辨它究竟是指针、整数还是其他数据类型，因为它不了解本地帧布局，所以无法支持精确式 GC。

❑ 另一个问题更严重。如果本地代码可以直接访问对象指针，本地编译器可能会把它保存在物理寄存器或者其他本地控制的位置（本书称为"本地位置"）中，但这是 VM 不了解的。这种情况下，即使保守式 GC 也是不可能的。如果一个对象在回收过程中被移动，而新地址没有更新到本地位置中，那么后续本地代码对这个对象指针的访问会导致意外的结果。

上述问题的解决方案是不允许本地代码像 Java 代码那样直接访问对象引用，而是把对象指针存储在一个独立的由 VM 控制的位置（本书称为"托管位置"），本地代码只能间接访问这些对象指针。针对上述两个问题的对策如下。

❑ 对象指针保存在托管位置，所以 VM 可以精确枚举它们，支持精确式 GC。
❑ 本地代码不能直接访问对象指针，所以本地编译器没有办法把它们放在本地位置。通过这种方式，VM 确保对象指针保存在托管位置，并且也只能保存在托管位置。

9.3.1 对象引用访问

为了支持间接引用访问，JNI 定义了局部引用和全局引用。局部引用就像是局部变量，只存在于本地方法作用域之内。全局引用可以在本地方法之外存活，直到它被显式释放。局部和全局引用在支持精确式 GC 的同时，也支持本地方法传递和返回 Java 对象，以及访问和创建 Java 对象。也就是说，精确式 GC 发生的时候，在栈中间或者栈顶上可以存在本地帧。JNI 没有规定 VM 如何实现局部和全局引用。

间接对象引用访问的实现可以把对象引用装箱到对象句柄中，对象句柄是链接在一起的，这样 VM 可以找到所有对象句柄。具体实现如图 9-2 所示。

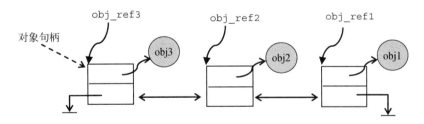

图 9-2 组织为链表的对象句柄

`Object_handle` 数据结构可以是一个简单的间接层：

```
struct Object_handle{
    Object* obj;
}
```

为了便于管理，把 `Object_handle` 嵌入到 `Object_handle_node` 中。

```
struct Object_handle_node{
    Object* obj;
```

```
    Object_handle_node* next;
    Object_handle_node* prev;
}
```

指向每个对象的指针都被封箱到对象句柄中。本地代码通过 obj_ref1 访问 obj1。在内部，
VM 可以通过如下代码取得这个对象：

```
obj1 = obj_ref1->obj;
```

或者：

```
obj1 = *(Object*)obj_ref1;
```

这段代码不能在回收正在发生的时候执行，因为 GC 可能会移动这个对象，留下一个无效对象指
针，所以是不安全的。它必须由 VM 保护，VM 可以阻止回收发生。概念上来说，它应该被下面
这样的代码所包裹：

```
thread_leave_saferegion();
obj1 = obj_ref1->obj;
// 既然 GC 被禁止，那么 obj1 是有效的
... 访问 obj1 ...
thread_enter_saferegion();
```

每个方法运行实例有一个对象句柄列表，其中维护了本地代码可以访问的所有对象。列表头
保存在本地方法帧中，所以 GC 能够找到它来枚举对象。方法返回的时候丢弃这些对象句柄（而
不是对象）。我们在 M2N_wrapper 数据结构中增加一个条目来存储这个对象句柄列表头，如以
下代码所示。

```
struct M2N_wrapper{
    M2N_wrapper *jcp;
    M2N_wrapper **addr_jcp;
    Object_handle_node *local_obj_handles;
    uint32 edi;
    uint32 esi;
    uint32 ebx;
    uint32 ebp;
    uint32 eip;
}
```

如果 JNI API 函数返回一个对象引用的话，必须把它封装为一个对象句柄，只返回指向这个
对象句柄的指针。

方法参数是局部变量的一部分。本地方法的参数中可能包含对象引用，定义在方法签名中。
在本地代码中也通过对象句柄访问它们。在 Java 到本地转换封装代码中，为本地方法压栈参数
的时候，封装代码应该创建对象句柄来封装引用参数，并把对象句柄地址作为传给本地代码的实
际参数压栈。

即使方法引用参数的个数在编译时已经知道，VM 也不能在为方法生成封装代码的时候，还
为这个方法创建对象句柄。这是因为，正如前面已经提到的，就像方法的自动变量一样，对象句
柄是动态数据结构，存在于每个方法的**调用实例**中。

有了局部对象句柄，就可以在本地代码中枚举根集，如以下代码所示。

```
void native_enumerate_root_set(Frame_context* frame)
{
    M2N_wrapper* m2n = frame->jcp;
    Object_handle_node* node = m2n->local_obj_handles;

    while(node){
        gc_add_root((Object**)node);
        node = node->next;
    }
}
```

既然一旦本地方法返回局部对象句柄就被释放，那么就不可能在方法作用域之外保持这个被引用对象活跃。全局对象句柄的实现方式与局部对象句柄相同。唯一的区别是，其对象句柄列表头在 VM 中是全局唯一的。这个列表中的对象句柄节点只能显式释放。

9.3.2 对象句柄实现

每个本地方法应该至少有一个引用参数（对于非静态方法是对象实例，对于静态方法是类实例），所以封装代码总是需要处理对象句柄。需要修改前面给出的封装代码示例把这项工作包含进去。

封装代码创建与引用参数同样多的对象句柄节点。可以在编译时通过在参数上迭代判断其类型来计算出这个数目。然后封装代码把这些对象句柄节点链接在一起，并把指向 M2N_wrapper 条目的头指针放在栈上。最后，它把包含引用参数对象句柄在内的本地方法参数压栈，然后调用这个方法。当这个本地方法返回时，封装代码应该释放为这个方法创建的以及这个方法内的所有对象句柄节点。

```
// 首先保存被调用方保存寄存器
push ebp
push ebx
push esi
push edi

// 指向局部对象句柄的列表头指针占位符
push 0

// 构造簇指针链
call get_address_of_cluster_pointer
push eax
push [eax]
mov esp -> [eax]

// 准备局部对象句柄
push method  // (Method*)method 描述了 native_add
call new_local_obj_handles
// 返回值 eax 持有指向句柄的头指针
pop  // 弹出输入 "method"
```

```
      // 压栈本地方法参数
      push [esp+size_M2N_wrapper]      // 压栈 y
      push [esp+size_M2N_wrapper+8]    // 压栈 x
      push eax // 压栈 Add 类的局部对象句柄
      push addr_JNI_Env // 压栈 JNI 环境变量
      // 调用实际本地方法实现
      call Java_Add_native_1add
      mov eax -> ebx // 保存返回值

      // 如果返回值是引用值, 解封它
      // 也就是得到要返回的实际对象指针
      // 如果返回引用值为 null, 不解封
         xor ebx ebx
         je unhandle_done
         mov [ebx] -> ebx
unhandle_done:
      // 释放局部对象句柄
      call free_local_obj_handles
      // 恢复返回值
      mov ebx -> eax

      // 恢复 Java 簇指针
      pop ecx
      pop ebx
      mov ecx -> [ebx]

      // 恢复被调用方保存寄存器
      pop edi
      pop esi
      pop ebx
      pop ebp
      // 返回并弹出 Java 参数(x, y)
      ret 8
```

我们仍使用和之前一样的应用程序示例来说明这个设计。它的本地方法 native_add() 是静态的, 所以有一个类实例引用参数。

```
public class Add{
    public static native int native_add(int x, int y);
    public static int add(int x, int y){
        return native_add(x, y);
    }
}
JNIEXPORT jint JNICALL Java_Add_native_1add
  (JNIEnv *, jclass, jint, jint);
```

在之前关于封装设计的讨论中, 类实例的引用作为参数在栈上传递给本地代码。现在栈上应该用对象句柄指针代替它, 如图 9-3 所示。

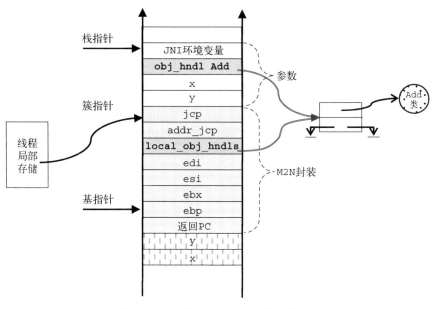

图 9-3　调用进入本地方法之前的栈状态

注意图 9-3 中加粗代码体的两个新增条目：一个是 Add 类实例的对象句柄，另一个是局部对象句柄的列表头。它们都指向同一个对象句柄节点，也是这个本地方法执行一开始时列表中的唯一节点。

这段封装代码用两个函数来处理局部变量句柄的创建和释放，如下所示。

```
Object_handle_node* get_local_obj_handles()
{
    VM_Thread* thread = current_thread();
    M2N_wrapper* jcp = thread->jcp;
    Object_handle_node* handles = jcp->local_obj_handles;
    return handles;
}

Object_handle_node* new_local_obj_handles(Method* method)
{
    Object_handle_node* handles = get_local_obj_handles();
    assert( handles == NULL );
    // 为 method 的引用参数生成句柄
    // 从头开始按照参数顺序链接
    handles = ...
    return handles;
}

void free_local_obj_handles()
{
    Object_handle_node* handles = get_local_obj_handles();
    assert( handles != NULL );
```

```
  // 释放所有对象句柄节点
}
```

为了提高性能，可以用机器码序列代替创建和释放局部对象句柄的函数。由于通常在堆上分配内存比在线程局部的栈上分配代价更高，在栈上为引用参数分配对象句柄也是一种性能优化。如果放在栈上释放甚至会更快，因为封装代码返回调用方就附带完成了释放。

有了对象句柄的支持，本地代码可以支持其执行过程中的精确式 GC。换句话说，从应用程序开发者的角度来说，只要使用 JNI 应用程序编程接口（API），在本地方法的任何位置（也就是说，本地方法是一个 GC 安全区域）上都可以进行精确式 GC，而不需要插入对本地代码来说不可行的安全点。

9.3.3   GC 安全性维护

与之相比，Java 方法本身是非 GC 安全的，需要插入安全点为 GC 发生提供机会。当 Java 方法调用本地方法时，代码变成了 GC 安全的。那么问题就是，当 Java 方法调用本地方法的时候，如何实现 GC 安全性状态切换。我们自然会把切换代码放到本地方法封装代码中。应该把打开/关闭 GC 代码插入到本地方法调用的前后，就如下面这段修改过的封装代码所示。

```
  // 首先保存被调用方保存寄存器
push ebp
push ebx
push esi
push edi

  // 指向局部对象句柄头指针的占位符
push 0

  // 构造簇指针链
call get_address_of_cluster_pointer
push eax
push [eax]
mov esp -> [eax]

  // 准备局部对象句柄
push method  // (Method*)method 描述了 native_add
call new_local_obj_handles
  // 返回值 eax 持有指向句柄的头指针
pop  // 弹出输入 "method"

  // 压栈本地方法参数
push [esp+size_M2N_wrapper]     // 压栈 y
push [esp+size_M2N_wrapper+8]   // 压栈 x
push eax // 压栈 Add 类的局部对象句柄
push addr_JNI_Env // 压栈 JNI 环境变量
  // 为本地方法打开 GC
call thread_enter_saferegion
  // 调用实际本地方法实现
call Java_Add_native_1add
```

```
        mov eax -> ebx // 保存返回值
        // 为本地方法关闭 GC
        call thread_leave_saferegion

        // 如果返回值是引用值，解封它
        // 也就是得到要返回的实际对象指针
        // 如果返回引用值为 null，不解封
        // xor ebx ebx
        // je unhandle_done
        // mov [ebx] -> ebx
unhandle_done:
        // 释放局部对象句柄
        call free_local_obj_handles
        // 恢复返回值
        mov ebx -> eax

        // 恢复 Java 簇指针
        pop ecx
        pop ebx
        mov ecx -> [ebx]

        // 恢复被调用方保存寄存器
        pop edi
        pop esi
        pop ebx
        pop ebp
        // 返回并弹出 Java 参数(x, y)
        ret 8
```

把打开/关闭 GC 代码插入到 Java 到本地封装代码后，VM 保证了当 Java 代码调用本地方法时的 GC 安全不变性。

9.3.4 对象体访问

现在我们已经有了在本地代码中实现对象引用访问的解决方案，还需要一个对象体访问的解决方案。VM 不允许本地代码持有指向对象的指针，因此，本地代码没有办法通过指针算术访问对象体。对象体访问必须像对象引用访问一样间接实现。

间接对象体访问的一种实现可以引入一个从变量索引到对象字段的映射表。当本地代码访问对象引用变量的时候，它实际上访问的是这个变量的索引。然后 VM 把这个索引映射到对象字段地址，并完成本地代码需要的操作。可以通过任何方式实现这个索引，只要它唯一标识字段，能够用于获取字段信息即可。

JNI 定义了实现这个目标的 API。举例来说，在 Java 代码中，如果要把对象 obj 的引用字段 field 设置为 value，就像以下代码一样简单。

```
obj.field = value;
```

使用 JNI API 的话，本地代码需要使用下面这个函数，其中对象字段 field 被替换为一个索

引 fieldID。jobject 类型的参数是用对象句柄传递的引用参数。

```
void JNICALL SetObjectField(JNIEnv * jni_env,
                            jobject obj,
                            jfieldID fieldID,
                            jobject value);
```

这些 API 应该由 VM 实现，因为 VM 最终得直接访问这个对象字段来操作它。问题是 VM
如何确保安全性和可移植性，并支持精确式 GC。答案是在进入可能的非 GC 安全区域或者当代
码可能是非 GC 安全的时候，VM 需要关闭 GC。如果关闭 GC，那么 GC 就不会发生，这样就确
保了没有对象会被移动。以下代码是上述 JNI API 的一个实现示例。

```
// VM 代码访问一个对象的对象字段
jobject GetObjectField(JNIEnv *env,
                       jobject jobj,
                       jfieldID fieldID)
{
    // 把字段 ID 转换为 VM 的字段描述
    Field *fld = (Field*)fieldID;
    if (!class_initialize(env, fld->get_class()))
        return NULL;

    if (ExceptionCheck(env))
        return NULL;

    // 同 vm_disable_gc()
    thread_leave_saferegion();

    // 访问 Java 对象字段
    Object* java_ref = (Object_handle)jobj->obj;
    // 得到这个字段在对象中的偏移量
    uint32 offset = fld->get_offset();
    Object_handle* new_handle = NULL;

    Object* fld_obj = *(Object**)(java_ref + offset);
    if( fld_obj != NULL ){
        // 对于非 NULL 引用，封箱
        new_handle = allocate_local_obj_handle();
        if (new_handle != NULL) {
            new_handle->obj = fld_obj;
        }
    }

    // 同 vm_enable_gc()
    thread_enter_saferegion();

    return (jobject)new_handle;
}
```

VM 离开/进入安全区域这两个函数确保了 VM 代码在它们之间访问对象的时候不会发生回
收。如果在代码离开安全区域之前触发了回收，调用 thread_leave_saferegion() 的线程会
阻塞在这个函数上，直到回收结束才会继续。第 6 章已经介绍过这一点。

使用 JNI API，应用程序可以开发如下代码来访问一个对象字段，其字段名和类型分别为 fname 和 ftype。

```
// 访问对象中的一个引用字段的应用程序代码
jobject ReadObjectField(JNIEnv *env,
                        jobject obj,
                        const char * fname,
                        const char * ftype,)
{
    1：// 得到 obj 的类实例的对象句柄
    jclass clazz = (*env)->GetObjectClass(env, obj);

    2：// 得到带有名称和签名的字段描述
    jfieldID fid = (*env)->GetFieldID(env, clazz, fname, ftype);
    if (fid == NULL) return NULL;

    3：/* 加载指向对象句柄的字段数据（一个引用） */
    jobject fobj = (*env)->GetObjectField(env, obj, fid);
    return fobj;
}
```

jclass、jobject 和 jfieldID 的类型对应用程序代码来说是不透明的。应用程序开发者不应该对它们的实际定义做出假设。

与它们在 Java 中的对应物类似，作为对象句柄的 jclass 类型和 jobject 类型的变量，在对象句柄的活跃期间保持着被引用对象的活性，这是由本地语言语义所决定的。这种情况下，它们的生存期是从它们的声明点直到方法返回点。这意味着，如果在语句 1 和语句 2 之间发生回收，那么对 clazz 的访问仍然有效。

9.3.5 对象分配

除了访问 Java 对象，本地代码也可以创建一个 Java 对象，并把它返回到 Java 代码。这个对象在本地方法中创建时被封箱到局部对象句柄中，在返回到 Java 世界时应该被解封。解封（或者句柄解绑）操作在本地方法的封装代码中执行，之前的封装代码中已经展示了这一部分。

下面的一段示例代码展示了如何在 VM 代码中创建一个新对象。这是 JNI API NewObjectA() 的实现。参数 meth 和 args 是这个对象的构造器及其参数。

```
jobject JNICALL NewObjectA(JNIEnv * jenv,
                           jclass clzz,
                           jmethodID meth,
                           jvalue *args)
{
    if (ExceptionCheck(jenv) || clzz == NULL ) return NULL;

    Class* clss = jclass_to_Class(clzz);

    if(clss->is_interface() || clss->is_abstract()) {
```

```
        // 接口或抽象类不能实例化
        char* cname = clss->get_name()->bytes;
        ThrowNew(jenv, Clazz_InstantiationException, cname);
        return NULL;
    }
    if (!class_initialize(jni_env, clss)) {
        return NULL;
    }

    thread_leave_saferegion();
    // 用类型 clss 分配一个对象
    Object* new_obj = gc_alloc_object(clss);
    // 分配一个对象句柄，以后用来封箱新对象
    Object_handle handle = allocate_local_obj_handle();
    if (new_obj == NULL || handle == NULL) {
        // 既不能分配 obj，也不能分配它的句柄，退出
        thread_enter_saferegion();
        return NULL;
    }
    // 用对象句柄封箱
    handle->object = new_obj;
    thread_enter_saferegion();

    // 用参数调用构造器
    CallNonvirtualVoidMethodA(jenv, handle, clzz, meth, args);
    if ( ExceptionCheck(jenv) ) return NULL;

    return handle;
}
```

函数调用 gc_alloc_object() 返回一个对象引用，所以这是一个非 GC 安全操作，必须在非 GC 安全区域操作。另一方面，如果堆空间太少，可能会触发 GC 事件。这不是一个问题，因为 vm_trigger_gc() 就是假定发生在非 GC 安全区域的。

除了局部对象句柄，还有其他一些线程局部对象也应该被枚举。根据 VM 实现的不同，这可能是还没有被异常处理函数处理的异常对象，或者一个阻塞的 monitor 对象。

显然，本地代码的运行时开销要远远高于 Java 代码。这是在本地代码中支持 GC 的代价，是为了维护安全性和可移植性语义所需的。这些 API 向本地代码（和本地编译器）隐藏了对象实现的所有细节。只有 VM 了解这些细节，并代表本地代码在对象上执行实际的操作。

9.4　在同步方法中支持垃圾回收

同步方法如何支持 GC 值得介绍一下。

9.4.1　同步 Java 方法

在同步 Java 方法的开端和结尾，应该分别在处理被调用方保存寄存器压栈之后以及出栈之前插入如下代码。

开端代码：

```
// 被调用方保存寄存器已经压栈
// 压栈 monitor 对象用于 monitorenter
push monitor_obj
call vm_object_lock
```

结尾代码：

```
// 压栈 monitor 用于 monitorexit
push monitor_obj
call vm_object_unlock
// 之后弹出被调用方保存寄存器
```

函数 `vm_object_lock()` 和 `vm_object_unlock()` 分别是用于 `monitorenter` 和 `monitorexit` 的运行时函数。`vm_object_lock()` 的执行可能阻塞等待 monitor，这时候这个线程不应该阻止回收发生。

在 Java 代码中，尽管调用点是一个安全点，一旦控制转出安全点或者进入 Java 被调用方法，它就不再是 GC 安全的了。VM 应该在这里提供 GC 支持，以防出现这个线程被 monitor 阻塞的情况。

下面的代码是进入 monitor 的慢路径的伪代码。慢路径意味着如果线程无法获得锁就可能阻塞。第 6 章中已经讨论过这段代码。这里的代码有如下两处修改。

(1) 线程把它的休眠等待阶段放入安全区以允许回收发生。

(2) 如果在线程休眠时确实发生了回收，monitor 对象可能已经被移动。那么当线程从休眠中醒来的时候，需要从枚举的槽位中重新加载 monitor 对象。

```
void lock_blocking(Object* jmon)
{
    VM_Thread* self = thread_self();
    // 试图获得锁
    while( !lock_non_blocking(jmon) ){
        // 无法获得锁，进入休眠
        // 重新加载被阻塞的锁
        self->blocked_lock = jmon;
        self->status = THREAD_STATE_MONITOR;

        // 在安全区域休眠等待
        thread_enter_saferegion();
        wait_for_signal( self->SIG_UNLOCK, 0);
        thread_leave_saferegion();
        // 在可能的 GC 之后重新加载 jmon 对象
        jmon = self->blocked_lock;

        // 被一个解锁 monitor 的线程叫醒
        self->status = THREAD_STATE_RUNNING;
        self->blocked_lock = null;
        // 循环回去再次竞争锁
    }
```

```
    // 最终获得锁并返回
    return;
}
```

在 VM 枚举每个线程的代码中，应该添加如下代码：

```
VM_Thread* self = current_thread();
gc_add_root((Object**)&(self->blocked_lock));
```

这确保回收会枚举到这个 monitor 对象（`blocked_lock`），实际上是枚举持有它的引用的槽位。

在 VM 中还有其他几个不在修改器执行上下文中的对象。它们都可以通过类似方式处理。

9.4.2   同步本地方法

如果是一个同步本地方法，那么在 Java 到本地封装中，编译器应该在打开 GC 之前插入 `monitorenter` 代码，并在关闭 GC 之后插入 `monitorexit` 代码，如下所示。

```
    // 处理栈上的 M2N_wrapper
    // 压栈本地方法参数
    push [esp+size_M2N_wrapper]          // 压栈 y
    push [esp+size_M2N_wrapper+8]        // 压栈 x
    push eax      // 压栈 Add 类的局部对象句柄
    push addr_JNI_Env // 压栈 JNI 环境变量

    // 为 monitorenter 压栈 monitor 对象
    // 为 monitorexit 在 esi 中保存 monitor 对象
    mov [eax] -> esi
    push esi
    call vm_object_lock

    // 为本地方法打开 GC
    call thread_enter_saferegion
    // 调用实际的本地方法实现
    call Java_Add_native_1add
    mov eax -> ebx // 保存返回值
    // 为本地方法关闭 GC
    call thread_leave_saferegion

    // 为 monitorexit 压栈 monitor 对象
    push esi
    call vm_object_unlock

    // 如果返回值是引用类型就解封它
    // 释放局部对象句柄
    // 恢复返回值
    // 恢复 M2N_wrapper 保存数据
    // 返回并弹出 Java 参数
```

这段代码是有用的，因为如果当前线程在 `vm_object_lock()` 中阻塞时发生 GC，所有引用参数都保存在 GC 将枚举的局部对象句柄中。唯一被遗漏的根是 monitor 对象，它会被单独正确枚举。

单独枚举 monitor 对象不是一个通用解决方案。更通用的解决方案是把 monitor 对象封箱到一个对象句柄中，这样就能以与其他对象句柄一致的方式枚举它。对于同步本地方法来说这很容易实现，在调用 vm_object_lock() 之前，它已经初始化了局部对象句柄。然后线程等待 monitor 的这段代码就变成了下面这样。这个对象句柄被自动链接到由本地方法初始化好的局部对象句柄列表中。

```
void lock_blocking(Object* jmon)
{
    VM_Thread* self = thread_self();

    Object_handle* hndl = allocate_local_obj_handle();
    hndl->obj = jmon;

    // 试图获得锁
    while( !lock_non_blocking(jmon) ){
        // 不能获得锁，进入休眠
        // 记录被阻塞的锁
        self->blocked_lock = jmon;
        self->status = THREAD_STATE_MONITOR;

        // 在安全区域中休眠等待醒来
        thread_enter_saferegion();
        wait_for_signal( self->SIG_UNLOCK, 0);
        thread_leave_saferegion();
        // 在可能的 GC 之后重新加载 jmon 对象
        jmon = hndl->obj;

        // 被一个解锁 monitor 的线程唤醒
        self->status = THREAD_STATE_RUNNING;
        self->blocked_lock = null;
        // 循环回去再次竞争锁
    }

    free_local_obj_handle(hndl);

    // 最终获得锁并返回
    return;
}
```

使用局部对象句柄的解决方案也可以用于同步 Java 方法。尽管 Java 方法代码没有在它的开端设置局部对象句柄，这个新创建的对象句柄将被链接到一个对象句柄列表中，该列表由当前 Java 簇指针指向的上一个本地帧建立。然后在 vm_object_lock() 返回之前会释放它。

虽然这么说，但实现字节码 monitorenter 的 Java 代码不能直接调用 vm_object_lock()，JNI API 函数 MonitorEnter() 也不能直接调用它。这与运行时辅助设计相关，第 10 章会讨论这个主题。

9.5 Java 与本地代码转换中的 GC 支持

前文已经介绍了 Java 代码中和本地代码中的 GC 支持，剩下的就是 Java 和本地代码之间转换相关的部分。前文已经介绍了转换的过程。这里是从 GC 角度来看的一个总结。

9.5.1 本地到 Java

从本地方法调用 Java 方法时，本地代码通过像 `CallObjectMethodA` 这样的 JNI API 来调用定义在 Java 类中的方法。然后这个方法调用 API 会调用桥接代码（即 `vm_execute_java_method()`）为 Java 方法调用准备栈。桥接代码需要解封引用参数，并把对象引用压栈，其中包括调用的目标对象（对于静态方法就是声明方法的类，对于虚方法就是接收对象）。这些操作会触碰对象，是非 GC 安全的，所以 JNI API 实现应该在调用桥接代码 `vm_execute_java_method()` 之前离开 GC 安全区域，在调用这段桥接代码之后进入 GC 安全区域。我们需要修改桥接代码之前的实现，来反映输入参数对象句柄解封和引用类型返回值封箱的过程。

```
void vm_execute_java_method( jmethodID* mid,
                             jvalue* pargs,
                             jvalue* ret)
{
    // 线程在调用这个函数之前离开安全区域
    assert( !thread_in_saferegion() );

    Method* method = (Method*)mid;
    // 参数的字数 (不是参数个数,
    // 因为 long/double 有两个字)
    char* desc; // 方法描述符
    java_type ret_type; // 返回类型

    method_get_param_info(method, &desc, &ret_type);

    // 处理输入值
    uint32 nargs = 0;
    for(++desc; (*desc) != ')'; desc++) {
        java_type type = (java_type)*desc;
        switch( type ){
            case JAVA_TYPE_CLASS:
            case JAVA_TYPE_ARRAY:

                // 就地解封引用参数
                // 把对象句柄替换为对象引用
                Object_handle* hndl;
                hndl = (Object_handle*)pargs[nargs];
                pargs[nargs] = (jvalue)(hndl ? hndl->obj : NULL);

                while(type == '[') desc++;
```

```
            if( type == 'L' )
                while( type != ';' ) desc++;
            nargs++;
            break;

        case JAVA_TYPE_LONG:
        case JAVA_TYPE_DOUBLE:
            nargs+ = 2;
            break;

        default:
            nargs++;
    }
}

// 得到 Java 方法的入口点
void* java_entry = method_get_entry(method);

uint32 eax, edx;    // 返回值
native_to_java_call(java_entry, nargs, pargs, &eax, &edx);

// 检查是否有任何未处理异常、清除返回值
if(thread_get_pending_exception()){
    *ret = (jvalue)0;
    return;
}

// 处理返回值
if ( ret_type == JAVA_TYPE_VOID) return;

((uint32*)ret)[0] = eax;
// 第二个字只用于 long/double 类型
((uint32*)ret) [1] = edx;

// 如果返回值是引用，封箱它
if( ret_type == JAVA_TYPE_CLASS ||
    ret_type == JAVA_TYPE_ARRAY )
{
    if( eax != NULL ){
        Object_handle* hndl = allocate_local_obj_handle();
        hndl->obj = (Object*)eax;
        *ret = (jvalue)hndl;
    }
}
return;
}
```

　　桥接代码准备的栈数据是 Java 方法的输入参数，因此是 Java 栈帧的一部分。这个方法的 GC-map 编码了引用信息。位于输入参数之前的栈数据可能包含桥接代码的非安全代码放入的对

象引用。尽管可以通过精巧地设计桥接代码来避免这种情况，但实际上这不是一个问题，因为桥接代码放在栈上的这些条目是死数据，没有代码会再次访问这些数据。Java 代码只访问它的方法帧中的数据，Java 方法返回之后的本地代码只会访问局部对象句柄，包括从 Java 方法返回的引用值。

9.5.2　Java 到本地

在对局部对象句柄的讨论中，我们已经了解本地方法通过对象句柄访问对象。任何非安全访问应该被一对离开和进入 GC 安全区域的操作保护。Java 代码在栈上准备好参数，然后调用 Java 到本地封装代码，它会为本地方法再次压栈参数，其中引用参数被封箱为局部对象句柄。封装代码压栈的项目之前的栈数据属于前一个 Java 帧，引用信息在它（前一个 Java 帧）的 GC-map 中维护。

Java 代码调用本地方法之前，在它的调用指令处有一个 GC 安全点，然后这个调用指令执行后，GC 安全性状态变为非安全，控制进入 Java 到本地封装代码。封装代码就在调用本地方法之前，以及准备好局部对象句柄之后，把 GC 安全状态变回安全的。对本地方法的调用返回到封装代码后，GC 安全性就变回非安全。如果返回值为对象引用，封装代码会解封它，然后把这个对象引用放到 Java 方法的返回寄存器中。

9.5.3　本地到本地

这是本地方法使用 JNI API 调用另一个本地方法的情况。尽管看起来这只涉及本地方法，但实际上这个转换是从本地到 Java，然后再从 Java 到本地的过程。换句话说，这是上面两种情况的组合。这对 GC 的影响与简单组合又有些区别。

在本地到 Java 转换中，本地帧中由桥接代码压栈的对象引用值会被忽略，因为这些引用参数会为 Java 帧被重新压栈，并且如果目标真的是 Java 方法的话，会被 Java 帧的 GC-map 记录。如果目标不是 Java 方法，那么控制继续进入 Java 到本地转换，为本地方法调用这些参数会被再一次重新压栈，并用局部对象句柄封箱。

当发生 GC 时，可以通过局部对象句柄枚举引用参数，那些在 Java 到本地封装代码之前被压栈的参数都被忽略，因为它们不再有用了，如图 9-4 所示。图中还是以前面的应用程序代码为例。

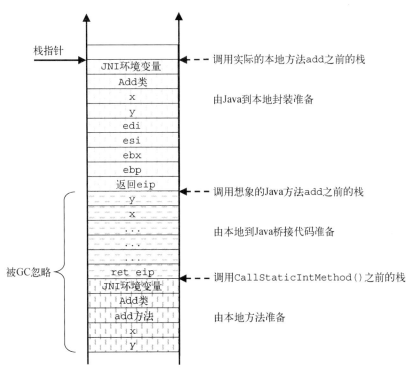

图 9-4 转换帧中的栈数据

本地方法处于安全区域。当它调用 Java 方法的时候，本地到 Java 转换在调用之前离开安全区域。当它遇到 Java 到本地封装时，GC 安全性状态在调用本地方法之前被设为安全区域。返回路径代码所做的恰好与之相反。通过这种方式保证了 GC 安全不变性，如图 9-5 所示。

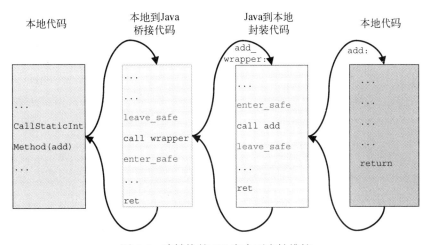

图 9-5 跨转换的 GC 安全不变性维护

9.6　全局根集

VM 维护了很多全局数据结构, 其中可能持有活跃对象。它们不一定能从线程局部根引用到达, 应该在 GC 过程中单独枚举。

- □ **类加载器**: 除了自举类 (bootstrap class) 加载器, VM 还可能有额外的自定义类加载器。如果 VM 不支持类卸载的话, 那么所有自定义类加载器, 包括它们加载的类, 都应该被枚举。如果 VM 支持类卸载, 那么不应该把类加载器枚举为根, 因为类加载器的活性应该由它加载的类活性的可达性定义。如果任何由它定义的类都是活跃的, 那么这个类加载器就是活跃的。
- □ **类**: 由自定义类加载器加载的类, 用和上面类似的方式对待。一个类只有在有活跃对象实例或者在栈上有活跃方法的时候, 这个类才是活跃的。因此, 如果 VM 支持类卸载, 就不用枚举类。否则就应该枚举它们。即使是因为支持卸载, 所以类没有被枚举为根, 它们也应该被枚举为弱根, 这样才能在它们不可达的时候处理它们。

  可能会有一些用异常对象表示的解析错误, 保存在类数据结构中。这种情况下它们也应该被枚举。所有由自举类加载器定义的类, 包括它们的静态引用字段, 也都应该被枚举。

- □ **全局对象句柄**: 它们使被引用的对象保持活跃, 应该被添加到根集中。
- □ **待终结 (finalize) 对象**: 有终结器 (finalizer) 要执行的不可达对象应该被枚举, 以避免被垃圾回收。第 12 章将讨论这一主题。
- □ **待入队的弱引用对象**: 如果弱引用一族对象的所指是不可达的, 这些弱引用对象会被入队。它们应该在入队之前被枚举。第 12 章会讨论这些细节。
- □ **驻留字符串 (interned string)**: 驻留字符串在 VM 中托管, 这样同样的字符串字面值能用同一个字符串对象表示。它们更像是缓存的备份, 不一定要单独枚举为根, 因为它们的活性由从活跃对象的可达性来定义。但是和类卸载一样, 如果 VM 想要回收驻留字符串, 那么也应该把它们枚举为弱根。

在多数 VM 实现中, 驻留字符串不会被回收, 因为它们的生存期与其他对象的生存期不太一样。当运行中应用程序的某个类有某个字符串字面值的时候, 对应的驻留字符串可以被认为是活跃的。换句话说, 字符串字面值被看作一个活跃 "引用", 尽管直到包含它的类被加载后它才是活跃的。

第 10 章　运行时辅助

现在你已经了解了 Java 代码与本地代码之间的转换。在进一步讨论虚拟机（VM）运行中的控制流转换，特别是异常抛出之前，这里值得先讨论一下运行时辅助（runtime-helper）。

10.1　为何需要运行时辅助

在 Java 虚拟机（JVM）中，根据使用的语言，大体上可分为两种运行代码：Java 代码和本地代码。前文已经介绍过，实际情况要比这种划分更复杂一些。下面是在 JVM 中运行的不同类型代码的一个总结。这里假定 VM 与本地方法用同一种语言开发。稍后会讨论它们不使用同一种语言的情况，但关键概念仍然不变。

- Java 代码（字节码）：JVM 的唯一目的就是运行 Java 编写的应用程序。更精确的表述是运行 Java 类文件，因为 JVM 是看不到 Java 代码的。
- 本地方法：本地方法代码可能来自应用程序，也可能来自 VM。VM 需要实现一些紧密依赖于 VM 内部实现的内建本地方法，比如需要支持 `java.lang.reflect`、`java.lang.System` 等。本地方法是垃圾回收（GC）安全的。
- VM 代码：VM 实现中最主要的本地代码不是本地方法代码，而是其他支持组件，比如即时（JIT）编译器、垃圾回收器和线程库。它们可以在平台级执行所有底层操作，而不需要担心 Java 的安全性和可移植性需求。实际上，VM 代码是安全语言与底层平台之间的胶水层，底层平台通常是非安全的。

以上 3 种代码构成了 JVM 内运行代码的主体。它们在调用惯例、GC 安全性和平台访问方面具有不同的性质，因此 Java 代码、本地方法和 VM 代码不能简单地彼此调用。它们不得不依赖于以下几种额外的代码类型或组件才能彼此合作。

- Java 本地接口（JNI）函数（JNI API）：这些函数向本地方法提供 API 来访问 Java 世界，并保持安全语言属性，比如调用 Java 方法、抛出异常，或者用 monitor 同步。JNI 函数遵循本地方法编程规则，除了它们可以有非 GC 安全操作。
- 胶水代码：胶水代码是指用于控制流转换或操纵的代码。例如，本地到 Java 桥接代码和 Java 到本地封装代码都是胶水代码。它们可以用汇编代码（或手写机器码）编写。当 VM 想要精确控制栈或寄存器操作的时候，汇编代码很有用。有时也为了性能而使用汇编语言。

❑ 硬件异常处理函数（或信号处理函数）：当硬件异常发生时，操作系统会调用注册的处理函数。在本地代码和 Java 代码中都可能发生异常，而异常处理函数都用本地代码编写。

胶水代码是必要的。（用本地语言编写的）本地世界由本地编译器编译，（用 Java 字节码编写的）Java 世界由 JIT 编译器编译。通常，这两个编译器对彼此一无所知。如果要把控制从一个世界转入另一个世界，就需要胶水代码。VM 开发者不应该也不能够假定两个世界的调用惯例相同。至少在 Java 调用本地代码时，对象引用不会自动装箱为对象句柄；在本地代码调用 Java 代码时，对象引用也不会自动从对象句柄解封。（所以很容易理解，即使是基于解释器的 VM，也几乎无法避免手写机器码。）

很多情况下都会发生 Java 世界与本地世界的转换，不仅限于显式方法调用的情况。只要潜在的跨界转换可能发生，胶水语言就是必要的。

前面已经提到过，可以认为 VM 代码提供了被称为 VM 服务的运行时服务。Java 代码和本地方法是这些服务的客户。Java 代码需要胶水代码来访问 VM 服务。本地方法需要 JNI API（JNI 函数）来访问 VM 服务。从 Java 代码到 VM 服务的胶水代码被称为"运行时辅助"。图 10-1 展示了不同代码类型之间的关系。

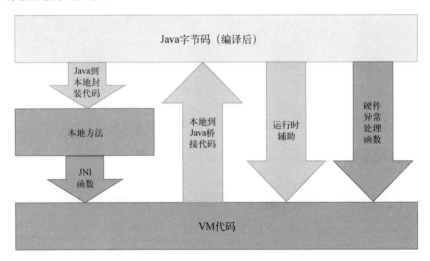

图 10-1　不同类型代码之间的调用关系

在这个调用关系图中，几乎所有的调用都是从 Java 代码到本地代码方向，只有一种情况是反方向的，那就是本地到 Java 桥接代码。本地到 Java 桥接只需要一段代码，即函数 vm_execute_java_method()。这是合理的，因为 VM 是用来支持 Java API 和语义的，而不是反过来。

到目前为止，本书已经介绍（有时是概述）了几乎所有代码类型的实现，还剩下运行时辅助和硬件异常处理函数，本章和下一章将分别讨论这两个主题。

10.2　带运行时辅助的 VM 服务设计

Java 代码执行的过程中需要访问各种 VM 服务。以下列举了一些需要 VM 服务的例子。

- Java 字节码调用一个 Java 方法（`invoke` 系列），而后者还没有编译。那么这次调用会触发 VM 调用 "编译器" 来即时编译这个 Java 方法。被调用方法原来的入口点实际上是一段跳板代码，用来触发目标方法编译，然后跳转到编译后代码中。（这实际上与本地代码相同，那种情况下编译器并不编译到二进制代码，而是生成 Java 到本地封装代码作为编译结果。）

- Java 字节码执行 monitor 代码（`monitorenter` 或 `monitorexit`），这可能会涉及线程阻塞和唤醒操作。"线程化" 需要底层平台的相关服务，只能在本地代码中执行。

- Java 字节码创建一个新对象或数组（`new` 系列）。这个操作可能会因空闲堆空间不足而触发 "垃圾回收"。于是运行必须陷入 VM 获得服务。

- Java 字节码抛出 "异常"（`athrow`）。这需要依赖于 VM 代码找到匹配的处理器（handler），过程可能涉及栈展开和控制流转移。其他可能抛出异常的 Java 字节码也需要陷入 VM 代码。

当 Java 代码执行需要 VM 服务的时候，会调用一个运行时辅助，帮助把控制从 Java 世界转移到本地世界。在某种程度上，运行时辅助类似于操作系统设计中的系统调用，提供在用户空间不可用的内核服务。这里的内核就是 VM 代码，用户空间就是 Java 世界。

記住了这个类比，就很容易理解 VM 为何只需要提供少数的运行时服务——这些运行时服务具有代表性，并概括了所有必需的 VM 服务。例如，异常抛出是 VM 提供的一个服务。VM 不需要为每个可能抛出异常的 Java 字节码都提供一个运行时服务。这些字节码只需要调用同一个 VM 服务来抛出异常。

10.2.1　运行时辅助操作

为了设计运行时辅助，首先要理解的是，为什么不把 VM 服务作为本地方法来开发。如果可以把它们开发为本地方法，那么就不需要为运行时辅助编写专门的代码了。本地方法有统一的访问机制。换句话说，就像所有的内核服务使用统一的系统调用机制一样。这是可能的，但没有必要，主要是由于 VM 设计中的性能原因。用于本地方法访问的运行时辅助是 Java 到本地封装代码，与普通 Java 方法调用相比，多了些额外的操作。并非每一个 VM 服务都需要所有这些操作。

(1) 下面的操作是 GC 和异常处理都需要的，因为 VM 不知道本地编译器如何布局栈帧。

- 被调用方保存寄存器：封装代码需要压栈所有被调用方保存寄存器。在编译后的 Java 代码中，压栈哪些寄存器依赖于 JIT 编译器的决定。对一个由本地编译器编译的本地方法来说，本地编译器会使用哪些被调用方保存寄存器是未知的。其中有些可能持有对象引用，需要在 GC 过程中枚举，所以 VM 需要把它们放在一个已知的位置。本地方法返回时，封装代码还会通过弹栈恢复所有的被调用方保存寄存器。

- Java 簇指针链：在栈展开的时候，VM 需要通过 Java 簇指针绕过传统 C 帧。它需要为当前本地方法在调用前后维护这个链。

(2) 为了在本地方法中支持 GC，需要以下操作。Java 代码是非 GC 安全的，所以它可以直接访问对象，而在本地代码中这是不允许的。

- 局部对象句柄：封装代码需要为当前本地方法创建局部对象句柄，这样这个本地方法才能访问 Java 对象。即使这个本地方法并不访问任何 Java 对象，这样做也是必需的，因为 VM 对本地方法内部一无所知，并且实际上本地方法在其参数中至少有一个 Java 对象。
- 参数和返回值封箱/解封：如果本地方法有引用参数，封装代码需要把它们封箱为局部对象句柄，然后在本地方法返回的时候释放这些局部对象句柄，以此清理这些引用（如果对象句柄不在栈上分配的话，也避免了内存泄露）。如果本地方法返回一个引用值，封装代码还需要解封它以允许 Java 世界访问，因为本地方法返回的是一个对象句柄。
- 打开/关闭 GC：封装代码需要在调用本地方法之前进入安全区域，调用之后需要离开安全区域，因为 Java 代码是非 GC 安全的，而本地方法是 GC 安全的。这是本地方法语义的需求。

(3) 如果 JIT 编译器和本地编译器调用惯例不同的话，需要以下操作。

- 再次准备参数：如果 JIT 编译器以从左到右顺序压栈方法参数，封装代码需要遵循 C 函数顺序，从右到左再次压栈参数。

(4) 因为 VM 对本地方法执行一无所知，所以需要以下操作。

- 异常：封装代码应该处理任何未处理异常。这些异常可能由本地方法抛出，也可能是从它调用链中的某个被调用者传递过来。生成封装代码的时候，VM 并不了解这个本地方法执行是否会抛出任何异常。它必须检查，并根据结果处理（第 11 章将介绍这一话题）。

以上所有额外操作对于运行时辅助并非都是必需的。尽管 VM 服务由本地编译器编译，但它们的代码对于 VM 是已知的，因为它们是 VM 代码的一部分。那么就有可能省略某些操作来提高 VM 服务的性能，因此也加速了 Java 代码的执行速度。举例来说，如果我们知道某个 VM 服务不会访问 Java 对象，就不需要在它的运行时辅助中创建局部对象句柄。如果我们知道某个 VM 服务会快速完成，不会引发 GC 也不会抛出异常，那么它的运行时辅助就不需要打开/关闭 GC，或者维护 Java 簇指针链，等等。接下来用几个例子来讨论运行时辅助实现。

10.2.2 运行时辅助实现

如果 `monitor` 对象引用为 null，那么字节码 `monitorentry` 会抛出一个异常。否则就继续前进，锁住这个 monitor。

JIT 编译器可能为 `monitorenter` 生成如下代码（伪代码）。

```
// obj 是要 enter 的 monitor
if( obj == NULL ){
    runtime_throw_exception("NullPointerException");
}else{
    runtime_monitor_enter(obj);
}
```

在这段概念代码中，JIT 生成了对两个不同的运行时辅助的调用。一个是 `runtime_throw_exception()`，另一个是 `runtime_monitor_enter()`。

尽管 VM 已经实现了用于锁住一个非空 monitor 的 `vm_object_lock()`，但 JIT 不能生成直接调用它的代码。原因是，如果这个 monitor 被其他线程持有，函数 `vm_object_lock()` 可能会阻塞在 `lock_blocking()` 上。对 `vm_object_lock()` 的调用必须支持 GC，这样阻塞的线程就不会妨碍 GC 发生。为此，我们使用了一个运行时辅助 `runtime_monitor_enter()` 来执行以下 3 段工作。

❑ 保存/恢复被调用方保存寄存器，这样在 GC 发生时，可以枚举和更新保存在这些被调用方保存寄存器中的对象引用。
❑ 为支持栈展开维护 Java 簇指针链，这样可以枚举栈上所有的根引用。
❑ 这个运行时辅助还需要再压栈参数。

这个运行时辅助不需要打开/关闭 GC，因为 `vm_object_lock()` 不是本地方法，而是一个纯 C 函数，是非 GC 安全的。在内部，它会在线程休眠等待锁之前打开 GC，并在线程休眠之后关闭 GC。

它不会封箱/解封引用参数和返回值，因为引用参数会在 `vm_object_lock()` 中封箱。因此，这个运行时辅助也不需要创建局部对象句柄。如果 `vm_object_lock()` 需要局部对象句柄，它可以在需要的时候创建。

`runtime_monitor_enter()` 的伪代码如下所示。

```
void runtime_monitor_enter(Object* obj)
{
    __asm {
        // 首先保存被调用方保存寄存器
        push ebp
        push ebx
        push esi
        push edi

        // 局部对象句柄的头指针占位符
        push 0

        // 构造簇指针链
        call get_address_of_cluster_pointer
        push eax
        push [eax]
        mov esp -> [eax]
```

```
    // 再次压栈本地方法参数
    push [esp+size_M2N_wrapper]    // 压栈 obj

    call vm_object_lock

    // 恢复 Java 簇指针
    pop ecx
    pop ebx
    mov ecx -> [ebx]

    // 恢复被调用方保存寄存器
    pop edi
    pop esi
    pop ebx
    pop ebp
    // 返回并弹出 Java 参数 (obj)
    ret 4
  }
}
```

调用 vm_object_lock()前后的加粗代码体，实际上对于所有类似的运行时辅助都是一样的，因此可以把它们放在一个代码生成器或者宏里，在需要的时候生成同样的序列。可以把它们看作在栈上压栈/弹出 M2N_wrapper 数据结构。然后模块化的 runtime_monitor_enter()如下所示。

```
void __stdcall runtime_monitor_enter(Object* obj)
{
    __asm{
        // M2N_wrapper 处理使用宏
        push_M2N_wrapper
        // 再压栈本地方法参数
        push [esp+size_M2N_wrapper] // 压栈 obj
        call vm_object_lock
        pop_M2N_wrapper
        ret 4
    }
}
```

一个问题是，正如我们之前看到的，为什么在同步方法开端直接调用 vm_object_lock()不是个问题。原因在于，同步方法的 GC 支持已经被准备好了——如果是 Java 方法就是由 JIT 编译器准备的，如果是本地方法的话就是由 Java 到本地封装代码准备的。不需要为 vm_object_lock()再单独准备一次。

10.2.3　JNI API 作为运行时辅助

JNI 函数也为本地方法访问 VM 服务提供了 API。类比于向 Java 代码提供 VM 访问的运行时辅助，可以把 JNI 函数看作为本地代码提供的运行时辅助。与 Java 代码访问的区别是，本地代码调用 JNI 函数的时候，代码处于 GC 安全区，并且引用参数已经被封箱到局部对象句柄中。

例如，JNI 函数 `MonitorEnter` 作为 JNI API 提供给本地代码使用。

```
jint JNICALL MonitorEnter(JNIEnv * jenv, jobject jobj)
```

由于本地代码与 Java 代码有不同的假设条件，它访问 VM 代码 `vm_object_lock()` 的方式略有不同。JNI 函数 `MonitorEnter` 需要做的是离开安全区并解封引用参数。下面是示例代码。

```
jint JNICALL MonitorEnter(JNIEnv * jenv, jobject jobj)
{
    if ( ExceptionCheck() )
        return -1;

    vm_leave_saferegion();
    Object* obj = (Object_handle)job->obj;
    vm_object_lock(obj);
    vm_enter_saferegion();

    return 0;
}
```

因为 `MonitorEnter()` 也是一个本地方法，所以如果不在意性能的话，可以用它来实现 Java 字节码 `monitorenter`。这样就不需要专门的运行时辅助 `runtime_monitor_enter()` 了，Java 代码也可以通过标准 Java 到本地封装调用本地方法 `MonitorEnter()`。前面已经提到，由于输入参数不同和目标本地方法不同，实际上需要为每个本地方法生成 Java 到本地封装代码。所以统一使用封装代码并不能为 VM 节省运行时辅助代码。区别只在于统一封装代码是由 VM 自动生成的，而专门的运行时辅助是由开发者手动开发的，性能更好。

10.3 没有运行时辅助的 VM 服务设计

VM 服务的另一个例子是对 Java 字节码 `instanceof` 的支持。它检查给定对象是否为指定类的一个实例。它在 VM 代码中实现为 `vm_instanceof()`。

```
int __stdcall vm_instanceof(Object *obj, Class *clss)
{
    if( obj == NULL ) return 0;
    Class* sub = class_of_object(obj);
    bool is_subtype = class_is_subtype(sub, clss);
    return is_subtype;
}

bool class_is_subtype(Class *sub, Class *clss)
{
    if(sub == clss)    return TRUE;

    if( class_is_array(sub) ) {
        if ( clss == class_java_lang_Object ||
             clss == class_java_io_Serializable ||
             clss == class_java_lang_Cloneable_Class)
            return TRUE;
```

```
        if( !class_is_array(clss) ) return FALSE;

        sub = class_of_array_element( sub );
        clss = class_of_array_element( clss );
        return class_is_subtype(sub, clss);

    } else { // 非 array
        if( !class_is_interface(clss) ) {
            sub = class_get_super_class(sub);
            do{
                if( sub == clss ) return TRUE;
                sub = class_get_super_class(sub);
            }while(sub);

        }else{ // 是 interface
            do{
                unsigned n_intf = number_of_interfaces(sub);
                for(unsigned i = 0; i < n_intf; i++) {
                    Class* intf = class_get_interface(i);
                    if( class_is_subtype(intf, clss)) {
                        return TRUE;
                    }
                }
                sub = class_get_super_class(sub);
            }while(sub);
        } // interface
    } // array

    return FALSE;
}
```

可以看到 vm_instanceof() 是一个不抛出异常、不触发 GC 也不阻塞的函数。它是一个 VM 服务，因为它的实现依赖于 VM 实现细节。

这个函数是非 GC 安全的，类似于 Java 代码。Java 代码可以不通过运行时辅助直接调用它，只要 JIT 编译器准备好输入参数就好。为了保持跨平台的调用惯例一致，与其他 VM 服务一样，vm_instanceof() 被修改为带 __stdcall 修饰。

不使用专门运行时辅助的好处是可以省去辅助中额外工作带来的运行开销，还可以为 VM 开发者节省很多相应的编程和维护精力。

由 JIT 编译器来为 instanceof 生成实现与 vm_instanceof() 逻辑相同的整个代码序列也是可以的。那样的话，似乎不必陷入到 VM 服务。但这并不会改变这个代码序列的性质，它仍是 VM 逻辑的一部分，因为它肯定不是 Java 应用程序/库代码的一部分，也不属于编译器逻辑。它仍然是由 VM 开发者编码，并作为编译器的内在服务（intrinsics）部分提供。但它与真正的编译器内在服务的关键区别在于，这段代码的逻辑依赖于 VM 实现。例如，VM 如何从对象中提取类指针，VM 如何从数组类中获得元素类，等等。

另一方面，vm_instanceof() 仍然需要编译器来生成它的机器码，用于运行时执行。

`vm_instanceof()`并不一定要用 C 语言编码，可以使用任何允许编写 VM 服务的语言。如果 VM 服务代码的编译器可以生成 Java JIT 编译器了解的 IR（intermediate representation，中间表示），那么 JIT 编译器可以把这段短小却又频繁执行的服务代码内联到编译好的 Java 代码中，这样可以显著提高性能。

10.3.1　运行时辅助的快速路径

基于对 `vm_instanceof()` 和 `runtime_monitor_enter()` 的观察，为了提高性能，我们可以考虑一种尽可能直接调用 VM 服务的方式。

对于可能触发 GC、抛出异常或阻塞的 VM 服务，为了提高性能，一种直观的常用实践就是把运行分割为快速路径和慢速路径。快速路径不需要运行时辅助，而带运行时辅助的慢速路径处理 GC 和异常支持的额外工作。运行首先走没有运行时辅助的快速路径，只有在快速路径不可行的情况下才执行慢速路径。下面是划分标准。

- ❏ 快速路径不触发异常抛出和垃圾回收，也永远不会阻塞。
- ❏ 快速路径是目标 VM 服务的固有部分。
- ❏ 快速路径是 VM 服务大多数调用的共同路径。
- ❏ 如果快速路径成功返回，就不会走慢速路径。

以 `vm_object_lock()` 为例，这里快速路径可以是 monitor 空闲并成功锁定的情况，而慢速路径处理所有的其他情况。可以把 `runtime_monitor_enter()` 代码修改如下。

```
void runtime_monitor_enter(Object* obj)
{
    // 先走快速路径
    __asm{
        push [esp+4]  // 压栈 obj
        call lock_non_blocking
        test eax eax
        jz FAILED
        ret 4
    FAILED:
        // 如果快速路径失败，走慢速路径
        push_M2N_wrapper
        // 再次压栈本地方法参数
        push [esp+size_M2N_wrapper] // 压栈 obj
        call vm_object_lock
        pop_M2N_wrapper
        ret 4
    }
}
```

如果成功进入空闲 monitor 是常见的情况，那么这个新实现可以显著提高大量 Java 应用程序的性能。注意快速路径仍然可以调用 VM 服务函数，只要这些 VM 服务不会导致垃圾回收、异常或阻塞。

10.3.2   快速路径 VM 服务编程

VM 服务快速路径预期被高频执行。既然快速路径的代码用本地语言开发，那么需要一次从编译后 Java 代码到编译后本地服务代码的调用。这样做并不高效。比较好的做法是把快速路径代码编译为 JIT 编译器了解的同一种中间语言，这样就可以把快速路径内联到编译后 Java 代码中，并可以采用更多编译优化技术。然后就有一个问题，为什么不直接用 Java 代码开发快速路径 VM 服务呢？

用 Java 代码编写 VM 服务是不可能的，因为 VM 服务存在的意义仅仅是为 Java 提供底层支持。用 Java 编写 VM 服务就形成了循环依赖。也就是说，Java 应用程序访问 VM 服务以获得底层资源，而用 Java 编写的 VM 服务又需要更低一层 VM 服务来完成这个目标。

另一方面，用 Java 的一个变体来实现这个目标则是可能的。Apache Harmony 使用一个"非安全 Java"库开发一些快速路径服务。这个库提供了几个特殊的 Java 类，编译器把它们当作内在服务。

例如，库中的 Java 类 Address 表示一个内存地址，它提供了一个接口 dereference() 用来从这个地址加载值。JIT 编译器编译调用 dereference() 的字节码时，它不会生成一个真正的方法调用，而是把它替换为一个指针解引用。使用"非安全 Java"的一个要点是，它会和普通 Java 代码一起，被同一套（包括 JIT 在内的）VM 基础设施统一处理，经历同样的类加载、前端编译，等等。缺点则是它并不像本地代码那么直观，本地代码不需要依赖 JIT 编译器来生成想要的代码。

VM 服务的内联和优化只对快速路径可行，可以被看作它们实现的 Java 字节码的一个扩展。VM 服务的慢速路径很难用"非安全 Java"实现，仍然需要运行时辅助。我们已经看到，运行时辅助大量使用汇编代码来胶合 JIT 编译的代码与本地编译器编译的代码。当 VM 需要精巧的代码序列来链接 Java 世界与本地世界的时候，情况都是如此，比如在封装代码、桥接代码和 stub 代码中。

为多个不同的微架构编写和维护汇编代码序列是繁复的工作。它们可以用其他语言编写，将其编译为期望的代码序列，因而更方便。例如，Apache Harmony 使用一个名为 LIL 的"领域专用语言"编写胶水代码。LIL 是一个平台无关的低级中间表示语言，可以表达像运行时栈操作和寄存器操作这样的底层语义。LIL 的编译器（或解析器）可以为不同的微架构生成所需的汇编代码。注意 LIL 的使用不是为了提高运行效率，而是为了提高开发效率，而"非安全 Java"可以做到一箭双雕。

10.4   主要 VM 服务

下面列出 JVM 中的主要 VM 服务。它们都需要访问 VM 的实现细节，包括 JIT 和 GC。其中多数可能触发 GC、异常或阻塞操作，因此需要运行时辅助。如果一个 VM 服务可能调用 Java 代码，那么所有这些（比如 GC、异常、阻塞）因素也存在。在下面的列表中，我们特别指出了那些不需要运行时辅助的 VM 服务。

(1) 编译相关

❑ **编译一个方法**，以方法数据结构作为输入参数。这个方法可以是 Java 或者本地方法。这个服务可能抛出异常，执行 Java 代码（类初始化、异常构造），因此也可能触发 GC。

❑ **加载一个常量 String**，以声明的类以及字符串字面值在常量池的索引值为参数。它可能在生成 String 对象的时候触发 GC，也可能执行 Java 代码以对字符串执行驻留化（interning）。这个服务用于支持字节码 ldc 实现。

(2) 异常相关

❑ **抛出一个异常**，参数为异常对象的引用，对应于字节码 athrow。这个函数不会返回，因为它会把控制传递给异常处理器或者最近的本地调用方法。

❑ **抛出一个链接异常**，参数为导致链接异常的条目的常量池索引、声明类和异常对象。这个异常对象已经在类加载时安装。

❑ **抛出一个访问异常**，比如调用抽象方法或者访问私有方法时引起的那些异常。

(3) 线程相关

❑ **得到指向线程局部存储的指针**，无参数。它需要访问 VM 实现细节。不需要运行时辅助。

❑ monitorenter，参数为 monitor 对象。可能阻塞。

❑ monitorexit，参数为 monitor 对象。如果线程解锁并非由它持有的 monitor，会抛出异常。

(4) 类支持相关

❑ **初始化类**，参数为要初始化的类。它执行类初始化函数 Java 代码。可能会阻塞等待另一个线程初始化这同一个类。它应该在运行时 putstatic 和 getstatic 之前被调用，除非已知这个类已经完成初始化。

❑ **从其在 VM 中的对应物（即相应的 VM Class 数据结构）找到 java.lang.Class 对象**，参数为指向 VM 的 Class 数据结构的指针。每个类都有一个由 VM 维护的数据结构，它也是一个 java.lang.Class 的实例。如果 VM 不把它们保存在一起，就需要这个 VM 服务来从一个找到另一个。举个例子，在 JIT 为一个同步静态方法的 monitor 指令生成参数的时候会使用这个服务，其中参数是拥有这个方法的类的 java.lang.Class 实例。不需要运行时辅助。

❑ **获取对象的接口 vtable**，参数为这个对象和一个接口类。通过这个对象的实际类对这个接口实现的实际方法条目，它加载这个接口的 vtable。如果无法找到这个 vtable 的话，它可能会触发异常。它是为了支持字节码 invokeinterface 的实现。

(5) 类型检查相关，这是前面类支持的一部分

❑ checkcast, 参数为对象和这个对象要转换的类类型。它检查这个对象是否为给定类型。如果不是的话，会抛出一个异常。它是为了实现字节码 checkcast。

❑ instanceof。与 checkcast 相同，只不过它不会抛出异常，而会在对象不是给定类型的情况下返回 0。它是为了实现字节码 instanceof。

❑ aastore，参数为数组对象、元素索引和元素对象。它把元素对象保存在数组的指定索引位置上。如果这个对象不是数组元素类型，它可能触发异常。它是为了实现字节码 aastore。

(6) 垃圾回收相关

❑ **分配对象**，参数为对象大小和它的类。如果堆空间紧张的话，可能会触发 GC。内存不足时可能抛出异常。

❑ **分配一维数组（也就是向量）**，参数为数组的长度和它的类。可能触发 GC 和异常。

❑ **分配多维数组**，参数为它的类、维度以及每一维的长度。这个函数使用变长参数，所以使用__cdecl 调用惯例。可能触发 GC 和异常。

❑ **得到对象散列码**，参数为这个对象。这个函数返回这个对象关联的标识散列码。它依赖于 VM 的实现细节。不需要运行时辅助。

❑ **GC 写屏障**，参数为主（host）对象，主对象中的字段地址和要写入这个字段的客（guest）对象引用。它还包括一个操作类型参数来指明这是哪种堆写操作。需要访问 GC 实现细节。不需要运行时辅助。

❑ **GC 读屏障**，参数为对象和它要读的字段。需要访问 GC 实现细节。不需要运行时辅助。

❑ **调用 GC 安全点**，无参数。可能阻塞。

(7) JVMTI 相关

❑ **JVMTI 回调**。它们是一组用于 JVMTI 事件的 VM 服务：方法进入、方法退出、字段访问和字段修改。每个都是当对应事件发生时对 JVMTI 代理的一个本地方法的调用。

(8) 惰性解析相关

❑ **惰性解析**。它们是用于惰性解析类相关操作的一组 VM 服务：new 对象、new 数组、初始化类、获得非静态字段偏移、获得静态字段地址、checkcast、instanceof，以及得到 invokestatic、invokeinterface、invokevirtual 和 invokiespecial 的入口点地址。

另外还有一些 Java 代码调用的辅助函数，但我们将其看作编译器内在服务，而不是 VM 服务。例如，64 位除法运算这样的算数运算，或从 float 到 double 的操作数类型转换。它们不一定要被归类为 VM 服务，因为它们不依赖于具体 VM 实现的内部细节，所以不同的 JIT 可以有自己的实现。有时候它们被称为 JIT 辅助，类比于运行时辅助。

第 11 章　异常抛出

异常抛出的目的是把控制从正常流中转移出来，以处理**异常**情况。

Java 代码和本地代码都可能显式地或隐式地抛出异常。显式异常抛出是指使用 Java 或 Java 本地接口（JNI）中的"抛出"应用程序接口（API）的情况，而隐式异常抛出是指应用程序执行触发了某个条件（通常是哪里出错了），比如"内存不足"或者"未找到类"等的情况。对隐式情况来说，是虚拟机（VM）为应用程序抛出异常。从 VM 的角度来看，显式与隐式的区别并不重要，因为隐式抛出对 VM 来说就变成了显式的。

异常可以是同步的或异步的。同步异常是作为线程执行某条指令的结果被触发，VM 在需要的时候就地抛出一个异常，比如由于 null 指针解引用导致的异常。所有显式抛出的异常都是同步异常。异步异常是 VM 当时无法知道的，可以发生在任意时间点上，比如一个内部错误。

异常只在单个线程内部抛出。无法把控制流从一个线程转移到另一个线程，这也与线程的定义冲突。一个线程可能触发某些条件，引起另一个线程抛出异常，比如另一个线程发出线程停止或者中断请求，这也是一个异步异常。这种情况类似于操作系统（OS）的信号机制。

一般来说，VM 要抛出一个异常，需要执行以下 4 个步骤。

- ❏ 步骤 1，保存异常抛出上下文，这可以指明异常发生时的执行状态。
- ❏ 步骤 2，保存栈轨迹。这个步骤可以被当作步骤 1 的一部分。
- ❏ 步骤 3，找到异常处理器。
- ❏ 步骤 4，把控制传递给异常处理器。

在某些语言中，还有一个步骤 5。异常处理器处理完一个异常之后，控制恢复到原来异常抛出的点。这就像是 Linux 中对 `SIG_SEGV` 的默认信号处理方法。在 Java 中，没有这样的可继续异常（continuable exception）。

11.1　保存异常抛出上下文

当一个异常被抛出后，VM 所做的第一件事情就是找到执行状态。VM 可以通过执行状态理解这个异常为什么抛出，在哪里被抛出，以及是什么异常。然后 VM 可以利用这些信息来展开一个栈，或者创建一个可以输出给用户的栈轨迹。为此，执行状态中的主要信息就是寄存器文件内容。

11.1.1 VM 保存的上下文

对于显式异常，VM 能够在它抛出异常时就地保存异常状态。对于某些可能被某个字节码的执行触发的同步异常，比如"被零除""空指针解引用"和"数组越界访问"，VM 可以主动检查当时涉及的变量，并决定是否应该抛出异常，这样就把一些隐式异常转换为显式异常，后者的执行上下文很容易获得。例如，对于 monitorenter，编译器生成下面的伪代码（实际代码是机器码）：

```
// obj 是要 enter 的 monitor
if( obj == NULL ){
    Object* exc = runtime_new_object(NullPointerException);
    runtime_throw_exception(exc);
}else{
    runtime_monitor_enter(obj);
}
```

函数 runtime_throw_exception()是一个运行时辅助，它调用 VM 服务 vm_throw_exception()。正如第 10 章介绍过的，runtime_throw_exception()在准备 Java 到本地转换的时候需要保存上下文。

```
void __stdcall runtime_throw_exception(Object* exc) {
    __asm{
        push_M2N_wrapper
        // 重新压栈参数
        push [esp+size_M2N_wrapper]
        call vm_throw_exception
        // 应该永远不会运行到此处
    }
}
```

11.1.2 Linux 中 OS 保存的上下文

有些同步异常可以被硬件检测到，比如 X86 架构上的"被零除"和"空指针解引用"。VM 不需要为每个整数除法和解引用操作检查变量值，这比硬件检测要慢得多。如果发生错误，处理器会抛出一个硬件异常，由 OS 内核来处理。然后 OS 内核保存 CPU 执行状态，并发送一个 OS 事件，这个状态就放在事件上下文中。例如，对于空指针访问，Linux 中的 OS 事件是 SIG_SEGV，而在 Windows 中是异常 EXCEPTION_ACCESS_VIOLATION。

首先，VM 需要一个数据结构作为执行状态的临时存储。

```
// 保存执行上下文的数据结构
struct Registers {
    U_32 eax;
    U_32 ebx;
```

```
    U_32 ecx;
    U_32 edx;
    U_32 edi;
    U_32 esi;
    U_32 ebp;
    U_32 esp;
    U_32 eip;
    U_32 eflags;
}
```

在 Linux 中，VM 需要为 SIG_SEGV 注册一个信号处理函数。然后它可以在这个信号处理函数中使用如下代码获得执行上下文。这个信号处理函数从 OS 内核准备的事件上下文数据结构中加载执行上下文信息。

```
// 初始化信号
int initialize_event_handlers()
{

    struct sigaction sa;
    sigemptyset(&sa.sa_mask);
    sa.sa_flags = SA_SIGINFO | SA_ONSTACK;
    sa.sa_sigaction = null_ref_handler;
    sigaction(SIG_SEGV, &sa, NULL);

    // 其他处理
    ...
}

// SIG_SEGV 的信号处理函数
void null_ref_handler(int signo, siginfo_t* info, void* context) {
    VM_Thread* self = current_thread();
    Registers* regs = self->context_regs;

    // 上下文由 OS 内核为这个事件准备
    ucontext_t* uc = (ucontext_t*)context;
    regs->eax = uc->uc_mcontext.gregs[REG_EAX];
    regs->ecx = uc->uc_mcontext.gregs[REG_ECX];
    regs->edx = uc->uc_mcontext.gregs[REG_EDX];
    regs->edi = uc->uc_mcontext.gregs[REG_EDI];
    regs->esi = uc->uc_mcontext.gregs[REG_ESI];
    regs->ebx = uc->uc_mcontext.gregs[REG_EBX];
    regs->ebp = uc->uc_mcontext.gregs[REG_EBP];
    regs->eip = uc->uc_mcontext.gregs[REG_EIP];
    regs->esp = uc->uc_mcontext.gregs[REG_ESP];
    regs->eflags = uc->uc_mcontext.gregs[REG_EFL];

    // 其他处理
    ...
}
```

11.1.3　Windows 中 OS 保存的上下文

在 Windows 中与在 Linux 中非常类似，除了使用向量异常处理（vectored exception handling，VEH）机制。

```
// 初始化 VEH
int initialize_event_handlers()
{
    //...
    AddVectoredExceptionHandler(0, null_ref_handler);

    // 其他处理
    ...
}

// 异常处理函数
LONG CALLBACK null_ref_handler (LPEXCEPTION_POINTERS winexc)
{
    VM_Thread* self = current_thread();
    Registers* regs = self->context_regs;

    PCONTEXT context = winexc->ContextRecord;
    regs->eax = context->Eax;
    regs->ecx = context->Ecx;
    regs->edx = context->Edx;
    regs->edi = context->Edi;
    regs->esi = context->Esi;
    regs->ebx = context->Ebx;
    regs->ebp = context->Ebp;
    regs->eip = context->Eip;
    regs->esp = context->Esp;
    regs->eflags = context->EFlags;

    // 其他处理
    ...
}
```

11.1.4　同步与异步异常

VM 不一定知道异常何时抛出。对于像"线程停止"这样的异步异常来说，当前线程接收到请求之后，应该一有机会就抛出一个异常。关于异步异常需要何时被处理，并没有严格的时间要求。

1. 上下文

当前线程可以在每个垃圾回收（GC）安全点检查是否有未处理的"线程停止"请求。如果有的话，这个线程在离开安全点之前会抛出一个异常，那么执行上下文反映了这个安全点的状态。与 runtime_throw_exception() 类似，它也是通过一个保存执行上下文的运行时辅助来调用安全点。

正如 6.10 节中所提到的，可以利用 OS 对事件处理的专门支持来实现安全点，也可以用类似技术实现某种异步异常触发机制。一个线程可以向另一个线程发送一个事件，接收事件的线程已经注册了一个事件处理函数来处理这个事件。于是执行状态就保留在由 OS 内核保存的事件上下文中。

总结一下，异常可能是由 VM 用运行时辅助主动抛出，也可能是因硬件异常而在事件处理函数中被动抛出。在前一种情况中，异常对象通常是在调用运行时服务之前创建的。在后一种情况中，异常对象在被抛出之前，需要先在事件处理函数中创建。这两种情况下，异常都发生在编译后 Java 代码中。

为了区分主动抛出和被动抛出的异常，VM 可以使用一个标志。举例来说，如果异常是被主动抛出的，可以把上下文寄存器设置为空或某个特定值，因为可以从 Java 簇指针中构建帧上下文。

2. GC 安全性

如果 VM 主动抛出一个异常，默认情况下对运行时辅助的调用点是一个 GC 安全点，但是把需要操纵栈的异常抛出过程放到安全区域中并不是一个好主意。如果在安全区域发生了 GC 的话，GC 在处理栈的时候可能会与异常抛出时对栈的处理发生冲突。而且如果关闭了 GC 的话，也更容易直接访问异常对象。不过在这个过程中，可以在合适的时候有一些短时间的安全区域，以方便 GC 的发生。

如果异常是在一个事件处理函数内抛出的话，导致这个硬件异常的指令应该是一个带有 GC-map 信息的 GC 安全点。异常对象的创建可能触发回收，而且和普通 Java 代码一样需要执行对象构造器。

我们还没有讨论异常在本地代码内被抛出的情况，这是下一节的主题。

11.2 本地代码内与跨本地代码异常处理

JVM 在 Java 代码和本地代码中以不同方式处理异常。在 Java 世界中，一旦有异常抛出，控制流就立即转移到异常处理器，或者如果找不到处理器，线程就会终止。然而在本地世界中，VM 代码对本地语言的异常支持不做任何假设，这和 JNI 支持的哲学是一致的。不过，VM 提供用于异常操作的 JNI 函数（JNI API），比如 `Throw()`、`ExceptionOccurred()` 和 `ExceptionClear()`。

11.2.1 本地代码内的异常处理

当本地代码中抛出异常的时候，控制流不会立即转移到异常处理器，因为本地语言可能根本就没有"异常处理器"这个概念。VM 只把这个异常内部保存在线程局部存储中。然后本地代码可以使用 JNI API 来检查是否发生了任何异常（即通过检查指示异常发生的线程局部存储），然后决定是否要处理它。这些 API 支持本地代码对异常执行各种操作，比如清理已存在的异常、保持异常不变，或者抛出一个新异常（即在线程局部存储中保存一个新异常）。

VM 唯一需要为本地代码异常处理所做的事情就是实现几个处理异常的 JNI 函数。例如，下面的代码实现了 JNI API `Throw()`，它抛出一个异常 `jobj`。

```
jint JNICALL Throw(JNIEnv* jni_env, jthrowable jobj)
{
    if( !jobj ) return -1;

    VM_Thread* self = current_thread();
    // jobj 是一个对象句柄指针
    vm_leave_saferegion();
    self->exception_obj = jobj->obj;
    vm_enter_saferegion();

    return 0;
}
```

尽管这个 API 命名为 Throw()，但它的实现并不真正"抛出"这个异常或者转移控制，而是把异常对象保存在线程局部存储。本地方法的执行会继续进行，而不是突然结束。当本地方法返回到它的 Java 调用方之后，实际"抛出"过程在 Java 帧中继续。注意在回收过程中应该枚举保存在线程局部存储（TLS）的异常对象。

当本地代码返回到 Java 世界的时候，线程局部存储中的未处理异常将作为从当前 Java 帧中抛出的异常，继续在 Java 世界中被处理。通过这种方式，本地代码具有几乎完整的 Java 异常处理能力，包括把异常传递到它的 Java 异常处理器，以及编写"本地异常处理器"。这个名称打上引号是因为它和 Java 异常处理器并不相同。

在 Java 代码中，当一个 catch 块对应的 try 块抛出一个匹配异常时，VM 会自动调用它。而在 JNI 本地代码中，异常处理可能就像下面这样，这对于 VM 来说是不可见的，因为本地代码并不由 VM 编译。

```
jthrowable exception = ExceptionOccurred(jenv);
if( exception ){
    // 异常处理器
}
//...
```

JNI API ExceptionOccurred()检查线程局部存储中是否保存了任何异常对象。在"本地异常处理器"中，本地方法可以调用 JNI ExceptionClear()来清理线程局部存储中的异常对象，以此完成它的抛出过程。

11.2.2　带异常 Java 代码返回到本地代码

当 Java 代码中抛出异常后，VM 会展开栈来找到异常处理器。由于在本地代码中没有 VM 可见的异常处理器，栈展开过程不能在本地帧处简单地继续前进。VM 不知道本地方法中是否有任何异常处理。尽管 VM 可以跳过本地帧，通过 Java 簇指针继续展开栈，但这不是处理异常的正确方法，因为跳过本地帧可能也就跳过了本地方法中的"本地异常处理器"。

正确的处理方法是，栈展开过程应该在本地帧处停止，并恢复执行本地代码，就像是 Java 被调用方返回到了这个本地方法一样，尽管是突然返回。然后这个本地代码的责任是走一遍自己的异常处理逻辑。

我们已经讨论过本地代码到 Java 代码的转换。本地代码通过调用一个 JNI API 来调用方法，比如 CallVoidMethod()，它又会调用 vm_execute_java_method() 来完成这次本地到 Java 转换，如下所示。

```
void vm_execute_java_method( jmethodID* mid,
                             jvalue* pargs,
                             jvalue* ret)
{
    // 线程在调用这个函数之前离开安全区域
    assert( !thread_in_saferegion() );

    Method* method = (Method*)mid;
    // 参数字数 (不是参数个数,
    // 因为 long/double 有两个字)
    char* desc; // 方法描述符
    java_type ret_type;       // 返回类型
    method_get_param_info(method, &desc, &ret_type);

    // 处理输入值
    uint32 nargs = 0;
    for(++desc; (*desc) != ')'; desc++) {
        java_type type = (java_type)*desc;
        switch( type ){
            case JAVA_TYPE_CLASS:
            case JAVA_TYPE_ARRAY:

                // 就地解封引用参数,
                // 把对象句柄替换为对象引用
                Object_handle* hndl;
                hndl = (Object_handle*)pargs[nargs];
                pargs[nargs] = (jvalue)(hndl ? hndl->obj : NULL);

                while(type == '[') desc++;
                if( type == 'L' )
                    while( type != ';' ) desc++;
                nargs++;
                break;

            case JAVA_TYPE_LONG:
            case JAVA_TYPE_DOUBLE:
                nargs+ = 2;
                break;

            default:
                nargs++;
        }
    }
```

```
    // 得到 Java 方法入口点
    void* java_entry = method_get_entry(method);

    uint32 eax, edx;  // 返回值
    native_to_java_call(java_entry, nargs, pargs, &eax, &edx);

    // 检查是否有待处理异常, 清除返回值
    if( thread_get_pending_exception() ){
        *ret = (jvalue)0;
        return;
    }

    // 处理返回值
    if ( ret_type == JAVA_TYPE_VOID) return;

    ((uint32*)ret)[0] = eax;
    // 第二个字只对 long/double 类型有用
    ((uint32*)ret) [1] = edx;

    // 如果返回值是引用, 封箱它
    if( ret_type == JAVA_TYPE_CLASS ||
            ret_type == JAVA_TYPE_ARRAY )
    {
        if( eax != NULL ){
            Object_handle* hndl = allocate_local_obj_handle();
            hndl->obj = (Object*)eax;
            *ret = (jvalue)hndl;
        }
    }
    return;
}

void native_to_java_call(void *java_entry,
        uint32 n_arg_words, uint32 *p_args_words,
        uint32 *p_eax_var, uint32 *p_edx_var)
{
    __asm {
        // 压栈所有参数
        mov    n_arg_words -> ecx
        mov    p_arg_words -> eax

loop_more_args:
        or     ecx, ecx            // 剩下的参数字数
        jz     finished_args       // 没有了就跳出
        push   dword ptr [eax]     // 压栈一个字
        dec    ecx                 // 递减剩余字数
        add    4 -> eax            // 移动到下一个参数字
        jmp    loop_more_args      // 循环回去继续

finished_args:
```

```
            // 所有的参数都在栈上，准备好调用
            call dword ptr [meth_addr]

            // 如果有一个返回值
    mov     p_eax_var -> ecx
    mov     eax -> [ecx]    // 存储 eax 到 eax_var
    mov     p_edx_var -> ecx
    mov     edx -> [ecx]    // 存储 edx 到 edx_var
    }
}
```

如果异常在被调用的 Java 方法中没有匹配的异常处理器，并且异常抛出过程到达本地代码，那么这个 Java 方法就会突然结束，然后控制流返回到 Java 方法调用的下一条指令。

```
    call    dword ptr [meth_addr]
```

当执行完成对 `native_to_java_call()` 的调用后，VM 会检查异常抛出过程是否设置了任何未处理异常。如果有的话，VM 会清除返回值。

```
//...
uint32 eax, edx;  // 返回值
native_to_java_call(java_entry, nargs, pargs, &eax, &edx);

// 检查是否有未处理异常，清除返回值
if( thread_get_pending_exception() ){
    *ret = (jvalue)0;
    return;
}
```

上面的 VM 代码返回到"调用方法"的 JNI API，比如 `CallVoidMethod()`，它会接着返回到通过 JNI API 调用 Java 方法的本地方法。然后这个本地方法可以继续异常处理过程。

当本地代码返回到 Java 代码时，如果有任何未处理的异常，VM 会重新开始 Java 帧栈展开过程，就像之前介绍的一样。

如果出现下面 3 种情况之一，那么异常抛出过程完成。

(1) 在 Java 方法中找到异常处理器，控制以异常作为参数转移到这个异常处理器。如果这个异常处理器再次抛出这个异常，或者抛出一个新异常，就会启动新一轮异常抛出过程。

(2) 本地方法清除了这个异常。如果本地方法重新抛出这个异常或抛出一个新异常，就会开始新一轮异常抛出。

(3) 异常没有被任何方法处理，线程终止。

总结一下，异常的栈展开过程实际上是一个 Java 帧展开和本地代码执行的混合过程。这样设计的一个关键原因是，VM 没有优雅且可移植的方法，可以在本地代码中找到匹配的异常处理器。它必须把这个工作委托给本地代码本身。图 11-1 展示了栈展开过程。本地帧中的虚线表示它本身不是一个栈展开，而是作为过程的一部分，假定过程中间没有异常处理。

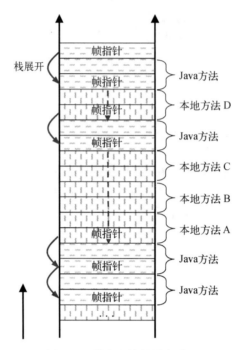

图 11-1　带本地帧的异常处理

　　基于这个设计，要在 VM 中为本地代码实现异常抛出相对来说比较简单，因为它实际上所做的只不过是让本地代码像平常那样执行。

11.2.3　带异常的本地代码返回到 Java 代码

　　当一个本地方法返回到 Java 世界中时，它实际上返回到 Java 到本地封装。封装代码检查线程局部存储（TLS）中是否还有任何待处理异常。如果有的话，封装代码就调用 VM 服务来抛出它，就像是从 Java 帧抛出的一样。以下代码展示了这个概念。

```
// 操作展示在下面的注释中
__asm{

    // push_M2N_wrapper
    // 如果有引用参数，创建局部对象句柄
    // 压栈本地方法参数
    // 用于同步方法的 monitorenter
    // 为本地方法打开 GC
    // 调用实际本地方法
    // 保存返回值
    // 为本地方法关闭 GC
    // 用于同步方法的 monitorexit
    // 如果是返回值是引用类型，解封它
    // 释放局部对象句柄
```

```
        // 检查 TLS 中是否有保存的异常对象
        call thread_get_pending_exception
        // 检查返回值是否为非零值（异常）
        or eax,eax
        // 零值，异常处理完毕
        je EXCEPTION_DONE
        // 调用 VM 服务来继续异常抛出
        call thread_rethrow_pending_exception
        // 控制流永远不应该到达这里
        int 3 // <- 一个断点，只是为了调试目的
EXCEPTION_DONE:

        // 恢复返回值
        // pop_M2N_wrapper
        // 返回并弹出 Java 参数
}
```

相关函数实现如下：

```
void thread_set_pending_exception(Object* exc)
{
    VM_Thread* self = current_thread();
    self->exception_obj = exc;
}

Object * thread_get_pending_exception()
{
    VM_Thread* self = current_thread();
    Object* exc = self->exception_obj;
    return exc;
}

void thread_rethrow_pending_exception()
{
    Object* exc = thread_get_pending_exception();
    thread_clear_pending_exception();
    vm_throw_exception( exc );
    // 永远不会到达这里
}
```

当执行返回到 Java 到本地封装时，代码回到了 Java 世界，在这里重新抛出异常会转移控制，因此封装代码永远不会返回。这种情况下，异常重抛出也是主动的，和其他非硬件异常的情况一样。栈状态类似于用运行时辅助抛出异常的情况，但是当前栈是由 Java 到本地封装准备的。这样，VM 不需要区分主动异常抛出是来自于本地代码还是来自于 Java 代码。异常对象中保存的栈轨迹会表明这个异常来自于哪里，这是下一节的主题。

11.3　保存栈轨迹

VM 一旦得到了异常抛出上下文，就可以找到栈轨迹并把它保存在异常对象中。此刻应该在控制转移到异常处理器之前就保存栈轨迹，因为之后栈轨迹信息可能会被丢失。

栈轨迹通常是通过从异常对象创建点展开栈获得的。有时候需要得到异常抛出点的栈轨迹。异常对象创建点和异常抛出点的位置可能是不同的。可以创建一个异常对象并把它传递给其他线程抛出。（甚至也没有什么能阻止你把异常传递到其他线程，尽管这通常是一个坏实践。）这两种情况意味着不同的问题。如果允许在异常抛出时获得栈轨迹，那么就有机会惰性创建异常对象。在 JVM 中，栈轨迹是强制性保存在异常对象中的，在异常对象构造器中生成。

很多情况下，异常处理器并不真正需要异常对象本身，而是利用异常抛出机制来实现控制流操纵或捕获例外的运行条件。在这些情况中，异常对象只用于帮助找到匹配的异常处理器。一旦找到异常处理器，异常对象实际上就死掉了。为了匹配异常处理器，VM 需要的实际上是异常对象的类，而不是这个对象本身。基于这个观察结果，某些情况下有可能省略异常对象创建，因此也就没有关联的栈轨迹创建。这大大节省了运行时操作，更不要提这些对象创建可能引发的垃圾回收了。

一个解决方案是惰性创建异常对象。也就是说，默认情况下，VM 只在下列情况之一发生的前提下才创建异常对象。

- 情况 1：异常对象构造器的执行会可能会有副作用，比如写入异常对象以外的其他对象，抛出异常，或者进入 monitor。
- 情况 2：目标异常处理器会访问异常对象。
- 情况 3：栈展开过程在到达匹配的异常处理器之前会遇到本地方法帧。

在上面的情况 1 中，必须像平常那样创建异常对象。也就是说，在异常抛出时就要及早创建。在另外两种情况下，VM 可以及早或惰性创建异常对象。惰性创建意味着 VM 可以把创建推迟，直到它找到匹配的异常处理器或者栈展开遇到本地帧时。否则，可以忽略异常对象。需要考虑情况 3 是因为，VM 不知道本地方法会如何处置异常对象。

为了生成栈轨迹，从保存在异常对象中的执行上下文开始执行栈展开过程。它可以从运行时辅助建立的本地帧开始，也可以从引发硬件异常的 Java 帧开始。可以通过栈基指针（对于 Java 帧）或者 Java 簇指针（对于本地帧）识别一个帧。我们使用指令指针作为一个标志来指示抛出上下文的帧类型。

```
Frame_context* start_frame(VM_Thread* thread)
{
    Registers* regs = thread->context_regs;
    Frame_context* frame = vm_alloc(sizeof(Frame_context));

    frame->jcp = thread->jcp;
    frame->eip = regs->eip;

    // 这里 eip 值复用作为一个标志
    if( regs->eip != 0xFFFFFF )
        frame->ebp = regs->ebp; // Java 代码中的硬件异常

    return frame;
}
```

```
Stack_frame* vm_get_thread_stacktrace(VM_Thread* thread)
{
    Frame_context* frame = start_frame(thread);
    Stack_frame* trace = stacktrace_create();

    while(frame){
        Stack_frame* method;
        Code_Type type = code_type(frame);
        if( type == CODE_TYPE_JAVA){
            method = get_java_stackframe(frame);

        }else{ // 本地代码
            method = get_native_stackframe(frame)
        }

        stacktrace_add_frame(trace, method);
        frame = preceding_frame(frame);
    }

    return trace;
}
```

在上面的示例代码中，使用指令指针（eip）来指示顶层帧类型：Java 帧或者本地帧。这是因为，如果异常由硬件错误导致，那么硬件保存的指令指针值会指向 Java 代码中的出错指令。如果异常不是由硬件错误引发，而是由 VM 用运行时辅助主动抛出，那么抛出点的指令指针值没有用处，会指向某个本地代码。这也是为什么可以把保存的异常上下文中的指令指针条目用作一个标志的原因。

实际上，根据实现的偏好不同，根据异常上下文所确定的起始帧不一定是异常抛出时的第一个帧，因为顶层的几帧可能是由异常抛出过程引入的，当异常发生的时候，它们并不在栈上。因此这几帧可以跳过。如果异常由编译的 Java 代码中的硬件错误引发，那么展开过程从导致硬件错误的方法开始，而这正是保存的异常上下文标识的起始帧，因此不需要跳过它。

为了使输出更优雅，VM 还可能会忽略中间某些用于调用其他方法的反射（reflection）帧。在某种程度上，这些反射方法调用就像是本地到 Java 桥接代码或者 Java 到本地封装代码，如果用户只关心方法调用链的话，就不一定关心这些反射方法调用。

11.4 找到异常处理器

根据 JVM 规范，每个 Java 方法都安装有零个或多个异常处理器。每个异常处理器指定了这个处理函数关联的方法中的代码范围，以及这个异常处理器捕获的异常类型。当这个方法中抛出一个异常时，如果异常抛出点在一个异常处理器的范围之内，并且异常类型可赋给这个异常处理器的捕获类型，那么这个异常就匹配于这个处理器，控制流应该转移到这个处理器。

如果当前方法没有匹配的异常处理器，当前方法就会立即结束，它的帧从栈上弹出。这使得栈进入如同这个方法刚被调用之前（或之后）的状态。然后异常在调用方的上下文中重新抛出，就像它是由调用指令触发的一样。

如果调用方是一个 Java 方法，就重复前面描述的过程。VM 继续在调用方法中调用指令处为异常寻找一个匹配的异常处理器。如果调用方是本地方法，VM 把控制转移到这个本地方法，就像是 Java 被调用方刚返回到本地调用方，而且返回值被清除的情况一样。

在抛出过程立即结束一个方法之前，线程应该退出它在这个方法中进入的所有 monitor。

❑ 如果线程进入一个monitor是由于一个同步块，并且从这个块中抛出了一个异常的话，那么默认情况下，这个方法内必须有一个异常处理器来捕获这个异常。这个默认处理器会退出它持有的 monitor，然后重新抛出这个异常。

❑ 如果线程进入一个 monitor 是因为这个方法是同步的，那么没有专门用来退出 monitor 的异常处理器。在立即需要结束这个线程（因为没有匹配异常处理器）时退出 monitor 是 VM 的责任。

VM 通过这种方式递归地沿着方法调用链向上寻找，直到找到匹配的处理器，或者到达一个本地帧，或者线程由于未捕获异常而终止。

实际上对于未捕获异常，VM 为应用程序提供了最后的处理机会。每个 Java Thread 和 ThreadGroup 可以注册一个"未捕获异常处理器"，这个线程抛出的未捕获异常会被传递给这个处理函数，首先是 Thread 的处理函数，然后如果线程没有注册这个处理函数的话，就轮到 ThreadGroup 的处理函数。Thread 也可以注册一个"默认未捕获异常处理器"，如果 Thread 和 ThreadGroup 都没有注册它们的处理函数的话，它就会处理未捕获异常。

搜索匹配异常处理器的伪代码看起来就像下面这样。这个过程是破坏式的，也就是说展开的栈就被弹出丢弃了。

```
Exc_handler* thread_find_exception_handler(Frame_context* frame,
                                           jobject exc_obj)

{
    // 如果第一个帧是本地帧，跳过这个帧
    // 由抛出异常的运行时辅助建立
    Code_Type type = code_type(frame->eip);
    if( type != CODE_TYPE_JAVA ){
        free_local_obj_handles();
        frame = preceding_frame(frame);
    }

    while( !is_stack_bottom(frame) ){
        type = code_type(frame->eip);

        if( type != CODE_TYPE_JAVA ){
            // 情况 1: 本地帧，
            // 存储异常到线程局部存储中
            thread_set_pending_exception( exc );
            return NULL;
        }
```

```
                    // Java 帧
                    JIT_info* info = info_of_pc(frame->eip);
                    int num_handlers = info->num_exc_handlers;
                    for(int i=0; i<num_handlers; i++){
                        Exc_handler* handler = info->exc_handler[i];
                        if( !handler ) continue;
                        if(ip_in_range(handler, frame->eip) &&
                            exc_is_assignable(handler, exc_obj)){
                            // 情况 2：找到匹配异常处理器
                            return handler;
                        }
                    }

                    frame_monitor_exit(frame);
                    frame = preceding_frame(frame);
                } // while

                // 情况 3：过了栈底，即未捕获异常
                return NULL;
            }
```

在这段示例代码中，函数在 3 种情况下返回。

❑ 情况 1：到达一个本地帧，用 NULL 返回值表示（即没有找到 Java 异常处理器），并且帧没有到达栈底。

```
(handler == NULL && !is_stack_bottom(frame))
```

❑ 情况 2：找到一个匹配处理器，用返回处理器及对应的帧上下文表示。

```
(handler != NULL && !is_stack_bottom(frame))
```

❑ 情况 3：到达栈底，用 NULL 返回值及帧到达栈底表示。

```
(handler == NULL && is_stack_bottom(frame))
```

VM 会根据这些情况决定下一步。注意在情况 1 中，当遇到本地帧时，VM 不需要在这里释放帧的局部对象句柄，因为它们仍然会被本地方法使用。Java 到本地封装代码会在本地方法返回到 Java 世界之前处理这些。

如果一个帧过了 Java 运行时栈底，那么它既不是 Java 帧也不是本地帧。它是一个传统 C 帧，通过调用一个 Java 方法或者通过本地到 Java 桥接调用一个本地方法，它启动了这个 Java 线程。它可以使用 JNI API "call method" 函数族。

如果一个帧是 Java 帧，那么代码类型是 Java 类型。如果一个帧是本地帧，就会有有效的 Java 簇指针值，指向栈上由 Java 到本地封装建立的 M2N_wrapper 数据结构。所以检查一个帧是否过了栈底的函数可以实现如下。

```
bool is_stack_bottom(Frame_context* frame)
{
    Code_Type type = code_type(frame->eip);
    if( type == CODE_TYPE_JAVA || frame->jcp != NULL)
```

```
        return FALSE;

    return TRUE;
}
```

11.5　控制转移

当 VM 完成搜索匹配异常处理器之后，会根据结果传递控制。

11.5.1　控制转移操作

前文已经提到，控制转移只发生在 Java 代码中。在抛出异常的 Java 方法内，有两种控制转移的情况。

- ❏ 情况 1：控制进入到同一个方法内的匹配异常处理器中，异常对象作为参数。
- ❏ 情况 2：如果同一个方法内没有匹配的异常处理器，这个方法就立即完成并返回到它的调用方。

在情况 2 中，控制转移过程在调用方法中继续递归进行，直到遇到下列情况之一。

- ❏ 情况 3：如果在一个 Java 方法中找到匹配异常处理器，VM 把控制转移到这个处理器，就像是在那个方法内到处理器代码入口点的一个跳转。操作数栈已经清理，只留下异常对象。
- ❏ 情况 4：如果遇到一个本地帧，VM 把控制转移到这个本地方法，就像是从 Java 被调用方执行突然完毕并返回到本地到 Java 桥接代码一样，返回值被清除掉，异常对象保存在线程局部对象存储中。
- ❏ 情况 5：如果过了运行栈的栈底，也就是这个线程最初被调用的 Java 方法或本地方法的前一帧，那么 VM 会以对待情况 4 中的普通本地栈的方式处理这种情况。VM 恢复本地代码的执行，就像是控制从第一个 Java 方法或本地方法中返回了一样。返回值清除，异常对象保存在线程局部存储中。

本地方法内部没有控制转移，控制转移也永远不会跨本地帧。

为了总结这些情况，我们可以根据控制转移的操作语义来思考它们的设计。所有这些情况中的操作都可以分割为下面的一个或几个动作。

- ❏ 动作 1：控制转移到异常处理器。这个动作是在 Java 方法内部的。
- ❏ 动作 2：从 Java 方法被调用方立即结束。这个动作从 Java 方法中返回。
- ❏ 动作 3：恢复执行。

前面的情况 1 把控制转移到匹配异常处理器并恢复执行。

情况 2 从 Java 方法中突然结束。注意这并没有形成完整的控制转移过程。它必须继续其他动作。

情况 3 从 Java 方法中一个接一个地立即结束，直到找到匹配的异常处理器。然后它把控制转移到这个处理器并在 Java 代码中恢复执行。

情况 4 从 Java 方法中一个接一个地立即结束，直到遇到本地帧。在那里，它在本地代码中恢复执行。

情况 5 从 Java 方法中一个接一个地立即结束，直到遇到 Java 栈底。在那里，它在本地代码中恢复执行。

表 11-1 给出了不同情况所包含的动作。其中没有列出情况 2，因为它不是一个完整过程。表格中的标记 "X" 表示这一行的情况包含这一列的动作。所有情况都包含动作 3 "恢复执行"。从表 11-1 中可以看到，情况 4 和情况 5 实际上是同一个过程。

表 11-1 控制转移中涉及的操作

操　　作	转移到处理函数	立即结束	恢复执行
情况 1	X	—	X
情况 3	X	X	X
情况 4	—	X	X
情况 5	—	X	X

我们可以通过设计这 3 个动作来实现控制转移。在实际的设计中，只有 "恢复执行" 这个动作实际改变了应用程序的执行。其他两个动作——"转移到处理函数" 和 "立即结束"——只涉及 VM 操作，它们的主要任务是为最终的执行恢复准备执行上下文。

11.5.2　用于控制转移的寄存器

要在目标代码中恢复执行，VM 需要为目标建立执行上下文，包括以下两类信息。

(1) 控制寄存器

❑ 线程上下文数据：线程上下文包括栈指针和指令指针，这里还包括栈数据。这些是标识一个控制线程的最基本数据。为了实现异常控制转移，VM 应该总是恢复它们。在 X86 中，它们是 esp、eip 和异常对象。如果目标在本地代码中，那么异常对象保存在线程局部存储中。如果目标在 Java 代码中，那么异常对象会作为当前帧的唯一元素放在操作数栈上。

❑ 栈帧指针：它们是帧基指针和 Java 簇指针。二者分别为 Java 帧和本地帧恢复正确的栈帧，因此对 VM 而言是必需的。为了实现异常控制转移，VM 应该总是恢复这部分数据。在我们的讨论中，它们是 ebp 和 jcp。

由于控制转移只发生在 Java 帧中，jcp 看起来似乎没有被触碰。但是在实际的实现中，控制转移的源通常是在顶层帧上有一个 M2N_wrapper 的 VM 代码。它会被弹出栈，这样就会触碰到 jcp。它应该被恢复到指向下一个 Java 帧簇，或者如果当前 Java 帧簇是最后一个的话，它应该被设置为 NULL。

(2) 数据寄存器

❑ **被调用方保存寄存器**：如果目标是本地代码，在恢复执行之前的最后一个动作就是立即结束被调用方 Java 方法。然后被调用方保存寄存器在目标代码中是被假设为活跃的，因为在调用返回时恢复这些数据是被调用方的责任。如果目标是 Java 代码，决定被调用方保存寄存器恢复是 JIT 编译器的责任。在我们的讨论中，被调用方保存寄存器包括 ebx、edi、esi 和 ebp。

❑ **调用方保存寄存器**：如果目标是本地代码，调用方保存寄存器由调用方在调用到 Java 方法之前处理，在调用点之后不能假定它们为活跃。所以不需要为目标代码恢复调用方保存寄存器。如果目标是 Java 代码，决定调用方保存寄存器恢复是 JIT 编译器的责任。在我们的讨论中，调用方保存寄存器是 eax、ecx 和 edx。

VM 不能简单地只通过查看所有需要的寄存器在目标帧中的内容就恢复它们的值。可以按照和栈展开同样的方式来恢复控制寄存器，即 esp、eip、ebp 和 jcp，这部分我们已经介绍过。其他寄存器还需要更多的工作。

11.5.3　数据寄存器恢复

本节讨论两个动作中的数据寄存器恢复：Java 方法的立即结束，以及控制转移到异常处理器。

1. Java 方法的立即结束

在 Java 方法立即结束这个动作中，控制流看起来就像是进入紧跟着一个调用的代码，被调用的则是立即结束的 Java 方法（即被调用方）。被调用方可能会根据自己的使用情况保存被调用方保存寄存器。如果它没有使用任何被调用方保存寄存器，也可以不保存。有些未被保存的被调用方保存寄存器可能会被被调用方的被调用方保存，甚至在栈的更上面，直到顶层帧（即异常抛出帧）。在顶层帧中，可以确定所有的被调用方保存寄存器都被保存了。

❑ 如果控制转移源是运行时辅助，所有的被调用方保存寄存器都由 Java 到本地封装保存在栈上的 M2N_wrapper 中。

❑ 如果控制转移源是硬件异常处理函数，所有的被调用方保存寄存器都由 OS 保存在异常上下文中，并传递给异常处理函数。

为了恢复所有被调用方保存寄存器，当 VM 开始栈展开的时候，必须从顶层帧恢复它们。当顶层帧弹出的时候，所有被调用方保存寄存器都已经被赋值。注意，这些值还没有真正被加载进入寄存器。帧上下文中有指针指向这些保存了的寄存器的栈槽位。直到动作 3 "恢复执行"发生的时候才加载这些寄存器。

当控制转移逻辑继续一个接一个地立即结束 Java 方法的时候，VM 会执行破坏式栈展开。从之前弹出帧恢复的一些寄存器可能会被后面弹出帧的恢复覆盖, 而另外一些可能一直有效并被目标代码使用。

栈展开过程保证了被调用方保存寄存器会被正确恢复。它不仅模拟了从顶层帧向下直到目标帧方法的返回操作, 还模拟了被调用方保存寄存器恢复操作。(对方法返回操作的模拟实际上恢复了控制寄存器。)

图 11-2 展示了当 VM 为控制转移完成了栈展开之后的最终帧上下文状态。它为目标帧恢复执行确定了寄存器数据。帧上下文包含指向栈中保存的寄存器的指针。

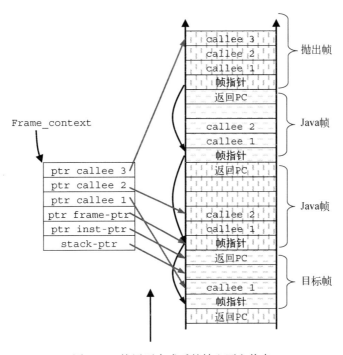

图 11-2　栈展开完成后的帧上下文状态

以上的过程在栈展开过程中实现, 9.2.2 节中已经讨论论过, 其中展示了 `preceding_frame()` 的示例代码。GC 也需要它来枚举所有被调用方保存寄存器, 以此获得可能的对象引用。

2. 控制转移到异常处理器

对于控制转移到匹配异常处理器这个动作, VM 需要向 JIT 编译器询问恢复哪些寄存器, 以及从哪里来恢复这些值。这与模拟一个方法返回不同。因为这个动作发生在一个方法内部, 所以 JIT 知道异常处理器和它所对应的 `try` 块之间的所有数据依赖细节。

❑ 如果异常是被同一方法内的硬件错误触发的, 在出错点保存全部异常上下文。如果需要的话, VM 可以向异常处理器提供这些内容。

❑ 如果异常是被运行时辅助主动抛出触发的，这种情况和方法调用一样，可以从运行时辅
助的帧中恢复所有被调用方保存寄存器。

举例来说，Apache Harmony 默认情况下使用 eax 寄存器把异常对象传递给异常处理器，而
不是放在运行时栈上。异常处理器中可以随意使用其他调用方保存寄存器。

如果异常由非目标方法的另一个方法抛出，"立即结束 Java 方法"动作之后是"控制转移到
异常处理器"。控制流看起来就像是异常被立即结束的方法所抛出，该方法位于同一方法中目标
异常处理器的 try 块中。

11.5.4　控制寄存器修正

在确定了目标异常处理器之后，不能直接使用帧上下文的内容恢复执行，因为它只反映了一
个立即返回的方法的上下文。直接使用它只能恢复到方法调用之后的执行。

VM 应该修改帧上下文来反映异常处理器执行的需求。VM 请求 JIT 编译器调整帧上下文中
的两个寄存器：一个是指令 eip，它应该指向异常处理器入口点；另一个是栈指针 esp，它应该
指向异常处理器要开始的栈位置。这两个寄存器定义了线程控制。

一旦通过函数 thread_find_exception_handler()确定了目标帧，VM 需要如下操作：

```
Exc_handler* handler;
handler = thread_find_exception_handler(frame, exc_obj);

if( handler ){ // 找到一个匹配异常处理器
    // 得到处理函数的栈顶地址
    uint32 ebp = *(frame->p_ebp);
    uint32 stack_depth = handler->entry_stack_depth;
    frame->esp = ebp + stack_depth;

    // 得到处理函数的入口点
    frame->eip = handler->entry_code_address;
}

// 通过 eax 把异常对象传递给处理函数
frame->p_eax = (uint32*) &exc_obj;
VM_Thread* self = current_thread();
self->jcp = frame->jcp;
```

这个函数找到栈顶槽位和异常处理器入口地址，然后把它们赋给线程上下文寄存器（esp 和
eip）。最后，它把异常对象地址赋给 eax，然后设置当前 Java 簇指针。

11.5.5　执行恢复

准备好帧上下文之后，VM 可以把控制传递给这个上下文，在本地方法或者异常处理器恢复
执行。不同的异常抛出源用不同的方式来恢复执行。

1. 主动异常恢复

如果异常由运行时辅助主动抛出而触发，可以用下面的逻辑转移控制。它直接赋值所有的寄存器，并最终跳转到目标代码。

```
void vm_transfer_control(Frame_context* context)
{
    // 被调用方保存寄存器
    uint32 ebx_var = *(context->p_ebx);
    uint32 edi_var = *(context->p_edi);
    uint32 esi_var = *(context->p_esi);

    // 调用方保存寄存器
    uint32 eax_var = *(context->p_eax)

    // 控制的帧与线程
    uint32 ebp_var = *(context->p_ebp);
    uint32 esp_var = context->esp;
    uint32 eip_var = context->eip;

    // 恢复寄存器
    __asm{
        mov ebx_var -> ebx
        mov edi_var -> edi
        mov esi_var -> esi

        mov eax_var -> eax

        mov ebp_var -> ebp

        // 现在生效
        mov esp_var -> ecx
        mov eip_var -> edx
        mov ecx -> esp
        jump edx
    }
}
```

要改变当前执行流，在当今的处理器设计中通常有 3 种方式，分别映射为 3 类指令：call、jump 和 return。对于异常控制转移，call 指令是不合适的，因为它会把一个多余的返回地址压到栈上，目标代码对其一无所知也不想处理。jump 和 return 指令都可以用于异常控制转移。以上代码使用 jump。如果要使用 return 指令，就把目标指令指针放在栈顶，然后以上代码的最后四条指令（以加粗代码体显示）可以编写为如下内容。

```
// 现在生效
// ecx 中有栈指针
mov esp_var -> ecx
// edx 有指令指针
mov eip_var -> edx
// 把返回 eip 压栈
sub 4 -> ecx
mov edx -> [ecx]
mov ecx -> esp
ret
```

使用 return 指令有一个小优点,那就是 VM 在转移控制的时候,可以不需要占用 ecx 和 edx 这两个调用方保存寄存器。如果包括调用方保存寄存器在内的所有寄存器都需要被恢复的话,这是很方便的。在某些平台上,也可以用把栈顶元素弹出到指令指针的 pop 指令来模拟 return 指令。

2. 硬件错误异常恢复

如果异常从硬件错误处理函数抛出,VM 可以重用硬件出错机制来进行控制转移。现代操作系统让开发者有机会用异常处理函数处理硬件错误。它们向异常处理函数提供了异常上下文(所有寄存器的内容),然后处理函数可以通过检查异常上下文来判断发生了什么。如果需要的话,这个处理函数也可以修改异常上下文。

当异常处理函数返回的时候,控制流可以恢复到异常上下文指定的状态。例如,如果异常处理函数改变了上下文中的返回指令指针,执行就恢复到新的指令指针指向的新位置。一个常规做法就是,异常处理函数递减返回指令指针,使其指向它的前一条指令,从而在出错问题解决之后重新执行出错指令——比如在缺页的页面被加载之后。

硬件错误处理函数的异常抛出过程可以使用这种机制。VM 可以修改异常上下文来满足异常抛出目标代码的需求。然后从异常处理函数中返回就自动把控制传递给了目标代码。示例代码如下所示。异常处理函数调用函数 event_transfer_control() 来修改上下文。

Linux 版本:

```
void event_transfer_control(Frame_context* target_context,
                            void* fault_context)
{
    ucontext_t* resume = (ucontext_t*)fault_context;
    Frame_context* target = target_context;

    resume->uc_mcontext.gregs[REG_EAX] = *(target->p_eax);
    resume->uc_mcontext.gregs[REG_EDI] = *(target->p_edi);
    resume->uc_mcontext.gregs[REG_ESI] = *(target->p_esi);
    resume->uc_mcontext.gregs[REG_EBX] = *(target->p_ebx);
    resume->uc_mcontext.gregs[REG_EBP] = *(target->p_ebp);
    resume->uc_mcontext.gregs[REG_EIP] = target->eip;
    resume->uc_mcontext.gregs[REG_ESP] = target->esp;
}
```

Windows 版本:

```
void event_transfer_control(Frame_context* target_context,
                            PCONTEXT fault_context)
{
    PCONTEXT resume = fault_context;
    Frame_context* target = target_context;

    resume->Eax = *(target->p_eax);
    resume->Edi = *(target->p_edi);
    resume->Esi = *(target->p_esi);
    resume->Ebx = *(target->p_ebx);
    resume->Ebp = *(target->p_ebp);
```

```
        resume->Eip = target->eip;
        resume->Esp = target->esp;
}
```

从关于 JVM 中异常处理的讨论中，我们可以看到运行时开销可能是很高的，主要是由于栈展开和异常处理器匹配。其中可能会经历两次栈展开：一次用于获得异常帧轨迹，另一次用于异常处理器搜索。有可能把它们优化为一轮栈展开。

另外一个优化是在之前的异常抛出之后缓存栈轨迹或栈展开结果。然后，后面的异常抛出也许就可以通过为给定的指令指针搜索缓存来重用数据，假定在两次异常抛出实例中栈保持稳定。

如果编译器能够确定，抛出的异常会被同一个方法中的异常处理器捕获，也可以完全避免栈展开。然后编译器可以建立一条从抛出点到捕获点的直接执行路径。

11.5.6　未捕获异常

如果异常找不到匹配的异常处理器并最终遇到栈底，执行会返回到所有 Java/本地方法被调用之前的状态。这种情况下，VM 基本上会终止当前 Java 线程。

前文已经提到过，线程可以注册一个"未捕获异常处理器"，或者安装有"默认未捕获异常处理器"。当 Java 线程从 VM 中移除（detach）的时候，它们会被调用，以未捕获异常对象作为参数。由于未捕获异常处理器是一个 Java 或者本地方法，这个调用实际上重启了这个 Java 线程的执行。这个执行可能导致其他异常，但不会引起循环异常处理，因为不管未捕获异常处理器是否抛出异常，VM 都会确保这次执行回到 Java 线程移除过程。

例如，Thread.detach() 的 Java 代码可以像下面这样编写。当目标线程即将终止的时候，VM 会通过 JNI API 调用这个方法。

```
// 参数是未捕获异常
void detach(Throwable uncaught) {
    try {
        if (uncaught != null) {
        // 调用注册的处理函数
        getUncaughtExceptionHandler().invoke(this, uncaught);
    }
    } finally {
        // 从 ThreadGroup 中移除当前线程
        group.remove(this);
        synchronized(this) {
            // 设置当前线程为死亡状态
            isAlive = false;
            notifyAll();
        }
    }
}
```

任何在 getUncaughtExceptionHandler().invoke() 中触发的异常会被忽略，并且执行会进入 finally 块来终止当前 this 线程。

第 12 章 终结与弱引用

对很多 Java 和虚拟机（VM）开发者来说，终结（finalization）与弱引用是两个复杂的主题。它们与内存管理及线程交互紧密相关。

12.1 终结

Java 要求，对于任何覆盖了 `java.lang.Object` 中默认 `finalize()` 方法的对象，在它不可达之后，回收之前必须执行它的 `finalize()` 方法。其思路是让应用程序开发者在知道对象变得不可达时有机会执行一些了结工作。VM 中支持终结的逻辑如下。

(1) 当一个类被加载后，VM 检查它或它的超类是否实现了 `finalize()` 方法。如果实现了的话，VM 就把这个类标记为具有终结器（finalizer）。

(2) 当分配某个类的一个对象后，垃圾回收器（GC）检查这个类是否有终结器。如果有的话，就把这个对象链入到一个列表中，也就是"终结器对象列表"。

(3) 当一次回收开始，并且标记了所有的可达对象时，在 GC 回收死亡对象之前，它会遍历"终结器对象列表"检查对象的活性状态。如果一个对象已经死去，那么 GC 就把它从"终结器对象列表"中移除，并把它加入到"可终结（finalizable）对象列表"中。对于"终结器对象列表"中的活跃对象，如果这个对象被 GC 移动过的话，可能还需要把指向它的指针更新为指向新位置。换句话说，原来"终结器对象列表"中的活跃对象和死亡对象都会被 GC 保留，只不过放在两个不同的列表中。

(4) 完成前面的步骤之后，GC 复活"可终结对象列表"中的死亡对象。它遍历这个列表中的每个对象，将其标记为活跃，然后递归标记它的所有可达对象为活跃。对于追踪–复制 GC 来说，标记一个对象为活跃意味着把这个对象转发到新位置，并把所有指向它的引用更新为指向新位置。然后把"可终结对象列表"传递给 VM。

(5) 修改器恢复执行后，"可终结对象列表"中的所有对象都准备好了执行 `finalize()` 方法，并由 VM 决定何时以及如何执行它们。通常 VM 使用专门的（一个或多个）"终结"（finalizing）线程来执行。因为它们执行 Java 方法，所以被看作修改器。（这意味着 GC 应该像对待普通应用程序线程一样暂停并枚举它们。）

(6) 就在对象被终结之前，也就是执行 `finalize()`方法之前，这个对象从"可终结对象列表"中被移除。终结操作可能使这个对象变得再次可达，比如，可能把它的引用安装到某个可达对象的某个字段中。

(7) 当一个已终结对象过一段时间后再次变得不可达的时候，GC 会直接回收它，不再检查它是否有终结器，因为它已经不在"终结器对象列表"中。任何有终结器的对象只有在出生的时候才能被放入"终结器对象列表"。一旦这个对象从这个列表中被移除，它就变成了普通对象，就像没有终结器一样。

(8) VM 关闭的时候，它会试图完成所有的对象终结。

上述逻辑很简单。只有一点需要指出，即何时以及如何执行 `finalize()`方法。Java 中没有规定终结的时间点或时间期限。如果应用程序代码在一个对象的初始化器（initializer）中获得一个资源，在它的终结器中释放这个资源，那么并不能保证这个资源会被及时释放。这个资源可能会被持有很久，引起严重的资源泄露，包括可终结对象本身引起的内存泄露。因此，并不建议在终结器中释放关键资源。最好避免使用终结器，或者只把它作为一个备用解决方案，检查是否有任何应该已经被释放的资源还未释放，并释放它们。

在修改器从回收中恢复之后，使用专门的修改器来执行终结会有一些后果。首先是潜在的正确性问题。终结器彼此之间可能并发执行，也可能与其他应用程序代码并发执行，因此如果它们访问共享资源的话就需要同步。

一次回收识别的同一个回收上下文中的所有可终结对象，有些 VM 实现可能会在恢复修改器之前对其执行终结。这能够避免一些并发复杂性，但可能会引发更严重的问题。一个终结器需要的锁可能被一个修改器线程持有，而这个修改器线程已经因为这次回收被暂停。这个锁只有在回收恢复修改器之后才能够被释放。这是一个死锁。

如果有很多可终结对象等待被终结，那么它们可能占用了大量堆空间。为了释放这些堆空间，应该执行终结器。执行这些终结器可能需要很多处理器周期。内存消耗和处理器开销之间需要取得平衡。终结这些对象的速度需要与终结器对象的生成速度成比例。

如果终结器对象创建的速度快于它们的终结速度，一个解决方案是增加专用终结线程的数量，提高终结速度。另一个解决方案是降低终结器对象的生成速度，同时保持终结线程数量稳定。前一个解决方案可能会出现太多修改器彼此之间竞争 CPU 的情况，而后一个解决方案可会阻塞一些应用程序线程，这样它们才能把 CPU 让给终结线程。如前所述，后一个解决方案可能会导致死锁。

当可终结对象被移动到"可终结对象列表"中之后，在这个回收周期内，它们从应用程序中是不可达的，尽管其中一些可能是其他可终结对象可达的。复活不会使得这些应用程序不可达对象变得可达，而是帮助在堆中保留这些不可达对象不被 GC 回收。

当下一个回收周期开始的时候，"可终结对象列表"中的某些对象可能已经被终结，并从列表中移除，而另一些还没有。至于没有被终结的可终结对象，其中有一些可能因为终结操作而再次变得对应用程序可达。那些应用程序不可达的可终结对象应该作为将被"复活"的对象被 GC 枚举，并保持在堆中不被回收。

要保持这些可终结对象的"复活"状态，一个解决方案是把"可回收对象列表"复制到一个 Java 数据结构中并传给终结线程。因为终结线程是 Java 线程，所以这些链接到活跃数据结构中的对象自然而然也就是活跃的了。另一个解决方案是 GC 在回收周期开始时显式枚举这个"可终结对象列表"。

12.2　为何需要弱引用

在高级语言中，对象生命期由垃圾回收器自动管理。程序员不可能也不被鼓励了解一个对象是否死亡。根据可达性分析，如果一个对象被应用程序引用，那么它就是活跃的。如果一个对象已死亡，那么应用程序中没有指向这个对象的引用。换句话说，当一个应用程序查询一个对象的活性时，这个对象必然是活跃的，因为这个应用程序应该持有一个指向对象的引用才能查询。如果对象已经死亡，那么这个应用程序永远不会知道这个事实，因为应用程序没有对这个对象的引用，也就没法查询它。

可以通过终结这种方法大概了解一个对象是否不可达，因为这个对象可以定义在对象不可达的时候执行的 finalize()。但是，它有一个严重的缺点：执行 finalize()意味着这个对象必须保持为可达。因此，尽管有时候可以用 finalize()来清理一些这个对象使用过并且仍然持有的资源，但它并不适用于"管理对象生命周期"这个目标。最根本的原因是，finalize()是对象"之内"的方法。要管理对象的生命周期，最好使用对象"之外"的方法。以下列举了 3 个终结器无法胜任的示例。

示例 1：浏览器页面缓存

如果应用程序了解对象的活性，并且程序员可以检查死亡对象，那么有时候会很方便。一个例子是浏览器的"页面缓存"。浏览器为访问过的页面保存缓存。如果再次访问这个页面，而这个页面还没有过期的话，就可以直接从页面缓存中加载它的内容。缓存的内容可以被清理而不会有任何问题，在这个意义上缓存的内容实际是死亡的。但浏览器仍然持有对它们的引用，这样在需要的时候就可以复活它们。为了实现这个目的，需要有一个语言构件用来表达"虽然死亡但是仍然可以引用"的语义。

示例 2：URL 和页面快照

即使是用于资源管理，finalize()也并非总是有效的。有时候资源并没有被对象使用，而只是关联于这个对象的生存期，因此这个资源不会在对象死亡后继续生存。仍以浏览器为例，开发者可以把一个页面 Snapshot 对象与对应的 URL 对象相关联。当这个 URL 对象死亡的时候，这个 Snapshot 也应该死亡。如果这个 URL 对象保持一个对这个 Snapshot 对象的单例引用的话，可能很容易实现这个语义，但这在现实中通常是不可能的，比如，如果 URL 对象被定义为 final 的话。

将 URL 和 Snapshot 对象集成到第三个对象（比如一个 Page 对象）中，也不可能实现这个语义。Page 对象持有一个到 URL 的引用，使得这个 URL 对象总是可达的，除非这个 Page 对象本身死亡。这实际上把 URL 管理的问题转移到了 Page 对象，并没有解决这个问题。

用 URL 的 finalize() 把 Page 中的 Snapshot 引用置空似乎解决了这个问题，因为 finalize() 只在 URL 不可达的时候才会被调用。但问题是这样做并不能保证被终结的对象 URL 会被回收。

示例 3：浏览器的标签页对象

还有一个生存期管理问题就是，程序如何得知一个对象确已死亡。也就是说，不仅是不可达，而且是已经被终结并且不可复活。让我们再次以浏览器开发为例。当浏览器用户关闭一个旧的标签页时，这个标签页对象仍可能在内存中存留很长时间，并占用大量的堆空间。在堆空间不足的时候应该回收它。在开发浏览器的时候，开发者可能希望，在允许打开新标签页之前，能确定旧标签页会被回收。这显然无法通过 finalize() 实现，因为 finalize() 无法判断对象是否已被终结。

Java 引入了"引用对象"，为程序员提供了一种显式方式，用来从对象"之外"管理对象的生存期。引用对象可以被看作一个指向对象的指针，而这个指针本身用对象来表示。引用对象有一个字段持有指向目标对象的引用。这里目标对象称为**所指对象**（referent）。引用对象的目的是持有一个到所指对象的引用，同时这个引用不会使这个所指对象保持活跃。换句话说，引用对象是一个只能使被指向对象被引用，但不能使被指向对象保持活跃的"指针"。即使这个对象被认为已经死亡，代码也可以从这个"指针"中提取出这个对象。

如果一个对象只能通过引用对象可达，那么这个对象实际上已经死亡，GC 可以自行处置，尽管这个对象仍然是应用程序可达的。这种情况下称这个对象为"弱可达"（weakly reachable）的。在这个语境下传统的"可达"称为"强可达"（strongly reachable）。应用程序可以在 GC 回收弱可达对象之前访问它。要访问这个所指对象，可以在引用对象上调用 get() 动作。在引用对象上调用 clear() 动作可以把引用对象的所指对象设置为空。

引用对象可以解决浏览器开发中的上述问题。

对于示例 1：浏览器页面缓存

浏览器管理页面缓存的时候，可以使用引用对象持有之前访问过的页面的缓存内容。当系统内存不足的时候，缓存内容被看作已经死亡，可以被回收。当同一个页面被再次访问的时候，浏览器可以检查引用对象，判断作为它们的所指对象的缓存内容是否仍然可用。如果可用的话，就可以把内容加载到浏览器，使之再次成为强可达的。页面缓存功能只是优化，用于减少页面加载时间。回收缓存内容的时机不会影响浏览器的正确性。

如果不用引用对象实现页面缓存,浏览器就必须根据系统内存状态决定何时以及如何回收缓存,这就违背了使用支持 GC 的高级语言编程的最初目的。

对于示例 2:URL 与页面快照

在浏览器为它的 URL 管理快照的时候,它可以把 URL 对象和 Snapshot 对象集成放在第三个对象 Page 中,而 Page 通过引用对象引用 URL。只要 URL 对象对应用程序变得不再可达,集成对象就可以了解这个情况,并相应地把 Snapshot 引用也设置为空。

示例 3 的问题稍后再讨论,因为这需要对引用对象更深入的理解。

实现引用对象的思路是很直观的。因为它基本上只关乎于可达性,所以实现细节主要放在 GC 组件中。在对象追踪过程中,与普通情况相比,要区别对待引用对象。当到达并扫描一个引用对象的时候,GC 不像平常一样标记它的所指对象。所指对象只有在可以通过一条没有引用对象的路径到达的时候,才会被标记为活跃。因此,引用对象处理主要有两个步骤。

(1) 在对象追踪过程中,把除(引用对象的)所指对象之外的所有可达对象标记为活跃,除非这些所指对象是从没有引用对象的路径到达的。把所有可达引用对象记录在一个列表中。

(2) 对象追踪之后,遍历活跃引用对象列表。对于那些所指对象没有被标记为活跃的引用对象,把所指对象字段设置为 null,也就是执行 clear(),这样被引用的对象就不再可达。

上述的两个步骤还不足以满足对象生存期管理的需要,因为引用对象的实际应用方式之间也有微妙的区别。举例来说,只要内存情况允许,页面缓存问题希望在缓存中尽可能长时间保持"死去但是仍然可引用"的对象,而 URL-Snapshot 问题希望在 URL 变得不可达之后尽快一起回收 URL 和 Snapshot。旧标签页问题希望了解的不仅是旧标签页何时不可达,而且还有何时能够保证这些对象被回收(即被终结并且不能再复活)。

12.3　对象生存期状态

为了满足引用对象在不同场景下的需求,Java 语言提供了 3 种引用对象类,即 SoftReference、WeakReference 和 PhantomReference。引用对象可以是它们中任何一个的实例,或者是它们子类的实例。我们用"软引用""弱引用"和"幻象引用"(phantom-reference)来分别表示这几种引用对象的类型。它们以更细的粒度定义了(弱)可达性的强度。从最强到最弱,弱可达性的强度定义如下。

❑ 如果一个对象不是强可达的,但能通过至少一条含有软引用的路径可达,那么这个对象是**软可达**的。GC 可以决定是否回收一个软可达对象。当内存不足的时候,GC **可以** clear() 这个软引用对象,这样它们的所指对象就可以被回收,但这不是强制性的。

- 如果一个对象既不是强可达的也不是软可达的，而是通过至少一条含有弱引用的路径可达，那么这个对象是**弱可达**的。当 GC 确定一个对象为弱可达之后，所有指向这个对象的弱引用对象都应该被 `clear()`。之后这个对象变为**可终结**的。
- 如果一个对象不是强可达的，不是软可达的，也不是弱可达的，而是通过至少一条含有幻象引用的路径可达，那么这个对象是**幻象可达**的。幻象可达对象是已经**被终结**但还没有被回收的对象。幻象引用对象上的 `get()` 操作总是返回 null，这意味着幻象可达对象对应用程序来说是**不可达**的。这不同于软可达对象和弱可达对象，软可达对象和弱可达对象可在 GC `clear()` 它们的引用对象之前被 `get()` 到。

为了简化讨论，我们用**非强可达**来统一指代上面 3 种情况。

12.3.1　对象状态转换

图 12-1 中展示了对象生存期的一些状态。注意，为了集中关注讨论要点，这个图虽然是正确的，但不是完整的，其中省略了很多其他状态和转换箭头。

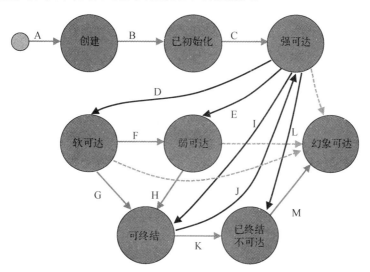

图 12-1　对象生命周期内可能的状态转换

图 12-1 中的虚线箭头用于那些只有默认终结器的对象，稍后会讨论它们。图中的其他转换列举如下。

- A：对象刚分配（new）出（可带有非默认终结器）。
- B：对象构造器执行完毕。
- C：对象的引用保存在应用程序上下文中。
- D：对这个对象的所有强引用已经清空。这个对象变成通过带软引用路径软可达的。

- ❑ E：对这个对象的所有强引用已经清空。这个对象变成通过带弱引用路径弱可达的。
- ❑ F：到这个对象的所有软可达路径都被清除。这个对象仍然通过弱引用可达。
- ❑ G：到这个对象的所有软可达路径都被清除。如果它有非默认终结器，已经准备好终结。
- ❑ H：到这个对象的所有弱可达路径都被清除。如果它有非默认终结器，那么它已经准备好被终结。
- ❑ I：一个强可达对象由于没有非强可达路径，直接变为可终结状态。
- ❑ J：一个可终结对象可能在终结之后再次变为强可达。
- ❑ K：一个已终结对象，对应用程序不可达。
- ❑ L：一个被复活并终结的强可达对象，再次成为应用程序不可达。
- ❑ M：一个应用程序不可达对象通过幻象引用成为幻象可达。

箭头 M 使得幻象可达区别于另外两种弱可达性。从其他引用对象不可达的对象可能由于终结而变为可达。但对幻象引用来说，这是不可能的。对象一旦成为幻象可达，就再也不可能对应用程序可达。对于带有非默认终结器的对象，没有从软可达或弱可达直接到达幻象可达的转换。

只有默认终结器的对象，没有"可终结"或"已终结不可达"步骤。转换如图 12-2 所示。

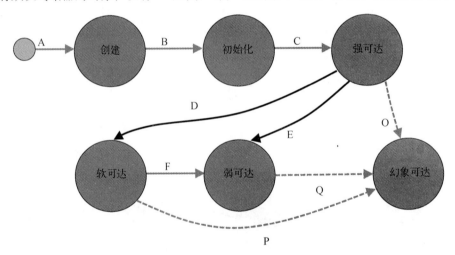

图 12-2   不带默认终结器的对象的状态转换

虚线箭头列举如下。

- ❑ O：强可达对象变为应用程序不可达，同时仍然通过幻象引用幻象可达。
- ❑ P：到对象的所有软可达路径都被清除。这个对象仍然通过幻象引用幻象可达。
- ❑ Q：到对象的所有弱可达路径都被清除。这个对象仍然通过幻象引用幻象可达。

显然软引用最适合于开发前面提过的页面缓存机制，因为它是由 GC 来决定是否回收软可达对象。只要堆空间足够，GC 可以一直保留它们。

可以通过弱引用把其他对象的生存周期关联到目标所指对象，这样就可以在所指对象变为应用程序不可达的时候，清空对其他对象的引用。这个时间点对于应用程序来说是已知的。接下来将解释它是如何知道的。因此对于 URL-Snapshot 问题，弱引用就是一个很好的解决工具。

12.3.2　引用队列

Java API 定义了一个引用队列类，ReferenceQueue。如果引用对象创建时注册了一个 ReferenceQueue（或其子类）实例，那么在这个引用对象的所指对象变为应用程序不可达的时候，VM 会自动用 enqueue() 动作把它放入这个队列。也就是说，软引用对象和弱引用对象在被 clear() 之后会被放入各自的引用队列中。而幻象引用对象在其所指对象变为幻象可达之后，在其所指对象字段被 clear() 之前，会被放入它的引用队列中。不管哪种情况，在 enqueue() 之后引用对象上的 get() 动作都返回 null。引用队列帮助应用程序了解它感兴趣的对象何时变得不可达，然后可以采取相应动作。应用程序可以在这个队列上使用 poll() 或者 removed() 来出队引用对象。

引用队列使得幻象引用可以实现它的目的。幻象引用的存在给了应用程序一个机会来执行需要对象不可达的后终结处理，或者执行一些只有在目标对象确定死亡时期望的操作。它应该通过与引用队列合作，以一种灵活得多的方式替代终结机制。

幻象可达对象存在于回收过程之中，并且已经被终结。对象只有在幻象引用被最终 clear() 或幻象引用本身变成不可达之后才能被回收。当一个幻象引用的所指对象是幻象可达的时候，它被 enqueue()，然后应用程序可以出队这个幻象引用，并了解到这个所指对象已经不可达这个事实。现在我们对浏览器设计中的旧标签页问题有了一个解决方案。

对于示例 3：浏览器的标签页对象

幻象引用适用于旧标签页问题。当浏览器发现持有旧标签页对象的幻象引用已经被 enqueue() 了，它就知道这个旧标签页确已死亡。它可以从队列中移除这个幻象引用对象，执行所有必需的操作，然后丢弃指向旧标签页对象的最后引用。现在它就已经准备好打开新标签页。

幻象对象要有一个引用队列才能发挥作用，因为使用幻象引用唯一的目的就是了解某个对象确已死亡。创建幻象引用对象却不注册引用队列是没有意义的。

12.3.3　引用对象状态转换

引用对象的生命周期与所指对象不同。引用对象为了所指对象而创建，当所指对象不再强可达的时候，就被 enqueue()。一个引用对象的创建不能没有所指对象。由于引用对象的存在就是为了它的所指对象，当所指对象不是强可达的时候，长时间保持一个引用对象可达是没有多少意义的，除非为了告诉应用程序它的所指对象已不可达。这就是引用队列存在的原因，它集合了应用程序关心其所指对象可达性的那些引用对象。一旦应用程序从队列中出队这些引用对象，就再也无法从队列到达它们，之后处理它们是应用程序的责任。但是既然应用程序永远不能为引用对象设置新的所指对象，在了解到出队引用对象的所指对象确实不可达之后，继续保持出队引用对象就没有意义了。

基于上面的讨论，引用对象的生命周期如图 12-3 所示。

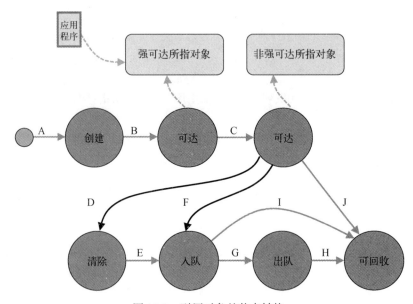

图 12-3   引用对象的状态转换

图 12-3 中的转换列举如下。

❑ A：引用对象被创建（参数为一个所指对象，以及对非幻象引用来说可选的一个引用队列）。

❑ B：当一个引用对象的引用保存在程序上下文中时，这个引用对象成为可达的。它的所指对象是强可达的。

❑ C：引用对象的所指对象变为非强可达。

❑ D：如果引用对象不是幻象引用，这个引用对象被清除，所指对象变为可终结（带非默认终结器）或者可回收（不带非默认终结器）。

❑ E：如果引用对象不是幻象引用，引用对象被入队。如果它创建的时候注册了引用队列，这个引用对象会被放入队列。否则，入队操作什么也不做。

❑ F：如果引用对象是幻象引用，它就在被清除之前入队。

❑ G：引用对象从引用队列出队，并被让它出队的应用程序代码引用。

❑ H：引用对象变为应用程序不可达，准备好被回收。如果它是幻象引用，应用程序在回收它之前可以清除它，也可以不清除它。如果同一个所指对象的所有幻象引用对象都被清除，这个所指对象立即变为可回收。否则，幻象引用和所指对象一起变为可回收。

❑ I：如果引用对象创建时没有注册引用队列，这个引用对象不在任何队列中，变为不可达。

❏ J：引用对象直接变为不可达，因为应用程序失去了对它的引用。

普通对象和引用对象的状态转换可以帮助我们实现引用对象支持。

12.4　引用对象实现

VM 对 Java 引用对象的支持，常见流程包括下面给出的几个步骤，与之前提到的两个步骤相比要复杂得多，但采用的设计原则还是一样的。这些步骤集成在 GC 和 VM 组件中。

(1) 当一个类被加载后，VM 检查它或它的任何超类是否为任何引用类型。如果是的话，VM 给这个类打上某个引用类型标签：软引用、弱引用或幻象引用。

(2) 在堆追踪过程中处理引用对象。GC 标记除所指对象之外的所有可达对象。GC 为标记了的引用对象构造 3 个检查表，每个表对应一个引用类型。

(3) 在堆追踪之后处理软引用对象。GC 遍历软引用对象检查表。对于这次回收，GC 需要决定如何处理软引用对象，也就是应该把它们作为普通对象还是引用对象处理。

❏ 如果一个软引用对象被作为普通对象处理，GC 把它从软引用检查列表中移除，并标记它和它所有的递归可达对象，包括到达的软引用对象。

❏ 如果一个软引用对象被作为引用对象处理，就检查这个软引用对象的所指对象是否被标记。如果没有被标记的话，意味着这个所指对象对应用程序不可达，就 clear() 这个软引用。否则，就把这个（持有一个活跃所指对象）的软引用对象从软引用检查列表中移除。

(4) 总是把弱引用对象作为引用对象处理，无论是被 clear()（如果所指对象没有被标记）还是从列表中移除（如果所指对象被标记）。

(5) 处理可终结对象。GC 遍历"终结器对象列表"（列表中的对象在被创建的时候添加）。GC 从列表中的对象开始追踪堆，将从它们出发的所有可达对象复活。把可终结对象（"终结器对象列表"中为死亡，但现在又被复活的那些）从"终结器对象列表"中移出并放入"可终结对象列表"中。

❏ 注意这个复活过程可能会复活一些引用对象。没有规定指明被复活的引用对象是否应该被添加到引用对象检查列表。这由实现决定。当一个引用对象被复活的时候，它的所指对象并没有被复活。换句话说，被复活的引用对象被 clear() 了。这是必要的，否则新复活的引用对象就会错过前面步骤的处理。所指对象的可达性不应该依赖于其引用对象的复活。对于幻象引用，反正它们的所指对象是不能被 get() 到的。为了保持一致性，建议不要把复活的引用对象放回到检查列表中。

(6) 处理幻象引用对象的方式与处理其他引用类型略有不同。需要遍历幻象引用检查列表来找到是否有任何所指对象被标记了。如果所指对象被标记，意味着它是强可达的，就从检查列表中移除这个幻象引用对象。否则，如果所指对象不是强可达的，它也不会像其他引用类型一样被清除。

- ❑ 没有规定指明，当所指对象的幻象引用被复活的时候，是否应该复活这个所指对象，以及复活是否包括所有从所指对象递归可达的对象。笔者认为 clear() 这个幻象引用没有任何问题。

- ❑ 幻象引用处理放在终结之后，因为它必须把复活对象当作活跃对象处理。这一点很重要，这样的话系统对活跃对象的定义就更宽泛了，包括那些只对终结器可访问的对象。

(7) 检查列表中所有剩下的项目都有活跃的引用对象。幻象引用对象没有被 clear()，其他的则被清除了。GC 把它们从列表中移除。如果在引用对象创建的时候注册了引用队列，它会被 enqueue() 到这个引用队列中。这通常由专门的（一个或多个）线程执行。如果没有注册引用队列，这个引用对象就变为可回收。

引用对象入队之后就不再被 VM 特殊处理（与其他非引用对象相比）。它们何时以及如何出队由应用程序来决定。常见的情况是，应用程序通过出队引用队列检查所指对象是否死亡，然后把引用对象丢给 GC 处理。

注意，尽管我们使用 clear() 和 enqueue() 来指代引用对象处理中的具体操作，但 GC 在执行这些操作的时候不一定实际调用引用对象的 clear() 和 enqueue() 方法。GC 会**直接执行**这些操作。对于 clear()，GC 将引用对象的所指对象字段清空为 null；对于 enqueue()，GC 把引用对象放入引用队列中。这些方法没有被调用，都是直接执行相应操作的。Java 方法 clear() 和 enqueue() 仅供应用程序代码调用。这么做是为了避免 clear() 和 enqueue() 中实现的某些不可预期的行为，因为它们是 public 方法，所以可能被应用程序覆盖。GC 不想冒险使用用户定义的语义。但这可能会让应用程序开发者感到迷惑。应用程序在期望所指对象表现为不可达的时候，可以在它还是可达的时候就调用 enqueue()。一个引用只能被 enqueue() 一次，所以这些语义可以保持一致。

就像 finalize() 方法一样，Java 中没有规定 enqueue() 方法执行的时间点或时间期限。

如果应用程序代码把一些重要资源与一个对象相关联，并期望一旦这个对象死亡就释放这些资源，那么这个应用程序最好不要依赖 enqueue() 操作（通过检查引用队列）。换句话说，这些资源最好按这种方式来安排：一旦目标对象变为非强可达，这个资源就同时自动变为不可达，不管引用对象是否已经 enqueue()。这种情况下，应用程序可以用弱引用来管理这个目标对象，试图 get() 到它来检查目标对象是否已死亡，然后处理相关联的资源。

如果不依赖于引用队列，潜在风险就是开发者可能 get() 到目标对象并且不小心保持了这个引用，因此保持了这个对象活跃的同时又释放了关联的资源。使用幻象引用会防止 get() 返回目标对象，但是它从不返回这个对象，所以应用程序也不能通过 get() 它来检查它是否死亡。

与终结不同的是，GC 的 enqueue() 操作不是 Java 代码执行，因此不需要使用 Java 线程来入队。它可以在修改器恢复之前或之后执行。与终结类似的是，需要考虑入队线程的数量和负载均衡。

引用对象移动到引用队列后，即使应用程序失去了对它们的直接引用，在它们出队并且它们的引用被应用程序清除为 null 之前，它们都是从应用程序可达的。

12.5 引用对象处理顺序

软引用对象处理的设计决策是实现定义的，对此没有具体规定。VM 运行应用程序的时候有多种选择。

- **部分普通**：在一次回收中，把某些软引用对象当作普通对象处理，其余的作为引用对象处理。
- **回收普通**：在一次回收中，把所有软引用对象当作普通对象处理；在另一次回收中，把所有软引用对象当作引用对象处理。
- **总是普通**：总是把所有软引用对象当作普通对象处理。
- **总是引用**：总是把所有软引用对象当作引用对象处理。

"部分普通"是容易出错的方案，应该避免使用，这一点稍后会解释。另外三种方案的任何一个都符合规范。

常见的设计中通常选择"回收普通"方案。次回收（minor GC）可以把所有引用对象当作普通对象处理，主回收（major GC）则把所有引用对象当作引用对象处理。次回收的命名是相对于主回收来说的，前者只回收部分堆以得到更高的回收效率，后者通常回收整个堆。因为软引用的所指对象比另外两种引用类型的预期有更强的可达性，在次回收中保留它们是有道理的。这不是唯一的设计选择，仅仅是一个建议。对于这个设计，之前的步骤需要进行如下调整。在次回收中，没有单独的软引用对象处理。软引用对象处理和其他普通对象一起合并到堆追踪中。

(1) VM 标记加载类的引用类型。

(2) 在堆追踪过程中处理引用对象。

- 在次回收中，GC 标记所有可达对象，弱引用对象和幻象引用对象的所指对象除外。换句话说，软引用对象被当作普通对象处理，软可达对象被标记为强可达。标记的弱引用对象和幻象引用对象（不是它们的所指对象）则记录在两个检查列表中，每种引用类型一个列表。
- 在主回收中，标记除所指对象之外的所有可达对象。标记的引用对象需要构造三个检查列表来记录，每种引用类型一个列表。

(3) 在主回收中把软引用对象作为引用对象处理。在堆追踪之后，遍历软引用对象检查列表。检查每个软引用对象的所指对象是否被标记。如果没有标记，意味着这个所指对象是应用程序不可达的，并 `clear()` 这个软引用对象；否则，从软引用检查列表中移除这个软引用对象（持有一个活跃的所指对象）。

(4) 把弱引用对象作为引用对象处理。在次回收中，它在堆追踪之后被处理。在主回收中，它在软引用处理之后被处理。

(5) 处理可终结对象。

(6) 处理幻象引用对象。

(7) 把三个检查列表中的所有剩余项目传递给 VM。

(8) VM `enqueue()` 这些引用对象。

注意弱引用处理总是在软引用处理之后。这正是因为某些 VM 实现可能在一次回收中区别处理软引用对象和弱引用对象，在"回收普通"和"总是普通"设计中就是这样。这个顺序是为了确保正确处理多个非强可达路径到达同一个所指对象，或者链式非强可达路径到达一个所指对象的情况。

图 12-4a 展示了通过多条非强可达路径可以到达同一个所指对象的情况，其中一条路径是软可达的，另一条路径是弱可达的。当回收把软可达对象当作普通对象处理时，在堆追踪过程中这条软可达路径把所指对象 R 标记为强可达。然后在弱引用处理中，由于这个所指对象可达，弱引用对象 W1 从它的检查列表中被移除。这没有问题。

如果按相反顺序处理，那么首先弱引用处理认为所指对象 R 不可达并把它清除，然后软引用处理把它当作强可达，这是互相矛盾的。之后弱引用对象 W1 会入队，导致应用程序相信引用 R 已死亡，然后就清理了相关资源，这些资源应该只在所指对象 R 不可达的时候才清理。当回收把软引用对象当作引用对象处理的时候，不同的处理顺序没有区别。

图 12-4b 展示了所指对象本身也是引用对象的情况。当回收把软引用对象当作普通对象处理时，首先弱引用对象 W1 由于软可达而被标记为活跃。然后弱引用处理发现所指对象 R 不可达并清理它。这没有问题。

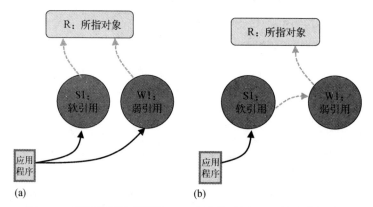

图 12-4   引用类型处理顺序：(a) 多路径引用；(b) 链式路径引用

如果处理过程顺序相反，那么弱引用对象 W1 只通过一个引用对象可达，所以没有被 GC 标记，因此一开始弱引用处理没有处理 W1。然后软引用处理找到了弱引用对象 W1 并把它标记为强可达。由于所指对象 R 没有被标记为可达，在活跃弱引用 W1 上的 `get()` 操作可能导致出乎意料的错误。当回收把软引用对象当作引用对象处理的时候，不同的处理顺序没有区别。

在"部分普通"设计中，一次回收中对软引用对象有不同的处理方式，实际上如果两个引用对象都是软引用对象，那么可能会出现同样的问题。举例来说，如图 12-5 所示，其中 S1 是一个被当作普通对象处理的软引用对象，S2 是一个被当作引用对象处理的软引用对象。S1 和 S2 的不同处理顺序可能会导致不一致的结果，有时结果还会出错。这就是为什么不推荐"部分普通"设计的原因。更进一步说，首先就不要导致多路径或链式路径非强可达的情况发生。

总结一下，对象处理必须遵循可达性从强到弱的顺序，任何情况下都不能与之相反。因为幻象引用保持了幻象可达所指对象而没有清除它们，所以有人可能认为它比其他清理了自己的所指对象的引用类型（即软可达的和弱可达的）具有更强的可达性。这种理解实际上是不正确的。幻象引用不会因为保留所指对象而导致任何前述问题，因为幻象可达的所指对象是应用程序不能访问的。保留了被访问对象这一点不会改变它的可达性强度。

在引用计数系统中，最大的挑战是循环引用，也就是两个或更多的对象形成了一个引用环，这会导致其中任何一个对象的引用数都不为零。要打破这个循环，可以为每个引用环链接使用一个引用对象。这个技术也可以解决"失效侦听器"（lapsed listener）问题。

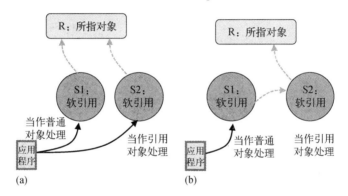

图 12-5　在一次回收中区别对待弱引用对象的时候可能出错的情况：(a) 多路径引用；(b) 链式路径引用

第 13 章　虚拟机模块化设计

既然我们已经介绍了虚拟机（VM）设计中的重要组件，现在是时候简单讨论一下 VM 实现的架构设计了。

13.1　VM 组件

正如第 10 章中已经讨论过的，不同代码类型之间的调用关系如图 13-1 所示。

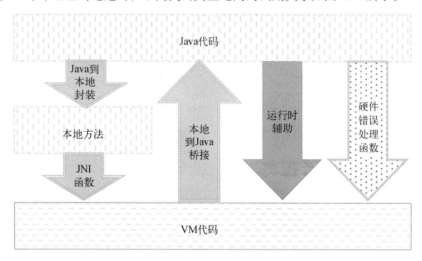

图 13-1　不同类型代码之间的调用关系

图 13-1 中，虚线框是应用程序代码，其余的由 VM 实现。为了支持所有 Java 方法和本地方法，VM 需要实现下列组件。注意这个列表并没有包含所有 VM 组件，只包含了主要的那些。

❏ **VM 核心**：这是 VM 实现的核心，主要用于提供类支持。它包含围绕着类的所有核心数据结构和操作逻辑。特别是所有的类数据都有详细描述，因此它们可以被反射，包括类、接口、字段和方法。这对于 VM 实现虚拟指令集架构（ISA）的语义是必要的，比如动态类加载和链接。类支持的逻辑主要包括类加载、链接、初始化和反射。VM 核心包括 VM 初始化和关闭，还为组件之间彼此交流提供了接口。

❑ **本地支持**：这个组件支持托管代码和本地代码之间的本地接口，包括依赖于 VM 核心的 Java 本地接口（JNI）应用程序接口（API）。JNI API 需要访问类支持用于反射。它们还需要来自于其他组件的支持，比如通过 VM 核心接口提供的异常和线程。

❑ **运行时辅助**：这个组件向 Java 方法提供 VM 服务，包括通过 JNI API 向本地方法提供的同样的服务。由于两个世界的性质不同，同一个 VM 服务对 Java 方法和本地方法提供的实现可能有所不同。异常抛出就是一个明显的例子。

❑ **内核类**：VM 需要提供某些需要访问 VM 内部的 Java 类的实现，VM 内部对于 VM 无关的普通类库来说是不可访问的。内核类的一些例子包括反射、引用对象、线程、对象和原子。Java 反射需要访问类、字段、方法等属性，这是由 VM 核心提供的。Java 引用对象必须是 VM 相关的，因为 VM 需要保持 Java 类与垃圾回收（GC）引用对象处理之间的语义一致性，比如 `clear()` 和 `enqueue()` 操作。Java 线程需要映射到操作系统（OS）的线程支持。基本上，所有嵌入在 Java API 中的 OS 功能都需要由 VM 提供，它把这些功能映射到 OS 功能。

❑ **异常支持**：这个组件为本地方法和 Java 方法提供异常抛出支持。它还包括硬件错误的处理逻辑。

❑ **线程支持**：系统需要提供能够填补虚拟 ISA VM 和底层平台之间的语义鸿沟的线程支持，包括线程创建、调度和同步。

❑ **执行引擎**：这是执行字节码的组件，包括即时（JIT）编译器和/或解释器。有可能存在多个 JIT 编译器和多个解释器。它们可以通过一个执行驱动（或执行管理器）管理，这样在运行时可以为不同方法或同一方法的不同部分切换执行引擎（EE）。

❑ **垃圾回收器**：GC 管理对象分配和堆使用，包括对引用对象和终结的部分支持。可能存在多个空间回收器，由同一个 GC 管理器管理。多个空间回收器可以合作回收堆上不同的空间，也可以在不同回收时应用于同一个空间。对象散列码功能通常也是由 GC 组件支持的。

图 13-2 中展示了前面介绍的组件，其中保留了图 13-1 中的初始结构。

13

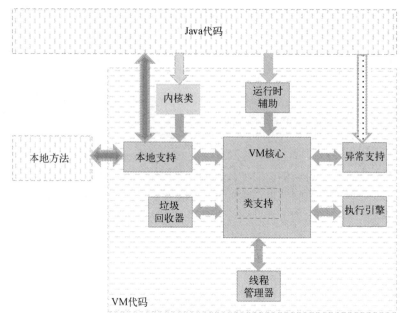

图 13-2　VM 实现中的主要组件

从虚拟 ISA VM 的性质出发，很容易理解为什么需要这些组件。

- 以虚拟 ISA 指令发布的应用程序是不可执行的，需要在 VM 中被解释或编译，因此需要
"执行引擎"（EE）。
- 安全性要求应用程序不能操作内存，而是把对象分配和内存管理委托给"垃圾回收器"。
- 为了执行应用程序，VM 需要调度和管理执行实体。在 VM 中对基于控制流的语言来
说，执行实体就是线程，VM 用"线程管理器"来管理线程。
- 托管代码需要访问平台资源来完成有意义的任务，所以 VM 需要一个本地接口来提供这
种访问。"本地支持"提供了 Java 世界和本地世界之间的接口。
- 对提供了异常抛出和捕获功能的语言来说，VM 需要"异常支持"来实现这些功能。异
常支持也处理硬件错误和 OS 事件/信号。
- 语言依赖于 VM 为它的某些语义提供一些关键运行时服务，比如创建对象和抛出异常。
"运行时辅助"为语言提供了到 VM 服务的访问。
- 语言库的核心部分必须依赖于 VM 实现，比如反射和栈轨迹的相关部分，因此需要 VM
提供的"内核类"。

在所有这些主要组件中，EE 是唯一不向托管代码提供直接服务的组件。换句话说，托管代
码不知道 EE 的存在。EE 总是隐式调用的。

开发虚拟机的时候，最好能通过常用的软件工程经验来达到软件的模块化和可移植性。这里
模块化的意思是，组件最好拥有一套定义良好的接口，彼此之间不要过度耦合，这样不同组件的

开发者不需要维护其他组件的代码或者交互。这里可移植性的意思是，VM 应该试图把平台相关的部分抽象到其他组件下面的一层，这样多数工程工作就不需要考虑平台相关的问题，因此跨平台移植 VM 变得很容易。可移植性是一个传统主题，已经有大量相关介绍，因此我们只关注模块化设计主题，并以 Apache Harmony 为例。

13.2　对象信息暴露

只有 VM 核心了解对象的细节。一个对象的几乎所有信息都可以从它的类数据结构（假设是 VM_class）中获得。在这种意义上，其他组件可以拥有一个指向这个类数据结构的不透明指针（void*）然后向 VM 核心查询所有所需的信息。例如，下面列举了一些 VM 核心接口。

❑ `bool class_has_finalizer(void* clss)`

  如果这个类有非默认终结器方法，返回 TRUE。

❑ `bool class_is_reference_type(void* clss)`

  如果这个类是引用对象类型，返回 TRUE。

❑ `bool class_is_array(void* clss)`

  如果这个类是一个数组，返回 TRUE。

❑ `bool class_has_reference_fields(void* clss)`

  如果这个类有一个字段是对象引用，返回 TRUE。

❑ `unsigned int class_instance_size(void* clss)`

  返回给定类的一个实例占用的内存大小。

❑ `unsigned int array_get_length(void* arry)`

  返回这个数组的长度。

❑ `void* array_get_element_addr(void* arry, unsigned int i)`

  返回数组第 i 个成员的地址。

这个不透明类指针必须从对象引用可以访问到，这样给定对象引用其他组件就能够找到它。把内存中一个对象的第一个字段作为指向它的类数据结构的不透明指针是很方便的，如下所示。

```
struct Object {
    void* clss; // 这个对象的不透明类指针
    ...          // 这个对象的其他字段
}
```

VM 可以把虚方法分派表（vtable）与类数据结构放在一起。VM 也可以选择把它们分开放置。它们是 1∶1 映射的，所以哪种方法都可以。如果把它们分开放置，VM 就可以把所有 vtable 都放在一段统一的内存区域中，这样对 vtable 的访问可以具有更好的缓存局部性。

在 Apache Harmony 中，vtable 和类数据结构是分开放置的。它们彼此链接，这样 VM 总可以从一个找到另一个。那么问题就是，对象头中包括的不透明指针应该指向类还是指向 vtable。从性能的角度看，编译后的 Java 代码在运行时经常访问一个对象的实例字段，并访问它的 vtable 用于虚方法分派。Java 代码访问类数据结构的情况是不常见的。因此，对象头中保存 vtable 指针比较合理，如下所示。

```
struct Object {
    void* vt;    // 对象的不透明 vtable 指针
    ...          // 对象的其他字段
}
```

由于 vtable 指针和类指针都可以代表对象的类型，有时我们把它们都称作"类型指针"。

除了每个对象中存储的类型指针，VM 组件还需要另外一些每对象（per-object）元数据。例如，线程管理器需要用于 monitor 实现的每对象数据；GC 需要用于回收操作的每对象数据，指明一个对象是已被标记、被转移还是脏对象。相比于采用独立存储，这些对象元数据直接编码在对象内部会更方便。Apache Harmony 为它们在对象头中使用一个额外的指针大小的字段。这样对象布局就变成了如下所示。

```
struct Object {
    void* vt;  // 对象的不透明 vtable 指针
    Obj_info obj_info; // 重要的对象元数据
    ...          // 对象其余字段
}
```

在对象布局上 VM 组件所需的一切就是这两个字段了。对除 VM 核心之外的其他组件不需要定义对象布局细节（即实例字段）。其他组件只需要了解对象头定义。

```
struct Object_header {
    void* vt; // 对象的不透明 vtable 指针
    Obj_info obj_info; // 重要的对象元数据
}
```

尽管对于其他组件来说，有了对象头就足够了，但这并不是性能最优的。举例来说，如果 GC 每次要得到对象信息时，都需要调用 VM 核心接口方法，那么开销会非常大。更好的方法是向 GC 暴露一些重要的对象信息，这样访问它们就不需要经过接口调用。下面列举了 GC 最常用的对象信息。

- 数组标志：这个标志指明对象是否为数组。GC 扫描对象获得引用的时候需要这个信息。访问数组元素的方法与访问对象字段的方法有所不同。
- 终结器标志：这个标志指明对象是否有一个非默认终结器。如果有的话，分配的时候应该把它添加到"终结器对象列表"中。
- 引用对象标志：它指明这个对象是否为任何引用对象类型。如果是的话，GC 追踪对象邻接图的时候要对它进行特殊处理。GC 还需要了解引用对象内部所指对象字段的偏移量，这样才能扫描并 clear() 它。

❏ 引用字段标志：这个标志指明对象是否有任何引用字段。GC 需要这个信息来扫描一个对象，以获得它的可达对象。

可以在一个类加载并准备好的时候，把这些信息提供给 GC。然后 GC 可以把这些信息缓存到一个它无须询问 VM 即可直接访问的位置。然后当 GC 执行分配和回收的时候，它就可以快速获取这些信息。对于非性能关键信息，GC 仍然可以用不透明类指针通过询问 VM 核心获得。

为了实现这种数据缓存，我们向 VM 核心提供了一个 GC 接口：

❏ void gc_class_prepared(void* clss)

一个新类准备好之后，VM 核心调用这个函数。在这个函数中，GC 向 VM 核心查询所有的性能关键信息，并把它们缓存在本地。

在 Apache Harmony 中，通过 gc_class_prepare() 获得的信息保存在一个数据结构 GC_info 中，vtable 头中的指针指向这个数据结构，这样 GC 就可以很容易地从对象指针获得这些信息，如下所示。

```
struct Vtable_header {
    GC_info* gc_info; // 指向 GC 缓存的类信息的指针
}

struct Object_header {
    Vtable_header* vt; // 对象的不透明 vtable 指针
    Obj_info obj_info; // 重要的每对象元数据
}

GC_info* object_get_gcinfo(Object_header* obj)
{
    return obj->vt->gc_info;
}
```

接下来的几节会介绍如何设计模块化 GC 和 JIT 组件。

13.3　垃圾回收器接口

可以把 GC 组件构造为有良好定义接口的动态链接库。为了使 VM 在 GC 上调用而不牺牲功能性、灵活性和性能，只有少数几个接口是至关重要的。前面提到的 gc_class_prepared() 就是其中之一，它对性能十分重要。

线程相关 API：下面的接口支持修改器与回收器之间的交互。

❏ void gc_mutator_init ()

修改器被创建时调用这个 API。它初始化这个修改器分配器和 GC 中其他修改器专用数据结构，包括这个修改器被链入的列表。

❏ void gc_mutator_destruct ()

修改器退出的时候调用的 API。它清理修改器专用数据结构。

分配 API：GC 需要为 Java 代码和本地方法提供一个接口来分配对象。

❑ Object_header* gc_mutator_alloc(unsigned size, Vtable_header* vt)

这个 API 用于分配一个总大小为 size 字节的对象。给出这个对象的 vtable 指针 vt 用来指定这个对象的类型。GC 需要类型信息来确定这个对象是否有非默认终结器，是否为引用对象类型，等等。这个函数可能触发回收，所以调用它的代码必须是一个安全点或者在安全区域内。

❑ Object_header* gc_mutator_alloc_fast(unsigned size, Vtable_header* vt)

这个 API 用于分配一个总大小为 size 字节的对象。给出这个对象的 vtable 指针 vt 用来指定这个对象的类型。这是 gc_mutator_alloc() 的快速路径，只用于不触发回收的常用分配情况。如果有触发回收的风险，这个 API 就返回 NULL。

在用于对象分配的运行时辅助中，代码首先调用 gc_mutator_ alloc_fast()。如果它返回 NULL，那么代码就在栈上准备 M2N _wrapper，然后调用 gc_mutator_alloc()。gc_mutator_alloc_fast() 的目的是避免代价高昂的 M2N_wrapper 的准备和清理。这个 API 只是用于提高性能，所以是可选的。

读/写屏障 API：GC 需要提供接口来支持读/写屏障。

❑ Barrier_Type gc_requires_barriers ()

这个 API 用来指示 GC 是否需要 VM（包括 JIT 编译器和解释器）来插入读/写屏障。它返回要插入的屏障类型。

❑ void gc_heap_write (Object_header* dst, Object_header** dst_slot, Object_header* src, Op_Type op)

当对象引用 src 要被写入堆中地址为 dst_slot 的对象 dst 时调用的 API。这个 API 包含了单个对象字段存储、数组复制和对象克隆的情况。它用 op 告知 GC 是哪种写情况。

这个 API 内也执行了堆写操作本身，因为 GC 可能需要在写之前、写之后，或者在多次写的当中加入屏障，例如在数组复制中。所以这个 API 是堆写操作和写屏障的合并。这个 API 可以分割为几个独立的 API，用于不同操作。

❑ Object_Header* gc_heap_read_barrier (Object_header* src, Object_header** src_slot)

当对象 src 或对象 src 的引用字段 src_slot 要被读取的时候调用的 API。它返回用于对象访问的正确引用。这个读屏障用于目标空间不变的并发复制回收。它并不执行实际的对象读取操作，而是返回用于对象读取的正确引用。在任何对象访问之前调用这个 API。

注意这里的读/写屏障接口只是示例。实际 VM 实现可能选择不同的设计。

编程 API：需要下列接口来实现 Java 编程 API。

❑ `void gc_force_gc ()`

VM 用这个 API 强制发起一次 GC，通常是响应对 `java.lang.Runtime.gc` 的调用。

❑ `long int gc_total_memory ()`

VM 用这个 API 确定当前的 GC 堆大小，通常是响应对 `java.lang.Runtime.totalMemory` 的调用。返回值是 "long int" 类型，表明它必须与平台指针具有同样的整数大小。

❑ `long int gc_max_memory ()`

VM 用这个 API 确定最大 GC 堆大小，通常是响应对 `java.lang.Runtime.maxMemory` 的调用。

❑ `long int gc_free_memory ()`

VM 用这个 API 获得空闲空间的大概容量，通常是响应对 `java.lang.Runtime.freeMemory` 的调用。

❑ `int gc_get_hashcode (Object_header* obj)`

VM 用这个 API 获得对象的散列值，通常是响应对 `java.lang.Object.hashGode` 的调用。

❑ `bool gc_is_object_pinned (Object_header* obj)`

VM 用这个 API 来确定目标对象是否为不可移动的。JNI 函数 `GetXXXArrayElements` 中可以选用这个 API，其中 xxx 表示一个基本类型。

GC 生命周期 API：VM 初始化和关闭 GC 组件。

❑ `void gc_init()`
❑ `void gc_destruct()`

VM 用于初始化和关闭 GC 组件的 API。

根集枚举 API：GC 向 VM 提供一个 API，用于添加根集条目。

❑ `void gc_add_rootset_entry(Object_Header** p_ref)`

VM 使用这个 API 添加一个根集条目。这是 GC 请求 VM 核心枚举一个根集时的一个回调。VM 暂停修改器线程来枚举根集，然后通过调用这个 API 向 GC 报告每个根集条目。

GC 组件需要访问许多 VM 核心 API，它们可以分为两类。一类是用于一般类信息查询。另一类是用于根集枚举。把根集枚举的核心函数放在 VM 核心中是合理的，因为这个过程需要与垃圾回收、EE、线程支持和本地支持这样的其他组件交互。VM 核心提供的根集枚举相关 API 列举如下。

13

❑ void vm_suspend_thread (VM_thread* mutator)

❑ void vm_resume_thread (VM_thread* mutator)

　　GC 调用这个方法请求 VM 暂停/恢复某个线程。

❑ void vm_enumerate_thread_rootset (VM_thread* mutator)

　　GC 调用这个函数让 VM 枚举一个线程，这个线程是使用 vm_suspend_thread() 暂停的。

❑ void vm_enumerate_global_rootset ()

　　GC 调用这个函数让 VM 枚举全局根集。

　　注意对 GC 安全点和安全区域的支持不是由 GC 组件实现的，而是由线程管理器实现的。GC 通过 VM 核心与之交互。

　　这里给出的 GC 接口是用于单个 GC 组件的（即一个动态链接库）。一个 VM 实现可能具有多个 GC 实现，每个实现放在一个 GC 组件中。在 VM 执行的一个实例中，只能加载一个 GC 组件。这并没有限制 GC 实现的灵活性，因为一个 GC 组件可以实现多个回收算法。这种情况下，多个算法彼此之间如何合作完全是 GC 组件的内部实现，因为 GC 组件通过前面介绍的一组接口支持 VM。这种设计选择已经被证明是强有力的，因为不同的 GC 开发者可以轻松地开发他们自己的独立 GC 组件。同时，他们又具有足够的灵活性，在自己的 GC 组件中容纳任何回收算法。

13.4　执行引擎接口

　　执行引擎（EE）大体上是隐藏在其他 VM 组件之后的。它可能频繁访问其他组件，但很少被其他组件访问。主要原因在于，EE 概念上与托管代码一起使用来自 VM 的服务，而不是被来自 VM 的服务所使用。从应用程序的角度来看，没有依赖于 EE 的 Java 编程 API。

　　一个 VM 中可能实现了多个 JIT 编译器。它们都可以被封装在同一个 EE 中。就像 GC 一样，可以开发多个 EE 组件，但 VM 的一个实例只会加载其中一个。

　　下面是 EE 暴露的主要接口。

EE 生命周期 API：VM 初始化和关闭 EE 组件。

❑ void ee_init()

❑ void ee_destruct()

　　VM 用来初始化和关闭 EE 组件的 API。

执行 API：这是 EE 存在的唯一目的。

❑ void ee_invoke_method(Method* method)

　　用来调用一个方法的 API，这个方法可以是 Java 方法或本地方法，假定要传递给目标方法的参数已经在栈上备好。如果是第一次调用一个虚方法，JIT 编译器会在这个方法的声明类的 vtable 中安装"编译后方法代码"入口地址。如果目标是一个本地方法，这个 API 需要调用 VM 核心来准备 Java 到本地封装代码作为"编译后方法代码"。在目标方法第一次被调用之前，vtable 条目就是一个指针，指向一段通过运行时辅助调用这个 API 的桩（stub）代码。不管是 Java 方法还是本地方法，传给目标方法的参数由调用方方法准备。

这个 API 不是必须暴露的。

栈 API：只有 EE 知晓编译后代码的栈布局。这些 API 对于栈轨迹准备、异常抛出和根集枚举是必要的。

❑ `Code_info ee_get_code_info(void* ip)`

VM 用来获得程序指针 ip 指向的代码信息的 API。这些信息包括：代码是编译后的 Java 代码还是本地代码；所属的方法；如果是编译后的 Java 代码，它相应的字节码信息是什么，等等。

❑ `void ee_unwind_stack_frame(Frame_context* frame)`

VM 用来展开栈上一个帧的 API。

❑ `Exc_Handler* ee_find_match_exception_handler(Frame_context* frame, jobject Exception_obj)`

VM 用来在 Java 方法中寻找匹配异常处理器的 API。这个 API 也会修改帧内容，使得它可以表示捕获异常处理器的上下文。调用这个 API 之后，根据保存在帧上下文中的信息，控制可以转移到异常处理器。

❑ `void ee_enumerate_rootset(Frame_context* frame)`

VM 用来在当前栈帧上枚举根集条目的 API。它调用 VM 接口向 GC 报告这些条目。

可以看到，EE API 多数都与运行时栈处理相关。这可能是 VM 需要 EE 帮助的唯一一方面。

以上只给出了模块化设计的两个示例。其他组件也可以遵循这个原则设计自己的接口。

13.5　跨组件优化

严格的模块化设计可能会限制某些需要组件间额外约定的优化。比如，如果 JIT 编译器了解如何从一个类的 VM_class 数据结构找到它的 java.lang.Class 对象，这个 JIT 就不需要生成运行时辅助来调用 VM 核心得到这个服务。这个 JIT 可以直接生成这段代码序列。原来的代码序列如下：

```
push pointer_to_vmclass
call runtime_get_jlC_from_vmclass
```

指向一个类的 java.lang.Class 对象的指针保存在它的 VM_class 数据结构中。假定 JIT 编译器知道这个指针保存在 VM_class 中的偏移量，那么新代码序列看起来就是这样：

```
mov pointer_to_vmclass -> eax
mov [eax + jlC_offset] -> eax
```

这里常量 `jlC_offset` 是指向一个类的 `java.lang.Class` 对象的指针保存在 `VM_class` 中的偏移量，新代码序列可以节省一次函数调用。

实现这个优化有几种方法。一种方法是，当类加载和准备的时候，JIT 编译器在 `jit_class_prepared()` 内缓存 `jlC_offset` 值，类似于 `gc_class_prepared()` 为 GC 组件所做的。这个解决方案的局限性是，它实际上不仅需要向 JIT 暴露偏移量信息，而且还需要 `VM_class` 数据结构中指向 `java.lang.Class` 对象的指针放在固定的偏移位置上。

另一种方法是 VM 核心用专门编写的汇编版本提供这个函数，这样函数调用的负担会尽可能小。

还有一种优化方法是允许 JIT 编译器内联对运行时辅助或 VM 服务的调用，以此来节省调用开销，就像第 10 章中提到的。这可以通过引入额外的编译器基础设施来实现：它支持运行时辅助被编写和编译为与 JIT 所使用的相同的中间表示（IR）。

举例来说，`gc_mutator_alloc_fast()` 接口是最常用的用于对象分配的 GC API。如果快速路径不适用于所需分配的话，它就会返回 `NULL`。常见的代码如下（使用跳增指针分配器）：

```
Object_header* gc_mutator_alloc_fast (int obj_size,
                                      Vtable_Header* vt)
{
    // 这个类有终结器，留给慢速路径 gc_mutator_alloc
    if( vt_has_finalizer(vt))
        return NULL;

    // 对象太大，留给慢速路径
    if ( obj_size > GC_LARGE_OBJ_SIZE_THRESHOLD )
        return NULL;

    // 得到修改器的线程局部分配器
    Allocator* allocator = (Allocator*)gc_get_mutator_allocator();
    long free = allocator->free;
    long ceiling = allocator->ceiling;
    long new_free = free + obj_size;

    // 如果有足够空闲空间，进行分配
    if (new_free <= ceiling){
        allocator->free= new_free;
        obj_set_vt((Object_Header*)free, vt);
        return (Object_Header*)free;
    }

    // 没有足够空闲空间，留给慢速路径 gc_mutator_alloc
    return NULL;
}
```

这个函数可以用"非安全 Java"实现，其中 JIT 编译器会把像 Address 这样的特殊类看作内在服务，并把它们编译为内存地址操作。既然这个函数和应用程序代码一样是由 JIT 编译器编译的，它可以被内联，并可以使用更多优化。

"非安全 Java"版的 gc_mutator_alloc_fast()像如以下代码所示。这里 GC_Helper 是一个 Java 类，包含所有以"非安全 Java"编写的 GC 服务。

```
private static Address mutator_alloc_fast(int objSize, Address vt)
{
    if( GC_Helper.VT_has_finalizer(vt))
        return null;

    if( objSize > GC_Helper.GC_LARGE_OBJ_SIZE_THRESHOLD )
        return null;


    Address allocator = GC_Helper.get_mutator_allocator();
    Address free_addr = allocator.plus(FREE_OFFSET);
    Address free = free_addr.loadAddress();
    Address ceiling_addr = allocator.plus(CEILING_OFFSET);
    Address ceiling = ceiling_addr.loadAddress();
    Address new_free = free.plus(objSize);

    if (new_free.LE(ceiling)) {
        free_addr.store(new_free);
        GC_helper.obj_set_vt(free, vt);
        return free;
    }

    return null;
}
```

使用统一的 IR，跨组件优化就很容易实现。问题是编写一个运行时辅助的"非安全 Java"版本是繁复艰难的工作。有一些研究试图把 C/C++代码和 Java 代码编译为同样的 IR，这样用本地代码编写的运行时辅助也可以内联到编译后的 Java 代码中，但它需要以源码或 IR 的形式部署这些组件。

13

第四部分

垃圾回收优化

第 14 章　针对吞吐量的 GC 优化

我们已经理解了虚拟机（VM）实现中所有的重要组件，现在可以讨论的不止是功能，也可以讨论优化了。在 VM 开发中，基本功能的实现相对轻松，主要精力通常用在优化 VM 以得到更好的性能上，包括吞吐量、可扩展性和响应性。本章将介绍各种 VM 组件优化技术，先从垃圾回收开始。

第 5 章中已经介绍了常用的垃圾回收（GC）设计。VM 中使用的算法通常包括引用计数（reference-count）、标记清除（mark-sweep）、半空间（semi-space）、追踪转发（trace-forward）和标记压缩（mark-compact）。第 13 章中提到，一个 VM 实现可以有多个 GC 组件，但一个 VM 运行实例只能加载一个 GC 组件，一个组件可以带有多个 GC 算法。一个组件中拥有多个 GC 算法的好处是提供了一种灵活性，在不同情况下可以采用不同的算法。

重要的一点是，GC 性能主要是由应用程序特性决定的。本章讨论的各种技术不是所有应用程序都适用的。这些技术只是在优化方法论方面给 VM 开发者一点提示。

14.1　部分堆回收与全堆回收之间的适应性调整

一轮垃圾回收可以回收整个堆，也可以只回收堆的一部分。全堆回收通常是就地回收，也就是说，它不需要回收之前堆中有任何空闲空间（或者只要求留有很小的空闲空间），因此当 VM 想要完整利用堆空间的时候，就需要这种算法。常用的就地回收算法有引用计数、标记清除和标记压缩。

通过只在某个特定的部分回收区域应用就地全堆回收算法，可以实现部分堆回收。如果其他区域有空闲空间可用，部分堆回收也可以把被回收区域内的留存活跃对象移动到空闲空间中，也就是复制式回收，这就是非就地回收算法了。典型的复制式回收算法包括半空间、追踪转发和标记复制。

就地回收与非就地回收之间没有严格的界限。在一次就地回收中，保留的空闲空间可以小到只有单个种子页面，回收把活跃对象移动到空闲空间，这样就清空了一些已使用页面，可供下一轮活跃对象移动使用。在这个设计中，非就地回收达到了"就地"的效果。

就地全堆回收需要处理所有的堆对象，有各种缺点。例如，标记压缩算法需要整个堆上的多趟操作。常用的滑动压缩算法有 4 趟操作：

```
void mark_compact()
{
    pass1:
        traverse_object_graph();
    pass2:
        compute_new_locations();
    pass3:
        repoint_object_references();
    pass4:
        compact_space();
}
```

这 4 趟中的每一趟都需要遍历整个堆，这带来了很大的内存访问开销。这也使得这个算法的并行化效率不高，因为需要所有回收器在每一趟起点处同步。注意，可以通过精巧设计和辅助数据结构支持把多趟压缩优化为更少的趟次，稍后会介绍。

标记清除算法只有两趟，但是它不能解决堆碎片问题，所以实际上在商业 VM 实现中没有把它用作主要算法，除非是用于大对象空间（large object space，LOS）GC 或者并发 GC 这样的特殊情况。

除了多趟次这个缺点，全堆算法也无法从下面这个事实中受益。多数应用程序中，新分配的对象可能更早死去，而活下来的对象可能活得更久。全堆算法以同样的方式处理新旧对象，而大多数旧对象可能会继续存活，所以对回收而言，处理旧对象比处理新对象得到的好处要少得多。这是分代式 GC 的基本假设，其通常只处理新对象。

部分堆回收可以选择活跃对象最少的堆区域来回收。这样一来，回收时间就会短很多。尽管部分堆回收有它的优点，但它只回收整个堆中死亡对象的一部分，所以它的优点也是有限的。同时，不管是部分堆回收还是全堆回收，回收都会引发类似的暂停线程、枚举根集等操作。如果这个开销太大，在这些支持性操作上花费的时间可能在一次回收中占主要部分，这就抵消了部分堆回收的优点。那么问题是，如何比较部分堆回收回收和全堆回收的回收效率，以及何时是回收部分堆或完整堆的好时机。

在常用的 GC 设计中，为了获得部分堆回收的益处，堆通常被分割为多个空间。引入新对象空间（new object space，NOS）用于新对象分配。当它满了的时候，就在其上执行一次部分堆回收。存活的对象被移动到成熟对象空间（mature object space，MOS），这样 NOS 就被再次清空用于新对象分配。图 14-1 中给出了这个堆布局。

14

图 14-1   常用 GC 设计的堆布局

对不同的空间应用不同的回收算法。

❑ NOS 通常使用复制式 GC，把存活对象移动到 MOS。
❑ MOS 通常使用就地移动式 GC，比如标记压缩算法，把活跃对象压缩到空间一端。

分配只发生在 NOS 中。

为了改善 NOS-MOS 管理，并避免从 NOS 到 MOS 移动大活跃对象，有时会引入第三个空间 LOS，用来分配大于某个阈值的对象。LOS 通常使用非移动式 GC 来避免移动大型对象，比如使用标记清除算法。为了简洁性，这一节里没有把 LOS 纳入讨论，但这不会影响结论。有时候，在 NOS 和 MOS 之间还可能有一个青年对象空间（young object space，YOS），这样 NOS 对象首先被升级到 YOS，当 YOS 满了之后，它的对象会被升级到 MOS。后面将对此做进一步讨论。

NOS 大小可以是固定的也可以是可变的。如果是固定的，NOS 就无法充分利用空闲空间用于分配，即使是在起初堆空间大部分都为空的情况下。正确选择 NOS 大小也是一个问题。固定的 NOS 大小有时候用于两代的分代式 GC。这里我们使用一个更好的方法，就是允许 NOS 使用堆中尽可能多的可用空闲空间进行对象分配，只要 MOS 有足够的保留空闲空间容纳 NOS 中的存活对象即可。后面还会讨论空间大小调整算法。本节讨论 GC 如何决定在一次回收中回收哪个空间（NOS 或 MOS）。

在次回收中，只回收 NOS。在主回收中，回收所有的空间。次回收是部分堆回收，主回收是全堆回收。次回收把活跃对象移动到 MOS 保留空闲区域。在第一次回收中，只有 NOS 中有对象。MOS 是空的，只保留以待 NOS 回收。

随着几轮次回收过后，堆中的全部空闲空间变得越来越少。这意味着不得不更频繁地触发次回收。最后，当 NOS 空间太小时，就会触发一次主回收。主回收回收 MOS 中的死亡对象，就释放了 MOS 中的一些空间。之后的回收可以再次执行次回收。

问题是，分配空间（NOS）要触发一次主回收，判断它太小的标准是什么。一个直观的设计是采用一个固定的最小值，比如 4MB 或者 16MB。但这不一定就是一个好设计。

这里讨论另外一种已经被证明有效的自适应策略。这个自适应策略的目标是找到最优的最小空闲空间来触发主回收，以获得最大整体回收吞吐量（collection throughput）。

GC 算法对一个应用程序的回收吞吐量，是用一次应用程序执行中所有回收产生的所有空闲区域大小总和与所有回收时间总和的比值衡量的，公式如下：

```
Throughput = (Σ Size_of_freed_space) / (Σ Time_of_collection)
```

假设一次主回收之后，全堆空闲空间大小是 Fmax，触发一次主回收的全堆空闲空间大小阈值是 Fmin。如果 Fmin 接近于 0，那就意味着只有当空闲空间不足以持有次回收存活者的时候才触发一次主回收。如果 Fmin 接近于 Fmax，那么 GC 总是使用主回收。这个自适应式设计的目标就是找到可以获得最大 GC 吞吐量的正确 Fmin。

我们把一次回收超级周期定义为从一次主回收完成时间点到下一次主回收完成时间点之间的时间段。超级周期内的回收包括第二次主回收和这两次主回收之间的所有次回收。如果一个策略可以得到一个超级周期内的最大回收吞吐量，那么这个应用程序可以通过这个策略得到整体最大回收吞吐量。所以我们把关注点只放在一次超级周期的吞吐量上。

假定在每次次回收之后，NOS 中存活对象的大小总和是 dS，那么比起上一次次回收之后的空闲空间大小，堆中空闲空间大小减少了 dS。这意味着，在一次主回收之后，下一次主回收之前可以执行的连续次回收的次数为(Fmax - Fmin)/dS。之后堆中空闲空间大小变为 Fmin，需要执行一次主回收。

如果每次次回收需要的时间是 Tminor，主回收需要的时间是 Tmajor，在一次超级周期中所有回收花费的全部时间为

```
T_super-cycle = ((Fmax - Fmin)/dS) * Tminor + Tmajor
```

这个过程中产生的全部空闲区域大小为

```
F_super-cycle =
    Fmax - dS +              // 第一次次回收之后
    Fmax - 2*dS +            // 第二次次回收之后
    ... +
    Fmax - (n-1)*dS +        // 第(n-1)次次回收之后
    Fmin +                   // 第 n 次次回收之后
    Fmax                     // 一次主回收之后
```

加起来是

```
F_super-cycle = (Fmax + Fmin)*(Fmax - Fmin + dS)/(2*dS)
```

那么一次回收超级周期的吞吐量就是

```
TP_super-cycle = F_super-cycle/T_super-cycle
```

Fmax、dS、Tminor 和 Tmajor 可以在运行时测量，表示为 a、b、c、d，上面公式就变为一个 Fmin 的函数：

```
TP(X)= (((((a-X)/b)*c+d)/((a+X)*(a-X+b)/(2*b))),其中 X = Fmin
```

可以通过求解微分方程得到 TP(X)最大值，X 的解就是 Fmin。在每次回收结尾计算出 Fmin

值。如果一次次回收之后剩余的空闲区域大小不超过 Fmin，下一次回收就应该执行主回收。

通过著名 Java 基准测试 SPECJBB 得到，当 Fmin 为固定值 16MB 的时候，这个直观设计的吞吐量曲线如图 14-2 所示。主回收值用 "M" 表示，次回收值用 "m" 表示。

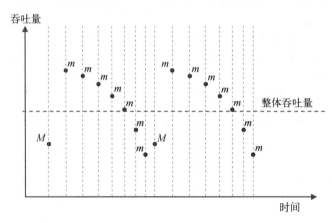

图 14-2   直观设计中的回收吞吐量曲线

在一个回收超级周期内，次回收的吞吐量起初可能很高，因为之前刚发生一次主回收，有足够的空闲区域。然后吞吐量就越来越低，直到保留空闲区域不足，触发一次主回收。

使用这个启发式设计，可以及早触发主回收，甚至是在还有足够空闲区域的时候。如图 14-3 所示，其中整体吞吐量线高于直观设计中的整体吞吐量。

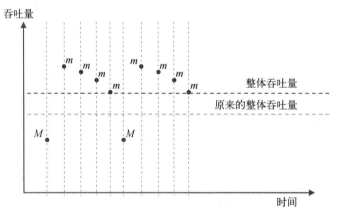

图 14-3   启发式设计中的回收吞吐量曲线

这一节开发的启发式算法只对特性大致符合这里描述的模型的应用程序才有效。也就是说，次回收中的存活对象大小、次回收的回收时间，以及主回收的回收时间都是大致稳定的，或者在一个超级周期里线性变化的。

使用并发回收，有可能并发执行主回收，那么触发它的策略就可能有所不同。特别是一些 GC 设计允许主回收和次回收同时发生，使其回收各自的 MOS 和 NOS 空间。这种情况下，对主回收和次回收的回收调度策略大体上是互相独立的。

14.2　分代式与非分代式算法之间的适应性调整

如果堆被分割为 NOS 和 MOS，关于如何找到活跃对象，NOS 上的部分堆回收有两个设计选择。一个选择是从根集开始遍历整个堆，但是只回收 NOS。它把 NOS 的活跃对象移动到 MOS，但 MOS 中已有的对象保持不动。尽管 MOS 对象没有被回收，但回收器必须遍历 MOS，因为 NOS 中的某些活跃对象只能通过包含 MOS 对象的路径到达。如果回收器不遍历 MOS，这些对象就不会被标记为活跃，这是错误的。在这个设计中，虽然回收器需要遍历整个堆，但是部分堆回收吞吐量可能要高于全堆回收，因为 NOS 可能只有少量需要回收器升级的活跃对象，而回收的空闲空间大小（NOS 大小）可以很大。

另一个选择是分代设计。它不会遍历 MOS，而是使用记忆集，其中保持了所有从 MOS 到 NOS 的引用。这些从老一代（MOS）指向年轻一代（NOS）的引用称为跨代引用。回收器只需要从根集和记忆集遍历 NOS 即可。如果一个引用指向 MOS，回收器会直接忽略它。

需要写屏障来记录所有从 MOS 到 NOS 的引用。在修改器执行过程中，每当有一个堆写入在某个对象中存储一个引用，写屏障会检查这个引用是否从 MOS 中的对象指向 NOS 中的对象。如果是的话，这个引用写入的堆槽位会被记录到记忆集中。

注意在某些 GC 算法中，仅在修改器执行过程中记忆相关的槽位是不够的。跨代引用也可能是在回收器执行的过程中创建的。如果 NOS 上的回收没有把所有活跃对象都升级到 MOS，也就是说，在这次回收之后 NOS 中仍然保存着一些活跃对象，那么可能有一些引用是从已升级的对象指向未升级的对象。这些跨代引用也应该被记录在记忆集中。当回收结束并且修改器执行恢复的时候，记忆集中已经有一些成员。它们与修改器执行过程中新记录的跨代引用一起，在下一次回收中被使用。在对象图遍历使用了记忆集之后，记忆集被清理，然后可能再次生成新的记忆集。

针对图 14-4 中的堆，下面的代码给出了一个典型写屏障实现。

```
gc_write_barrier(Obj_header* src, Obj_header** slot, Obj_header* dst)
{
    *slot = dst;

    if( src >= nos_boundary || dst < nos_boundary )
        return;
    gc_add_remset_entry(slot);
}
```

14

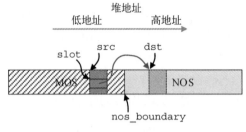

图 14-4   写屏障示意图

写屏障在时间和空间上都有运行时开销，因为它需要检查堆中每次的引用存储，并记录包含跨代引用的每个槽位。在某些 GC 设计中采用了一些很好的技术来降低运行时开销。举例来说，牌桌（card-table）算法有时可以降低空间上的开销。它不记录每个堆槽位，而是标记包含跨代引用的堆区域（一张牌）。当回收发生时，回收器扫描标记区域以找到跨代引用。牌桌算法以扫描牌的时间为代价来节省记忆集空间。在本书的讨论中，除非另行指出，槽位集和牌桌都用记忆集来指代。

记忆集还有另一个问题。尽管它保证了一次回收永远不会错过标记任何活跃对象，但是它可能会有很多 NOS 中标记的对象实际上已经死亡。原因在于，在 MOS 中持有记忆集中槽位的对象本身可能已经死掉了。回收器不遍历 MOS 就无法了解这个事实。一旦被保留，这些被错误标记的死亡对象就成了漂浮垃圾，其数量可能大到足以抵消分代式回收的优势。

有时候分代部分堆回收的吞吐量可能低于它的非分代对应算法。这个平衡主要受到三个因素的影响：写屏障的开销、漂浮垃圾的数量，以及 MOS 中活跃对象的数量（即工作集大小）。举例来说，在一个应用程序执行的早期阶段，MOS 不包含或包含少量活跃对象。非分代回收显然更高效，因为 NOS 回收不会浪费太多时间在遍历 MOS 上。

通过 Java 基准测试 SPECJBB 得到的非分代回收吞吐量曲线如图 14-5 所示。

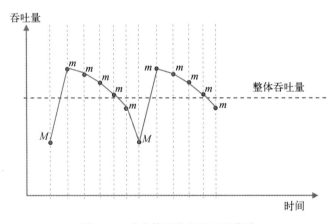

图 14-5   非分代回收的吞吐量曲线

　　对应的分代算法的曲线如图 14-6 所示，用更粗的线和更深的颜色表示。方形点是吞吐量值点。在这个实验中，NOS 大小保持不变，因为更大的 NOS 大小通常意味着记忆集会保留更多漂浮垃圾。（在两代布局中）吞吐量可能无法从更大的 NOS 大小中获益。

　　注意两个曲线中主回收的吞吐量是一样的。主回收是全堆回收，因此不受分代与否的影响。当我们讨论分代回收的时候，仅指次回收。圆点表示的非分代数据也一起展示在图 14-6 中，用于对比。

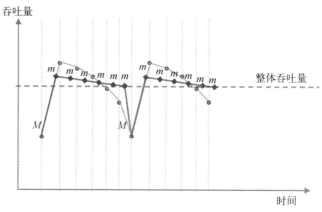

图 14-6　分代回收的吞吐量曲线

　　这个基准测试中，分代回收吞吐量是线性的，在回收超级周期的起始阶段，吞吐量相对于非分代回收会比较低，而在第二阶段则会高一些。这种情况下，通过自适应策略在分代与非分代算法之间选取适当的回收方法，有助于提高整体吞吐量。

　　其思路就是让吞吐量曲线采用非分代和分代曲线中较高的部分，那么这个自适应设计的整体吞吐量就会高于其中任何一个，如图 14-7 所示。黑色曲线是分代曲线和非分代曲线的合并。注意在某些应用程序中分代回收总是好于非分代回收，或者相反。这样的情况就不需要在两种回收模式中切换。

14

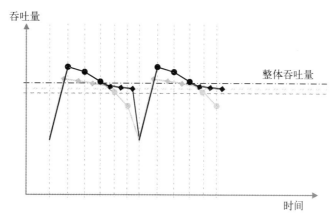

图 14-7　分代与非分代自适应式回收的吞吐量曲线

针对这样一个自适应设计的问题就是，如何找到两种模式的正确切换时机。应该利用即时（JIT）编译器为每个堆写入插入写屏障，使得分代模式成为可能。写屏障里比之前多了一个回收模式检查。如果是非分代模式，就简单地直接返回。这个写屏障的伪代码如下所示：

```
void gc_write_barrier(Obj_header* src, Obj_header** slot, Obj_header* dst)
{
    *slot = dst;
    if( collection_mode != GC_GENERATIONAL )
        return;

    if( src >= nos_boundary || dst < nos_boundary)
        return;
    gc_add_remset_entry(slot);
}
```

如果写屏障用"非安全 Java"编写，并且被内联到编译后 Java 代码中，那么非分代模式中写屏障用于模式检查的开销可以忽略不计。这样一来，无论回收是否分代，插入写屏障都没有什么问题。

为了在下次回收中能够打开分代模式，需要在当前回收中决定是否下次回收需切换模式，而且是在修改器恢复执行之前，这样写屏障才能记忆跨代引用。同时，当前回收器应该记忆跨代引用，以防 GC 决定将下一次回收切换为分代模式。

为了解哪种模式的吞吐量更高，自适应策略需要在某些时刻运行两种模式。这个设计可以把第一个超级循环用作初始数据收集。GC 在前几个次回收中运行非分代模式，然后在接下来的次回收中运行分代模式。另一种方法是一直运行非分代次回收，直到启发式算法决定下一次回收运行主回收，然后 GC 切换到分代模式次回收而不是主回收，直到保留的空闲空间不足时才触发一次主回收。通过这两种方式，GC 都可以在第一个超级周期之后了解两种模式的最大、最小和平均吞吐量。

如果在第一次超级周期分析中，所有非分代回收的吞吐量都不高于最大分代回收，那么下一个超级周期中的所有回收都会运行分代模式，直到 GC 在下一次主回收中另行决定。否则，GC 会在下一个超级周期的第一次回收中运行非分代模式。这是常见的情况，因为在应用程序执行的初始阶段，MOS 中只有少数几个活跃对象，所以非分代模式通常更好。刚发生一次主回收之后，有大量空闲空间。这些空闲空间足以支持应用程序运行很长时间，然后在下一次垃圾回收之前，其中新创建的对象多数都已死亡，分代模式可能会大量保留它们，使其成为漂浮垃圾，特别是在两代堆布局（NOS 和 MOS）的情况中。我们将在后面深入讨论这一点。

由于 GC 决定在下一个超级周期的第一次回收中运行非分代模式，它需要知道何时切换到分代模式。GC 会在当前回收之前预测下一次回收的吞吐量。一个简单的模型是使用当前吞吐量作为下一次吞吐量的预测值。GC 继续使用非分代回收，直到预测吞吐量低于分代模式的平均吞吐量，这个值是在第一次超级周期中获得的。然后 GC 就切换到分代模式，直到触发主回收。在这个超级周期内，它不会再次切换回非分代模式，因为回收吞吐量曲线告诉我们，在同一个超级周期内，非分代模式不太可能在后面变得更好。原因是可以理解的：通常 MOS 中的活跃对象会更多，可以回收的空闲空间也会更小。

从第三个超级周期开始，如果上一次超级周期中有非分代回收，那么新超级周期总是从非分代回收开始，接着是上面介绍的启发式算法。如果上一个超级周期中只有分代回收，GC 会检查它的主回收存活率来决定下一个超级周期的首次回收类型。主回收是一次超级周期的最后一次回收。

一个被回收空间的存活率定义为这个空间内存活对象的总大小与这个空间大小的比值，也就是

```
Survival_rate(space) = (Σ size(live_object ∈ space))/ size(space)
```
一次主回收的存活率用以下公式计算：

```
Survival_rate(heap) = (Σ size(live_object ∈ heap))/size(heap)
```
一次次回收的存活率用以下公式计算：

```
Survival_rate(NOS) = (Σ size(live_object ∈ NOS))/size(NOS)
```
存活率是死亡率的补数：

```
Mortality_rate(space) = 1 - survival_rate(space)
```

存活率是一个重要的数据项，它反映了应用程序对象死亡的速度。当存活率很低的时候，应用程序在回收之后没有太多活跃对象能够存活。应用程序可以得到很高的回收吞吐量。进一步讲，对于次回收，这意味着两点：第一点，NOS 中多数分配的对象都是垃圾；第二点，MOS 中活跃对象的数量不多。第一点意味着，如果次回收使用分代模式，那么记忆集保留的漂浮垃圾可能导致无法得到同样量级的存活率。第二点意味着，遍历 MOS 空间寻找活跃对象可能不会带来高开销。综合起来说，较低的存活率暗示着非分代模式可能会获得比分代模式更好的回收吞吐量。

如果上一个超级周期中所有回收都使用分代模式，那就没有机会运行非分代模式并对比吞吐量。来自主回收的数据可以用来推断非分代模式的潜在收益，因为主回收也是非分代模式的。当一次主回收的存活率低于之前采样的非分代回收的平均存活率时，就值得在新超级周期的第一次回收钟试一下非分代模式，这可能会带来更高的吞吐量。

再次强调，这个启发式策略并不能广泛适用于所有应用程序。GC 优化就是研究应用程序特性并试图找到足够适用的算法和策略的过程。对于具体的应用程序而言，额外的调整通常有助于获得更多改进。

14.3 堆的空间大小的适应性调整

一个应用程序启动之后，VM 需要决定一开始分配多大的堆，这是个问题。显然，堆是越大越好，因为这样一来，应用程序就不会触发回收，所有应用程序时间都用在修改器计算上。但这不一定是个好主意。最起码不可能分配无限大的堆空间，所以必须要有一个大小限制。

14.3.1　空间大小扩展

VM 不需要一开始就提交很大的堆空间，因为应用程序在它的生存期内可能不会分配很多对象。或者，即使它分配很多对象，但可能任意时刻它的工作集大小（活跃对象的数量）都很小。所以一开始选择的堆空间大小可以控制在一个合理的较小数值内，然后运行期间再根据系统内存可用性和应用程序特性进行调整。

初始堆大小是一个经验值。然后在每次回收之后，GC 根据剩余的空闲空间大小和存活率来决定新的堆大小。在实际实现中，可能只在主回收后调整堆大小，以避免频繁调整开销。另一个原因是主回收有整个堆的数据，可以帮助调整决策。

通常 VM 有一个由应用程序运行器（application runner）或系统平台给出的堆大小最大值。一开始先保留最大堆大小，但是只提交初始堆大小。也就是说，保留最大大小的虚拟空间，但只提交了初始大小的物理空间。空间保留不是必需的，但是它有助于预留一段连续的地址空间。之后当物理空间提交时，可以确定它会映射到期望的连续虚拟地址上。大对象分配需要连续虚拟空间，而且如果缓存用虚拟地址索引的话，这也有助于缓存局部性，多数当代处理器都用虚拟地址索引缓存。

可以使用下面的系统调用保留、提交、解除提交，以及释放内存。

Windows 中：

❑ 保留

```
VirtualAlloc(start_addr, size, MEM_RESERVE, PAGE_READWRITE);
```

❑ 提交

```
VirtualAlloc(start_addr, size, MEM_COMMIT, PAGE_READWRITE);
```

❑ 解除提交

```
VirtualFree(start_addr, size, MEM_DECOMMIT);
```

❑ 释放

```
VirtualFree(start_addr, 0, MEM_RELEASE);
```

Linux 中：

❑ 保留

```
mmap(0, size, PROT_NONE, MAP_PRIVATE|MAP_ANONYMOUS, -1, 0);
mmap(start_addr, size, PROT_NONE, MAP_FIXED|MAP_PRIVATE|MAP_
ANONYMOUS, -1, 0);
```

❑ 提交

```
mprotect(start_addr, size, PROT_READ|PROT_WRITE);
```

❑ 解除提交

```
mprotect(start_addr, size, PROT_NONE);
```

❑ 释放

```
munmap(start_addr, size);
```

Linux 现在有了 `mremap`，可以用来收缩或扩展一个映射后区域，对于提交和解除提交实现也很方便。Windows 可以使用地址窗口扩展（Address Windowing Extensions，AWE）来锁定已分配内存，保证不会被换页换出。

一个简单的用来扩展或收缩堆大小的启发式算法，可以使用如下公式：

❑ 对于扩展

```
if( survival_rate > max_survival_rate )
    new_heap_size = surviving_object_size/expected_survival_rate
```

❑ 对于收缩

```
if( survival_rate < min_survival_rate )
    new_heap_size = surviving_object_size/expected_survival_rate
```

其中最小阈值、最大阈值和期望存活率是经验值。例如，可以是最大值为 1/3、最小值为 1/8，以及期望值为 1/5。这意味着，如果存活对象占据堆的 1/3 以上，或者堆的 1/8 以下，那么 GC 就应该调整堆来使得它们只占据堆的 1/5。图 14-8 展示了堆扩展的情形。

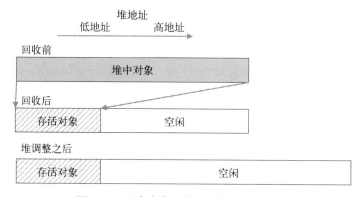

图 14-8　生存率高于某个阈值时的堆扩展

存活率高的时候就扩展堆，其中的逻辑是，两次回收之间应该有足够长的时间让很多新分配对象死亡。要得到更好的启发式算法结果，还可以考虑回收时间和修改时间（两次回收之间的时间）的比值。如果回收时间与修改时间相比太短，就不需要扩展堆，因为应用程序可能没有大量分配对象。换句话说，对于这类应用程序，堆并不是提高性能的稀缺资源。

14.3.2　NOS 大小

一旦确定了堆大小，接下来的问题就是把多大空间指派给对象分配。既然单趟的对象追踪转发算法比起需要多趟的就地回收有更高的吞吐量，所以常见情况是，只要可能，就对新分配对象使用追踪转发算法。这需要有足够的保留空闲区域用于对象升级。在有 NOS 和 MOS 布局的堆中，指派的 NOS 大小应该满足下面的不等式：

```
nos_size * nos_survival_rate <= reserved_free_size
```

既然有

```
reserved_free_size = free_size - nos_size
```

那就可以推导出 NOS 大小：

```
nos_size <= free_size/(1+nos_survival_rate)
```

可以在每次回收之后，以及修改器执行恢复之前，调整 NOS 大小。既然次回收不会回收 MOS，那么 NOS 的可用空间会越来越小，直到触发一次主回收。前文已经讨论过，持续执行次回收直到可用空间用尽是不合理的。可以及早触发主回收以得到最大整体吞吐量。图 14-9 展示了这个过程。

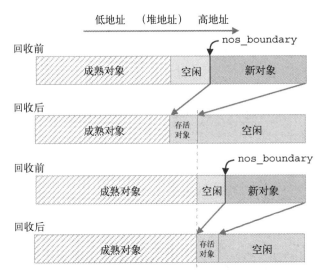

图 14-9   指派用于新对象分配的空间

有些分代式 GC 设计没有采用可变 NOS 空间。使用固定大小的 NOS，可以在存活对象被升级之后，通过增加 MOS 空间来逐渐扩展堆。使用固定大小的 NOS 的更加重要的原因是，两代布局的分代式 GC 可能不会从更大的 NOS 大小中得到更高的吞吐量。

在两代 GC 设计中，如图 14-9 所示，在一次次回收中，所有新创建对象中活跃的那些都被升级到 MOS 中。既然相近时间内创建的对象通常会彼此引用，当修改器恢复执行，并开始在 NOS 中分配对象时，MOS 中被升级的新生对象和 NOS 中的新生对象很可能彼此引用。一段时间之后，这些新生对象中的大部分都已死亡，这些跨代引用会使得 NOS 中的对象在分代次回收中存活。进一步讲，NOS 中这些死去却被保留的新生对象还会使得更新的新生对象活着。结果就是大量漂浮垃圾被保留。这导致了对象图遍历和活跃对象移动过程中的巨大开销。这些漂浮垃圾会被升级到 MOS 并保留在那里，直到触发一次主回收，这使得堆更快变满，导致更短的超级回收周期。要点就是，在两代设计中，更大的 NOS 大小也许并不能带来更好的回收吞吐量。

14.3.3　部分转发 NOS 设计

一个更好的 NOS 设计方案是再引入一代，以此给新生对象更多的时间来成熟。例如，在次回收中，只有 NOS 中比较老的那一半活跃对象升级（称为"升级的一半"）。在下一次次回收中，升级另外一半，如图 14-10 所示。这个设计称为"部分转发"，可以从更大的 NOS 大小中受益。

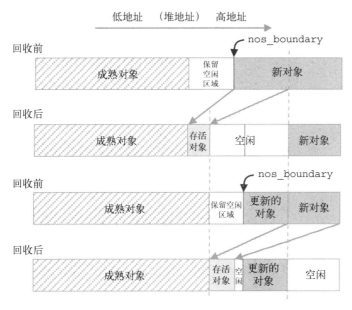

图 14-10　部分转发示意图

部分转发通过回收后提升一半较老的新生对象，成为在简单的两代设计上的一个改进。它有效地减少了漂浮垃圾的数量。但它也不是没有缺点。一个问题是未升级的那一半没有回收死亡对象，而其数量可能很大，会占用不少空间，尽管这一半参与了对象图遍历，其中死亡对象是已知的。换句话说，这导致更少的空闲空间和更长的遍历时间，可能给次回收的吞吐量带来负面影响。另外一个轻一点的问题是，当没有升级的一半与 MOS 相邻时，不能通过向 NOS 一侧移动 NOS 边界（nos_boundary）来给 MOS 更多的保留空闲区域。当被提升的部分与 MOS 相邻时，可能就不得不更早触发一次主回收，或者在上一次次回收中保留超过所需的空间。不管哪种都不是好的解决方案。

14.3.4　半空间 NOS 设计

另一个与部分转发不同的设计是升级 NOS 中所有的活跃对象，但不将其放到 MOS 中，而是将其升级到 NOS 中的保留空闲区域，以避免向 MOS 中移动新生对象。这可以被看作带分代控制的半空间算法。也就是说，NOS 被分割为两半，一半用于分配，另一半用作次回收中第一次活跃对象升级的保留空闲区域。

我们定义了年龄（age）来表示一个对象在回收中存活的次数。在次回收中，年龄小于 1 的活跃对象被升级到 NOS 保留空闲区域。那些比 1 更老的对象可以被升级到 MOS 保留空闲区域，或者被再次移动到 NOS 保留空闲区域，同时年龄增加。活跃对象在什么年龄会被升级到 MOS 是一个设计决策。在通常的设计中，GC 升级年龄为 1 岁的活跃对象到 MOS，不等它们年龄更大。图 14-11 中展示了这个过程。我们称之为"分代半空间"算法。

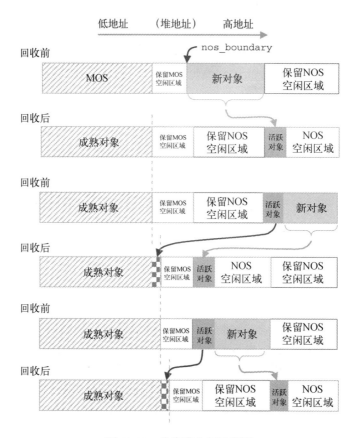

图 14-11　分代半空间示意图

在这个设计中，NOS 的保留空闲区域被用作 NOS 内的额外一代。既然没有新生对象升级到 MOS，这个设计可以得到与部分转发一样的结果，但是它并没有解决部分转发的关键问题。NOS 空间用来分配的一半和一岁对象共享，NOS 中只有不到一半的空间用作对象分配，这甚至比部分转发更差。既然次回收需要扫描一岁对象，所以追踪时间和部分转发方法一样。

14.3.5　aged-mature NOS 设计

分代半空间比部分转发的空间效率更低，因为它在 NOS 中保留了远远超出需要的空闲区域。保留空间只要能放下提升的新对象就足够了。基于这个观察结果，我们可以有如下设计。

这个设计在 NOS 中引入了中年一代。中年一代分为两半。一半保留用于下一次次回收中升级的新对象（称为"保留的一半"）。另外一半持有上次次回收升级的对象（称为"升级的一半"），这一半在下一次次回收中将被升级到 MOS 中。与半空间算法中一样，这个设计也可以选择在下一次次回收中把升级的一半移动到保留的一半，等到它们足够老的时候才把它们升级到 MOS。根据我们的经验，在 1 岁时升级到 MOS 通常已经足够好了。注意中年一代是在 NOS 内部的，所以记忆集只记录跨 NOS-MOS 边界的引用。

这个设计是分代半空间算法的一个变体。区别在于，这里的分配空间大小是可变的，并且要尽可能大。既然用于分配的 NOS 空闲区域总是与 MOS 相邻，那么很容易通过调整 NOS 边界为 MOS 保留空闲区域留下足够的空间。我们把这个设计称为"aged-mature"（经年成熟）算法。图 14-12 中展示了这个过程。

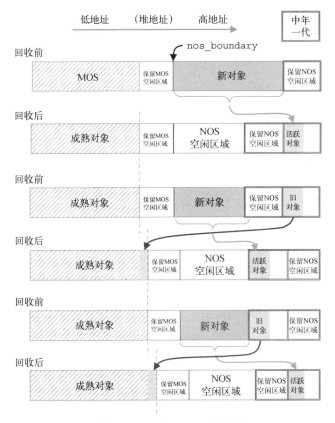

图 14-12　aged-mature 示意图

使用 aged-mature 算法，空间利用率比部分转发或分代半空间算法要高。NOS 的中年一代可以很小，只要它能够放下两次次回收中升级的新对象就可以了。留给新对象分配的空间大小如下所示。

在 aged-mature 方法中：

```
allocation_space_size = nos_size - 2*nos_size*nos_survival_rate
```

在部分转发或分代半空间方法中：

```
allocation_space_size = nos_size/2
```

满足以下条件，aged-mature 的分配空间较大。

```
nos_size - 2*nos_size*nos_survival_rate > nos_size/2
```

可以推导出 aged-mature 方法要得到更高吞吐量所需要的条件。这个条件是普通应用程序的一般情况。

```
nos_survival_rate < 1/4
```

现实中，中年一代"保留的一半"大小应该要保守一点，以确保新对象升级有足够的空间。然而，"升级的一半"中剩余的空闲区域也可以用作分配，就像半空间一样，没有任何问题，如图 14-13 所示。

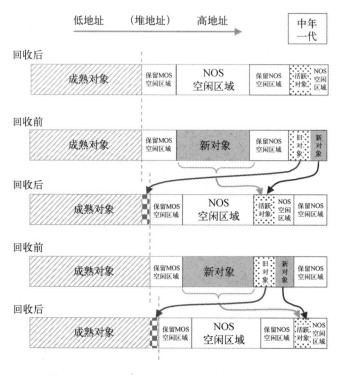

图 14-13   aged-mature 设计中充分利用 NOS 空间

14.3.6　回退回收

NOS 和 MOS 中都有了基于存活率和某个保守余计空间计算出的保留空闲区域,这种设计在多数回收中都运行良好。但是它仍然需要处理可能出现的回收中存活率明显高于预测值的情况。

如果 NOS 中保留空闲区域不够的话,可以把剩余活跃对象直接移动到 MOS,而不是中年一代。如果 MOS 中保留空间不够,就需要触发一次全堆上的回退为就地回收。也就是说,它在未完成的次回收当中匆匆切换为主回收。注意,当保留空间不足的时候,不应该触发内存不足异常。垃圾回收永远都不应该触发内存不足异常,因为在回收之前所有对象已经都存在。如果一次回收需要的空间比可用空间更多,那么这个算法是有缺陷的。

回退回收 (fallback collection) 算法通常是标记压缩,尽管这不是强制性的。因为回退回收需要在用于次回收的已有堆组织上操作,所以如果回退回收和次回收使用类似的堆组织,那么会更简单一些。既然次回收使用移动式 GC,那么很自然地,在回退回收中使用的也是移动式 GC 的标记压缩算法。另外一个就地回收的标记清除算法,其堆组织通常与移动式 GC 的堆组织方式区别很大,比如,可能使用 size-segregated (离散尺寸的) 列表。尽管仍然可以使用标记清除回收作为回退回收,但这不是一个直观的设计。

回退回收就像是一次主回收,但是比普通的主回收更加复杂。所有被转发的对象都有两个副本:NOS 分配空间中的旧副本,以及 NOS 或 MOS 中保留空间中转发来的新副本。我们不能简单地删除任何一个副本,因为回退发生的时候,二者都可能被其他活跃对象引用。

可以通过恢复旧副本所有信息,然后把所有指向新副本的引用重新指回旧副本来移除新副本。这些引用可能来自其他对象、根集和记忆集。这种方法试图只保留活跃对象的一个旧副本,因为有些活跃对象在回退回收发生的时候还没有新副本。实际上,要保证回退回收的正确性,GC 不一定只能使用旧副本。接下来的算法更有效。作为主回收,回退回收首先需要遍历堆来标记可达对象。回收器到达一个对象时,会扫描对象的所有引用字段。如果还有引用指向已转发对象的原始副本,回收器就更新这个引用指向新副本。如此一来, 在追踪阶段之后,堆状态变为一致:所有的引用都只能指向活跃对象的一个副本。回退回收可能需要在对象头中使用位来指示标记过的活跃对象,这些位不同于未完成的次回收所使用的活跃标记指示位,这样回收器不会被已经过时的副本所迷惑。

全堆回收可能无法把所有活跃对象移动到 MOS。这不是一个问题,因为整个堆现在都被当作一个单独的空间。当回收结束的时候,GC 把堆再次分割为 NOS 和 MOS,准备开始下一次次回收。

14.4　分配空间之间的适应性调整

在 NOS/MOS 堆布局中,GC 只把 NOS 用于对象分配,所以空间调整主要是在新对象的分配空间与供存活对象使用的(一个或多个)其他空间之间进行。因此,存活率是调整启发式算法的主要因素。当 GC 有多个分配空间时,分配空间竞争空闲堆空间,并且它们也不再为存活率所束缚。此时需要新的启发式算法为它们分配堆空间。

把大对象放在单独空间中管理是很常见的，尽管这不是必需的。大对象是指大小大于一个预定义阈值的对象。GC 采用 LOS 通常有两个原因。

一个原因是，默认情况下移动式 GC（特别是复制式 GC）比非移动式 GC 有更好的吞吐量，但是只有在移动对象的开销相对较低的时候才是这样，例如相比于对象图遍历这样的开销。大对象导致高移动成本，可能会失去移动式 GC 的优势。

另一个原因是，移动式 GC 通常把它的空间组织为大小相等的单元，比如块，来得到更好的数据局部性，更好的 OS 支持，或者对于多回收器来说更简单的任务并行化。有些大对象可能比预定义的块大小还要大，这就要求特殊的 GC 设计。

除了大对象需要额外分配空间这一情况，有些 GC 可能支持锁定对象。锁定对象是在回收期间不能移动的。如果把锁定对象和非锁定对象放在同一个空间，移动式 GC 的设计就复杂化了。可以把锁定对象放到独立的空间中。还有另外一个情况就是，有些 GC 可能把永存对象放在一个"永存空间"中，这些对象生成之后是一直活跃的。

如果 GC 有多个分配空间，比如 LOS 和非 LOS，二者之间的堆空间分配就是一个挑战。在理想的设计中，它们可以共享同一个空闲区域用于分配。当这个空闲区域用完了之后，就触发一次回收，根据策略的不同，可以一并回收 LOS 和非 LOS，也可以只回收其中之一。这种方式中，LOS 和非 LOS 空间并不混在一起。图 14-14 中展示了这种情况。

图 14-14　两个回收空间共享同一个空闲区域

既然现在空闲区域是 LOS 分配和非 LOS 分配的共享资源，那它就必须被互斥访问保护。为了避免过于频繁的昂贵原子操作，非 LOS 分配不直接在空闲区域分配新对象，而是每次从空闲区域分配一个块，然后只在拿到的块中分配新对象。LOS 分配可能需要从空闲区域中分配每个对象，因为它不知道要分配多大的块才合适。

这种解决方案有一个限制：它只能解决 GC 中有两个分配空间的情况。如果有更多分配空间的话，它们不能向着对方的方向增长。这种情况下，至少一个分配空间要有自己单独的空间，不与其他空间共享同一个空闲区域。

每当有一个分配空间满了的时候，就需要触发一次回收。仍以 LOS 和非 LOS 堆为例，图 14-15 中展示了这种情况。

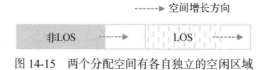

图 14-15　两个分配空间有各自独立的空闲区域

如果一个空间触发了回收，而另一个空间还几乎没有填充，堆就没有被充分利用。进一步说，这会导致更频繁的回收和更低的应用程序性能。

这里的关键问题是，为什么一个空间比另一个空间消耗更快。这是因为一个空间比另一个空间分配对象更快。也就是说，在同样的时间内，一个空间的空闲区域消耗的比例比另一个更高。

如果在同样的时间内，两个空间分配了本空间内同样比例的空闲区域，那么两个空间可能在触发垃圾回收的时候都是满的。基于这个观察结果，GC 可以动态监测不同空间的分配速度，定义为单位时间内分配的对象大小（即字节数/秒），并利用这个信息调整堆分割。这样在理想情况下，如果 LOS 和非 LOS 的空闲空间大小设置为与它们各自的分配速度成比例，那么两个空间会同时变满。于是分配给 LOS 的空闲区域大小可以通过以下方式定义。

```
FreeSize_LOS = TotalFreeSize*AllocSpeed_LOS /(AllocSpeed_LOS+AllocSpeed_non-LOS)
```

分配速度的计算可以是很灵活的。例如，如果空间是平坦的（即没有任何嵌套空间），它可以是从上一次回收之后分配的全部字节，或者前几次回收的速度平均值。根据我们的经验，使用上次回收的分配字节数就足够好了。

有时候为了更精确，分配速度计算可能与 GC 算法相关。例如，如果一个分配空间包含嵌套空间，就像非 LOS 内可以包含 MOS 和 NOS 那样，那就不能使用某个时间段分配的字节数来计算分配速度。GC 应该计算这个嵌套空间的分配速度，也就是整个非 LOS 空间，而不是任何嵌套在里面的空间。空闲区域分割是在非 LOS 级的空间之间进行的，而不是在 NOS 或者 MOS 级。这个示例中，非 LOS 的分配字节数应该计算为两次回收之间（即上次回收之后和这次回收之前）的所有对象大小之差。既然非 LOS 级的回收是主回收，那么非 LOS 分配速度可以这样求近似：计算上次主回收之后和这次主回收之前的 MOS 大小之差，再除以两次回收之间的时间。

这个启发式策略可以扩展到多个分配空间的情况，但是会非常繁复。即便使用非常精巧的设计，也很难充分利用堆。一个更好的解决方案是共享同一个空闲区域，但是不要求线性连续地址。连续地址主要是为了分配大对象，以及普通对象的线程局部跳增指针分配。这个策略对分代回收的快速写屏障执行也很有用，其中已回收和未回收的空间分别位于边界的两侧。

可以通过 OS 的内存重映射机制获得连续地址，这个机制可以把当前虚拟地址的物理页面映射到另一个指定的虚拟地址。

为了这个目的，可以在两个层级上管理堆。第一级管理器把堆分割为块，只在块间级别管理内存。也就是说，以一个块或者多个连续块（多块）为单位。第二级管理器在块内级别操作。堆中的一个空间不再是连续地址空间，而是块或者多块的链表。我们称之为虚拟空间。当一个空间是块的链表时，它的地址按照块的链接顺序排序。回收和分配在块上进行。举例来说，LOS 和非 LOS 分块的堆如图 14-16 所示。

14

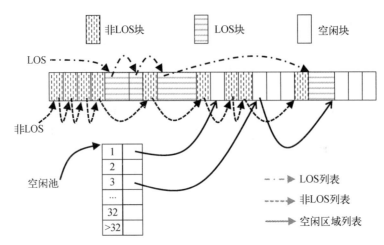

图 14-16   以块列表组织的虚拟空间

非 LOS 列表指向堆中的第一个普通对象块，然后这个块中有一个指针指向下一个普通对象块，以此类推。因此，很容易通过这个虚拟非 LOS 列表找到所有普通块，从而形成虚拟非 LOS 空间。类似地，虚拟 LOS 列表指向第一个大对象，然后这个大对象有一个指针指向下一大对象，以此类推。虚拟 LOS 列表和大对象块构成了 LOS。注意，在这个例子中，一个大对象占据了一个或多个块。

空闲池管理堆中所有的空闲块，它实际上是一个由连续块数量索引的链表的表。空闲池中的每个链表管理所有由某个数量的连续块构成的空闲区域。例如，空闲池的槽位 1 包含一个指针，指向第一个没有其他连续空闲块的空闲块。空闲池的槽位 3 包含一个指针，指向一个 3 个连续空闲块组成的区域，这个区域包含一个指针，指向下一个包含 3 个连续空闲块的区域。所有包含大于 32 个连续空闲块的空闲区域用一个列表链接在一起，从大于 32 的槽位（槽位>32）开始。使用这个设计，虚拟空间可以按照需要增长，只有在整个堆都被充分使用的时候才会触发垃圾回收。

要分配普通对象，修改器从空闲池中抓取一个空闲块作为线程局部块，然后在这个块中分配对象，直到这个块空间用完。然后修改器再抓取另一个空闲块。为了确保普通对象能快速分配，修改器只从空闲池槽位 1 或者槽位>32 开始分配线程局部块。它首先检查槽位 1 是否为空。如果不为空的话，就从槽位 1 开始分配；否则就从最后一个槽位（即槽位>32）开始分配。

在这些情况中，对每个线程局部块只需要一次原子操作。当从槽位 1 中选取线程局部块的时候，一个原子操作就足以从共享列表中抓取一个节点。从槽位>32 中分配线程局部块并不是移除一个区域，修改器只是简单地递减最后一个槽位列表中一个区域的块个数，以此安全地获得一个块。这个递减操作应该是原子的，这样它可以确保线程安全的块分配，并只需要一次原子操作即可。

如果槽位 1 和槽位>32 都是空的，那么修改器从槽位 2 开始向下扫描这个表，试图从第一个非空的槽位分配一个空闲块。这种情况下，修改器需要取得这个区域，分配一个块，然后把剩余部分放入对应的槽位，这需要两次原子操作。

与普通对象不同，每个大对象占有一个或多个块。因此，修改器直接从空闲池中分配大对象。当出现一个分配请求的时候，修改器首先检查请求的块个数，block_count。然后它从索引为 block_count 的槽位向下搜索空闲池，检查池中是否有可用区域。如果在槽位 block_count 或者槽位>32 中命中的话，那么只需要一个原子操作来取得它；否则就需要两次原子操作。

如果修改器找不到需要的空闲区域，就应该触发垃圾回收。很巧妙的一点是，尽管空闲区域由不同的虚拟空间共享，但是这不妨碍不同的虚拟空间采用不同的回收算法——不管是移动式的还是非移动式的，分代式的还是非分代式的。移动式 GC 可以在虚拟空间内移动活跃对象。分代式 GC 要求记住所有的跨代引用。这可以通过把写屏障修改为如下代码来简单地实现。

```
gc_write_barrier(Obj_header* src, Obj_header** slot, Obj_header* dst)
{
    *slot = dst;
    Block_header* src_blk = block_of_object(src);
    Block_header* dst_blk = block_of_object(dst);

    if( block_in_nos(src) || block_in_mos(dst) )
        return;
    gc_add_remset_entry(slot);
}
```

当堆中的连续空闲空间不足以放下一个大对象，同时非连续空闲块的总大小大于这个大对象的时候，GC 可以尝试压缩堆以留出足够的连续空闲空间。对于一个持有活跃对象的块，GC 可以把块的虚拟地址重映射到一个新位置（虚拟地址），而无须实际复制块数据。应该比较 OS 内存重映射的开销与内存复制的开销，然后 GC 可以选择开销较低的方法。如果虚拟地址空间足够大的话，还有一个解决方案是把非连续空闲块重映射到一个连续虚拟地址区域。这个解决方案不需要复制块数据，我们将在第 15 章中讨论。

Linux 中内存重映射的应用程序接口（API）是 mremap()。在 Windows 中不像在 Linux 中那么方便，使用的是 AWE。可以保留两个虚拟内存区域，然后在某个时刻把第一个映射到一个物理内存区域，然后在另一个时刻把第二个区域映射到同一个物理内存区域。或者可以保留单个虚拟内存区域，但是在不同时刻把它不同的段映射到同一个物理内存区域。Windows 中的示例代码如下所示（基于 Microsoft MSDN 的示例代码）。

```
BOOL bResult;                    // 普通布尔值
ULONG_PTR NumberOfPages;         // 请求的页数量
ULONG_PTR *aPFNs;                // 页信息；持有不透明数据
PVOID lpMemReserved1;            // AWE window。虚拟地址 1
PVOID lpMemReserved2;            // AWE window。虚拟地址 2
int PFNArraySize;                // 为 PFN 数组请求的内存

NumberOfPages = MEMORY_REQUESTED / sysPageSize;
// 计算用户 PFN 数组的大小
PFNArraySize = NumberOfPages * sizeof(ULONG_PTR);
aPFNs = (ULONG_PTR *)HeapAlloc(GetProcessHeap(), 0, PFNArraySize);
```

14

```
bResult = AllocateUserPhysicalPages(GetCurrentProcess(), &NumberOfPages, aPFNs);
lpMemReserved = VirtualAlloc(NULL, MEMORY_REQUESTED, MEM_RESERVE | MEM_PHYSICAL,
PAGE_READWRITE);
lpMemReserved2 = VirtualAlloc(NULL, MEMORY_REQUESTED, MEM_RESERVE | MEM_PHYSICAL,
PAGE_READWRITE);

// 映射
bResult = MapUserPhysicalPages(lpMemReserved1, NumberOfPages, aPFNs);
// 解映射
bResult = MapUserPhysicalPages(lpMemReserved1, NumberOfPages, NULL);
// 重映射
bResult = MapUserPhysicalPages(lpMemReserved2, NumberOfPages, aPFNs);
// 释放物理页面
bResult = FreeUserPhysicalPages(GetCurrentProcess(), &NumberOfPages, aPFNs);
// 释放虚拟内存
bResult = VirtualFree(lpMemReserved1, 0, MEM_RELEASE);
bResult = VirtualFree(lpMemReserved2, 0, MEM_RELEASE);
// 释放 aPFNs 数组
bResult = HeapFree(GetProcessHeap(), 0, aPFNs);
```

在使用 Windows AWE 之前，应用程序的用户账户需要得到"锁定内存中页面"的权限。

14.5　大 OS 页与预取

除了算法设计，还有很多其他优化有助于提高垃圾回收吞吐量。比如，VM 中常用大页面来提高 TLB 命中率。它请求 OS 以大于 4KB 的页面大小来分配内存。根据 OS 规定的不同，大页面大小可以从 64KB 到 4MB 不等，甚至还能更大，这有效地在 VM 分配同样大小内存时减少了 TLB 条目数量。

预取是加速垃圾回收的另一个常用技术，可以降低缓存未命中率。预取可以显式或隐式实现。显式预取意味着单纯为了效率而非功能性插入的指令。这个指令可能是硬件专门的预取指令，也可能是内存访问指令，可以有效加载要访问的内存数据到缓存。隐式预取不插入任何专门指令，而是依赖于 GC 代码内存访问模式来加载数据到缓存，以供后续使用。换句话说，隐式预取试图发挥 GC 算法的数据局部性。

数据预取的一个例子是在追踪算法设计中。当回收器遍历堆来标记可达对象时，它需要访问活跃对象数据。对一个活跃对象的第一次（由加载指令通过微处理器流水线）接触通常是加载对象头，并检查它是否已被标记。如果活跃对象还没有在缓存中（或者说是"新鲜"的），微处理器需要加载数据到缓存中。在我们的研究中，第一次接触可能导致了追踪处理中一半以上的缓存未命中。如何在实际访问新鲜对象之前预取新鲜对象到缓存中是一个有趣的问题。

对象邻接图可以深度优先遍历或者广度优先遍历，也可以使用混合顺序遍历。不同顺序的局部性依赖于应用程序特性。通常，对象遍历顺序越匹配堆布局顺序（这大体上也是对象分配顺序），局部性收益就越好。研究表明，对于一般应用程序来说，深度优先遍历顺序可能优势最大。它反映了这样一个事实，就是多数应用程序分配对象的顺序与对象深度优先邻接的顺序相同。当回收器把一个活跃对象的数据加载到缓存用于标记和扫描时，邻接对象通常就是下一个要标记和扫描的对象，它的数据现在已经与当前对象一起加载到了缓存。这个局部性收益可以通过隐式预取获得。显式预取也可以。例如，回收器可以使用硬件预取指令来加载标记栈中的下一个对象引用，然后加载它引用的对象数据。

　　注意，对象分配性能也很重要，有时候甚至更重要。GC 优化永远不应该忽略对象分配。例如，预取技术也可以用于对象分配，这样当一个新对象被分配之后，它的数据就已经在缓存中了，之后修改器访问这个对象就不会导致大量缓存未命中。

14

第 15 章 针对可扩展性的 GC 优化

第 14 章中讨论的高吞吐量垃圾回收（GC）算法可以在单核或多核平台上运行。理想的情况是，与在单核平台上运行相比，一个设计方案在双核平台上运行的吞吐量是它的两倍，也就是具备线性扩展性。这意味着，假定所有其他因素不变，在 N 核平台上的吞吐量是单核平台上的 N 倍。它可以表示为下面的等式，其中吞吐量用核数的函数表示。

```
Throughput(N) = N*Throughput(1)          // 线性扩展性
```

如果 GC 算法不变，一次回收使用的核数应该不影响这次回收释放的内存大小。既然有

```
Throughput = Size_freed_memory / Time_collection
```

那么上面的等式就变为如下所示：

```
Time_collection(N) = (1/N)*Time_collection(1)     // 线性扩展性
```

要得到线性可扩展性，这个算法必须是完全并行的。也就是说操作可以被负载均衡地分配给不同的核，并且它们也不浪费时间在彼此的同步上。这在一个回收算法的某个阶段是可以实现的，但是要在整个回收过程中实现是非常有难度的。本章介绍并行回收算法的设计。负载均衡和同步是贯穿本章的两个不变的主题。

并行回收由多个回收器执行。当一次回收启动后，在多核平台上 GC 可能决定启动多个回收器。在一个停止世界回收中，回收器的数量通常与虚拟机（VM）可用的核数相同。回收器的最优数量依赖于系统调优。

所有回收算法都从根集枚举阶段开始。可以由回收器枚举所有修改器的根集，或者修改器也可以枚举自己的根集，并向回收器报告。既然这个阶段涉及修改器暂停，是无法避免且开销很高的操作，而根集枚举则通常比较快，那么这个阶段的并行化不是关键的，而应该努力并行化这个阶段之后的任务。

15.1 回收阶段

如果回收器数量很多，所有这些回收器之间在各个阶段的屏障同步（barrier synchronization）可能很昂贵，所以应该尽可能避免。出于这种考虑，一个回收算法中的屏障数量是设计中需要考

虑的一个非常重要的因素。

前文中已经讨论过，活跃对象标记是根集枚举之后的第二个阶段。

追踪复制回收可以在对象图遍历的同时执行对象转发，所以它不需要标记阶段和移动阶段之间的屏障同步。

标记清除回收有两个步骤：活跃对象标记和死亡对象清除。它必须在这两个步骤之间有一个屏障，因为回收器只有在追踪阶段完成后才知道哪些是死亡对象。在实际实现中，可以把清除阶段推迟到分配时。

由于标记压缩算法就地移动式回收的本性，不用屏障执行起来是有挑战性的。对象图遍历是按照对象邻接的顺序进行，而压缩通常是按照对象地址的顺序进行。它必须在所有活跃对象都标记后才能压缩堆，以避免被移动的对象覆盖其他活跃对象。

除了对回收算法阶段的考虑，出于其他原因，GC 也可能必须包含屏障。当 GC 有不止一个回收空间的时候，回收不同空间的回收器可能必须同步。终结、引用对象处理、类卸载等操作，通常需要独立的阶段，所以也需要屏障。尽管这些阶段有屏障，但如果 VM 实现中这些阶段执行可以与修改器执行并发，那么屏障的开销就不一定是严重的问题。

15.2　并行对象图遍历

对象图遍历通常是回收中最耗时的阶段。它可以单纯标记可达对象，也可以包含把标记对象复制到空闲空间这个动作。在遍历阶段，通常会使用一个辅助数据结构标记栈［mark-stack，或者标记队列（mark-queue）］，不过不是强制性的。这个栈初始化填充为根引用（或者包含根引用的槽位）。回收器从栈中弹出一个引用，标记被引用的对象，然后扫描它包含引用的字段。对象扫描过程中发现的每个未标记对象的引用（或者包含这个引用的槽位）被压入栈中。当标记栈空的时候，所有的可达对象就都被标记过了。

整个追踪过程可以被看作在标记栈元素上的迭代。由于其完美的并行属性，乍一看并行化似乎很容易。一个直观的并行化方法就是可以让回收器以一种同步方式共享标记栈。也就是说，每个回收器从栈中弹出一个元素，标记并扫描，然后把未标记可达对象压栈。栈访问（出栈与压栈）是同步的，因此它们是回收器之间的原子操作。这个解决方案的问题是，对标记栈密集的同步访问意味着极高的开销和极低的可扩展性。换句话说，任务共享的粒度太细，到了单个对象引用处理。当回收器的数量很大的时候，对共享标记栈的访问可能会成为性能瓶颈。

要避免过高的同步开销，很自然会想到在回收器间分割追踪任务。一个解决方案是把初始根集平均分割到回收器，然后每个回收器可以大致独立操作自己的标记栈，从分配到的根引用开始。在整个对象图遍历过程中，回收器不会交换任务。这个解决方案的问题是，对象图结构是任意的，所以一开始的根引用平均分配不一定让追踪任务在回收器中间也是平均分配的。负载均衡是一个问题。应该有在回收器之间动态共享或交换追踪任务的方法。

15.2.1　任务共享

一种共享追踪任务的方法是"任务共享",其中追踪任务分组为块,回收器以块为粒度共享任务。一个追踪任务用一个待扫描对象表示,一个块有多个对象引用(或者引用槽位)。图 15-1 展示了这个算法。

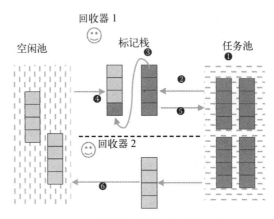

图 15-1　回收器间追踪任务的任务共享

- 步骤 1。一开始,所有的根引用被放入大小相等的块(任务块)中,所有的任务块又被放到一个任务池中,这个任务池是一个全局数据结构。
- 步骤 2。每个回收器通过对池的同步访问,从任务池中抓取一个任务块。
- 步骤 3。每个回收器使用这个任务块作为一个标记栈,像在顺序追踪处理中一样处理它。
- 步骤 4。如果标记栈满了,回收器把新任务压入一个新的任务栈,在新任务栈上继续追踪任务。
- 步骤 5。回收器把已满的旧任务栈放回任务池。
- 步骤 6。当任务栈空了的时候,回收器把它放回到一个空闲块池中,然后从任务池中抓取另一个任务块,直到任务池空。

这个解决方案同时解决了同步粒度和负载均衡问题。但这仍不是一个完美的解决方案,因为有时候可能出现这种情况:一个回收器长时间忙于处理它的局部标记栈,而另一个回收器还在空闲中等待某个回收器向任务池中放入任务块。另外,池访问的同步也是一个问题。

15.2.2　工作偷取

要避免标记栈任务不平衡的问题,"工作偷取"可以作为一个解决方案。其思路是空闲回收器从忙碌回收器的标记栈中偷取一些任务。空闲回收器不需要等待一个忙碌的回收器因其标记栈溢出而放回的块。图 15-2 展示了这个操作。

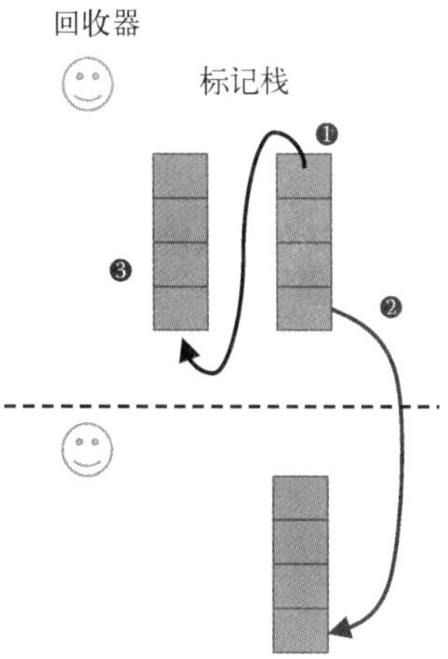

图 15-2　回收器中追踪任务的工作偷取

□ 步骤 1。每个回收器有一个线程局部标记栈。一开始，所有回收器平均分割所有根引用，并压入各自的标记栈。每个回收器就像在顺序追踪过程中一样在自己的标记栈上操作。

□ 步骤 2。当一个回收器处理完了自己的标记栈，就从另一个回收器的标记栈中偷取最后一个项目。标记栈的最后一项是全局可访问的，所以对它们的访问需要在回收器间同步。如果最后一项被偷走，那么指向最后一项的指针被修改为指向倒数第二项。

□ 步骤 3。如果一个标记栈已满，回收器为溢出的对象引用创建一个新的标记栈，在新标记栈上继续操作。

工作偷取本质上就是把每个标记栈的最后一项作为所有回收器共享的任务池。在实际的实现中，最后一项也可以是最后几项，或者剩余栈项目的一半。栈可以实现为双端队列。工作偷取可以与任务共享相结合，这样回收器只有在任务池为空的时候才偷取任务。

工作偷取能够确保的是，只要有足够的任务，这些任务就会被分配给多个回收器以获得负载均衡。但是这个解决方案仍然需要同步访问最后一项。另外一个解决方案"任务推送"有助于完全消除同步。

15.2.3　任务推送

任务推送的思路是使用一个单独的任务队列数据结构，用于回收器间的任务交换。这个队列就像是任务共享中的任务池，回收器主动把它的多余任务放一些到其中。共享的任务，就像在工作偷取中一样，由回收器从它自己的标记栈的最后一项取出并放入任务队列。

图 15-3 展示了这个思路。

15

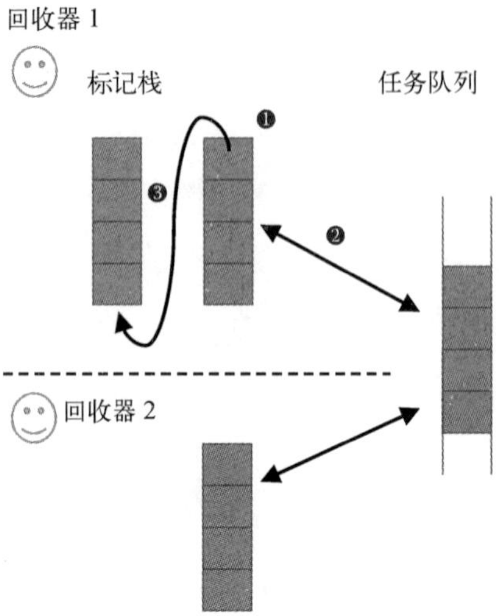

图 15-3　使用追踪任务队列实现回收器间任务推送

☐ 步骤 1。每个回收器有一个线程局部标记栈。一开始，根引用被平均分配给所有回收器，并被压入它们各自的标记栈。每个回收器像顺序追踪处理一样在它们的标记栈中操作。

☐ 步骤 2。当回收器从它的标记栈中弹出一个任务的时候，它检查任务队列是否为空。如果是的话，它从自己的任务栈底拿出一个任务并压入任务队列。当回收器的标记栈空了的时候，它检查任务队列中是否有任务。如果有的话，它出队一个任务，把它压入自己的标记栈并继续。

☐ 步骤 3。如果标记栈满了的话，回收器为溢出的对象引用创建一个新的标记栈，并在这个新的标记栈上继续操作。

　　任务推送是任务共享和工作偷取的一个混合方案。与任务共享的区别是，任务推送只把一个任务放入任务队列，而不是把一个块放入任务池。由于标记栈中的最后一项通常是要遍历的一个子树的根节点，一个任务不一定是一个小任务。与工作偷取的区别是，任务推送单独使用一个数据结构用于任务交换，并且只有对任务队列的访问需要同步，这使得这个算法更容易实现。

　　一个特殊队列设计可以消除队列访问的同步，称为单生产者、单消费者（single-producer, single-consumer，SPSC）队列。SPSC 可以组成多生产者、多消费者（MPMC）队列，方法是每一对生产者和消费者使用一个 SPSC 队列。

　　在任务推送中，生产回收器 i 和消费回收器 j 使用的 SPSC 队列用 queue[i, j]表示。回收器 i 通过入队任务到 queue[i, j]向回收器 j 发送它的闲置任务。然后回收器 j 从这个队列中出队任务。为了 N 个回收器彼此之间交换任务，需要一个$(N-1)*(N-1)$的 SPSC 队列矩阵组成这个 MPMC 队列。任务推送使用这个 MPMC 队列作为任务队列。

　　如果 SPSC 队列可以不需要同步，那么 MPMC 队也可以不需要同步。SPSC 队列利用了字对齐内存访问内建的原子性，这是所有已知当代处理器都支持的。MPMC 队列中的所有项目都需要字对齐，这样可以确保它们的加载和存储是原子的。因为对象引用大小为字长，所以这个需求是很容易满足的。

SPSC 队列使用值 NULL（或者任何不是有效任务标识符的值，即对象引用的值）来指示一个空表项。任何非 NULL 项目持有一个任务。一个项目出队以后，消费者向这个项目存入一个 NULL。在生产者入队之前，它会检查当前项目值是否为 NULL。这个队列有一个队头指针和一个队尾指针，它们总是分别指向第一个填充项和第一个未填充项，也就是队列两端的任务。图 15-4 中展示了使用 MPMC 队列的任务推送。

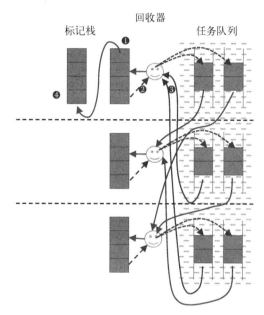

图 15-4　使用多生产者、多消费者（MPMC）追踪任务队列在回收器之间的任务推送

- 步骤 1。每个回收器有一个线程局部标记栈。一开始，根引用被平均分配给所有回收器，并被压入它们各自的标记栈。每个回收器像顺序追踪处理一样在它的标记栈中操作。
- 步骤 2。当回收器 x 从它的标记栈中弹出一个对象后，它会检查它的输出队列 queue[x, *]中是否有空位。如果有的话，它从标记栈底拿出一个任务，把它压入有空位的输出队列。
- 步骤 3。当回收器 y 的标记栈空了的时候，它检查自己的所有输入队列 queue[*, y]是否有任务。如果有的话，它出队这个任务，把它压入自己的标记栈并继续。
- 步骤 4。如果一个标记栈已满，回收器为溢出的对象引用创建一个新的标记栈，并在新标记栈上继续操作。

在现实中，每个 SPSC 队列的大小只需一两个项目即可。更长的队列不会带来更好的性能，因为这意味着回收器放入任务的速度比任务消耗的速度更快。

15

　　任务推送算法需要有正确的设计来保证处理过程正确终止。一个回收器无法局部地确定它自己是否应该结束对象追踪阶段。一个回收器的空标记栈和空的输入队列不一定意味着这个回收器没有更多的任务了，因为其他线程可能很快就会传入新任务。感兴趣的读者可以参考作者关于"任务推送"的论文。

15.3　并行对象标记

　　在并行回收中，可能有多个回收器同时到达同一个对象并试图标记它的情况。有些 GC 使用标记表，其中一个位映射到内存中的一个字。如果一个对象可达，标记表中对应于这个对象的第一个字的相应位被置起，表示这个对象是活跃的。如果字宽度为 32 位，那么 1/32 的堆大小用来标记位表，这并不是很大的开销。问题是，当一个字中有不止一位对应到相应的活跃对象，如果这个处理器上的位设置默认不是原子操作，那么要并发设置它们可能需要原子操作，而这在当代处理器上是比较常见的。原子操作是昂贵的。

　　如果在处理器上字节操作是自动原子化的，一个解决方案是使用字节大小的标志来表示对象活性。不太可能用一个字节映射到一个字，因为这样做的话，空间开销太高。GC 可以把一个字节映射到对象对齐单位。例如，如果 GC 可以选择把对象对齐到 16 字节地址边界，那么 1 字节可以映射到 16 字节，并且两个对象不可能映射到同一个字节。使用这个解决方案，就消除了原子操作开销，而空间开销是不能忽略不计的。

　　为了降低空间开销，可以把这个标志映射到更大的一段内存，比如 256 字节。当这个标志被置起的时候，映射区域的所有对象都被认为是活跃的；否则，它们都是死亡的。当回收器遍历堆的时候，只要到达映射区域中的任何一个对象，这个标志就被置起。这个设计不需要原子操作，空间开销也比较小，但是它不能给出标记区域中哪个确切的对象是活跃的，因此保留了漂浮垃圾。它以漂浮垃圾为代价，换取更小的标记表。

　　标记表中的字节和堆中的字是相互映射的。也就是说，GC 可以通过字节标志找到映射的对象，反之亦然。一种实现方法是分配一大块内存用作标记表，映射到整个堆。因为标记表的基地址和堆的基地址是已知的，所以可以很容易地计算出一个对象和它的标志的偏移映射。假定 1 字节标志映射到 16 字节内存，那么有

```
offset_flag = offset_object << 4;
addr_flag = addr_table_base + (addr_object - addr_heap_base) >> 4;
addr_object = addr_heap_base + (addr_flag - addr_table_base) << 4;
```

这里 addr_object 是一个对象的地址，addr_flag 是映射的已标记标志的地址。

　　为标记表预先分配一大段内存不一定是最好的解决方案，因为 VM 可能在它的整个实例生存期内永远不会使用到分配的堆大小。更重要的是，堆空间可能不是连续的。建立标记表段来映射到堆段并不方便。一个解决方案是把一个堆区域的标记表和这个区域放到一起，标记表只在堆区域分配了之后才分配，然后标记表和它映射的堆区域总是有同样的基地址。

为了更方便，堆区域可以按固定的块大小来分配，大小为 2 的幂，块基地址与大小边界对齐。通过这种方法，可以从堆区域中任意地址推导出这个区域的基地址。假定标记表在每个块头（block header）占据大小为 TABLE_SIZE 的空间，那么有

```
block_base = addr_object & ~(BLOCK_SIZE - 1);
addr_flag = block_base + (addr_object - block_base - TABLE_SIZE) >> 4;

block_base = addr_flag & ~(BLOCK_SIZE - 1);
addr_object = block_base + TABLE_SIZE + (addr_flag - block_base) << 4;
```

把标记表放在每个块的块头，通常要优于把它放在用于整个堆的单独一段内存中。根据需要，标记表仍然可以使用位、字节或者其他大小的标志，映射到块体中的字或者其他大小的单位。追踪算法可以设计为一个块只被同一个回收器遍历，这样块头中的标记表只被一个修改器修改，因此就不需要原子操作。

标记表有一个优点就是活跃对象的标志放在一起，回收器很容易通过扫描标记表找到堆中所有活跃对象。在标记清除回收中，这对清除死亡对象来说也是很有用的。

对追踪复制式 GC 来说，标记表就不是那么有用了，因为回收器在同一趟中标记并同时转发活跃对象，所以不需要通过扫描标记表来找到活跃对象。这种情况下，可以把标记表重用为持有转发地址的目标表，一个活跃对象映射到一个转发地址。或者追踪复制式 GC 可以把活性标志直接放到对象头中，这样就完全不使用额外的标记表。

15.4 并行压缩

压缩是指通过就地移动式回收，从被完全分配的堆中挤压出空闲空间。它能产生大段连续空闲空间，这样就可以通过跳增指针来分配对象，也可以成功容纳大对象。存活对象被压缩到一起，也提高了访问局部性。

15.4.1 并行 LISP2 压缩器

理想的压缩回收是“滑动压缩”，它把活跃对象按原来的顺序移动到堆的一端。顺序 LISP2 压缩器（compactor）以一种直观的方式实现了滑动压缩回收。图 15-5 展示了 LISP2 压缩器的工作步骤。

15

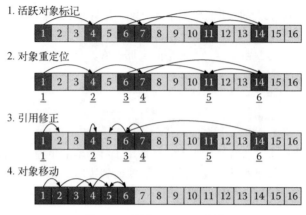

图 15-5   顺序 LISP2 压缩器

步骤解释如下。

❑ 步骤 1，活跃对象标记。回收器通过从根集追踪遍历堆来标记所有可达对象。

❑ 步骤 2，对象重定位。回收器从头到尾顺序扫描堆，为堆中所有活跃对象计算目标地址。
一个活跃对象的目标地址是它压缩后的新地址。当为一个活跃对象计算新地址的时候，
回收器需要知道堆中位于它之前的其他对象的新地址，以维护滑动压缩性质。每个活跃
对象的目标地址保存在它的对象头中，或者放在一个单独的空间中。

❑ 步骤 3，引用修正。回收器遍历堆，并将堆中所有对象引用重定位到被引用对象的目标
地址。遍历可以是按从头到尾顺序的堆扫描，也可以是跟踪对象邻接图的堆追踪。在某
些设计中，这个步骤被称为重映射，或者引用更新。

❑ 步骤 4，对象移动。回收器按照从堆头到堆尾的顺序依次移动活跃对象。一个对象被移动
到它的新位置的时候，新位置上原来的活跃对象已经事先移走了，因此这个过程中不会
有数据丢失。

很容易看到，步骤 1 和步骤 3 可以像在并行堆追踪中那样用多个回收器执行。步骤 2 和步骤
4 有顺序要求，需要额外的设计。步骤 2 和步骤 4 的概念顺序算法如下所示。其中显然存在基于
堆顺序的循环承载依赖性（loop-carried dependence）。

步骤 2：

```
new_addr = heap_start;
next_obj = next_live_object_from(new_address);
while (next_obj != NULL){
    target_address(next_obj) = new_addr;
    inc_size = object_size(next_obj);
    new_addr += inc_size;
    next_obj = next_live_object_from(next_obj + inc_size);
}
```

步骤 4：

```
next_obj = next_live_object_from(heap_start);
target_addr = target_address(next_obj);
while (next_obj != NULL){
    object_copy(target_addr, next_obj);
    inc_size = object_size(next_obj);
    next_obj = next_live_object_from(next_obj + inc_size);
    target_addr = target_address(next_obj);
}
```

并行化 LISP2 压缩器的一个简单解决方案是把堆分割为多个子区域，然后并行地独立压缩各个子区域。这个解决方案把堆碎片化。通过使用虚拟地址重映射，这种碎片化不是一个问题。

另一个解决方案是构造对象间依赖关系。然后，回收器可以跟踪这个依赖关系来保持需要的顺序。

15.4.2 对象依赖树

构造对象依赖关系的思路是，如果一个活跃对象会被另一个活跃对象覆盖，那么就建立被覆盖对象和覆盖对象之间的一个依赖关系，用一条边从前者指向后者。如果一个对象有一条进入边，这个对象会被移动到这条边的来源处，并覆盖那里的对象。如果对象将要覆盖它本身，也会构造一条从自身出发再指向自身的边。这样就在所有活跃对象之间形成了一个依赖树。这个树按如下规则使用。

(1) 只有没有进入边的对象可以被覆盖。当指向一个对象的所有进入边都已经被移除时，就可以覆盖这个对象。

(2) 当一个对象完成对另一个对象的覆盖时，就移除从后者到前者的边，因为这两个对象之间再也没有依赖关系了。

真正构造这样一个依赖树是很麻烦的。在实际实现中，堆被组织为同样大小的块，所以可以在块间构造依赖树。如果块 S 中一个活跃对象会被移动到块 T，那么块 S 是另一个块 T 的源块。（同时块 T 是块 S 的目标块。）由于压缩的性质，目标–源关系有如下属性。

(1) 每个目标块有一个或多个源块，因为源块中可能有死亡对象。

(2) 每个源块有一两个目标块。多数情况下，一个源块只有一个目标块。在另一些情况下，当一个目标块有多个源块的时候，最后一个源块（按堆地址顺序）可能无法把它的所有活跃对象都移动到目标块。其中的一些必须移动到第二个目标块。于是最后一个源块就有两个目标块。

(3) 一个块可能依赖于自身，如果其中一些活跃对象要被移动到同一个块中的话。例如，位于堆起始处的第一个块必须在自身内部压缩活跃对象。第二个块可能把它活跃对象的一部分移动到第一个块，另一部分移动到它自身。

图 15-6 展示了一个依赖树的示例，其中的堆有 12 个块。

15

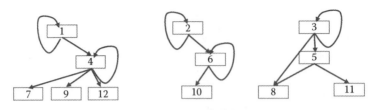

图 15-6　块间依赖树

这个依赖树是在步骤 2 中，当回收器为活跃对象计算新地址的时候构造的。所有的回收器并行执行，按照堆顺序（或块索引顺序）竞争抓取一个源块和一个目标块。这是为了维护滑动压缩性质。

为了更详细地描述这些规则，我们需要定义块状态和状态转换。

- UNHANDLED：这是所有块的初始状态。这个块既不是 src（源）块也不是 dest（目标）块。
- IN_COMPACT：这个块是一个回收器的 src 块，也就是说，这个块内活跃对象的目标地址在计算中。
- COMPACTED：其中活跃对象的目标地址已被计算出。这个块既不是 src 块也不是 dest 块。
- TARGET：这个块是某个回收器的 dest 块。

块状态转换的规则如下所述，图 15-7 阐释了这些规则。

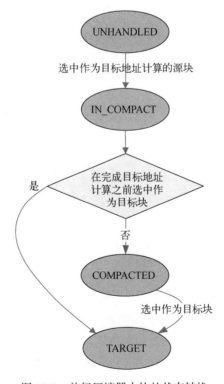

图 15-7　并行压缩器中块的状态转换

(1) 起初所有块都为 UNHANDLED。

(2) 回收器按照堆顺序竞争一个 UNHANDLED 块。如果抓取到一个块，它成为获胜回收器的源块，然后它的状态设置为 IN_COMPACT。然后失败的回收器按照堆顺序竞争下一个源块，直到堆尾。

(3) 当一个回收器为它的源块中所有活跃对象完成目标地址计算之后，它把这个块的状态设置为 COMPACTED，然后回收器继续回到步骤 2 获取一个新源块。

(4) 同时，所有的回收器按照堆顺序竞争一个 COMPACTED 块。如果拿到一个块，它就成为获胜回收器的目标块，它的状态被设置为 TARGET。如果一个回收器在到达它的源块之前没有按照堆顺序拿到 COMPACTED 块，这个回收器使用它的源块作为目标块，并把它的状态从 IN_COMPACT 修改为 TARGET（即同一个块既是这个回收器的源块也是目标块）。

通过这种方式，每个回收器总是同时持有一个源块和一个目标块。对于源块中的每个活跃对象，它在目标块中计算出一个新地址。对于每个目标块，它有一个链表链接所有的源块。这就是依赖树的表达。图 15-8 展示了依赖树的内部表示，对应于图 15-6 中的依赖树。每个块都有一个计数器，记录依赖于它的目标块的数量，也就是这个块中的活跃对象将要移动到的目标块的数量。这个数字是 0、1 或者 2。0 意味着这个块没有活跃对象需要压缩。

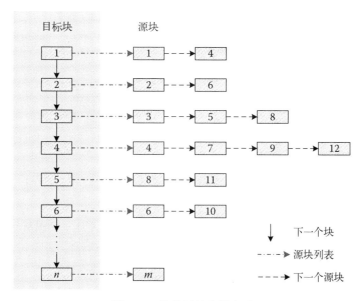

图 15-8　依赖树的内部表示

有了依赖树和所有活跃对象的新地址，回收器可以在步骤 4 中移动对象了。为了并行执行步骤 4，GC 使用一个共享任务池来协调回收器间的负载均衡。在依赖树中，池中的任务用没有进入边的块表示（来自于自身的进入边除外），也就是依赖树中的根节点，比如图 15-6 中的块 1、块 2 和块 3。任务是把来自于它的源块的活跃对象移动到它自身中。一开始，任务池中有依赖树的所有根节点。这样做的思路是，用根节点表示的任务可以由回收器并行执行且无须同步，因为这些任务之间没有依赖关系。

一个源块中的活跃对象被复制到它的目标块之后，从目标块到源块的依赖边会被从依赖树中移除。这可能会使一些之前的子节点成为新的根节点。然后这些根节点会被当作新任务放入任务池。既然计算量由被移动的活跃对象的大小决定，那么一个目标块对应一个任务就意味着每个任务的计算量在各个回收器之间是固定的。负载是平衡的，除非出现一种很少见的情况——依赖树过深，任务池中没有足够的根节点。

如果任务池中根节点的数量很少，GC 可以把很深的树打碎为带临时根节点的子树。GC 在树中间选择一个内部节点，比如块 S。它是某个（些）父节点的源块，也是一个子树的根节点。GC 把块 S 的内容复制到一个空的临时块 T 中，然后让块 T 代替块 S 成为块 S 原来父节点的源块。现在块 S 就是一个新的根节点，可以放入任务池中了。一旦压缩完成，就把临时块 T 中的数据复制到块 S。通过这种方法，GC 可以把深树打碎为多个子树，然后就能并行处理它们。

在一个任务内还可以更加并行化。比如，从任务池中拿出一个目标块的时候，不需要用单个回收器从它所有的源块复制数据。可以像这样设计：当目标块有多个源块时，如果它自己也是一个源块，回收器可以先移动它自身的活跃对象。然后剩下的空闲空间就是给其他源块的了。多个源块可由多个回收器并行处理，因为所有这些对象移动之间没有数据依赖。

15.4.3　带用于转发指针的目标表的压缩器

如果把活跃对象的目标地址保存在一个辅助数据结构（比如目标表）中而不是对象头中的话，LISP2 压缩器不一定要严格遵循这 4 个步骤。LISP2 压缩器需要这 4 个步骤的原因是，它把转发指针保存在对象头中，并使用它来进行引用修正。只有在堆中指向某个对象的所有引用都修正以后，LISP2 压缩器才能覆盖这个对象。

如果转发指针保存在目标表中，并在对象和它的转至地址之间建立好映射关系，那么对象移动阶段和引用修正阶段的顺序可以是任意的，也可以放在同一个步骤中。

目标表不能占用太多内存，所以不太可能把目标表中的一个地址映射到堆中最小对象的大小。一个直观的解决方案是把这个地址映射到堆中的一节（section）。然后可以把一节看作一个"宏对象"，它的转发指针保存在目标表中。GC 仍然独立标记活跃对象，所以回收器能够识别一节中的独立活跃对象。这与使用节来进行对象标记是不同的。在那里，如果一节被标记为活跃，那么其中所有对象都被认为是活跃的。

使用这种目标表设计，可以在移动对象（步骤 3）的同时对它进行引用修正（步骤 4）。图 15-9 展示了这个算法的步骤。

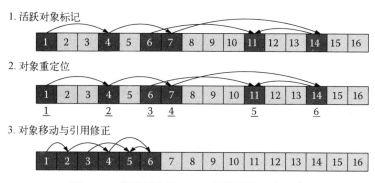

图 15-9 带目标表的 LISP2 压缩器的一个改进

这个算法的解释如下。

- 步骤 1，活跃对象标记。回收器通过从根集追踪遍历堆来标记活跃对象。
- 步骤 2，对象重定位。从头到尾顺序扫描堆，回收器计算堆的一节中活跃对象的目标地址。每节的目标地址保存在一个目标表中。
- 步骤 3，对象移动与引用修正。从堆起始处开始，回收器按照堆顺序移动活跃节，并通过查找目标表把这一节中所有对象引用重定位到被引用对象的目标地址。

这个算法没有改变并行化策略，而是减少了一个同步屏障。这提升了并行化效率，代价是存储目标表的额外内存需求。

如果 GC 设计使用一个标记表来映射堆中的每个对象（因此隐式地编码了对象大小），对象重定位（步骤 2）只根据标记表中的数据就可以完成，不用扫描堆。那么这里只有步骤 3 需要一趟堆扫描。

另一方面，在 LISP2 压缩器中，如果对象在引用修正（步骤 3）之前被移动（步骤 4），那么在目标表的帮助下，可以把对象移动（步骤 4）与新地址计算（步骤 2）放在一起执行。图 15-10 中展示了这个算法的步骤。

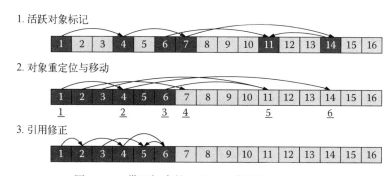

图 15-10 带目标表的 LISP2 压缩器的另一个改进

这个算法的解释如下。

❑ 步骤 1，活跃对象标记。回收器通过从根集追踪遍历堆来标记活跃对象。
❑ 步骤 2，对象重定位与移动。堆扫描从头到尾顺序进行，回收器为堆的一节中的活跃对象计算目标地址，并且把它移动到新地址。每节的目标地址保存在目标表中。在某些设计中，这个步骤称为迁移（relocation）。
❑ 步骤 3，引用修正。从堆起点开始，通过查找目标表，回收器把一节中所有对象引用重定位到被引用对象的目标地址。

这个设计也减少了一个同步屏障，同时保持了并行性策略。它需要两趟堆扫描：一趟用于对象移动，另一趟用于引用修正。

15.4.4　基于对象节的压缩器

并行压缩器中的目标表可以是一个地址数组，其中一个地址映射到堆中的一节，反之亦然。如果一节中有一个活跃对象，那么整个节都被看作活跃的。通过这种方式，变长的对象压缩问题转化为固定长度的节压缩问题。

由于现在一节被当作单个对象对待，这个基于目标表的压缩设计的有效性依赖于以下假设。

❑ 很多节中没有活跃对象，也就是堆中有很多死亡节。
❑ 每个活跃节中很可能密集填充着活跃对象。

那么节的大小选择就很重要了。否则，有些应用程序可能死亡节的比例很小，并有着稀疏填充的活跃节。如果 GC 使用一个操作系统（OS）页面作为一个节，就可以利用虚拟内存的性质。

如果页面中有一个活跃对象，这个页面就是活跃的；否则，这个页面就是死亡的，可以被回收。一种压缩堆的方式是像平常一样把活跃页面移动到堆的一端。基于 OS 页的性质，另一种方式是解映射（unmap）死亡页面。如果 GC 解映射死亡页面，就不需要移动活跃页面（宏对象）了，因此也不需要对象重定位和引用修正。然后，压缩可以通过解映射堆中的死亡页面并把新页面重映射到堆的一端来实现。

也可以把这个设计看作以页面为粒度的对标记清除算法的扩展。下面给出其操作步骤，如图 15-11 所示。

❑ 步骤 1，活跃对象标记。
❑ 步骤 2，解映射内部没有活跃对象的页面，重映射新页面到堆的一端。

1. 活跃对象标记

2. 空闲页面解映射与重映射

图 15-11　基于标记清除和页面映射的压缩

　　显然步骤 1 和步骤 2 很容易并行化，这个设计又减少了一个同步屏障。但是这个设计可能有很大的空间开销，因为它不能回收活跃页面中的死亡对象。当页间碎片很大的时候，需要一次回退压缩。

15.4.5　单趟就地压缩器

　　一个很自然的问题是，能否在就地压缩器中进一步合并这些步骤。首先，把活跃对象标记与其他步骤合并是不可能的。作为就地压缩，只有在识别出所有活跃对象之后才能知道所有死亡对象，进而回收它们。这不同于不直接回收死亡对象而只处理活跃对象的追踪转发回收。

　　把对象重定位步骤和引用修正步骤合并为一步是可能的。引用修正只能在对象重定位完成之后完成；否则，前者没有所有活跃对象的新地址来更新引用。在同一个步骤中执行这两个操作的关键是，回收器应该能够在移动一个活跃对象的时候找到所有指向它的引用。

　　这可以通过在对象 X 被移动之前，把所有包含指向对象 X 的引用的字段相链接来实现。链头在映射到对象 X 的目标表项中，所以可以在移动 X 的时候找到这个链并更新它。在 X 移动前，在移动其他对象的过程中需要保持这个链有效。

　　当移动 X 的时候，这个目标表项修改为对象 X 的新地址。稍后，当包含指向对象 X 的引用的其他对象被移动的时候，回收器可以从目标表中找到新地址，并更新这个引用。这个思路基于 Jonkers 和 Morris 的连线指针算法（threaded pointer algorithm），但它可以支持把对象重定位和引用修正合并为一个步骤。

　　图 15-12 展示了活跃对象标记之后的压缩操作。我们称之为"线压缩"（thread-compact）回收。

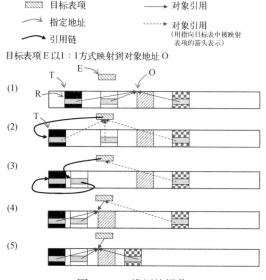

图 15-12　线压缩操作

对线压缩操作的解释如下。

(1) 活跃对象标记之后的初始状态。目标表项 1：1 映射到堆中的一个对象（或一节）。

(2) 当移动一个活跃对象后，扫描它的字段。这个对象包含的指向右侧的引用的所有字段，被链接到它们各自的连线引用链中。已移动对象的包含指向同一个未移动对象的引用的所有字段，通过一个连线引用链来链接在一起。未移动对象 O 在目标表中有一个对应的表项 E，它是对象 O 的连线引用链的头。当一个活跃对象 T 被移动，并且它有一个槽位 R 包含指向 O 的引用时，就把槽位 R 链接到 O 的连线引用链，将其自动插入到链头 E 之后。

(3) 当另一个活跃对象被移动后，如果它有一个字段包含指向右侧的引用，通过自动更新目标表项，这个字段被链接到这个引用的链中。链接的引用字段不需要保存引用值，因为目标表项地址映射到了引用值。

(4) 当一个活跃对象被移动后，这个对象的所有链接引用字段被更新为指向这个对象的新位置，包括目标表项。

(5) 当一个活跃对象被移动后，扫描它的字段。包含指向左侧对象的引用的所有字段都被更新为指向对应的目标表项值。

线压缩用下列两个步骤实现就地压缩。

❏ 步骤 1，标记活跃对象。
❏ 步骤 2，压缩活跃对象。

这两个步骤都可以并行化。对于处理活跃对象右侧的对象这一部分，既然对象的新地址已知，那么这一部分与其他基于目标表的压缩算法相同。唯一值得指出的一点是引用链的构造。当多个回收器都在移动包含指向同一个右侧对象的引用的对象时，它们需要更新同一个引用链。每个回收器都试图把它的引用字段插入链头后的位置，也就是目标表项。它们应该用原子操作修改目标表项。

第 16 章　针对响应性的 GC 优化

停止世界（stop-the-world，STW）式垃圾回收（GC）有一个明显的缺点。在回收过程中，应用程序需要被暂停。在服务器系统中这是个问题，事务处理延迟会对业务有很大影响。在客户机系统中它也是不受欢迎的，响应性能不良也会影响用户交互体验。减少回收暂停时间是 GC 社区的最热门主题之一。

减少回收暂停时间的常用技术是让回收和修改并发运行。它们可以交替执行或并行执行。并行执行中，回收器和修改器可以在多核平台不同核上的不同线程中同时运行。交替执行中，回收器与修改器并不同时运行，而是相互交错运行。

交替执行把单次回收分割为几个更短的阶段，因此把单独一次应用程序暂停减少为几次更短的暂停。并发执行允许修改器在回收过程中运行，因此消除了回收引起的应用程序暂停。

从一个完整回收周期——也就是从根集枚举到死亡对象被回收的过程——的角度看，交替执行与并行执行都是并发回收。从设计的角度看，让回收器与修改器并行执行是让它们以交替方式执行的一个超集。在 GC 社区中，前者（并行执行）通常被称为"并发式 GC"（concurrent GC），而后者（交替执行）被称为"增量式 GC"（incremental GC），指多次暂停修改器执行，以递增方式完成回收。还有一个正交的术语"并行 GC"（parallel GC）是指回收由多个回收器并行执行，而回收本身可以是并发式或增量式的。

如果一个并发回收器和一个修改器在单核平台上并行执行，操作系统（OS）线程调度器会让它们自动交替执行。而增量式 GC 自主调度回收器和修改器。由于虚拟机（VM）对回收和修改任务的了解要比 OS 调度器更详细，有时候增量式 GC 可以获得一些优势，而这是 OS 的盲目调度很难获得的。增量式 GC 的情况在某种程度上与实现一个用户级线程调度器类似，现代平台上的核数越多，用户级线程调度器得到的关注就越少，或者只在特定领域能够引发关注。本章主要关注并发式 GC。

16.1　区域式 GC

现实中很难完全消除暂停时间，所以社区主要致力于在暂停时间和系统性能之间获得平衡。举例来说，为了减少暂停时间，前面提到的区域式/分代式 GC 可以有所帮助。区域式 GC 把堆分割为多个区域。一次回收涉及一个或几个区域。活跃对象标记和死亡对象回收的方式可以有多种设计选择。

要回收一个区域，回收器需要知道这个区域中的活跃对象。在追踪式 GC 中，这可以通过全堆遍历或部分堆遍历获得。在一个区域内的部分堆遍历过程中，应该在记忆集中维护从其他区域到这个区域的跨区域引用。

图 16-1 是一个示例，展示了来自根集和跨区域的所有引用。

和所有回收一样，针对区域回收，总是有两个任务需要考虑。

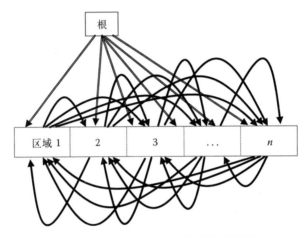

图 16-1   来自根集和跨区域的所有引用

操作 1，找到活跃对象：为了找到区域中所有活跃对象，回收器可以遍历整个堆，也可以只遍历这个区域。

追踪整个堆可能比遍历区域要花费更多时间，但全堆遍历能够找到堆中所有活跃对象，包括其他区域的。了解所有活跃对象给了回收器决定回收哪个（些）区域的灵活性。为了获得更高吞吐量，回收器可能会选择活跃对象最少的区域。这是 GC 设计所做的一个权衡。如果是并发追踪的话，长时间全堆追踪不一定总是一个问题，下一节会讨论这个问题。

只追踪指定区域不仅需要根集，而且还需要记忆集，其中包含所有来自其他区域的引用。这个信息由写屏障维护，它跟踪修改器对堆中所有引用的更新。如果一个完整回收周期想要通过逐个回收区域来回收整个堆，为了支持对每个区域的区域回收，写屏障需要记忆所有跨区域引用。这可能导致巨大的修改器开销。有时，跨区域引用可能会保留大量漂浮垃圾。单个区域越小，漂浮垃圾就会越多。

操作 2，回收死亡对象：找到区域中的所有活跃对象之后，回收器就可以清除死亡对象，留下一个满是碎片的区域，也可以把活跃对象移动到其他区域，留下一个空的连续区域。

如果是移动式回收的话，GC 应该为迁移的对象保留足够的空闲空间，或者就在区域内就地压缩，之后所有指向这个区域的进入引用需要被更新到指向新位置。进入引用可以通过执行写屏障获得，或是回收器在对象追踪/移动过程中构造的。正如已经介绍过的，前者称为"修改器记忆集"，后者称为"回收器记忆集"。

在一个或几个区域中移动对象的速度，通常足够快，使得可以接受此时 STW 暂停应用程序（即修改器）。否则，GC 可以选择在修改器运行的时候并发移动对象。后面这种情况下，GC 就必须解决竞态条件这个问题，其中修改器和回收器同时访问同一个对象，并且其中一个访问是修改，后面会讨论这个问题。

注意上面的两个操作（找到活跃对象和回收死亡对象）在追踪复制式 GC 中可以在同一趟中一起执行，对此我们已经介绍过。

图 16-2 展示了一次区域回收前后的状态，假定区域 3 中的活跃对象被移动到了保留区域。

图 16-2 中用双线箭头表示进入引用。如果把被回收区域看作一代，把其余区域看作另一代，那么这个图几乎与分代半回收相同。正如我们在自适应 GC 设计中讨论过的，半空间的两个部分不需要大小相等，回收器可以把多个区域的活跃对象移动到一个保留区域。这样做的风险是保留区域可能容纳不下所有存活者。因此需要设计一个后备解决方案，比如使用一次回退就地压缩。

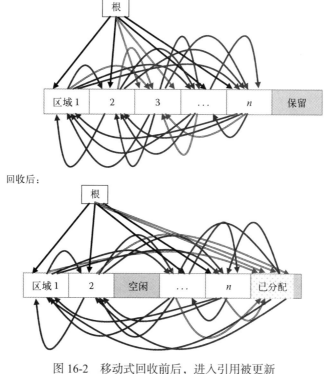

图 16-2　移动式回收前后，进入引用被更新

16.2   并发追踪

找到活跃对象是 GC 的两个主要任务之一。如果追踪需要暂停应用程序的话，当要标记的活跃对象数量相对较多的时候，追踪导致的程序暂停时间可能会过长。并发追踪可能有助于降低暂停时间，通常代价是更低的吞吐量。

假定回收器已经枚举了修改器栈、寄存器和全局变量中的所有根集，然后修改器继续运行，回收器开始从根集并发追踪堆。（并发获得根集的操作步骤是下一节的主题。）

满足以下 3 个属性的追踪设计都是有效的。

(1) 正确性：GC 不会丢失任何活跃对象。

(2) 进步性：GC 不会保留任何死亡对象太长时间。保留一些漂浮垃圾一到两个回收周期是没有问题的。

(3) 可终止性：确保追踪阶段会结束。

本节中我们讨论并发追踪算法。

16.2.1   起始快照

使用 STW 追踪 GC 的时候，对象邻接图中从根集出发的所有可达对象是活跃对象，其余的对象是死亡对象。假设追踪起始阶段的活跃对象集为 L，死亡对象集是 D。并发追踪的问题是，当修改器继续运行时，回收器遍历对象邻接图，然而对象邻接图是在变化之中的。有了初始根集的情况下，对象邻接图有如下两种变化方式。

❏ 修改器写入对象引用字段，这可能会导致活跃对象死亡。假定在活跃对象集 L 中，仍然可达的对象是集合 ΔL。我们有 $L \supseteq \Delta L$。

❏ 修改器创建新对象，在修改器执行过程中，这些对象可能一直可达，也可能死去。假定在追踪过程中新创建的对象集为 N，在追踪阶段结束时，它们中可达的对象为集合 ΔN。我们有 $N \supseteq \Delta N$。

那么追踪阶段之后的活跃对象集 L' 变为

$$L' = \Delta L + \Delta N$$

图 16-3 展示了它们之间的关系。

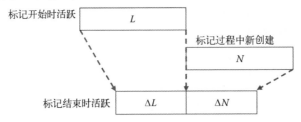

图 16-3   并发追踪过程中的集合大小关系

并发追踪设计应该试图找到集合 ΔL 和 ΔN。既然 $L \supseteq \Delta L$ 并且 $N \supseteq \Delta N$，我们有如下关系：

$$\Delta L + \Delta N \subseteq L + N$$

这意味着，集合 $L + N$ 是追踪阶段结束时所有可达对象的超集，如果并发追踪设计可以找到它，这个设计就满足了正确性要求。只要它满足其他属性，那么它就是有效设计。

□ 集合 L 是追踪起始阶段的活跃对象。尽管修改器修改了对象邻接图，仍然可以通过捕获每次对引用字段的堆写入的写屏障来恢复集合 L。使用写屏障，回收器知道原来的引用值，所以可以恢复原来的对象邻接图。

□ 集合 N 是追踪阶段新创建的对象集合。它可以由分配例程捕获。也就是所有新对象都被直接标记为活跃。

这个设计的思路称为 "起始快照"（snapshot-at-the-beginning，SATB），因为它试图在追踪起始阶段找到所有活跃对象，作为对象邻接图的一个快照。与被标记为活跃的新创建对象一起，追踪算法有效地找到了追踪阶段结束时活跃对象的一个超集。它满足追踪算法设计的正确性要求。

使用 SATB 追踪，快照中或新创建对象中的一部分对象可能在追踪过程中死去，同时仍被保留。这不是一个问题，因为它们不会出现在下一个回收周期的快照中，因此肯定会被回收。

由于快照是一个固定的对象集合，并且写屏障也不会产生新对象，这确保了到达快照中所有对象之后，追踪阶段就会终止。

1. 基于槽位的 SATB

SATB 追踪算法有两种典型实现。一种是基于槽位的，另一种是基于对象的。二者的区别很小，主要在于每次引用字段写的写屏障代码。在基于槽位的设计中，写屏障记录将要被修改器写覆盖的原来的引用值，因此是 SATB 概念的一个忠诚实现。之后对同一个对象的写需要被再次捕获，因为它可能是对不同引用字段的写。在基于对象的设计中，写屏障在修改器第一次写入某个对象的引用字段时，记录这个对象的所有引用字段值。之后对同一个对象的写不会记录任何信息，就只是执行字段写本身。

基于槽位的写屏障码如下所示。

```
write_barrier_slot(Object* src, Object** slot, Object* new_ref)
{
    old_ref = *slot;
    if( !is_marked(old_ref) ){
        remember(old_ref);
    }
    *slot = new_ref;
}
```

原来的引用（old_ref）被记录在记忆集里。既然写屏障捕获堆写入的同时，回收器在从根集开始追踪堆，那么记忆集中的元素也会被压入标记栈用于追踪。当这个栈空了的时候，追踪阶段终止。图 16-4 展示了一个修改器执行了两次对象字段写之后的写屏障结果。

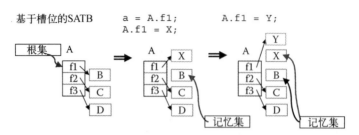

图 16-4　基于槽位的起始快照（SATB）并发追踪

图 16-4 中，到对象 B 的引用（即 A.f1 的旧值）保存在运行时栈的变量 a 中。如果没有写屏障记忆它的引用，对象 B 可能被错误地当作死亡对象。

写屏障不会生成任何快照中对象之外的新追踪任务。修改器可能对同一个字段写入多次。后面的写入也会触发写屏障执行，导致记住的引用值不是这个对象快照中原来的值。

如图 16-4 所示，引用 X 是写入一个对象字段 f1 的值，后来 X 被另一个值覆盖，那么写屏障会记忆引用 X。这个引用或者指向一个在快照中的对象，或者指向一个默认被标记的新创建对象，不会导致新的追踪任务。所以在快照被遍历之后，条件检查 is_marked(old_ref) 总是返回 TRUE，不会生成新任务。

注意，基于槽位设计的写屏障没有检查要被写入的对象是否被标记。如果它被标记了，那么它的所有引用字段已经被扫描过，因此不需要记忆。也可以添加如下代码中加粗显示的检查，不过这不会带来太多益处。

```
write_barrier_slot(Object* src, Object** slot, Object* new_ref)
{
    old_ref = *slot;
    if( !is_marked(src) && !is_marked(old_ref) ){
        remember(old_ref);
    }
    *slot = new_ref;
}
```

最终，是否生成一个新任务（即 remember(old_ref)）由 old_ref 是否已经被扫描决定。如果它没有被扫描，即使对象 src 已经被标记过，把它添加到标记栈也是合理的。（这发生于用指向未标记对象的引用来更新一个标记过的对象的情况。）

另一个考虑是，如果不检查新创建对象的标记状态，针对它的写的写屏障会不会生成很多冗余工作。再次说明，这不会带来实际的区别，因为一开始快照中活跃对象的数量就决定了全部任务量。任何情况下，基于槽位的设计确保邻接图快照中的任何对象会被扫描且只被扫描一次。

另一方面，额外的检查可能为某些应用程序带来一些益处。这不是因为额外的检查能够减少任何实际工作，而是因为 is_marked(src) 可能是本地数据访问，而 is_marked(old_ref) 可能是远程数据访问，它们的缓存局部性不同。如果对象写非常密集的话，这个收益是可见的。

2. 基于对象的 SATB

基于对象的写屏障伪代码如下所示。

```
write_barrier_object(Object* src, Object** slot, Object* new_ref)
{
    if( !is_marked(src) && is_clean(src) ){
        remember(snapshot of src); // 记忆所有引用
        dirty(src);
    }
    *slot = new_ref;
}
```

除了根集外，一个对象的快照（src 的快照）中记忆的所有引用也被压入标记集用于追踪。当这个栈空的时候，追踪阶段终止。图 16-5 展示了一个修改器执行两次对象字段写的写屏障结果。

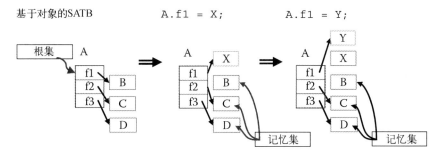

图 16-5　基于对象的起始快照（SATB）并发追踪

进一步观察可以发现，对于 SATB 追踪，基于对象方法是比基于槽位方法更忠实的实现。它在一个对象被写入之前拍下快照，并确保追踪这些引用。如果一个对象已经被收集器扫描过，写屏障将不再拍摄它的快照，因为被扫描的数据和快照一样。如果对象已经被拍下快照［即被弄脏（dirty）］，之后的写屏障不会再次拍摄它。通过这种方式，基于对象方法确保快照邻接图中对象的每个引用字段都会被扫描且只被扫描一次。

注意，基于对象设计的写屏障没有把脏对象设置为已标记。这里一个对象被标记就意味着这个对象被扫描过。当所有引用都被记忆后，这实际上与回收器扫描对象是同样的操作。所以添加如下代码中的加粗显示部分没什么问题，但这不会有本质上的区别。

```
write_barrier_object(Object* src, Object** slot, Object* new_ref)
{
    if( !is_marked(src) && is_clean(src) ){
        remember(snapshot of src); // 记忆所有引用
        dirty(src);
        mark(src);
    }
    *slot = new_ref;
}
```

不管一个对象是否被标记，写屏障都只会为它拍一次快照。这里把它设置为标记过避免了回

16

收器后面标记它，这可以省去回收器再次扫描这个对象。另一方面，既然这个对象被写了，它有字段被修改了，其中的新引用值可能指向一个未标记对象。修改器可能多次写这个对象，就安装了多个新引用。既然这个对象是活跃的，这些新引用指向的对象也是活跃的（在快照邻接图中，或者是新对象）。这里不标记这个对象给了回收器一个从这个对象找到那些未标记对象的机会，也避免了修改器之后在写屏障中复制那些未标记对象快照，节省了修改器的工作量。

3. 关于 SATB 的讨论

基于槽位的算法和基于对象的算法实际上是一样的，它们都返回由快照决定的相同的活跃对象集，其中包含漂浮垃圾。值得指出的是，在性能方面，它们的确有区别。基于对象的写屏障只触碰要被写的对象的数据，这通常可以得到更好的数据缓存局部性。基于槽位的方法需要检查被引用对象（`new_ref`）的标记状态，这可能与被写对象相距甚远。文献中基于槽位的实现被称为"DLG"[①]算法，基于对象的实现称为"快照"算法。

多个修改器同时写入同一个对象不会有任何正确性问题。多个修改器有可能交替执行写屏障代码，所以它们读到同样的旧值，或者只有一个修改器读到旧值。只要旧值被读到就好，这样就保持了 SATB 性质。无论是基于槽位还是基于对象的写屏障，这个性质都是一样的。

也可以利用 OS/硬件支持实现 SATB 追踪，也就是用页面异常处理函数代替写屏障。在堆追踪开始时，所有的堆都是页保护的。只要有对一个页面的写入，就会触发异常，并复制包含此页中所有旧引用的页数据。这个设计中页面异常处理和数据复制的开销过高，所以可能只有理论上的意义。

16.2.2　增量更新

与 SATB 不同，另外一种并发追踪方法试图捕获所有当前活跃对象。

1. 引用记忆 INC

每当有对引用字段的写操作，写屏障就会记忆新值，而不是记忆旧值。这个写屏障可写为如下的伪代码。我们称之为"记忆引用"INC 写屏障。

```
write_barrier_ref(Object* src, Object** slot, Object* new_ref)
{
    *slot = new_ref;
    if( is_marked(src) )
        remember(new_ref);
}
```

如果这个对象已经被标记了，写屏障会记忆这个新引用。被记忆的引用会被压入回收器的标记栈，用于并发追踪。不需要在对象被标记之前记忆新引用，因为在对象被标记的时候，如果这个新引用还没有被覆盖的话，它会被追踪。如果这个对象已经被标记过，就不会被再次扫描，所

---

① DLG 是这个算法三位作者姓名的首字母：D. Doligez、X. Leroy 和 G. Gonthier。

以对它写入的新引用需要被记忆并追踪。

如果能够记忆系统（包括堆、执行上下文、全局变量）中所有的引用更新，这个设计就没有正确性问题。在 GC 社区中，这个思路称为"增量更新"（incremental-update，INC），因为它增量式地修改对象邻接图来保持它为最新。与之相对的是 SATB，它维护快照。

INC 追踪不需要把新对象默认标记为活跃，它们的活性和已有对象一样由追踪算法决定。如果一个对象是活跃的，它的引用一定被写入到了系统的某个位置，可以被写屏障捕获。

2. INC 第二轮追踪

INC 设计的问题是，在并发追踪中，尽管所有指向活跃对象的引用都被写入到系统的某个位置，其中一些可能没有写入堆中对象。例如，它们可以写入运行时栈或寄存器。没有什么高效的方法可以追踪对它们的更新。

不追踪堆外更新，INC 设计就不能保证正确性。图 16-6 给出了一个 INC 追踪中引用丢失的示例。

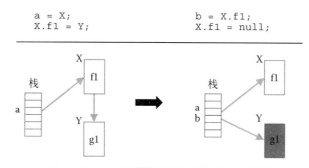

图 16-6　INC 追踪漏过活跃对象的一个例子

为了改正 INC 算法可能丢失活跃对象这个问题，GC 需要在 INC 追踪之后执行另一轮非 INC 活跃对象标记。它可以使用 STW 追踪或其他任何已知的正确方法，比如 SATB。一个用 STW 作为第二轮追踪的 INC 算法称为"大致并发"，因为它不是完全并发的。

第二轮活跃对象标记不需要重新遍历整个堆来找到所有活跃对象。它并不追踪已经被第一轮并发追踪标记为活跃的对象。第二轮追踪的目标只在于找到第一轮没有标记的活跃对象，因为在 INC 追踪过程中它们只从更新过的根集可达。换句话说，第一轮错过的活跃对象应该不用扫描第一轮标记过的对象也能找到。

换个角度看，如果一个活跃对象 Y 只能从第一轮标记的对象 X 到达，那么 Y 在第一轮追踪中不会被错过。如果在第一轮追踪开始时，Y 的引用存在于 X，并且没有在追踪过程中被覆盖，追踪过程应该能够通过 X 到达 Y 并标记它。如果 Y 的引用存在于 X，是由于修改器把值 Y 写入 X 的一个字段，写屏障会记住 Y，并且回收器肯定会标记它。

所以第二轮追踪不需要扫描第一轮标记的对象，也不会丢失活跃对象。正确性通过合并两轮

16

互补的追踪得以保持。

在某些 GC 设计中，第二轮追踪也用作下一次回收的根集枚举。在这类设计中，GC 接连执行，不会结束。用根集枚举阶段来完成上一次回收并开始当前回收。

在 SATB 设计中，记忆的引用数量是有上限的，这个上限在追踪一开始就确定了。在基于槽位的 SATB 中，被记忆引用的数量不多于快照中活跃对象的数量。在基于对象的 SATB 中，被记忆的对象快照不多于快照中的修改器在回收器标记之前写入的活跃对象数量。

在 INC 设计中，被记忆的引用的数量是在堆中对象被标记后写入这些对象的引用的数量。这个数字没有上限。只要追踪还在进行，这个数字就会增加，因为修改器同时也在运行。这意味着并发追踪没有自然的终止点。必须有一个调度算法就地决定何时是停止 INC 追踪并启动第二轮追踪的最佳时间点。后者必然有算法内建的终止点。

3. 记忆根 INC

注意 INC 写屏障并不检查对象是否为脏对象。如果一个对象在标记后被写入，它就是脏对象，意味着这个对象中有一个新引用需要被记忆。在一个对象变成脏对象之后，对它后来的任何引用写（即使是同一个槽位）都应该被记忆。

对于被修改器写入的槽位，INC 设计其实应该只记忆这个槽位在第二轮追踪开始之前最后的引用值。所有之前写入这个槽位的值都不需要了，因为只有最终引用值形成最新的对象邻接图。记忆所有槽位更新可能在时间上和空间上都会带来巨大的开销。追踪的终极目标是找到追踪阶段结束时所有的活跃对象，而不是过程中所有的临时活跃对象，它们中有许多都会在 INC 追踪阶段结束前死去。

基于这个观察结果，可以设计 INC 写屏障的一个变体来记忆脏对象，而不是写入的每个新引用。然后把被记忆对象添加到第二轮追踪的根集，用于再次扫描。我们称之为"记忆根" INC 设计。

```
write_barrier_root(Object* src, Object** slot, Object* new_ref)
{
    *slot = new_ref;
    if( is_marked(src) && is_clean(src) ){
        dirty(src);
        remember(src);
    }
}
```

使用记忆根 INC 写屏障，当一个引用被写入一个标记过的活跃对象时，这个对象就被设置为脏的，表示这个对象包含新引用，以后应该被重新扫描。通过这种方式，INC 设计不需要记忆写入堆的所有新引用，只需要标识在第二轮追踪中需要重新扫描的堆区域即可。

写屏障支持多个修改器并行执行。同一个对象可能多次变脏，这不会导致正确性问题。

4. 关于 INC 的讨论

INC 设计中记忆根和记忆引用的关系，类似于分代式 GC 中牌桌和记忆集的关系，也类似于 SATB 设计中基于对象设计和基于槽位设计的关系。

对于 INC 设计来说，虽然记忆根不需要记忆所有的中间引用写，但它不一定优于记忆引用。哪个写屏障更好，完全取决于应用程序特性。如果没有大量引用写或引用覆盖，记忆引用可能更高效，因为它不需要积累记忆的引用，也不需要把它们添加到根集用于第二轮追踪。被记忆之后，回收器就可以追踪它们。然而，在第二轮追踪之前，记忆集中剩余的那些还没有被追踪的对象，需要被添加到根集。

GC 也可以选择一旦根被记忆就重新扫描它们，而不是把它们添加到根集用于第二轮追踪。这种情况下，如果它们中任何一个在第二轮启动之前被重新扫描，它们必须被重置为干净的，这样对这些对象的新写入才能再次被写屏障捕获。

既然 INC 追踪可能遗漏活跃对象，需要一轮正确追踪来修正，在最终一轮正确追踪之前多进行几轮 INC 追踪也是没有问题的。中间 INC 追踪轮可以从根集或记忆集开始，也可以同时由二者开始。这都无所谓，因为 INC 追踪轮不试图提高追踪精确性（或正确性），而是旨在帮助找到更多的活跃对象，以节省最后一轮正确追踪的时间。

如果是记忆根 INC，那么任何被重新扫描的已记忆对象都应该被设置为干净的。之后对这个对象的更新会使它再次被设置为脏的。根据我们的理论，任何情况下，所有的更新还没有被扫描的已标记对象，包括根集，都应该包含在最后一轮正确追踪之前的记忆集中。

从性能的方面来讲，在 INC 追踪中，新对象创建后是未标记的。对一般应用程序来说，由于它们创建大量存活时间很短的对象，这有可能显著减少漂浮垃圾。

尽管 INC 追踪需要额外的一轮正确追踪，这并不意味着 INC 追踪需要引发更多暂停，因为更少的漂浮垃圾有助于提高回收吞吐量，所以可以推迟触发下一轮回收。

16.2.3 用三色术语表示并发追踪

现在，我们从另一个角度讨论并发追踪。

在回收遍历图 G 的一部分之后，比如 G 的 ΔG 部分已经被扫描过，其余部分 $(G - \Delta G)$ 还没有。当修改器写入堆并修改 G 的结构的时候，可能产生两种效果。

(1) 它可能会使一些 ΔG 中的已经扫描过的对象死亡，并作为漂浮垃圾被保留。

(2) 它也可能也会使一些 $(G - \Delta G)$ 中的未扫描对象失去原来在 $(G - \Delta G)$ 中的连接，而只与 ΔG 中扫描过的对象连接。

第一种情况不会导致任何正确性问题，而第二种情况则可能会导致问题发生。图 16-7 展示了第二种情况。

16

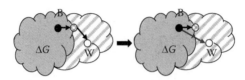

图 16-7　在并发追踪过程中可能丢失的对象

用三色术语表述，扫描过的对象在ΔG 中显示为黑色，未扫描对象在(G−ΔG)中显示为白色，边界上的对象［追踪过程中的波前（wave-front）］显示为灰色。灰对象是被黑对象引用但还没有被扫描的对象。换句话说，已经知道灰对象是可达的，但它们引用的对象还未确定。从黑对象到白对象没有直接引用。

假定一个可达白对象 W 在(G−ΔG)中连接，一个灰对象或白对象的槽位 S 中的引用指向它。如果一个修改器从槽位 S 读取这个到对象 W 的引用，把它安装到黑对象 B 中，并且用另一个值覆盖原来的槽位 S，那么修改器就创建了一条从黑对象到白对象的边。这个导致图 16-7 中的改变的操作如下所示：

```
1: a = *S;  // S 持有指向 W 的引用
2: B.f = a; // 在 B 中写入对 W 引用
3: *S = b;  // 覆盖 S 中原来的引用
```

如果没有 SATB 或者 INC 写屏障，可达对象 W 可能被丢失，因为已经被扫描过的对象 B 不会被再次扫描。

使用 SATB 写屏障，在覆盖原来槽位 S 的时候会捕获到原来对象 W 的引用。

使用 INC 设计的话，情况有些不同。因为 INC 只记忆新写入的引用，而不是原来被覆盖的引用，它应该捕获新的边（在图 16-7 中用双线箭头表示）。

使用 INC 设计可能丢失对象的情况有以下 3 种。

❑ 情况 1。原来在(G−ΔG)中可达的对象，现在只能从ΔG 中已经扫描过的对象到达。这些对象被 INC 写屏障追踪。

❑ 情况 2。原来在(G−ΔG)中可达的对象，现在只能从非堆位置到达，比如运行时栈、寄存器，等等。这些位置是根集所在的位置，不被写屏障追踪。

❑ 情况 3。在 INC 追踪开始之后创建的新对象，现在只能从ΔG 中已经扫描过的对象到达，或者只能从非堆位置到达。这种情况涵盖了上面的情况 1 和情况 2。

根据上述观察结果，对 INC 设计而言，第二轮追踪是必需的。第二轮追踪应该从记忆集（针对情况 1）和根集（针对情况 2）追踪对象邻接图。实际上，可以把非堆位置看作被修改器持续更新的虚拟对象。

16.2.4　使用读屏障的并发追踪

并发堆追踪也可以用读屏障实现。例如，每当一个引用被加载到修改器执行上下文时，如果被引用的对象还没有被标记的话，就把这个引用压入标记栈用于追踪。同时，回收器通过把根引用压入标记栈并发追踪堆。出于以下的原因，这个设计不需要像 SATB 一样记忆被修改器覆盖的原来的引用值。

- ❑ 如果被覆盖的引用是到一个对象的唯一路径，这次覆盖会使这个对象死去，因此不需要记忆它。
- ❑ 如果还有从根集到这个对象的其他路径，那么回收器可以到达它。
- ❑ 如果被覆盖的引用是唯一路径，并且修改器把这个引用安装到另外某处（比如运行时栈、寄存器、已标记对象，或未标记对象），那么读屏障可以捕获它。

这个解决方案似乎比基于写屏障的解决方案要简单得多。问题是为每个引用访问加入读屏障开销过于高昂。如果只是用于并发堆追踪，那么很少在实际 GC 设计中使用这种方案。但是这个思路被广泛应用于并发移动式 GC 中，其中活跃对象在修改器执行的同时被移动。同一个对象可能有两个副本。当一个修改器加载一个对象引用，用于对象读或写的时候，必须了解它应该访问哪个副本：是原来的，还是迁移后的。读屏障对于动态寻找正确副本很有用。我们将在讨论并发移动式 GC 的时候深入讨论这个主题。

16.3 并发根集枚举

关于并发追踪的讨论中，没有提及如何枚举根集，这是因为并发根集枚举是并发追踪的超集。

SATB 理论要求拥有对根集的快照。得到根集快照最直观的方法是停止世界（STW），也就是暂停修改器，并在恢复任何修改器之前枚举根集。通过这种方式，我们把所有修改器的整个根集看作一个虚拟对象。

如果有很多修改器的话，这个 STW 根集枚举可能导致明显的应用程序暂停。我们并不希望对一个修改器的枚举会阻塞另一个修改器。一个修改器的根集可以被看作一个虚拟对象，包括它的运行时栈和寄存器，可以独立于其他修改器而枚举。这就是并发根集枚举。

GC 可以一个接一个地暂停目标修改器，为每个修改器的根集拍下快照。当一个修改器被暂停的时候，其他修改器可以继续执行。

另外一种方式是，GC 设置一个全局标志来指示现在是根集枚举时间，所有的修改器通过在一个 GC 安全点枚举自身并向 GC 报告根集来响应这个标志。这种情况下不需要线程暂停，但需要修改器和 GC 之间通过标志来同步，即需要握手。

在这两种情况下（暂停或握手），一个修改器的根集都被枚举为快照。修改器需要暂停它的执行来进行根集枚举。换句话说，当正在拍摄修改器根集快照的时候，修改器不改变它的栈或寄存器。（可以不完全暂停一个修改器的执行来枚举它的根集，后面我们会介绍。）

GC 可以等到获得所有修改器的根集之后才开始标记活跃对象。它也可以在开始根集枚举的同时开始活跃对象标记。我们先介绍前面的情况。

16.3.1　并发根集枚举设计

GC 拥有了修改器 M 的根集快照之后，其他一些修改器可能处于根集枚举前后的应用程序代码执行状态，也可能在根集枚举过程中。

与追踪对象邻接图类似，修改器 M 可能在快照拍摄之后，有向它的栈中写入对象 X 的引用。如果在系统的其他位置没有对象 X 的引用，也就是说，堆、其他修改器执行上下文或者全局变量中都没有，那么这个对象 X 不会被 GC 发现，于是会被认为已经死亡。这种情况类似于前面关于对象邻接图的讨论，如图 16-8 所示。

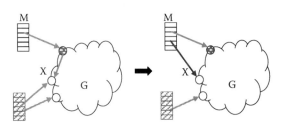

图 16-8　并发枚举中可能丢失的对象

用三色术语表述，如果把一个修改器的根集看作一个虚拟对象的话，那么它在被枚举之前总是灰色的，原因是根集总是已知可达，而它们引用的对象在根集枚举之前还不确定。

在对象 X 的引用被写入 M 的栈中之前，作为一个可达对象，它一定处于以下四种状态中的一个或多个。为了避免丢失对对象 X 的引用，并发枚举必须在下面的任何情况中都能够捕获这个引用。

情况 1：对象 X 的引用过去在堆中，现在只存在于修改器 M 的上下文中。

在修改器 M 的根集被枚举之后，GC 开始标记活跃对象之前，包含引用 X 的对象字段被其他值覆盖。写屏障如果记忆被更新字段的旧引用值，就可以捕获这个引用，类似于 SATB 基于槽位的写屏障。这个写屏障的伪代码如下所示。IS_ENUMERATING 是一个全局标志，指示系统是否处于并发枚举之中。

```
write_barrier_enum_only(Object* src, Object** slot, Object* new_ref)
{
    old_ref = *slot;
    if( IS_ENUMERATING ){
        remember(old_ref);
    }
    *slot = new_ref;
}
```

与 SATB 基于槽位写屏障（代码如下）不同，并发枚举写屏障不检查旧的被引用对象是否已被标记，因为堆追踪还没有开始。这也是它被命名为 write_barrier_**enum_only**() 的原因。它只检查枚举是否已经开始。后面的章节中会讨论堆追踪已经开始的情况。

```
write_barrier_slot(Object* src, Object** slot, Object* new_ref)
{
    old_ref = *slot;
    if( !is_marked(old_ref) ){
        remember(old_ref);
    }
    *slot = new_ref;
}
```

用三色术语表述，记忆一个引用就是把这个对象标记为灰色。如果可能的话，GC 应该避免多次记忆同一个引用。

情况 2：对象 X 的引用在一个全局变量中，现在只存在于修改器 X 的上下文中。

在 GC 扫描这个全局变量之前，它被另一个值覆盖了。这个引用可以像在堆中一样，通过监测全局变量中的旧值捕获。

情况 3：对象 X 的引用在另一个修改器 N 的上下文（栈或寄存器）中，现在只存在于修改器 M 的上下文中。

在取得这个修改器 N 的根集快照之前，修改器 N 从它的上下文中移除了引用 X。因为 Java 不允许一个修改器直接写另一个修改器的栈，所以在修改器 M 能够读取并把它写入自己的栈中之前，这个引用一定被写入到堆或者全局对象中。

如果引用 X 使用堆作为中转站，那么它是一个写入堆的新引用值，不能被只捕获旧值的 SATB 基于槽位的写屏障捕获。但如果引用 X 还在堆中就没有问题，那样它会被堆追踪扫描，因为它是活跃的。

如果包含 X 的对象变为不可达（或者包含 X 的字段被覆盖）并且 M 栈中的引用是 X 的唯一副本，也没有问题，因为如果写屏障是原子的，被覆盖的引用总是可以被写屏障作为旧值捕获。

问题是基于槽位的写屏障并不是原子操作。当两个修改器 N 和 P 写同一个对象字段时，它们的写屏障代码可能交错执行，如图 16-9 所示。

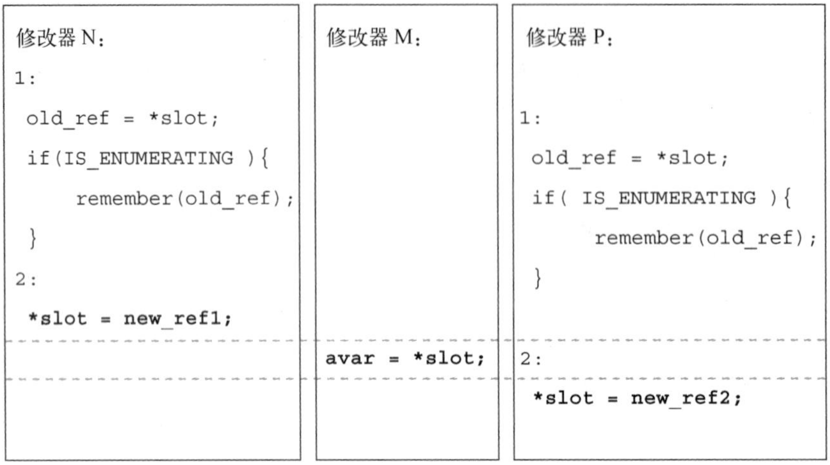

```
修改器 N:                  修改器 M:             修改器 P:

1:

 old_ref = *slot;                            1:

 if(IS_ENUMERATING ){                          old_ref = *slot;

      remember(old_ref);                       if( IS_ENUMERATING ){

 }                                                  remember(old_ref);

2:                                             }

 *slot = new_ref1;

                          avar = *slot;       2:

                                               *slot = new_ref2;
```

图 16-9　一个引用被写屏障遗漏的竞态条件

修改器 N 和修改器 P 在语句 1 中都读到同样的旧值，然后在语句 2 中写入不同的新值。可能出现这样的情况：修改器 N 把引用 X 作为新引用写入，然后修改器 M 从堆中读取引用 X，然后把它写入 M 的栈中。然后修改器 P 在同一个字段写入另一个新值覆盖 X。

在这个场景中，修改器 M 在它的栈中安装了引用 X（即 new_ref），而写屏障只记忆 old_ref。

要避免这个问题，并发枚举中的写屏障应该像在 INC 写屏障中一样记忆新引用。伪代码如下所示。

```
write_barrier_enum_race(Object* src, Object** slot, Object* new_ref)
{
    old_ref = *slot;
    if( IS_ENUMERATING ){
        remember(old_ref);
        remember(new_ref);
    }
    *slot = new_ref;
}
```

使用这个新写屏障的关键原因是，多线程执行中的堆字段写没有严格的"新""旧"顺序。这与 SATB 写屏障中是不同的，其中的"旧值"是由快照精确定义的。这里"旧值"由堆写顺序定义：一个槽位中任何被覆盖的值都被看作"旧值"。基于对象的 SATB 写屏障也不满足这个需求，因为它只记忆一个对象中第一次被覆盖的值，而我们需要在每次覆盖发生时记忆旧值。

当两个修改器写同一个槽位的时候，会发生图 16-9 中描述的问题。在无竞争的应用程序中，这个问题永远不会出现。

使用 write_barrier_enum_race，记忆集基本上包含了所有修改器在根集枚举过程中的所有堆中引用写操作。它的目的是在完整根集枚举完成后，记忆堆中所有因被覆盖而消失的引用。根集枚举结束后最终留下的引用值不需要记忆，因为它们可以被根集枚举之后的追踪过程扫描到。

对全局变量也应该应用这个规则。

情况 4：对象 X 是修改器 M 创建的一个新对象，它的引用现在只存在于修改器 M 的上下文中。

M 在创建这个对象之后直接在它的上下文中写入引用 X。如果记忆新对象分配的话，这个引用会被捕获。

基于前面的讨论，并发枚举是可能的。如果在对象写中没有竞态条件的话，也就是说，写屏障的执行对于彼此是原子的（或者说非交错的）时候，写屏障只需要记忆被覆盖的值。否则，新值和旧值都应该被记忆。

为了开始追踪过程，GC 把所有根集和写屏障捕获的记忆集合在一起，作为"根集的完备快照"，然后使用任意的堆追踪算法，从它开始遍历堆。

16.3.2 在根集枚举过程中追踪堆

如果第一个修改器根集可用时，GC 就开始遍历对象邻接图，不等待所有修改器的根集都准备好，那么写屏障设计还需要多考虑一种情况。

情况 5：对象 X 的引用不是写入一个已经枚举的栈（黑色栈）而是写入一个已标记对象（黑对象）。

在所有根集都可用之前，对象邻接图的一部分已经被标记过（即图 16-10 中的 ΔG）。这种情况类似于我们在 INC 并发追踪讨论过的：在并发根集枚举过程中，一个白对象的引用被写入一个黑对象，同时从它原来的（一条或多条）可达路径中被移除。区别在于，在 INC 讨论中，到达一个白对象的可达路径一定通过一个边界对象（灰对象）；现在使用并发枚举，可达路径也可能来自未被枚举的栈（阴影灰），就如图 16-10 中的对象 X。只记忆堆中的旧引用是不足以捕获这种情况的，因为这里被移除的旧引用只存在于栈中。

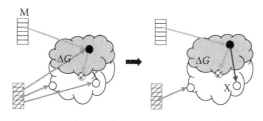

图 16-10　枚举和追踪并行的时候可能丢失的对象

为了避免丢失这个对象，需要一个针对堆写入的 INC 写屏障，记忆安装到已标记对象中的新引用。与上面各种情况的需求合并到一起，写屏障需要是一个 INC（针对情况 5）和 SATB（针对情况 1）的合并，也就是说，旧引用和新引用它都应该记忆。也就是

```
write_barrier_enum(Object* src, Object** slot, Object* new_ref)
{
    old_ref = *slot;
    if( IS_ENUMERATING ){
        remember(old_ref);
        remember(new_ref);
    }
    *slot = new_ref;
}
```

这个写屏障与针对情况 3 的那个（write_barrier_enum_race）相同，但背后的原因不同。现在情况 5 包含 INC 写屏障的原因是，并发根集枚举并没有所有根集的全局快照。换句话说，它并不原子地拍摄全局根集快照，而是分别拍摄每个修改器的根集快照。不同的修改器根集（即阴影灰对象）分别被扫描（即标记为黑色），这是一个递增过程。

因此，如果 GC 从一个修改器的根集就开始追踪，那么是没有有效定义的全局对象邻接图"快照"的。回收器只能"递增地"标记对象邻接图，因此需要 INC 写屏障。

总结一下，write_barrier_enum_race 想要捕获对象被扫描之前的所有写入引用，除了最终的那些（那些保持活跃的），而 write_barrier_enum 只想要捕获对象被扫描之后被写入的引用的最终值（以免可能丢失的）。它们的代码看起来一样，是因为在所有根集枚举之前，写屏障无法知道何时为对一个槽位的"最终"写入。尽管代码可能看起来相同，但是它们的目的是不同的。

在某些 GC 文献中，根集枚举阶段被称为"标记"阶段，而活跃对象标记阶段被称为"追踪"阶段。在另一些文献中，标记阶段包含根集枚举和活跃对象标记。像在情况 5 中那样允许根集枚举和堆追踪并发执行的情况下，根集枚举和堆追踪之间没有清晰的边界，用标记阶段来包含二者是很方便的。在我们的文字中没有严格定义这些术语的使用，而是在使用上下文中澄清这些术语的实际含义。

有一些来自社区的并发根集枚举实现可用。当与并发堆追踪一起应用的时候，这个设计在文献中被称为 on-the-fly GC 或者滑动视角 GC。

16.3.3　并发栈扫描

并发根集枚举分别处理每个修改器的根集，而不是像在 STW 设计中原子化地处理所有修改器。并发根集枚举的粒度是单个修改器的执行上下文。实际上，这个粒度甚至可以更细。

一个修改器的根集位于它的运行时栈和局部寄存器中。在 Java 语义中，一个修改器只对栈的顶层帧和寄存器活跃操作。栈帧的其余部分是稳定的。基于这个观察结果，有可能在枚举过程

中独立处理栈帧。例如，回收器可以从栈底向上枚举栈，直到遇到修改器活跃操作的顶层帧。顶层帧和寄存器将由修改器亲自枚举。既然目的是拥有一个栈的快照，当修改器完成顶层帧枚举后，与回收器的帧枚举结果合在一起就得到了这个快照。在这个设计中，修改器中断执行是为了枚举顶层帧和寄存器，其时长可能比枚举整个栈更短。其他解决方案则提出了从上到下方向枚举栈的方法。

既然修改器持续在栈上操作，那么并发栈枚举的关键就是同步修改器与回收器之间的操作。一个解决方案是保护栈上的内存页，除了栈顶所在的第一个页。回收器可以处理内存保护的栈页面，而无须担心与修改器执行的竞争。每当发生一次修改器对被保护页的写入，就会陷入页面异常，然后异常处理函数可以扫描这个异常页面所在的帧。这个解决方案实际上就是对栈访问安装了一个写屏障。

另一个解决方案是使用"返回屏障"。"返回屏障"是一段 VM 代码，由修改器在从一个方法返回到调用方法时执行。在机器码中，返回地址是调用方法中在修改器返回之后第一条执行的指令。返回地址通常存储在栈上作为返回指令的参数。返回屏障用它的入口点替换栈上的返回地址，这样当方法返回时，控制流进入返回屏障代码。返回屏障在自己的上下文中保存了原来的返回地址。当它返回时，控制流回到调用方法中原来的返回目标。

返回屏障通常在运行时安装到栈上，这样它只会在必要时影响运行。第一个返回屏障可以由修改器安装，因为只有它对于栈有一个稳定的视角。要实现这一点，回收器可以设置一个标志。修改器在它的 GC 安全点检查到这个标志之后，就会知道回收器需要安装一个返回屏障，然后修改器就安装一个。

16.4 并发回收调度

一旦所有修改器的根集都被枚举，GC 就继续执行堆追踪阶段。堆追踪可能在获得所有根集之前就已经开始了。

16.4.1 调度并发根集枚举

堆追踪的起始引用集合是"根集完备视图"，包括并发根集枚举获得的所有根集和记忆集。与通过 STW 枚举获得的根集的区别是，根集完备视图可能包含过期的引用，因此保留了漂浮垃圾。

GC 可以使用这个完备视图作为任何回收算法的起始集合，即使是 STW 算法也可以。也就是说，在所有修改器的并发根集枚举完成之后，可以启动一个 STW 算法。根据设计的不同，这个 STW 算法可以是移动式的或非移动式的，并行的，或顺序的。这个过程如图 16-11 所示。

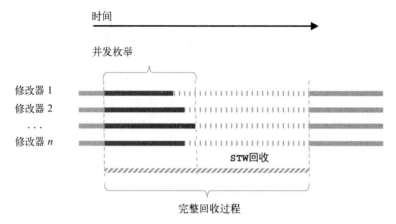

图 16-11　并发根集枚举和停止世界（STW）回收

修改器和 GC 之间的交互需要同步协议或握手。

GC 中的伪代码如下所示。全局标志 gc_phase 和线程局部标志 enumeration_done 是交互标志。

```
void garbage_collection(){
    // GC 从根集枚举启动新一轮回收
    // GC 打开枚举写屏障代码
    gc_phase = IS_ENUMERATING;
    // GC 等待所有修改器枚举完成
    for(every mutator t){
        while( !t->enumeration_done )
            thread_yield();
    }
    // 所有修改器暂停自身
    // GC 关闭枚举写屏障代码
    gc_phase = IS_TRACING;
    gc_stw_collection();
    // GC 完成回收
    gc_phase = IS_IDLE;
    gc_resume_mutators();
}
```

在修改器到达一个 GC 安全点之前，它按期望的那样执行写屏障。当到达安全点后，修改器枚举它的根集，并为 STW 回收暂停自身。修改器的 GC 安全点伪代码如下所示：

```
void vm_safepoint(){
    VM_Thread* self = current_thread();
    // 修改器检查是否到了根集枚举的时间
    if( gc_phase == IS_ENUMERATING ){
        // 修改器枚举它的根集并报告给 GC
        mutator_enumerate_rootset();
        self->enumeration_done = TRUE;
        // 修改器暂停自身等待 GC 恢复
        mutator_suspend();
```

```
        self->enumeration_done = FALSE;
    }
}
```

在实际的实现中，根集枚举之后接着并发追踪是很常见的，并发追踪可以是单纯的活跃对象标记阶段，也可以包含对象移动。本章关注非移动式 GC，把对象移动的情况留到下一章。

16.4.2　调度并发堆追踪

为了连接并发根集枚举和并发堆追踪，修改器在枚举根集之后不需要暂停自身。在并发追踪之后，修改器可能会暂停，比如为了并行压缩，或者修改器本身也可以继续执行并发清除阶段来完成一次完整并发回收。

并发堆追踪的回收过程可能如图 16-12 所示，其中使用了一个 STW 回收阶段。

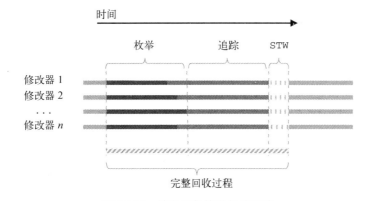

图 16-12　并发根集枚举与堆追踪

要用并发枚举和并发追踪实现回收，写屏障需要支持这两者。下面的伪代码给出了回收代码、修改器 GC 安全点和写屏障的一个框架。

回收代码使用一个回收阶段标志（包括它的全局和线程局部变量）来指示阶段，也用于线程交互。函数 gc_wait_mutators() 等待所有修改器到达同一个回收全局阶段，作为继续前行之前的一个屏障。

```
void garbage_collection()
{
    // GC 从根集枚举启动新一轮回收
    // GC 打开并发枚举写屏障代码
    global_gc_phase = IS_ENUMERATING;
    gc_wait_mutators();
    // 所有修改器都已经完成根集枚举
    // GC 打开并发标记写屏障代码
    global_gc_phase = IS_TRACING;
    gc_trace_heap();
    // GC 完成追踪，开始回收
    global_gc_phase = IS_RECYCLING;
```

16

```
    gc_wait_mutators();
    // 所有修改器被暂停
    gc_stw_collection();
    // GC 完成回收
    global_gc_phase = IS_IDLE;
    gc_resume_mutators();
}
```

被修改器调用的 GC 安全点代码实现了修改器和回收器之间的握手协议，包括回收阶段标志设置，以及其他所需操作，比如根集枚举和线程暂停。

```
void vm_safepoint()
{
    VM_Thread* self = current_thread();
    // 修改器检查全局 GC 阶段是否改变
    if( global_gc_phase != self->gc_phase ){
        if (global_gc_phase == IS_ENUMERATING){
            mutator_enumerate_rootset();
        }else if(global_gc_phase == IS_RECYCLING){
            self->gc_phase = global_gc_phase;
            mutator_suspend();
        }

        self->gc_phase = global_gc_phase;
    }
}
```

写屏障代码支持并发根集枚举和 SATB 追踪。它检查回收阶段标志。如果是在枚举阶段，写屏障记忆旧值和新值。如果在追踪阶段，写屏障只记忆旧值。这个设计的要点在于，当回收从枚举阶段转换到追踪阶段之后，所有修改器的根集枚举都已完成，所以写屏障不会遗漏任何只在枚举阶段被记忆的新引用。

```
void write_barrier_enum_slot(Object* src, Object** slot, Object* new_ref)
{
    old_ref = *slot;
    if( gc_global_phase == IS_ENUMERATING ){
        remember(old_ref);
        remember(new_ref);
    }else if( gc_global_phase == IS_TRACING ){
        remember(old_ref);
    }

    *slot = new_ref;

}
```

当堆追踪开始之后，在记忆一个被引用对象之前检查它是否已被标记是很好的，这样可以降低记忆的引用数量。用三色术语表述，当一个对象被扫描后，它是黑色的。如果它被记忆了（或者被压入标记栈），它是灰色的。否则，它就是白色的。写屏障并不想记忆已经被扫描或者被记忆的对象。所以函数 remember() 可以用如下代码实现：

```
void remember(Object* src)
{
```

```
    if( obj_is_white(src)){
        enqueue(src);
        obj_set_gray(src);
    }
}
```

写屏障代码可以被重新组织为如下代码，其中旧值和新值会在不同情况下被记忆。

```
void write_barrier_enum_slot(Object* src, Object** slot, Object* new_ref)
{
    old_ref = *slot;
    if( gc_global_phase == IS_ENUMERATING ||
            gc_global_phase == IS_TRACING){
        remember(old_ref);
    }

    if( gc_global_phase == IS_ENUMERATING ){
        remember(new_ref);
    }

    *slot = new_ref;

}
```

根据这个新代码组织，为了同样的目标，上面基于槽位的写屏障可以被替换为基于对象的写屏障。

```
void write_barrier_enum_object(Object* src, Object** slot, Object* new_ref)
{
    if( gc_global_phase == IS_ENUMERATING ||
            gc_global_phase == IS_TRACING){
        if( !is_marked(src) && is_clean(src) ){
            remember(snapshot of src); // 记住所有引用
            dirty(src);
        }
    }

    if( gc_global_phase == IS_ENUMERATING ){
        remember(new_ref);
    }

    *slot = new_ref;

}
```

上面这个写屏障只支持 SATB 追踪。为了支持 INC 追踪，写屏障应该记忆新引用值或者把修改过的对象标记为脏的，以供 GC 重新扫描。这里我们就不给出细节了。

16.4.3 并发回收调度

上面给出的逻辑可以扩展到支持各种并发 GC 设计，但它没有提到如何触发回收。一个普遍的观点是 VM 应该尽可能少触发 GC，因为回收会消耗像处理器周期和内存这样的系统资源。即使是系统中有足够的空闲中央处理器（CPU）和动态随机访问存储（DRAM），由于修改器执行的 GC 安全点、写屏障、读屏障、返回屏障、与回收器同步等操作，GC 仍然会影响修改器的执行。有一些研究工作试图把 GC 转化为有益于应用程序的执行，而不仅仅是消耗，比如，通过在回收中布局活跃对象提高数据局部性。但总体来说，GC 仍然是为获得更好的安全性、可移植性和生产效率要付出的代价。出于这个原因，VM 希望尽可能晚地触发一次回收。

另一方面，回收可能并不想被太晚触发。一个原因是，就像我们在自适应回收中讨论的一样，有时候更早触发回收可以获得更好的吞吐量或更短的暂停时间。还有一个只针对并发回收的原因，其中修改器与回收并行执行。在这种情况下，新对象一直在被生成并消耗堆空间。可能在并发回收收回足够空间用于修改器的对象分配之前，堆就满了。然后修改器就需要阻塞等待回收释放足够空间。其后果就是把并发回收变成了一次 STW 回收，这就违背了设计的初衷。

在理想的情况下，回收被触发的时机是，当它完成识别所有死亡对象时，分配空间变满。这意味着，就在修改器由于缺乏空闲空间而无法分配新对象之前，GC 能够找到新的空闲空间。

假定回收时间是 Time_collection，修改器分配对象的速度是 Rate_allocation，那么回收过程中分配对象的总大小是

```
Size_allocation = Time_collection * Rate_allocation
```

这意味着，如果修改器不想由于用尽空闲空间而暂停的话，就需要在空闲空间仍然大于或者等于 Size_allocation 的时候启动回收。

回收通常由修改器在它分配新对象的时候触发，因为只有新对象分配会改变堆消耗状态。在 STW 配置中，修改器只需要在它分配对象失败的时候触发一次回收。对于并发回收，修改器可能在空闲空间不小于 Size_allocation 的时候触发一次回收。

如果每次分配都要计算空闲空间大小的话，代价可能比较昂贵，特别是当有很多修改器的时候。另一个方法是估计启动回收的时间点。假设当前空闲空间大小是 Size_current_free，修改器应该在时间 ΔT 后开始回收：

```
ΔT = (Size_current_free - Size_allocation)/Rate_allocation
```

为了避免不精确的预测，修改器可以再次检查空闲空间大小，并以一种二分逼近的方法，在 ΔT/2 时间后再次执行预测。

16.4.4　并发回收阶段转换

如果有多个修改器，它们可能同时触发回收。需要同步来确保只有一个修改器触发回收。一个实际的 GC 实现可能有多个回收器，可以按需并行工作。这里"按需"的意思是，被激活的回收器数量可以动态改变，以满足回收需要。比如，如果分配率变高，就需要更多的回收器来追上。另一方面，如果分配率变低，就使用更少的回收器以降低系统负担。

为了协调多个回收器和修改器的操作，修改器不仅需要触发回收，还会陷入回收调度器进行

阶段转换调度。因此, 伪代码可能是如下所示的。

```
Object_header* gc_mutator_alloc(int size, Vtable_header* vt)
{
    // 检查下一次回收的期望类型
    if( collection_is_concurrent() ){
        gc_schedule_collection();
    }
    // 普通分配逻辑
    ...
}


void gc_schedule_collection()
{
    switch (global_gc_phase){
        case GC_IDLE:
            bool should_start = gc_check_start_condition();
            if( !should_start ) return FALSE;
            // 所有试图切换阶段的修改器, 只有一个能胜利
            bool state = gc_phase_transition(GC_ENUM_START);
            if( !state ) return;
            // 只有一个修改器来到这里
            gc_start_enum(); // 安装写屏障和枚举函数
            break;

        case GC_ENUM_DONE:
            bool state = gc_phase_transition(GC_TRACE_START);
            if( !state ) return;
            // 只有一个修改器来到这里
            gc_start_trace(); // 启动多个回收器
            break;

        case GC_TRACE_DONE:
            bool state = gc_phase_transition(GC_SWEEP_START);
            if( !state ) return;
            // 只有一个修改器来到这里
            gc_start_sweep(); // 触发惰性清除或开始清除
            break;

        // 其他状态转换
        ...

    } // 切换结束
}

bool gc_phase_transition(GC_Phase next)
{
    GC_Phase old = global_gc_phase;
    GC_Phase curr = CompareExchange(&global_gc_phase, old, next);
    return (old == curr);
}
```

在这个设计中, 每个修改器都可能陷入回收调度器代码。通常只有其中一个修改器驱动状态

转换，并执行相应的前操作和后操作。比如，当全局 GC 阶段到达 GC_ENUM_DONE 之后，一个修改器会把阶段转换为 GC_TRACE_START，然后按需启动多个回收器用于并发堆追踪。所有回收器都由调度器启动，并且它们彼此同步来完成被分配的任务。当它们完成这些任务之后，全局 GC 状态变为下一阶段。

基于上面的讨论，一次完整并发标记清除回收的工作流如图 16-13 所示。

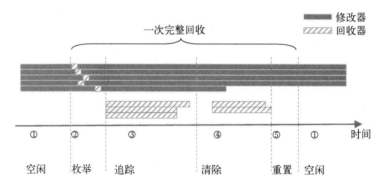

图 16-13   一次完整并发标记清除回收的垃圾回收（GC）阶段

图 16-13 中的状态如下。

❑ 状态 1：回收空闲。

❑ 状态 2：枚举。

❑ 状态 3：堆追踪。

❑ 状态 4：堆清除。

❑ 状态 5：回收整理了结。

因为回收调度器不太可能一直避免 STW 回收，所以我们还有用于 STW 回收的一个额外阶段。

❑ 状态 6：STW 回收。

为了支持状态转换，可以定义下面的阶段：

```
enum GC_Phase{
    GC_IDLE;
    GC_ENUM_START;
    GC_ENUM_DONE;
    GC_TRACE_START;
    GC_TRACE_DONE;
    GC_SWEEP_START;
    GC_SWEEP_DONE;
    GC_RESET;
    GC_STW
}
```

图 16-14 中给出了状态转换流程。既然有多个回收器，那么允许回收器改变全局状态来指示它们都已经完成了指派的工作是很方便的。例如，TRACE_DONE 和 SWEEP_DONE 由回收器转换

到各自的下一阶段。当回收调度器检测到这个改变时，它再次把阶段转换到下一阶段，并且可能启动另一轮的多个回收器。在回收器转换和修改器转换之间的这段时间，没有回收器运行。在实际的实现中，这个设计可能允许在这个时期有一个回收器运行。这有助于为 GC 提供一个进行单线程操作的时间段。

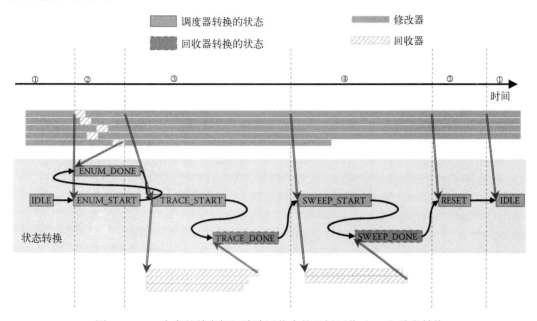

图 16-14　一次完整并发标记清除回收中的垃圾回收（GC）阶段转换

有一个状态没有展示在流程图中，就是 GC_STW，这个阶段用于 STW 回收。注意，即使一次回收作为并发回收启动，如果回收无法在堆空间用尽之前结束的话，它也可能不得不转换到 STW 状态。另一方面，一个灵活的 GC 设计应该允许用户指定每个阶段是并发的还是 STW。两种情况下，调度器都应该能够把回收切换为 STW。图 16-15 中给出了所有阶段之间的状态转换图。

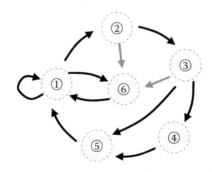

图 16-15　一个垃圾回收（GC）设计中的状态转换图

这些转换的解释如下。

- ❏ ①→① 堆有足够空闲空间，因此不需要触发回收。
- ❏ ①→② 是触发一次并发根集枚举的时间了。
- ❏ ①→⑥ 是触发一次 STW 回收的时间了。
- ❏ ②→③ 并发枚举已经完成。回收转换为并发堆追踪。
- ❏ ②→⑥ 堆变满，或者并发枚举已完成；回收转换为 STW 堆追踪。
- ❏ ③→④ 并发追踪已完成。回收转换为并发清除。
- ❏ ③→⑤ 并发追踪已完成。回收转换为惰性清除了结整理。
- ❏ ③→⑥ 并发追踪已完成。回收转换为 STW 回收，比如压缩。
- ❏ ④→⑤ 并发清除已完成。回收转换为了结整理。
- ❏ ⑤→① GC 完成并发回收，回到空闲状态。
- ❏ ⑥→① GC 完成 STW 回收，回到空闲状态。

并发回收的终止过程并不像 STW 回收那么明显，因为它可能有包含任务的多个数据结构。它们的所有任务都应该完成才能终止。实际的设计依赖于这个数据结构，以及线程设计。

第 17 章　并发移动式回收

我们已经看到了移动式垃圾回收（GC）的优点，现在希望支持并发移动式回收，也就是在修改器运行的同时移动活跃对象。并发对象移动支持的挑战性主要在于以下几点。

- □ **回收器和修改器的竞争访问**：当一个对象被回收器移动的时候，它可能被修改器访问。需要有协议来保证对象数据一致性。
- □ **引用修正**：一个对象被移动后，可能有引用指向它的旧位置。这些引用应该被修正为指向新位置。
- □ **终止**：就像在并发堆追踪中讨论过的一样，并发移动算法需要确保适时终止。

复制式 GC 算法需要一些空闲空间，用来把活跃对象移动到其中，我们称这些空闲空间为"目标空间"（to-space），称被回收的空间为"源空间"（from-space）。可以在回收发生之前保留一些空闲空间，也可以在回收过程中腾空非空闲空间来产生空闲空间。举例来说，半空间算法为复制式回收保留了半个堆。就地压缩算法并不保留空闲空间，而是需要首先遍历堆来找到活跃对象。然后它就知道要移入活跃对象的空闲空间在哪里。本章首先讨论并发复制式 GC，然后讨论并发压缩式 GC。

17.1　并发复制："目标空间不变"

根集已知之后，复制式回收开始把可达对象复制到空闲空间。复制对象之后，在原来的对象头中或目标表中安装转发指针，用来映射原始副本和新副本之间的地址。那么，首先问题就是如何处理根集引用。在停止世界（stop-the-world，STW）回收中，在修改器恢复之前，所有根引用被修正为指向新副本。如果 GC 想要在修改器执行的同时并发复制对象，就有一个问题：修改器应该只能看到新副本，还是只能看到旧副本，或者都能看见？对这个问题的不同回答会导致不同的解决方案。

17.1.1　基于槽位的"目标空间不变"算法

一个解决方案只允许修改器看到新副本，称为"目标空间不变"（to-space invariant）算法。

1."目标空间不变"算法的翻转阶段

这个设计中回收的第一个阶段与 STW 复制式回收类似。也就是说，在根集枚举过程中，修改器是被暂停的。所有从根集直接可达的对象被复制到"目标空间"，根引用被更新为指向新副本。与传统复制式回收不同的是，在并发复制算法中 STW 阶段到这里就结束了。它把系统留在这样一个状态，就是所有修改器只能看到目标空间中的对象，而其余所有活跃对象还在源空间中。堆对象中所有引用指向源空间中的对象，包括那些目标空间中新副本的引用。此时，恢复所有修改器并继续执行。

下面给出上述过程的伪代码。

```
void concurrent_copying_to()
{
    gc_suspend_mutators();
    Set* rootset = gc_enumerate_rootset();
    for( each slot in rootset ){
        Object* obj = *slot;
        *slot = obj_forward(obj);
    }
    gc_resume_mutators();
    // 下面的回收工作与修改并行
    ...
}
```

图 17-1 展示了这个 STW 阶段的过程。

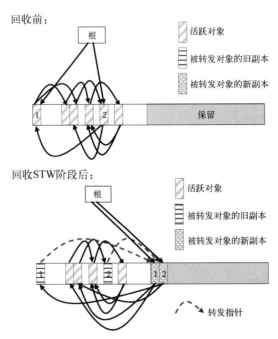

图 17-1　停止世界（STW）阶段前后的并发复制式回收

这个过程通常称为"翻转"步骤,因为它把所有根引用从指向源空间翻转到了指向目标空间。

2. "目标空间不变"算法的复制阶段

修改器恢复运行之后,当修改器加载目标空间中一个包含引用 R 的对象字段 F 时,它检查这个引用是否指向源空间。检查结果可能是以下情况之一。

情况 1:如果被引用对象在源空间中,并且已经被复制到了目标空间,修改器需要执行以下步骤。

(1) 加载转发指针 P。
(2) 用 P 替换 F 中的旧引用 R。
(3) 最后,在执行上下文中用引用 P 代替 R。

情况 2:如果被引用对象在源空间中,还没有被复制,修改器需要执行以下操作。

(1) 把 R 引用的对象复制到目标空间,比如在新位置 P。
(2) 在源空间的旧副本中安装转发指针 P。
(3) 用 P 替换 F 中的旧引用 R。
(4) 最后,在执行上下文中使用引用 P 代替 R。

情况 3:如果引用指向目标空间,修改器什么也不做。

GC 把这些操作实现为"读屏障",每当修改器向自己的执行上下文中加载一个引用时执行。读屏障确保它的上下文中没有指向源空间的引用。在引用被加载到修改器的上下文之后,修改器就可以读写目标空间中的被引用对象。通过这种方式,这个设计保持了"目标空间不变"性。这个设计最早由 Baker 提出,很多其他并发移动算法都可以追溯到他的原创性工作。"目标空间不变"算法的读屏障伪代码给出如下。

```
// 加载对象 src 的 slot 中引用的读屏障
Object* read_barrier_slot(Object* src, Object** slot)
{
    Object* obj = *slot;
    if( in_from_space(obj) ){
        if( !is_forwarded(obj) ){
            obj_forward(obj);
        }
        obj = forwarding_pointer(obj);
        *slot = obj;
    }
    return obj;
}
```

当修改器加载对象 src 中的引用字段 slot 内容的时候,执行这个读屏障。对象 src 位于目标空间中。这个读屏障不仅用于对象数据读操作,也用于写操作。在某些文献中,这类屏障被称为"加载屏障",指明了每当一个引用被加载到修改器的执行空间时,就会执行此屏障这个事实。上面的读屏障代码是基于槽位的,因为它从一个槽位中加载引用。

如果活跃对象只被读屏障复制，回收可能会执行太长时间，或者永远无法终止。这是因为有些活跃对象在回收开始很长时间之后才会被修改器访问。它们得不到被复制到目标空间的机会。既然根集对 GC 来说是已知的，回收器可以与修改器并行地追踪所有可达对象，并把它们转发到目标空间。

当修改器被恢复后，回收器可以同时遍历堆并转发所有引用。回收器加载引用的操作与修改器用读屏障所做的加载引用一样。区别在于，修改器加载引用是为了程序执行，而回收器加载引用是为了触发对象转发或引用修正。

如果需要的话，修改器也可以执行更多回收工作。例如，修改器可以给每次对象分配附加一些对象扫描工作。每个读屏障也可以把一个指向未标记对象的引用压入标记栈，这样可以加速堆追踪，如以下代码所示。

```
Object* read_barrier_slot(Object* src, Object** slot)
{
    Object* obj = *slot;
    if( in_from_space(obj) ){
        if( !is_forwarded(obj) ){
            obj_forward(obj);
        }
        obj = forwarding_pointer(obj);
        *slot = obj;
    }
    if( !is_marked(obj) ){
        remember(obj);
    }
    return obj;
}
```

17.1.2 　"目标空间不变"性

与并发堆追踪相比，"目标空间不变"并发复制算法看起来似乎与起始快照（SATB）算法类似。仔细观察后会发现它们有所不同，因为"目标空间不变"并不像 SATB 一样维护"快照不变"。在 SATB 设计中，需要写屏障来记忆被覆盖的旧引用值，以此维护对象邻接图的"快照"，从而维护正确性。原因在于被覆盖的引用可能指向一个白对象。在这个引用被覆盖之后，它可能被存储在一个黑对象或者运行时栈中，不会被再次扫描。虽然被引用的对象仍然是可达的，但 GC 却无法发现它。

在"目标空间不变"复制式回收中，目标空间中的对象或者是黑色的（即对象的所有引用都被加载并转发了）或者是灰色的（即不是它的所有引用都被转发了）。源空间中的对象是白色的。每当加载一个对白对象的引用时，这个对象会被转发（即变为灰色）。不可能把指向白对象的引用安装到一个黑对象或者运行时栈中。换句话说，读屏障语义已经确保了这个设计的正确性。

有人可能会奇怪为什么在 SATB 和 INC（增量更新）设计中可以向黑对象中安装一个白指针。这是因为它们不使用读屏障，从而无法捕获所有加载的引用。具体来说，只需通过对象读操作，一个指向白对象的引用就可以被修改器通过追踪引用链来加载。然后修改器把这个白指针安装到它的运行时栈或一个黑对象中。SATB 写屏障两种情况都不能捕捉到，INC 写屏障无法捕捉写入运行时栈的情况。

造成这个区别的关键原因是，"目标空间不变"设计的读屏障用"修改器访问"来确定一个对象的活性。被访问的对象肯定是活跃的，并且一个活跃对象或早或晚总会被访问（既然永远不被访问的对象可以被认为是死亡的），这实际上是一个比可达性更严格的活跃对象定义。这个读屏障不依赖于单独的可达性分析，因此避免了并发回收设计最常见的问题，那就是对象邻接图处于变化之中。或者换句话说，对象邻接图的变化本身就是被修改器引入的。修改器的读屏障执行和它本身的应用程序执行之间没有竞态条件。在"目标空间不变"算法中，可达性分析和对象图修改本质上是相同的过程。加载的引用是活跃的引用。复制的对象可能在回收完成之前死掉，但在被复制的时候一定是活跃的。

如果在读屏障之外使用并发回收器的话，情况就有点不同。如果回收器追踪堆（因此转发可达对象）比修改器的访问更快，也就是说，回收器在对象被修改器访问之前复制对象，那么所有被复制对象和在 STW 堆追踪标记的那些都是相同的。这种情况下不会丢失任何活跃对象，不过其中一些过一会儿可能就死亡了。

如果修改器在回收器复制某些对象之前访问它们，修改器可能写入它们并覆盖一些指向源空间中白对象的引用。这可能会导致这些白对象中的一部分变得不可达，如果它们没有别的到达路径的话。尽管它们是 STW 快照的一部分，它们并没有被转发，因为它们已经不再活跃。修改器对这些到源空间对象的引用访问越快（与回收器追踪推进的速度相比），回收器保留的漂浮垃圾就会越少。

换句话说，当回收器向前推进追踪波前的时候，修改器高效地切断了从波前到达白对象（即源空间）的一些路径。回收器把当前的波前（即灰对象）作为当前"新根"，并试图得到一个在对象邻接图剩余部分（即源空间中的对象）中从新根出发的快照，如图 17-2 所示。我们把从波前可达的快照称为"波前快照"（wave-front snapshot）。

图 17-2　"目标空间不变"回收中修改器与回收器的合作

图 17-2 中，打叉的箭头被修改器切断。当前快照不包含这些不再可达的白对象，尽管它们在修改器写操作之前是波前快照的一部分。在"目标空间不变"回收中，随着修改器运行，当前波前快照变得越来越小。

17

作为"目标空间不变"的一部分，新对象应该被放在目标空间，因为它们是修改器新分配（即访问）的。这与 SATB 设计类似。从另一个角度看，有必要把新对象当作活跃的。在极端情况下，我们已经知道，"目标空间不变"设计会得到与 STW 快照相同的结果，其中新对象不是对象邻接图快照的一部分。新对象不需要被扫描，因为任何写入新对象的引用一定会被读屏障捕获。

当对比两个对象引用值的等价性的时候，修改器可以直接执行比较操作，因为它只从目标空间加载引用，对同一个对象的引用总是相同的。

对于"目标空间不变"设计来说，回收终止不是一个问题，因为回收开始的时候源空间大小是固定的。从图遍历的角度讲，这个回收收敛的速度比 STW 回收快，因为剩余快照单调变小。

17.1.3   对象转发

当多个线程访问同一个对象的时候，不管是修改器还是回收器，只要复制只被一个线程提交就没有问题。当一个线程试图转发一个对象，并发现这个对象正在被另一个线程复制的时候，它会等待复制结束，然后访问数据。下面的伪代码给出了对象转发过程。它用原子操作确保只有一个线程转发这个对象。修改器和回收器线程都使用这个例程。

```
// 对象头中最后两位留作转发标志位
// 对象地址总是 4 对齐（即最后两位总是 0）
#define FORWARDING_BIT 0x1
#define FORWARDED_BIT  0x2
#define FORWARD_BITS (FORWARDING_BIT | FORWARDED_BIT)

Object* obj_forward(Object* obj)
{
    Obj_header header = obj_header(obj);
    if( !(header & FORWARD_BITS) ) {
        // 对象没有被转发，也不在转发中
        // 锁定对象头中的 FORWARDING_BIT
        bool success = lock_forwarding(obj);
        if( success ){
            // 成功锁定了对象
            // 把对象复制到新地址
            Object* new = obj_copy(obj);
            // 安装转发指针
            header = new | FORWARD_BITS;
            obj_set_header(obj, header);
            unlock_forwarding(obj);
            return new;
        }
    }
    // 被其他线程转发或者在转发之中
    // 忙等复制完成
    while( !is_forwarded(obj) ) pause();
    obj = forwarding_pointer(obj);
    return obj;
}
```

```
bool is_forwarded(Object* obj)
{
    Obj_header header = obj_header(obj);
    return (header & FORWARDED_BIT);
}

Object* forwarding_pointer(Object* obj)
{
    Obj_header header = obj_header(obj);
    return (Object*)(header & ~FORWARD_BITS);
}

bool is_under_forwarding(Object* obj)
{
    Obj_header header = obj_header(obj);
    return (header & FORWARDING_BIT);
}

bool lock_forwarding(Object* obj)
{
    Object_header* p_header = obj_header_addr(obj);
    // 设置 FORWARDING_BIT 位为 1，并返回!original_value
    return atomic_testset(p_header, FORWARDING_BIT)
}

void unlock_forwarding(Object* obj)
{
    Obj_header header = obj_header(obj);
    obj_set_header(obj, header & ~FORWARDING_BIT);
}
```

17.1.4　基于对象的"目标空间不变"算法

在前面基于槽位的读屏障中，它会检查加被加载的引用是否在源空间中，但它不检查包含这个引用的对象是否已经被扫描。如果它已经被扫描，那么它的所有引用字段已经被转发，因此不需要进一步检查任何它包含的引用。这要求 GC 标记被扫描对象。添加了额外检查（加粗代码体显示）的读屏障代码如下。

```
// 加载对象 src 的 slot 中引用的读屏障
Object* read_barrier_slot(Object* src, Object** slot)
{
    if( is_marked(src) ){
        return *slot;
    }
    Object* obj = *slot;
    if( in_from_space(obj) ){
        if( !is_forwarded(obj) ){
            obj_forward(obj);
        }
        obj = forwarding_pointer(obj);
        *slot = obj;
    }
```

17

```
    if( !is_marked(obj) ){
        remember(obj);
    }
    return obj;
}
```

使用这个读屏障，如果回收器运行更快，在回收器访问多数对象之前就标记了它们，那么大多数读屏障执行会更轻量。但是，如果回收器运行更慢，那么额外的检查会变得冗余，因为 is_marked(src)经常返回 FALSE。根本原因是基于槽位的读屏障每次最多只能更新一个槽位。它不会把对象标记为已扫描，因为它并不知道何时一个对象更新了所有的引用槽位。换句话说，基于槽位的读屏障只会把一个对象从白色变为灰色，但永远不会将其从灰色变为黑色。

为了改进这个设计，可以把读屏障修改为扫描一个对象，并转发它包含的所有引用，不仅限于被加载的引用。通过这种方式，修改器可以把一个对象直接从白变黑，这就标记了它。那么即使回收器运行更慢，仍然有可能 is_marked(src)返回 TRUE，从而导致轻量的读屏障执行。基于对象的读屏障的伪代码如下所示：

```
// 加载对象 src 的 slot 中引用的读屏障
Object* read_barrier_object(Object* src, Object** slot)
{
    if( is_marked(src) ){
        return *slot;
    }
    // 把对象 src 从灰变黑
    for(each reference field p_ref of src){
        Object* ref = *p_ref;
        *p_ref = obj_forward(ref);
    }
    mark(src);
    return *slot;
}
```

使用上面基于对象的读屏障，当修改器访问对象 src 的时候，它确保对象 src 引用的所有对象变为灰色，然后标记对象 src 为黑色。基于槽位的读屏障检查被引用对象的状态；与此不同的是，基于对象的读屏障检查包含这个引用的被访问对象的状态。

我们已经看到，对于"目标空间不变"并发复制式回收来说，有两个设计变体，一个使用基于槽位的读屏障，另一个使用基于对象的读屏障。我们也已经在 SATB 并发标记算法（基于槽位的写屏障与基于对象的写屏障）、INC 并发标记算法（记忆引用写屏障与记忆根写屏障）和分代式 GC（牌桌与记忆集）中看到了类似的关系。再次强调，这两个变体之间没有本质区别。它们以不同方式在所有修改器和回收器之间分配任务，对于修改器响应时间、回收吞吐量和堆大小消耗有不同的影响。

当多个修改器和回收器同时访问同一个对象时，它们有可能全都执行读屏障代码，但是每个被引用对象只能被一个线程转发一次。这是由 obj_forward()的实现保证的。函数 mark(src)可能被不同的线程执行多次。它必须像 obj_forward()一样是幂等操作。

17.1.5 基于虚拟内存的"目标空间不变"算法

每个堆槽位访问都会触发基于对象的读屏障，但只有当被访问对象没有被扫描过时才有实际效果。和以前一样，很自然地可以把对象级粒度扩展到页级粒度，这样就能利用操作系统的虚拟内存支持来实现读屏障。在灰对象被扫描之前，它所在的页面被内存保护为不可访问。对这个页面的任何访问都会触发一个页面异常，它的处理函数执行读屏障并扫描这个对象。

因为读屏障只对灰对象有效，所以应该对只持有灰对象的页面进行内存保护。这种方式不需要编译器插桩读屏障。最初的设计由 Appel 等人提出。下面是概念代码。

```
// 加载对象 src 的 slot 中引用的读屏障
Object* read_barrier_page(Object* src, Object** slot)
{
    Page* page = page_of_addr(src);
    if( !is_protected(page) ){
        return *slot;
    }
    lock_page_scan(page);
    scan_page(page);
    unlock_page_scan(page);
    return *slot;
}

void scan_page(Page* page)
{
    if( !is_protected(page) ) return;
    // 把页面从灰色变为黑色
    Object* obj = first_obj_in_page(page);
    while( obj ){
        scan_obj(obj);
        obj = next_obj_in_page(page, obj);
    }
    unprotect(page);
}

void scan_obj(Object* obj)
{
    if( is_marked(obj) ) return;
    for(each reference field p_ref of obj){
        Object* ref = *p_ref;
        *p_ref = obj_forward(ref);
    }
    mark(obj);
}
```

这个屏障由页面异常处理函数调用。页面异常处理函数和回收器都使用 GC 函数 scan_page()。并发回收器可以并行扫描灰色页面。

一个页面在被扫描之前就被锁定了，这样其他线程就不能访问它。代码一个接一个地扫描被保护页面来解除保护，把其中所有的对象从灰色变为黑色。当一个页面被扫描后，所有被这个页引用的白对象都会被转发。必须修改函数 obj_forward() 来确保它们被复制到内存保护的页面

（变成灰对象），这样修改器对它们的访问会触发页面异常。

这段代码没有展示执行页面保护的时机。当为对象转发分配一个新页面的时候，在任何对象被复制到其中之前，这个页面就立即被**保护**并锁定。当（导致新页面分配的）页面扫描完成后，或者当新页面被写满的时候，不管哪个情况更早发生，就在那之后新页面被解锁。页保护仍然开启，直到这页本身被扫描。

锁定复制页面是因为，当一个白对象被转发到这个页面后，第二个线程可能完成扫描一个页面，该页面持有被转发对象的引用。那么第二个线程可能访问这个被转发对象，这应该触发一个页面异常，并且页面异常处理函数在这个锁上等待第一个线程完成页复制。总结一下就是，页面锁定是为了对象转发，页面保护是为了对象转发和页扫描。

在"目标空间不变"回收中，新对象分配为黑色的，因此它们不需要被保护。任何安装到新对象的引用必须指向目标空间对象。

基于虚拟内存的解决方案有一个好处：它可以提供动态回调机会而不需要编译器插桩。尽管如此，以上设计还有一个技术挑战需要解决。当修改器访问一个内存保护的页面并触发页面异常处理函数的时候，异常处理函数和/或回收器中执行的 GC 函数应该能够访问这同一个页面，以进行页面扫描和对象转发。这可以通过在内核模式下运行 GC 函数，或者把同一个页面映射到具有不同保护级的不同虚拟地址上来实现。既然对一个页面的内存保护是通过处理器的内存管理单元在虚拟地址上执行的，那么同一个物理页面通过不同的虚拟地址访问，或者被不同的处理器访问的时候，可以有不同的访问权限。比如，在 Linux 中，可以使用 `shm_open()` 来创建一个共享内存对象，然后用不同的保护权限映射两次。

17.2 并发复制："当前副本不变"

在"目标空间不变"算法中，读屏障要求，当一个被引用对象在源空间时，修改器需要在继续之前把这个对象复制到目标空间中，或者阻塞等待其他线程完成对象复制。这有效地把回收器工作转移给了修改器。这个设计的优点是整洁性，可达性分析和对象图修改本质上是同一个过程。但它也有缺点，那就是把回收器工作放到了修改器的执行中。

17.2.1 对象移动风暴

"目标空间不变"算法的读屏障有一个后果，就是当回收的翻转阶段结束后，修改器恢复运行的时候，大多数对象都在源空间中，需要在起初短暂的运行期间被转发到目标空间。这个密集的对象转发过程被称为"对象移动风暴"，被认为是回收的一部分，一开始可能会严重降低修改器的运行吞吐量。然后，当大量由修改器访问的引用被转发之后，这个情况会被缓解。

可以通过修改器的分配率，或者其他可以指示修改器平均活跃程度的指标来衡量修改器的运行吞吐量。如果使用分配率来指示修改器的运行吞吐量，那么我们可能会发现，对于某些应用程序来说，翻转阶段刚结束后这个分配率会非常低。对象移动风暴的效果也可能非常严重，以至于可能几乎扼杀了修改器的执行，导致实质上类似于 STW 回收的方式。这是因为每个修改器访问都附带了一次对象转发（在基于槽位的设计中标记为灰色），或者一次对象扫描（在基于对象的设计中标记为黑色），或者一次页扫描（在基于页的设计中标记为黑色），再或者被其他线程的这几个动作阻塞。

正如我们已经提到过的，可以把读屏障和写屏障看作回收工作中由修改器执行的一部分。当这个工作量很小的时候，就像在分代式 GC 中收集记忆集那样，可以把它看作修改器活动的一部分。如果这个工作量并非微乎其微，就像在"目标空间不变"设计中那样，就更倾向于把它看作"增量式回收"的一部分，而不止是一个屏障。当工作量变得很大，并且在一段时间里几乎饿死修改器的时候，它更可能被称为 STW 阶段。

我们对并发式 GC 设计的期望是尽量不要打扰修改器的执行，把回收工作尽量留给回收器去做。

17.2.2 "当前副本不变"设计

为了减轻对象移动风暴，一个解决方案是允许修改器访问源空间中还没有被转发的对象，并让回收器只要可能的时候就扫描并转发对象。这种方式中，如果被引用的对象未被转发，则读屏障并不转发对象，而是直接返回当前对象；如果已经被转发，则返回新地址，如以下代码所示。

```
Object* read_barrier_current(Object* obj)
{
    if( is_forwarded(obj) )
        obj = forwarding_pointer(obj);

    return obj;
}
```

有了这个插桩到每次对象访问中的读屏障，修改器只能看到对象的当前副本。我们把这个算法称为"当前副本不变"。

Brooks 提出，总是在对象中包含一个转发指针。如果这个对象已被转发，它的转发指针指向新副本；否则，就指向这个对象本身。于是读屏障就不需要检查这个对象是否被转发，只需要解引用这个引用即可。

对于"当前副本不变"算法，转发对象是回收器的责任。修改器只确保访问正确的副本。对象转发与修改器执行并行运行。系统中同一个对象在同一时间可能有两个副本。在对象被转发之前，源空间副本是当前副本。在它被转发之后，目标空间副本是当前副本。"当前副本不变"算法的读屏障确保修改器只访问当前副本。因此，每当修改器访问一个对象的数据，它都需要在访问之前检查这个对象是否已被转发。比如，当一个修改器连续访问一个对象的一个字段两次时，这两次访问可能在不同的副本上执行：第一次在源空间副本上，第二次在目标空间副本上。

这意味着不仅是从对象中加载一个引用时需要读屏障，访问对象的任何数据都需要。作为对

17

比，"目标空间不变"算法中，一旦一个引用在修改器的执行上下文中，就可以确定这个引用指向目标空间。当修改器使用这个引用访问对象数据的时候，它不需要再次检查，因为可以确定这个引用在目标空间中。在"当前副本不变"算法中，修改器执行上下文中的引用可能指向源空间，也可能指向目标空间。

在"目标空间不变"算法中，当修改器从一个对象 A 加载一个引用 R 的时候执行读屏障。读屏障并不检查对象 A 是否已被转发，而是检查被引用 R 指向的对象。与之相对的是，在"当前副本不变"算法中，读屏障所做的恰好相反。它检查对象 A 是否还在源空间中，而不检查加载的引用 R。"当前副本不变"算法只确保被访问的对象是当前副本，然后对象数据（也就是值 R）一定是当前的。它并不在意引用 R 是否指向源空间，因为如果 R 引用的对象已被复制的话，读屏障也会找到正确的副本。

基于上述讨论，"当前副本不变"的读屏障实际上应该是一个针对对象读和写的"访问屏障"。每当修改器需要访问一个对象（读或者写），它们应该只访问当前副本。所以 read_barrier_current() 应该是 access_barrier_current()，在对象读写的时候被调用。下面给出使用的概念代码。

```
Value object_read_current(Object* obj, int field)
{
    obj = access_barrier_current(obj);
    object_read(obj, field);
}

void object_write_current(Object* obj, int field, Value val)
{
    obj = access_barrier_current(obj);
    object_write(obj, field, val);
}
```

上面的代码很直观，但在多线程情况下它是有问题的，因为在调用 access_barrier_current() 之后，原来在源空间中的对象可能已被复制，那么接下来的实际访问就是在陈旧副本上了。只有在转发、读、写这样的对象访问彼此为原子的时候，这段代码才能正常工作。

下面的代码可以在多线程环境下工作。

```
Value read_barrier_current(Object* obj, int field)
{
    Value val = object_read(obj, field);
    if( in_from_space(obj) && is_forwarded(obj) ){
        obj = forwarding_pointer(obj);
        val = object_read(obj, field);
    }
    return val;
}

void write_barrier_current(Object* obj, int field, Value val)
{
    bool fld_is_ref = field_is_ref(field);
    // 把当前副本的地址写入字段。这不是可选的
```

```
if(fld_is_ref && in_from_space(val) && is_forwarded(val))
    val = forwarding_pointer(val);

if( !in_from_space(obj) ){
    object_write(obj, field, val);
}else{ // 对象在源空间
    if( !is_forwarded(obj) ){
        bool success = lock_forwarding(obj);
        if( success ){
            object_write(obj, field, val);
            unlock_forwarding(obj);
            return;
        }else{
            while( !is_forwarded(obj) );
        }
    }
    // 对象已被转发
    obj = forwarding_pointer(obj);
    object_write(obj, field, val);
}
}
```

这个读屏障首先读取这个字段，然后检查这个对象是否被转发。如果它已被转发，修改器再次从转发的副本读取这个字段。如果当前副本在源空间中，这个写屏障是昂贵的，因为它需要锁定这个对象，防止回收器复制它。除此之外，写屏障和读屏障的所有其他情况下开销都很小。根据应用程序的特性，与对象移动风暴相比，这个权衡可能是值得的。

也可以使用类似于读屏障的技术，避免写屏障中的锁定操作。也就是说，如果这个对象不在转发中或还没被转发（即在它被回收器接触之前），修改器就写入这个字段。然后它再次检查这个对象是否在转发中或者已被转发。如果是的话，复制可能发生在写入之前。修改器会等待这个对象被转发，然后再次写入到转发的副本。不使用锁定，这个操作的正确性依赖于内存一致性模型。上面描述的序列在处理器一致性或者更强的一致性（比如完全存储排序，total store order）之下是正确的。Huelsbergen 和 Larus 使用了这项技术。我们把这个解决方案称为"无锁"的复制写屏障，把在此之前的解决方案称为"基于锁"的复制写屏障。

17.2.3 并发复制与并发堆追踪的关系

假定对象转发工作对修改器而言是完全不可见的，那么并发复制算法可以类似于并发非移动式设计。如果用三色术语表述，我们只需要重新定义白色、灰色和黑色的含义，举例如下。

(1) 源空间中的活跃对象为白色。

(2) 把一个对象标记为灰色，意思是转发这个对象。

(3) 把一个新对象标记为黑色，意思是这个新对象中所有的引用字段都已被转发。

图 17-3 是以上思路的一个展示。图中，被转发对象的两个副本都展示了出来，原来的副本在源空间相应位置上用半透明颜色表示。

17

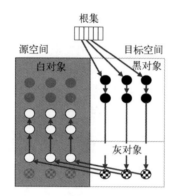

图 17-3   并发移动式与非移动式垃圾回收（GC）的相似性

1. 基于并发追踪算法的并发复制

根据前面的观察，可以通过应用并发追踪算法来设计并发复制算法，比如 SATB 或 INC 的思路。这对"当前副本不变"并发复制而言是合理的。原因是，"当前副本不变"算法不像"目标空间不变"算法那样要求修改器执行回收工作。换句话说，"当前副本不变"算法中的修改器不参与可达性分析（寻找活跃对象），而只是修改对象邻接图。回收器通过在后台复制活跃对象来执行可达性分析，而并发追踪算法以同样的设置运行，因此是合适的。

INC 并发复制：使用 INC 算法的思路，需要一个写屏障来捕获黑对象中指向白对象的引用写。它可以是记忆引用变体或记忆根变体。

如果是记忆引用变体的话，写屏障可以直接转发被引用对象，把对象变为灰色。如果是记忆根变体的话，应该记忆引用被写入的黑对象，用于重新扫描。

与在 INC 并发追踪中一样，"INC 并发复制"需要执行第二轮正确复制，重新扫描根集和记忆集。如果在第二轮中，一个对象在源空间被发现，它将被转发和扫描。可以有多个中间轮的重新扫描，以减少最后一轮正确复制的回收时间，如果正确复制轮是 STW 的话，这可能会有很大用处。

在这个设计中，新对象可以在源空间中作为白对象被分配。

SATB 并发复制：使用 SATB 的思路，需要一个写屏障来捕获非黑对象中指向白对象的被覆盖引用。它可以是基于槽位的变体或基于对象的变体。

如果是基于槽位的，写屏障可以直接转发被覆盖引用指向的对象，把它变为灰色。如果是基于对象的，可以扫描这个非黑对象，使得它的所有引用对象都变为灰色。如果这个非黑对象本身还未被转发，就转发它，使它变为黑色。

既然源空间中白对象（或快照）的总量是固定的，与回收器一起，"SATB 并发复制"算法可以在一轮收敛。

在这个设计中，新对象在目标空间中作为已扫描对象分配。

2. "当前副本不变"的正确设计

从上面的讨论中，我们知道，要完成"当前副本不变"GC 的设计，还需要几处修改。

首先，上面的写屏障 `write_barrier_current()` 没有包含用于 SATB 或 INC 写屏障的代码。它们可以独立实现，也可以合并到一个写屏障中。

其次，既然修改器可以看到两个空间的对象，那么这个设计应该确保在回收结束时，目标空间中的所有引用值都已被更新（为指向目标空间）。

"当前副本不变"算法只保证修改器读写当前副本的数据，并不要求每个引用都指向当前副本。比如，一个指向白对象的引用 R 可以被写入黑对象 A 中。当这个白对象被转发后，指向新副本（现在是当前副本）的另一个引用 R′可能被写入另一个黑对象 B 中。那么黑对象（A 和 B）就持有指向同一对象的不同副本的引用（R 和 R′）。对象 A 中的引用 R 是过时的，应该被修正。

在 INC 设计中，既然写屏障确保了所有写入黑对象的白引用（即指向源空间的引用）会被捕获，并且被引用的对象会被转发，剩下的唯一可能持有白引用的位置就是修改器的执行上下文。第二轮正确追踪将重新扫描根集和记忆集，转发并修正所有剩下的白引用。这不是一个问题。

在 SATB 设计中，它的写屏障并不像 INC 设计的写屏障那样，会捕获写入黑对象的白引用。当我们说它在一轮中收敛时，我们的意思是所有源空间中的白对象已经在一轮中被转发到了目标空间。它并不保证修改器的执行上下文和堆中的所有引用都被修正。它们中的一些可能还指向源空间。

既然"当前副本不变"写屏障保证只写入当前副本的引用，当所有对象的当前副本都在目标空间中时，就不会再发生向黑对象安装白引用的情况，这是因为这样的安装只能发生在所有白对象被复制完成之前。因为 SATB 在有限时间内转发所有白对象，所以在这个过程中，向黑对象安装白引用的数量也是有限的，因此可以用一个修改过的写屏障记录下来。在 SATB 收敛之后，回收器可以修正这些被记忆的白引用。

但是和 INC 设计一样，修改器执行上下文中仍然可能有白引用。为了完成这个设计，需要一轮根集枚举来修正这些引用。这不需要 STW，因为写屏障确保了修改器上下文中的白引用不能逃逸到别的修改器或堆中。

上述讨论揭示了"当前副本不变"SATB 设计需要记忆安装在黑对象中的白引用，并需要重新扫描根集，这使得它与 INC 设计类似。换句话说，对于"当前副本不变"来说，SATB 设计可能不是一个好的选择。

为了实现正确设计，最后需要修改的是引用等价性检查。为了比较两个引用的等价性，修改器需要检查被引用对象是否已被转发。有可能这两个引用指向同一对象的不同副本。这种情况下，Brooks 的提议是有用的：总在对象中包含一个转发指针。

17

17.3   并发复制："源空间不变"

现在我们已经讨论了"目标空间不变"和"当前副本不变"并发复制算法。我们很自然会考虑能否设计一种"源空间不变"并发复制式 GC。当回收器转发活跃对象的时候，修改器只操作源空间对象。当所有活跃对象都被转发之后，源空间和目标空间的角色可以互换。

这个设计需要把两个空间都保持最新：一个用于修改器的当前操作，另一个用于它们在空间翻转之后的操作。一个直观的思路是用写屏障更新活跃对象的两个副本。与另外两种只更新当前副本的复制思路相比，这个思路有一个明显的缺点。"目标空间不变"和"当前副本不变"这两个设计都把目标空间副本作为当前副本。对于它们来说，只有在对象没有被转发的时候，源空间副本才被认为是当前副本。

17.3.1   "源空间不变"设计

在"目标空间不变"设计中，修改器不得不与回收深度耦合。在变为修改器可见之前，每个加载到执行上下文中的引用都要被转发。

在"当前副本不变"设计中，修改器与回收的耦合没那么深。对象转发工作可以与修改器的执行路径相分离。修改器只是跟着转发指针来访问当前副本，但需要使用同步来避免修改写与回收器复制之间的竞态条件。

"源空间不变"设计可以进一步解耦修改器与回收器之间的交互，其中修改器永远不会操作目标空间。从根集开始，回收器并发追踪堆以获得活跃对象，并把它们复制到目标空间。建立一个映射，把对象地址从源空间映射到目标空间，这可以是一个目标映射表，也可以通过转发指针来完成。并发复制完成之后，修改器被再次暂停，以通过映射表更新根集引用指向目标空间。此时，这两个空间翻转，修改器可以恢复运行。

1. "源空间不变"设计的写屏障

当修改器操作任何一个已被转发的对象时（即进行修改），写屏障会更新两个副本，或者只更新原始副本，并在修改日志中记录修改，这样回收器可以对新副本应用这些修改。

这个设计中存在潜在的竞态条件。一个潜在的竞态条件是，某个对象被修改器写入的同时又被回收器复制。写屏障应该确保回收器不会丢失任何修改。一个简单的解决方案是总是在复制开始之前记忆所有的修改。

另一个潜在的竞态条件是，当多个修改器写入同一个数据字段的时候，原始副本中呈现的写入顺序可能与新副本中维护的不一致，因为一个修改器对原始副本和新副本（或修改日志）的两次写入对其他修改器的两次写入来说并不是单个原子操作。可能的结果是，一个修改器在原始副本中胜出，而另一个修改器在新副本中胜出。这个问题可以通过只记忆写发生时的原始字段地址来避免。回收器在应用日志的时候会解引用这个地址来获得原始副本中的当前值。其无锁版本的伪代码如下所示。

```
Value write_barrier_from(Object* obj, int field, Value val)
{
    object_write(obj, field, val);
    // FORWARDING_BIT 在回收器开始复制之前被置起,
    // 这一位不会被清除
    if( is_under_forwarding(obj) ){
        remember(obj, field);
    }
}
```

也可以通过另一种方式设计写屏障,就是让它把被写对象标记为脏对象,然后回收器重新复制这个脏对象。在极端的情况下,所有的对象都被标记为脏对象,这意味着它们都要被重新复制。脏对象一旦被复制就会变干净,之后任何在其上的写入又会把它再次变脏。就像 INC 堆追踪过程中的再扫描一样,再复制也可以执行多轮。在最后的翻转阶段(这通常是一个 STW 阶段)中,会处理剩余的日志和变脏的对象,以保持两个空间一致。

为了避免太多冗余的数据复制,并发复制可以把堆追踪和对象复制解耦。方法是让回收器首先只追踪堆,找到活跃对象并计算它们在目标空间的新地址,并不实际复制活跃对象。然后回收器把活跃对象复制到它们预先计算好的地址上,并更新目标空间中的引用。这实际上把并发复制式回收转换为并发压缩,稍后会详细讨论。不管是哪种情况,当回收器开始复制对象的时候,写屏障和最终的翻转阶段可以确保数据一致性。

注意,"源空间不变"设计不需要读屏障,这是一个优势。

2. "源空间不变"算法的堆追踪

这里的追踪算法可以类似于 SATB 或者 INC 并发追踪。写屏障可以合并用于堆追踪和写日志的代码。INC 算法与"源空间不变"写屏障合作更容易一些,因为二者都需要记忆写:INC 算法只记忆引用写,而"源空间不变"算法记忆所有的写。不过使用 SATB 追踪算法也没什么问题。

需要选择让回收器追踪哪个空间,是源空间还是目标空间。

源空间追踪:如果要追踪源空间,当一个对象被复制后,这个对象包含的引用都指向源空间。

我们想要目标空间维护这样一个特性,就是其中的所有引用都指向目标空间。换句话说,没有跨空间引用。这与另外两种并发复制算法是不同的。

三色术语定义如下。

(1) 默认情况下,源空间内的所有对象都为白色。
(2) 当一个对象的新地址被计算出后(即重定位),就被标记为灰色。
(3) 一个对象被复制后,就被标记为黑色。

当一个灰对象被扫描后,它引用的所有对象都被标记为灰色,也就是说,被重定向了。一个对象只有被扫描后才会被复制。

当一个对象引用被压入标记栈时，它就变为灰色，回收器计算它的新地址。在被引用对象被扫描后，其引用从标记栈弹出时，这个对象就变为黑色，并被复制。当这个对象被复制后，新副本应该通过使用映射表，把它包含的所有引用更新为指向各自的新值。

当回收器对复制的对象应用修改日志的时候，如果修改是一个引用写，回收器应该在应用修改之前计算它的新地址（即把它标记为灰色），以确保没有白引用被写入黑对象。

目标空间追踪：如果要追踪目标空间，第一步是把所有根集引用的对象复制到目标空间，然后从扫描这些新副本开始追踪。

当遇到一个指向源空间的引用的时候，回收器把被引用对象复制到目标空间，然后把引用更新为指向新副本。在这个设计中，三色术语定义如下。

(1) 源空间的所有活跃对象都为白色。目标空间中没有白对象。

(2) 复制一个对象就是把新副本标记为灰色。

(3) 扫描一个新副本就是把它标记为黑色。

这与"目标空间不变"设计类似，除了一点，那就是现在的复制和扫描由回收器完成，而不是由修改器在读屏障中完成。最基本的区别在于，一个对象的活性现在由 INC 或 SATB 堆追踪可达性决定，而不是"目标空间不变"的活性规则：被访问的对象是活跃对象。

目标空间维护了一个特性，那就是所有黑对象只有指向目标空间的引用。对目标空间应用修改日志的时候，如果是一个对扫描过的对象的引用写，那么被引用的对象应该被复制，以保持这个目标空间特性。首个"源空间不变"并发复制设计由 Nettles 和 O'Toole 提出，其中使用目标空间的 INC 追踪，他们称其为"基于复制"的回收。

上面的源空间追踪过程有单独一趟，其中包含标记、新地址计算、对象复制和引用更新等所有操作。实际上这些操作可以很容易地解耦为两个或更多阶段。这个性质提供了很大的设计灵活性。目标空间追踪不具有这个性质，因为它需要把被引用对象复制到目标空间才能继续追踪。

关于"源空间不变"算法的一点提醒是，如果转发指针安装在源空间对象头中，它可能会影响需要访问对象头信息的修改器执行。这种情况下，应该插桩修改器所有在对象头上的操作以遵循转发指针，并从目标空间的副本提取原来的对象头信息。为了避免这个问题，可以使用一个目标映射表。

17.3.2　部分转发"源空间不变"设计

根据"源空间不变"的原则，新对象应该被分配在源空间中。如果使用 SATB 追踪算法，所有的新对象都已知是活跃的，那么它们应该被复制到目标空间，并记忆所有在其上的修改。这可能很昂贵，如果不说是冗余的话。最好是让它们就待在目标空间，以避免复制和修改日志应用。

一个解决方案是在一个专用空间中分配新对象,其中的对象不被复制。这与之前讨论过的"部分转发"回收类似,其中上一次回收之后最新分配的对象在这一次回收中不被转发,而是在下一次回收时,也就是它们 1 岁的时候才被转发。

图 17-4 展示了这个单独新空间的思路。

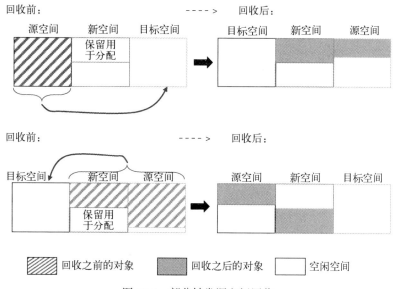

图 17-4   部分转发源空间回收

一次回收之后,用于分配的保留空闲空间持有在这次并发回收过程中分配的新对象。它们会在下一次回收中与源空间一起被回收。

另一个解决方案是分代设计,其中第一代是新空间,第二代包含源空间和目标空间。

17.4 无 STW 的完整并发移动

并发复制算法通常采用一个 STW 阶段用于根集枚举或空间翻转。这并不总是必需的。根集枚举的初始阶段可以被替换为并发根集枚举。如果满足以下条件,空间翻转的最后阶段也不需要 STW。

(1) 所有活跃对象都已经被扫描。

(2) 新对象分配在目标空间中。

(3) 向已扫描对象安装的指向白对象的引用可以被捕获。

堆中完全没有白对象。修改器上下文中剩余的白引用不需要 STW 就可以被修正。

这意味着把它们放在一起就可以实现无 STW 的并发移动式回收。

17.5　并发压缩回收

这里的压缩是指就地回收。复制式回收是压缩回收的一个特殊形式，但是保留了半个堆，因此不是就地回收。可以设计并发就地压缩 GC，但是我们先从部分复制式回收开始。

17.5.1　并发区域复制式回收

当通过复制回收垃圾的时候，回收器可以选择复制堆的一部分，就像在部分转发或区域式 GC 中一样。如果堆中的一些区域生存率较低，这很有用，因为可以获得较高的回收吞吐量。当堆中没有保留足够大的空闲空间以供复制回收所有对象的时候，这也很有用。

1. 单趟区域复制

回收器可以从第一个清空区域复制幸存者到空闲保留区域，然后把第一个清空区域清空。然后回收器可以继续从第二个清空区域复制幸存者到空闲保留区域的剩余空闲空间中。当这个空闲区域满了之后，可以利用第一个清空区域来复制对象，现在它已经是空的。回收器可以一个区域接一个区域地有效回收整个堆，我们称为一轮完整回收。当空闲保留区域大小与堆相比很小的时候，一轮完整回收的效果类似于一次就地压缩。在回收期间，空闲保留区域也用于新对象分配。

要使区域复制成为可能，第一个任务是找到目标清空区域中的所有活跃对象。如果目标清空区域（源区域）和空闲保留区域（目标区域）在回收开始之前是已知的，那么堆追踪趟可以与对象复制趟合并，就像在普通并发复制式回收中一样。我们可以应用前面介绍过的任何一种并发复制算法，只需要一点修改，就是不转发非清空区域的对象。

例如，并发区域复制的"目标空间不变"读屏障代码如下所示。同时，回收器从根集开始扫描整个堆来转发和更新所有指向源区域的引用。

```
Object* read_barrier_slot(Object* src, Object** slot)
{
    Object* obj = *slot;
    if( in_from_region(obj) ){
        if( !is_forwarded(obj) ){
            obj_forward(obj);
        }
        obj = forwarding_pointer(obj);
        *slot = obj;
    }
    return obj;
}
```

单趟区域复制有一个问题。对于每个区域上的回收，都需要一遍完整的堆追踪，在追踪时复制对象。这是巨大的开销。

2. 独立一趟的堆追踪

一个解决方案是采用独立的一趟进行专门的堆追踪，然后每个区域的回收只复制这个区域的活跃对象，不再追踪堆。这节省了大量追踪时间。使用独立一趟追踪的另一个好处是，追踪之后每个区域的生存率是已知的。那么回收器就可以优先选择回收能够带来最高回收吞吐量的区域。这个设计并没有保留压缩的滑动属性。

既然已经知道一个区域内的所有活跃对象，就可以在复制之前计算它们在目标区域的新位置（即重定位这些对象）。然后就可以并行执行源区域活跃对象移动和整个堆中对象的引用修正了，因为引用修正不需要等待对象复制完成。

我们使用"目标空间不变"来讨论复制阶段。它在堆追踪趟和源区域所有活跃对象都被重定位之后开始。这里三色术语定义如下。

(1) 源区域所有活跃对象默认为白色。
(2) 如果一个对象被复制到目标区域，或者如果它包含指向源区域的引用，这个对象为灰色。
(3) 如果一个对象被扫描过，因此它包含的所有引用都已被修正，这个对象为黑色。

和第一步一样，需要一个翻转阶段把根集引用从源区域重定位到目标区域，并且需要打开一个读屏障，在加载的引用对修改器可见之前转发它们。然后所有的修改器被恢复继续执行。

同时，回收器并行执行以下两个任务。

对象复制：把源区域对象复制到目标区域。因为所有的新地址已经被计算出来了，所以复制就只是一个接一个地迭代转发区域内的活跃对象。

复制可以在源区域开始，也可以在目标区域开始。如果它在源区域开始，回收器可以把这个区域分成块。每个回收器从源区域动态抓取并处理一个块。

如果复制从目标区域开始，那么会更平衡。回收器把目标区域分成块，即目标块。这类似于我们讨论过的并行压缩中的处理。每个回收器从目标区域动态抓取并处理一个目标块。对于每个目标块，回收器找到源区域内映射到它的第一个源对象，然后继续线性复制源区域的对象。这要求每个目标块记忆在哪里可以找到第一个源对象。可以在回收器计算活跃对象新地址的时候执行这项工作。这类似于在并行压缩算法中建立的依赖树。

正如前文已经讨论过的，"目标空间不变"算法可以是基于槽位的，也可以是基于对象的。基于槽位的设计在修改器访问指向一个对象的引用的时候，从源区域转发这个对象。基于对象的设计不仅转发对象，而且还转发所有它引用的对象。用三色术语表述，基于槽位的设计把一个对象从白色转化为灰色，而基于对象的设计把一个白对象变为黑对象。对于并发区域复制，这两种方法都可以使用。

引用修正：扫描堆（除了源区域）来更新所有指向源区域的引用。这些是指向源区域的跨区域引用。因为所有的新地址都已经计算好了，所以引用修正不需要等待被引用的对象被复制。

如果转发指针保存在堆外的目标映射表中，当一个区域的所有活跃对象都被复制后，这个区域可以立即被重用。剩余的指向它的引用仍然可以通过目标表更新。

使用"目标空间不变"设计，如果一个引用指向源区域，那就不可能把它安装到堆中，所以这些白引用的总数是有限的，可以在一趟内修正。

当修改器和回收器都更新同一个对象字段，而这个字段持有指向源区域的引用时，二者之间可能有数据竞争。例如，回收器想要修正引用值，使其指向目标区域，而修改器想要更新这个引用，使其指向另一个对象。为了避免这种情况，回收器需要用原子指令执行引用修正，即用原子的 CompareExchange 来修正引用，这个指令只有在旧值指向源区域时才会成功。否则，如果原子指令失败，回收器就放弃并继续，因为这个槽位或者已被修改器改变，或者已被其他回收器修正。

3. 引用修正趟

在 STW 区域复制中，可以使用预先建立的记忆集来修正跨区域引用，而不是通过堆扫描。为准备好一轮完整回收，在每一对区域之间的所有跨区域引用都应该被记忆，这样可以回收每个区域。跨区域引用可以通过写屏障在修改器的执行过程中记忆，也可以在回收器全堆追踪过程中枚举。当移动一个区域内的对象时，所有指向这个区域的引用都被更新为指向它们的新地址。OpenJDK 中的 Oracle G1 回收器就是使用这种方法的 STW 区域复制式 GC。它采用独立一趟全堆并发追踪，为所有跨区域引用建立起记忆集。然后 G1 使用 STW 区域复制来回收目标区域。

跨区域记忆集可能有巨大的内存开销。堆扫描可以通过枚举堆中引用槽位来用时间开销抵消内存开销。

使用并发区域复制，G1 的方法是不方便的，不是因为内存开销，而是因为修改器一直在持续地改变着引用。没有稳定的记忆集。更直观的方法是使用独立一趟堆扫描进行引用修正。

基于上述讨论，区域复制基本上有以下几遍。

(1) 执行全堆追踪以找到活跃对象。
(2) 选择要回收的区域，并重定位其中的活跃对象。
(3) 执行区域回收来移动选中区域中的活跃对象。
(4) 执行全堆扫描来修正引用。

注意这几遍可以是全部独立的。其中的一些也可以合并为一遍，或者并行执行。例如，如果在第一遍和第二遍开始之前就选好源区域和目标区域，那么它们可以合并到一起。第三遍和第四遍可以并行执行。

另一点提醒是，这里的每一遍都可以是并发的，或者是 STW。当它们都是 STW 的时候，这个算法就退化成了 LISP2 压缩，其中的选中区域实际上就是整个堆。

然而要扫描整个堆来进行引用修正，回收器可以在每个区域中逐个枚举活跃对象，也可以像活跃对象标记所做的那样追踪堆。Azul 的 C4 算法提出把下一次回收的活跃对象标记遍次结合到这一次回收的引用修正遍次，称为"连续回收器"。

(1) 执行全堆追踪来找到活跃对象，并修正指向旧值的引用。

(2) 选择回收区域，并重定位其中的活跃对象。

(3) 执行区域回收来移动选中区域中的活跃对象。

(4) 回到步骤(1)。

这样回收就变成了无休止且无暂停的，一次回收一个或多个区域。在并发移动式回收中，使用整个堆作为选中区域是不可能的，需要一个空闲保留区域来持有新副本，这样修改器和回收器才能在不同的副本上并行工作。

17.5.2 基于虚拟内存的并发压缩

和以前一样，可以利用操作系统（OS）的虚拟内存支持帮助实现并发压缩中的对象复制。

1. 需读屏障配合的异常处理函数

这是一个使用"目标空间不变"的设计。在并发复制开始之前，源区域中的所有活跃对象都已经被重定位，也就是说，它们在目标空间的新地址已经被计算好了。

目标区域是被内存保护的，它的物理页面经过两次映射。一个虚拟地址映射在被访问时会触发页面异常，另一个映射允许异常处理函数访问这个被保护页面。

作为并发复制的第一步，翻转阶段把那些指向源区域的根集引用修正为指向目标区域。打开一个读屏障来防止修改器看到指向源空间的引用。然后所有的修改器恢复并继续执行。这些步骤和之前一样，区别在于读屏障。之前，如果一个对象还没有转发，读屏障会转发它。现在读屏障不会转发它，而是返回它在目标区域的新地址。

当修改器访问目标区域的对象时，会触发一个页面异常。处理函数会把重定位的对象复制到异常页面中。这个处理函数需要能够找到映射到异常页面的第一个源对象，然后线性地得到其他映射到异常页面的源对象。一旦所有到这个页面的对象都被复制，就可以移除保护了。

这个设计中，可以用如下方式定义三色术语。

(1) 源区域的活跃对象都默认为白色。

(2) 如果一个对象包含指向源区域的引用，这个对象是灰色的。

(3) 目标区域的对象是黑色的。

需要读屏障来防止修改器访问源区域中的对象，但允许访问其他区域。内存保护是为了防止修改器访问目标空间中未复制的对象。下面的伪代码给出了读屏障和异常处理函数的实现。

```
Object* read_barrier_slot(Object* src, Object** slot)
{
    Object* obj = *slot;
    if( in_from_region(obj) ){
        obj = forwarding_pointer(obj);
        *slot = obj;
```

17

```
    }
    return obj;
}

void fault_handler_copy_region(void* addr)
{
    Page* fault_page = page_of_addr(addr);
    lock_page_copy(fault_page);
    if( !is_protected(fault_page) ) return;
    // 把页面从灰色变为黑色
    // 找到源区域中映射到异常页面的第一个对象的对象
    Object* src = first_source_obj_to_page(fault_page);
    Object* dst = forwarding_pointer(src);
    Page* dst_page = page_of_addr(dst);
    while( dst_page == fault_page ){
        reference_fix(src);
        obj_copy(src);
        src = next_obj_in_region(src);
        dst = forwarding_pointer(src);
        dst_page = page_of_addr(dst);
    }
    unprotect(fault_page);
    unlock_page_copy(fault_page);

}
```

　　一个页面只被异常处理函数处理一次，它把所有重定位到该页面的对象复制到这个页面。在页面复制的过程中，这个页面是被锁定的，所以只有一个线程可以将对象复制到它上面。在同一个页面陷入异常的其他修改器会等待这个锁直到复制结束。

　　注意，当一个对象被复制的时候，它包含的所有引用都同时被修正，并不复制被引用的对象。这是可能的，因为在复制开始之前就知道了所有的新地址。没有额外的用于引用修正的步骤来扫描目标区域对象。但是，回收器应该同时工作来修正目标区域和源区域之外的其他区域中的引用。

2. 不需读屏障配合的异常处理函数

　　上面的设计需要使用编译器插桩的读屏障来防止修改器访问源区域中的对象。其他区域（除了目标区域）中可能存在包含指向源区域的引用（即白引用）的灰对象。当修改器访问灰对象时，需要读屏障来防止它们看到白引用。

　　然而，如果通过设计让修改器只能看到黑对象，那么它们就没有机会看到白引用，因此就可以省略读屏障。

　　为了让修改器只能看到黑对象，我们可以应用 Appel 等人提出的基于 VM 的并发复制的原始思路，其中堆被分割为源区域和目标区域。堆中没有其他区域。修改器只能访问目标区域。

　　这里的设计仍然使用半空间，一半用作源空间，另一半用作目标空间。与原始设计思路的区别在于，为了实现并发压缩，它们是虚拟地址空间。源空间完全映射到物理地址空间，目标空间则不是这样。目标空间中只有保留的空闲区域映射到物理地址。目标空间的其余区域在修改器向其复制对象的时候按需映射。我们称之为"虚拟半空间"。

图 17-5 展示了半空间、区域复制和虚拟半空间这三种并发移动算法的区别。

半空间：

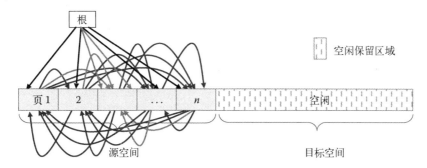

区域复制：

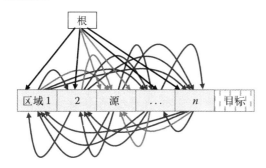

虚拟半空间：

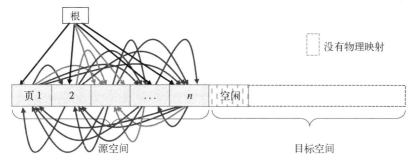

图 17-5　并发移动算法的区别

在虚拟半空间算法中，如果源空间的一个区域中的所有对象都已被复制，那么这个区域的物理页面可以被释放。它们可以被目标空间重用，以复制更多的对象。整个回收过程中，源空间的物理页面一个区域接一个区域地被释放，同时它们一个区域接一个区域地被映射到目标空间。通过这种方式，我们只用相对小的保留空闲空间就可以获得半空间复制式回收的效果，从而也得到类似于压缩回收的结果。一个直观实现可能看起来如下所示。

在空间翻转之后，修改器的所有引用都指向目标空间，它的整个虚拟空间是被内存保护的，只有一个区域被物理映射作为种子空闲区域。对目标空间中页面的访问会触发异常处理函数，它会把引用的对象转发，因此也映射了物理页面。

当一个对象被复制到目标空间后，它包含的所有引用都被一起修正，因为所有白对象的新地址都已经提前计算出来。所以目标空间的对象只有指向目标空间的引用。当修改器访问一个被引用但还没有被复制的对象时，会再次触发异常处理函数。由此得出两点推论：

(1) 修改器永远不会访问源空间，因此也不需要读屏障；

(2) 修改器对目标空间的访问可能触发大量页面异常，直到所有白对象都被复制为止。

同时，回收器扫描目标空间的页面来转发白对象。这可以加速回收，并缓解修改器复制对象的负担。

这个设计可以按需分配目标空间页面，但是它不一定能按照期望释放源空间中的页面，因为要复制的对象由从根集的可达路径和修改器的访问模式决定。被转发对象在源空间中的原始副本不一定聚集在同一个页面或同一个区域中。它们可能分散在源空间中。有可能在目标空间中分配了很多页面之后还没有释放任何源空间中的页面。这增加了对物理映射页面的需求。在最差的情况下，可能它所需的物理页面的总大小几乎是源空间大小的两倍，这本质上就把"虚拟半空间"算法转化为了真正的半空间算法。

为了释放源空间页面，一个页面中的对象应该被一起转发。这需要把页面作为基本复制单元来处理。也就是当修改器在目标空间中复制一个被访问对象的时候，它找到原来白对象所在的源空间中的页面，然后把这个页面中的所有活跃对象都复制到目标空间。

3. 虚拟半空间实现

基于前面的考虑，一个完整的虚拟半空间设计如下所示。GC 首先追踪整个堆，然后按照线性顺序遍历堆来计算所有活跃对象在目标空间的新地址，就像滑动压缩算法所做的那样，但是并不真的复制它们。目标空间是被保护的，除了保留页面之外都只被虚拟映射。接下来执行一个翻转操作，把所有根集引用重定位到目标空间，然后恢复修改器。

修改器只能看到指向目标空间的引用。当修改器解引用一个地址，而这个地址还没有被物理映射时，会触发一个页面异常，然后异常处理函数复制目标为异常页面的所有活跃对象。因为活跃对象的新地址是以线性顺序计算的，所以被转发对象的原始副本聚集在一个或多个页面里。复制完成后，异常页面被解除保护。既然这些源页面上的活跃对象已经被转发了，就可以释放它们了。通过这种方式，可以获得期望的就地压缩结果。

下面给出异常处理函数的伪代码。这与之前给出的并发代码非常相似，但虚拟半空间不需要读屏障。

```
void fault_handler_copy_to(void* addr)
```

```
{
    Page* fault_page = page_of_addr(addr);
    lock_page_scan(fault_page);
    if( !is_protected(fault_page) ) return;
    // 把页面从 copy-gray 变为 copy-black
    // 找到转发到 fault_page 的源对象范围
    Page* next_page = next_page_after(fault_page);
    Object* src_obj_start = first_source_obj_to_page(fault_page);
    Object* src_obj_end = first_source_obj_to_page(next_page);

    Object* src = src_obj_start;
    while( src < src_obj_end ){
        reference_fix(src);
        obj_copy(src);
        src = next_obj_after(src);
    }
    unprotect(fault_page);
    unlock_page_scan(fault_page);
    release_pages_between(src_obj_start, src_obj_end);

}
```

在这个设计中，目标空间的目标页需要知道它第一个对象的原始副本在源空间的地址。这个信息由 GC 在对象重定位那一趟中记录，也就是回收器计算活跃对象的目标地址时。在翻转阶段结束后，修改器恢复运行时，回收器开始通过逐个遍历目标空间页来复制这些对象。Kermany 和 Petrank 提出了这个被他们称为 Compressor 的原始设计。

下面是这个设计的几趟操作的概念化描述。

(1) 追踪整个堆找到活跃对象。

(2) 重定位所有活跃对象。

(3) 翻转空间，复制活跃对象到目标空间并修正引用。

在堆追踪趟之后分配的新对象无法被追踪，应该在目标空间中作为活跃对象被分配。如果它们在翻转阶段之前被分配，它们可能包含指向源空间的引用。所以这些新对象也应该被内存保护，以防止它们的引用逃逸。当修改器访问它们的时候，异常处理函数修正它们的引用并移除保护。

这个设计保持了压缩的滑动属性。但它和其他"目标空间不变"设计同样有一个"对象移动风暴"的问题。修改器恢复之后，它们有可能被大量页面异常和对象复制所占据，以至于几乎无法推进。在极端情况下，复制阶段可能有一小段时间看起来就像 STW 一样。随着越来越多的对象被复制，修改器才可以向前推进，然后回收就越来越像增量式的。整体看来，虚拟半空间感觉到的暂停时间可能比一个真正的 STW 压缩明显短得多。

4. 并发就地压缩

显然，压缩回收可以使用其他并发复制技术，比如"当前副本不变"或者"源空间不变"设计。这里不讨论它们。

17

前面的压缩算法不完全是就地的。它们都需要一个空闲保留区域来回收第一个使用区域，而这又可以用作第二个使用区域的目标区域，以此类推。原因很简单，所有这些算法实际上都是复制式回收，在源空间可以被释放之前，需要一个目标空间来持有被移动的对象。

这样做的根本原因是，与并发移动式回收一样，在对象被移动的同时，它应该确保修改器总是访问有效数据。使用一个空闲保留区域也很方便，这样不必担心对象移动覆盖有效数据。

空闲保留区域可以有半个堆那么大，就像在半空间或者虚拟半空间算法中那样。它也可以只有单个页面那么小，甚至还可以更小，只要能容纳回收区域中的最大对象即可。在现实中，空闲保留区域的大小应该足以获得合理的回收吞吐量。

不管保留区域有多么小，这都不是严格意义上的就地回收。严格就地回收允许在堆中滑动对象一点点，但不超过这个对象的大小。严格并发压缩也是可以实现的。

例如，GC 可以并发地逐个把活跃对象滑动到堆尾。移动对象的操作对修改器操作来说是原子的，这样修改器只能在移动前或者移动后访问这个对象。当修改器试图访问一个对象的时候，一个访问屏障会拦截这个访问，并检查这个对象是已经移动完毕还是正在移动中。

(1) 如果是在移动前，返回对象的原来地址。
(2) 如果正在移动中，阻塞这个修改器等待移动完成。
(3) 如果已经移动完毕，返回这个对象的新地址。

修改器并不移动对象。原因在于，修改器不知道对象压缩的顺序（或者它不想卷入这个麻烦中）。回收器以滑动方式移动对象。它们必须精确地控制顺序，这样才不会覆盖有效数据。我们开发的用于并行压缩的算法也可以应用在这里，但需要对移动中的对象加一个锁。

这个设计需要使用一个目标映射表来指示对象移动状态，因为一个被移动对象的原始副本可能已经被覆盖了，所以无法在它的对象头中维护转发指针。那么接下来的一个问题就是，如果恰好移出的旧对象和移入的新对象位于相同地址的话，那么访问屏障如何知道这个引用是用于访问已经被移走的旧对象，还是用于刚移入的当前对象。一个解决方案是用不同的虚拟地址空间来区分它们。也就是说，堆被映射到两个不连续的虚拟地址范围，比如源范围和目标范围。源范围中的引用是用于访问旧对象的，目标范围的引用是用于访问新位置中的对象的。

这个读屏障和写屏障的伪代码给出如下。

```
Value read_barrier_current(Object* obj, int field)
{
    return access_barrier(obj, field, 0, IS_READ);
}

void write_barrier_current(Object* obj, int field, Value val)
{
    bool fld_is_ref = field_is_ref(field);
    // 向字段写入新地址，这是必需的
    if(fld_is_ref && in_from_range(val) && is_forwarded(val))
        val = forwarding_pointer(val);
```

```
        access_barrier(obj, field, val, IS_WRITE);
}

Value access_barrier(Object* obj, int field, Value val, int acc_type)
{
    if( in_from_range(obj) ){
        if( !is_forwarded(obj) ){
            bool success = lock_forwarding(obj);
            if( success ){
                Value ret = object_access(obj, field, val, acc_type);
                unlock_forwarding(obj);
                return ret;
            }else{
                while( !is_forwarded(obj) );
            }
        }
        // 对象已被转发
        obj = forwarding_pointer(obj);
    }
    return object_access(obj, field, val, acc_type);
}
```

这个写屏障代码与"当前副本不变"写屏障相同。这是合理的，因为修改器并不想亲自移动对象。为了避免移动对象，如果对象还没有被移动的话，修改器应该访问它的原始副本；如果对象已被移动或者在移动中，就需要访问它的新副本。指向原始副本和新副本的引用都可能出现在修改器的上下文中。

当一个对象在移动中时，修改器可以等待这个对象移动结束。但是如果这个对象还没有移动，修改器就不能等待它移动，因为它不知道移动何时开始。否则，结果就会退化为 STW。如果对象还没有被移动，修改器应该就访问它的原始副本。注意，修改器可以获得移动锁，但只是用于防止回收器移动这个对象。

上面的读屏障代码与"当前副本不变"读屏障有所不同。"当前副本不变"读屏障比写屏障简单得多，而这里的读屏障几乎和写屏障一样。在"当前副本不变"的读屏障中，根据对象是否已被移动，修改器或者读取旧副本，或者读取新副本。它不会锁定对象转发，也不会等待对象转发完成。这是有无空闲保留空间的 GC 之间的关键区别。

当 GC 使用空闲保留空间的时候，旧副本和新副本可以在移动过程中并存。移动完成后，旧副本可以只被标记为"已转发"。在此之前，旧副本都是有效的，因为不会有对转发中对象执行的写操作。这意味着在对象处于移动之中的时候，修改器访问旧副本是安全的。它不需要等待移动完成。另外，既然修改器读和回收器移动可以并行执行，它们之间不需要互斥。修改器不需要锁定对象来读取。这与就地压缩算法不同。

这里，就地压缩没有空闲保留区，所以对一个对象的移动有可能只是把它滑动一点点，新副本会覆盖原始副本。这意味着，当一个对象开始移动的时候，它的原始副本的数据可能就不再有效了。为了访问到正确的数据，修改器需要锁定这个对象防止它移动。

17

　　注意，当对象被移动后，它的引用并没有都被修正为指向目标空间的新地址，尽管在对象重定位趟之后已经可以得到所有新地址。它只修正引用对象已经被移动的那些引用。否则，如果一个对象还没有被移动，修改器无法在它的新地址得到它的数据。

　　出于这个原因，在所有对象被移动后，需要一趟引用修正。在此之前，修改器可能需要通过目标映射表间接访问到当前副本，并更新加载的包含过时引用的引用字段。另一个解决方案是在堆追踪趟为每个对象建立一个记忆集。然后每当移动一个对象的时候，回收器可以更新记忆集中的槽位。这会导致巨大的内存开销，并且一个对象的记忆集大小是可变的，因为修改器可能把它的引用写到多个位置。第 19 章将讨论这个解决方案。

　　这个设计的各趟概念表示如下。

(1) 追踪整个堆找到活跃对象。

(2) 重定位所有活跃对象。

(3) 滑动复制对象到新位置。

(4) 修正引用。

　　到目前为止，我们已经开发了一个并发就地压缩算法，但是它几乎是不实用的。一个原因是消除空闲保留空间并没有带来明显的益处。并发回收需要允许新对象分配，而新对象分配需要空闲空间。回收需要的时间越长，为新对象保留的空闲空间就应该越大。严格并发就地压缩的运行时间比非严格并发就地压缩要长得多。尽管它消除了为存活对象保留的空闲空间，但是需要为新对象保留更大的空闲空间。只有在应用程序有很高的生存率和很低的分配率的时候，这么做才有意义。

第五部分

线程交互优化

第 18 章   monitor 性能优化

除了垃圾回收之外，另一个显著影响虚拟机（VM）性能的核心组件是线程同步。

Java 通过 monitor 和原子进行线程同步。如果应用程序频繁使用同步的话，monitor 的实现对其性能有很大影响。有些应用程序可能通过库隐式地使用同步。

我们已经讨论过一个最简单形式的 monitor 实现，以解释它的工作原理。在这一章里，我们会讨论能够大幅度降低 monitor 运行开销的更实际的实现。在下面的章节中，锁和 monitor 可以互换使用，除非另行指出。

18.1   惰性锁

锁只对于多线程计算有意义。如果已经知道系统中只有一个活跃线程，或者一个锁只被单个线程访问，那么不需要实际执行锁操作。

要检查系统是否为单线程可以很简单。在线程管理器中，有一个计数器用于追踪创建线程的数量。这种方法不适用于锁优化，因为当前 JVM 实现通常有多个 VM 创建的线程，比如用于即时编译、垃圾回收和终结的线程。

一个更好的设计不是检查创建的线程数量，而是检查访问锁的线程数量。在第二个线程访问锁之前，应用程序不需要执行锁操作。为了确保其正确性，所有的锁操作都被记录下来。当第二个线程将要使用一个锁的时候，记录的锁操作被实际执行，这个思路称为"惰性锁"。

要实现惰性锁，可以用一个"惰性锁列表"记录锁操作，如图 18-1 所示。

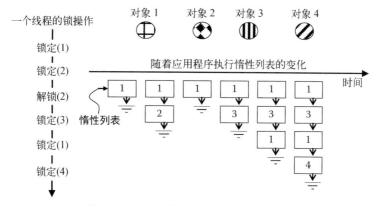

图 18-1 记录应该被锁定对象的惰性列表

下面给出实现惰性锁的伪代码，其中使用一个对象数组作为惰性锁列表。

```
/* 惰性列表 */
Object* lazy_list[];
/* 记录被记录对象的数量 */
int lazy_lock_num = 0;

/* 用于单个线程锁定 */
void lazy_lock ( Object* obj )
{
    lazy_list[lazy_lock_num++] = obj;
}

/* 用于单个线程解锁 */
void lazy_unlock( Object* obj )
{
    lazy_lock_num--;
    if( lazy_list[lazy_lock_num] != obj ){
        vm_throw_exception("IllegalMonitorState");
    }
}
/* 在第二个线程锁定任何对象之前
   惰性锁记录的对象 */
void lock_lazily()
{   // 恢复普通锁实现代码
    retore_normal_lock_code();
    // vm_object_lock()是用于锁定的 API
    // 它现在调用普通实现代码
    for(int i=0; i<lazy_lock_num; i++ ){
        vm_object_lock( lazy_list[i] );
    }
}
```

当第二个线程试图锁定的时候，或者系统调用 Object.wait()的时候，lock_lazily()
会被调用来恢复锁状态。

如果在惰性列表中记录对象的话，GC 模块应该把这个列表作为全局根集的一部分进行枚举。

18

18.2　瘦锁

惰性锁只能提高单线程性能。对于多线程锁定，我们采用其他优化技术。

比如，在第 6 章的第一个 monitor 实现中，我们使用了线程局部的 `locked_object_list` 数据结构来追踪被一个线程锁定的 monitor。它要求每次锁定和解锁（即 `monitorenter` 和 `monitorexit`）操作都搜索这个列表，这是昂贵的。如果锁定/解锁操作在应用程序中非常密集，代价可能会很大。

这一节会分析锁定/解锁的执行路径，然后继续提出一些方法对热路径进行优化。

18.2.1　瘦锁锁定路径

一个 monitor 锁定过程主要有以下操作。

❑ 步骤 1：检查这个 monitor 是否已被锁定。
❑ 步骤 2：如果这个 monitor 没有锁定，那么锁定它并返回。
❑ 步骤 3：如果这个 monitor 已被锁定，检查它是否被自身锁定。如果是的话，增加递归次数并返回。
❑ 步骤 4：如果这个 monitor 被其他线程锁定，等待以后再次锁定它。

图 18-2 展示了锁定的执行流程。

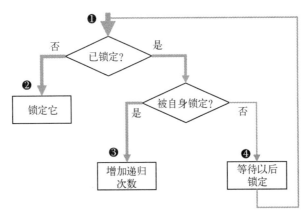

图 18-2　锁定一个 monitor 的操作流程

在第一个实现中，除了步骤 1，其余所有步骤都需要列表操作来管理 monitor 状态。步骤 4 从本质上说就是慢路径，因为它必须处理多线程锁定竞争，这通常会涉及用于线程调度和通信的 OS 调用。

现实中，多数多线程应用程序实际上并没有锁竞争。即使是多个线程访问同一个锁对象，它们的锁定时段也可能并不重叠。这意味着，当一个线程试图锁定一个 monitor 的时候，这个 monitor

通常处于未锁定状态。基于这个观察结果，优化思路是是让这个常用路径快速执行，这多数是通向步骤 2 的路径，有时候也通向步骤 3，在图 18-2 中的操作流程图上用箭头的宽度表示。接下来我们一个接一个地查看这些步骤。

步骤 1：检查这个 monitor 是否已被锁定。

在初始实现中，通过检查对象头中的一个位，这个步骤实现得足够快。通过检查对象引用（即一个指针）中的一位，不需要加载对象头，甚至可以进一步加速这个步骤。

既然步骤 1 之后总是接着步骤 2 或者步骤 3，引用位模式应该也可以编码一些步骤 2 或步骤 3 使用的信息。

在引用中放入一个位不一定方便，因为不太可能修改堆中指向一个对象的所有引用。这里我们不讨论引用位模式优化，而只讨论使用对象头的信息进行优化。

步骤 2：如果这个 monitor 没有锁定，锁定它并返回。

锁定一个 monitor 通常涉及用原子指令来测试并设置对象头中的位。同时还需要记忆这个锁的拥有者，这样后续对同一个对象的锁定可以了解是否由同一个线程锁定。锁拥有者的信息（即线程 ID）需要与这个对象（即对象 ID）关联起来。

在初始 monitor 实现中，我们使用了线程局部的 `locked_object_list` 来记忆锁定的对象。这就把对象 ID 存储在了线程数据结构中，于是也就与线程 ID 关联起来。

反向的关联是在锁定的对象中记忆线程 ID，然后锁定线程可以通过读取对象数据来检查当前拥有者，而不是通过搜索 `locked_object_list`。既然每个锁的拥有者不能多于一个，那么在对象头中保留一些空间给线程 ID 是可行的。

这个设计使得常用路径可以快速锁定一个空闲 monitor。通过把线程 ID 放入对象中，VM 实际上不知道一个线程当前持有哪些锁，因为检查所有对象的锁拥有者信息过于昂贵。幸运的是通常不需要这个支持。

步骤 3：如果 monitor 已经锁定，检查它是否由自身锁定。如果是的话，增加递归次数然后返回。

在初始的实现中，为了检查自己是不是锁拥有者，线程在 `locked_object_list` 中搜索这个对象。如果把锁拥有者的线程 ID 保存在对象头中，这个检查可以快得多。但如果把递归次数放在别的地方，比如放在 `locked_object_list` 中，快速检查拥有者没有太多帮助，因为如果对象被自身锁定，那么之后线程还需要访问这个列表。如果我们想要让这条路径（直到从锁定操作中返回）也是快速的，可以把递归次数也放在对象头中。

为了实现这些优化，现在对象头中至少应该有两个字，一个原来用于 vtable 的槽位，另一个用于锁定，这就是"锁字"（lock word）。假设 VM 把两个字节用于线程 ID，一个字节用于递归次数，那么在一个 32 位系统中的对象头布局如图 18-3 所示。

vtable指针	
线程ID	递归数

图 18-3　支持快速 monitor 锁定的对象头布局

两字节线程 ID 可以容纳最多 64K 线程，这是够用的，有时候甚至超过了一个平台可以支持的最大线程数。一字节递归数字允许递归锁定一个对象 128 次，这可能也是够用的。出于安全性考虑，当递归数字溢出的时候，需要一个备用解决方案。

使用这个新布局，不需要 LOCK_BIT 来锁定对象，因为可以使用线程 ID 指示锁定状态，如下所示。这段代码假定字为小端架构。

```
bool lock_non_blocking(Object* jmon)
{
    uint16* p_threadID = (uint16*)lock_word_addr(jmon)+1;
    uint16 myID = current_thread()->tid;
    // 自动交换锁字中的线程 ID
    int oldID = CompareExchange(p_threadID, 0, myID);
    return (oldID == 0);
}
```

由于原子指令非常昂贵，如果锁定代码在用原子指令锁定它之前检查当前锁拥有者，那么会更快一些。当对象由自身锁定时，只需增加一个递增次数即可。伪代码给出如下。

```
bool lock_non_blocking_fast(Object* jmon)
{
    uint16* p_threadID = (uint16*)lock_word_addr(jmon)+1;
    uint16 myID = (uint16)(current_thread()->tid);
    if( *pthreadID == myID){
        // 被自身锁定，增加递归数
        uint8* p_recursion = (uint8*)lock_word_addr(jmon)+1;
        uint8 num_recursion = *p_recursion;

        // 如果递归数溢出，返回到备用解决方案
        if( num_recursion == RECURSION_OVERFLOW )
            *p_recursion = ++num_recursion;
        if ( num_recursion < RECURSION_OVERFLOW )
            return TRUE;
        else
            return FALSE;
    }else if( *pthreadID == 0 ){
        // 空闲 monitor，自动交换锁字的线程 ID
        int oldID = CompareExchange(p_threadID, 0, newID);
        return (oldID == 0);
    }
    // 被其他线程锁定，进入慢路径
    return FALSE;
}
```

递归数可能变得太大，以至于无法放在锁字的单个字节中。这种情况下，需要一个备用解决方案，它可以简单地回退到原来的慢路径。既然溢出的情况是少见的，这不会对快路径的性能有

实际影响。完整的锁定过程伪代码如下所示。

```
void STDCALL vm_object_lock(Object* jmon)
{
    bool success = lock_non_blocking_fast(jmon);
    if( success ) return;
    // 对象或者被其他线程锁定，
    // 或者递归数溢出
    uint16* p_threadID = (uint16*)lock_word_addr(jmon)+1;
    uint16 newID = (uint16)(current_thread()->tid);
    if( *p_threadID == newID){
        // 被自身锁定，意味着递归数溢出
        // 返回到 locked_object_list 解决方案
        Locked_obj* plock = null;
        Locked_obj* head = thread_get_locked_obj_list();
        plock = lookup_in_locked_obj_list(head, jmon);
        if( plock->jobject == jmon){
            // 已经在列表中，那么增加递归数
            plock->recursion++;
        }else{
            // 第一次溢出，在列表中创建一个节点
            plock = (Locked_obj*)vm_alloc(sizeof(Locked_obj));
            plock->jobject = jmon;
            plock->recursion = MAX_FAST_RECURSION + 1;
            plock->next = head;
            thread_insert_locked_obj_list(plock);
        }
    }else{
        // 被其他线程锁定，在这个 monitor 上休眠
        lock_blocking(jmon);
        // 从休眠中返回的时候，持有这个锁
        // 这是第一次锁定 jmon，不会有溢出
    }
    return;
}
```

用于锁定的 VM 应用程序接口首先调用快速路径。如果它返回 FALSE，就走慢速路径来处理递归数溢出或者锁竞争的情况。

18.2.2　瘦锁解锁路径

一个线程解锁它锁定的对象时的步骤如下。

❑ 步骤 1：检查自身是否持有这个锁。

❑ 步骤 2：如果没有被自身锁定，抛出 IllegalMonitorState 异常并返回。

❑ 步骤 3：如果被自身锁定，检查递归数。如果递归数大于 0，递减它并返回。

❑ 步骤 4：如果递归数为 0，释放这个锁，并检查是否有任何线程在阻塞等待锁定这个对象；如果没有等待线程就返回。

❑ 步骤 5：如果有等待线程，唤醒它并返回。

图 18-4 展示了解锁执行流程。箭头宽度指示了路径的热度。

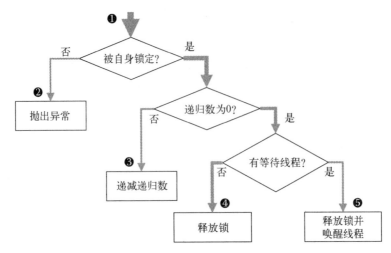

图 18-4   解锁一个 monitor 的操作流程

最常见的路径是步骤 4。应该把它优化得尽可能快。其他路径的优化，比如步骤 3 和步骤 5
的优化是可选的。步骤 2 通常是最不常见的路径。

在我们最初的解锁代码实现中，为了知道是否有线程阻塞等待一个被释放的锁，步骤 4 需要
遍历所有的修改器。这显然很慢。从步骤 1 到步骤 4，有三个条件需要检查：锁拥有者、递归数
和等待线程。目前，前两者存储在锁字中，可以快速检查。如果最后一个（即是否有等待线程这
个条件）也可以通过检查锁字实现，那么最热路径可以很快。

出于这个目的，可以在锁字中放入一个标志来指示是否有任何等待线程。我们称之为竞争标
志。可以使用锁字的剩余字节（最低字节）实现它。那么解锁代码实现如下所示。

```
void STDCALL vm_object_unlock(Object* jmon)
{
    uint16* p_threadID = (uint16*)lock_word_addr(jmon)+1;
    uint16 self = current_thread()->tid;
    if( *p_threadID == self){
        // 被自身锁定，检查递归数
        uint8* p_recursion = (uint8*)lock_word_addr(jmon)+1;
        uint8* p_contention = (uint8*)lock_word_addr(jmon);
        if( *p_recursion ){
            recursion_dec(jmon);
        } else{
            *p_threadID = 0; // 释放锁
            if( *p_contention ){
                notify_blocking_threads(jmon);
            }
        }
    }else{
        vm_throw_exception("IllegalMonitorState");
    }
}
```

　　这里有一个潜在的竞态条件：在解锁线程检查竞争标志的同时，还有一个竞争线程正在设置同一个标志（即因该锁被锁定而打算阻塞）。为了确保锁拥有者解锁（因此唤醒休眠线程）时永远不会错过竞争标志，线程之间需要实现一个协议。

　　一个简单协议就是只有锁的拥有者可以设置这个竞争标志。如果一个锁定线程发现这个锁被其他线程持有，并且竞争标志没有被置起，那么它不会休眠等待，而会忙等（或者 yield 等待），然后再次试图锁定。它只有在看到竞争标志置起的时候才会休眠等待。一旦它成功持有这个锁，就会设置竞争标志。在这个协议中，竞争标志可以是单个位，不需要担心访问的原子性。

　　我们不想要忙等（或者 yield 等待）。如果竞争线程想要休眠等待一个被持有的锁，那就需要一个稍微复杂点的协议来保证内存操作顺序。

　　首先，这个竞争标志需要远离其他锁数据，这样设置/检查它就不会影响对锁字其他字节的操作。换句话说，这个竞争标志的设置和重置应该是原子化和独立的。通过这种方式，可以按照我们的需求来设计对它们的访问顺序。正如我们所做的，锁字的最低字节可以用于这个目的。

　　其次，在锁定实现中，在竞争线程设置竞争标志之后，它应该在进入休眠之前再试一下非阻塞锁定路径。这个重试是很关键的，原因如下。

- 如果在重试中，锁还没有被释放，竞争线程将进入休眠等待中。锁拥有者在释放锁的时候能够看到竞争标志，因为它在释放锁"之后"检查竞争标志。结果是它知道有休眠线程并会唤醒它。
- 如果在重试中锁被释放，即使是在竞争线程设置竞争标志之后，它也不会休眠等待这个锁，所以它不需要被任何人唤醒。

　　在使用宽松内存一致性（relaxed memory consistency）的当代微处理器中，由于非阻塞锁定操作内部的原子比较–交换指令，它本身就是一个针对所有内存读写操作的内存栅栏（memory fence；或者内存屏障，memory barrier）。它可以有效地确立竞争标志访问和线程 ID 访问的顺序。锁定的伪代码如下所示。

```
void STDCALL vm_object_lock(Object* jmon)
{
    bool result = lock_non_blocking_fast(jmon);
    if( result ) return;
    // 对象或者被其他对象锁定，
    // 或者递归数溢出
    uint16* p_threadID = (uint16*)lock_word_addr(jmon)+1;
    uint16 myID = (uint16)(current_thread()->tid);
    if( *p_threadID == myID){
        // 被自身锁定，意味着递归数溢出
        lock_recursion_overflow(jmon);
    }else{
        // 被其他线程锁定，在这个monitor上休眠
        unit8* p_contention = (uint8*)lock_word_addr(jmon);
        *p_contention = 1;
        result = lock_non_blocking_fast(jmon);
```

```
        if( result ) return;
        lock_blocking(jmon);
    }
}
```

通过这种方式，休眠线程永远不会错过唤醒。

18.2.3　竞争标志重置支持

不管使用什么协议，在目前的设计中都不能重置竞争标志。也就是说，一旦竞争标志被置起，它就一直保持在那里，直到 monitor 对象被回收。因为锁拥有者总是需要假定有竞争，所以它试图唤醒的可能是实际上并不存在的等待线程。如果在应用程序的整个生存期只有少数锁定竞争的话，这可能成为一个问题。

如果我们想要支持竞争标志重置，就需要小心安排多个线程对竞争标志的访问。为了避免复杂的设计，一个选择是使用常用线程同步构件来控制这个竞争标志，比如使用 mutex 和条件变量。当一个竞争线程被阻塞时，它可以设置竞争标志，并在这个条件变量上等待。当锁拥有者释放这个锁的时候，它会重置这个标志，并通知所有等待线程。这个条件变量和它的保护 mutex 被放入一个控制数据结构中。第一次需要时，会为被竞争锁创建出这个控制数据结构的一个实例。那么新的伪代码实现如下所示。

```
struct Control{
    Mutex* mutex;
    Condvar* condvar;
}

void STDCALL vm_object_lock(Object* jmon)
{
    bool result = lock_non_blocking_fast(jmon);
    if( result ) return;
    // 对象或者被其他线程锁定，
    // 或者递归数溢出
    uint16* p_threadID = (uint16*)lock_word_addr(jmon)+1;
    VM_Thread* self = current_thread();
    uint16 myID = (uint16)self->tid;
    if( *p_threadID == myID ){
        // 被自身锁定，意味着递归数溢出
        recursion_overflow(jmon);
    }else{
        // 被其他线程锁定，在这个monitor上休眠
        unit8* p_contention = (uint8*)lock_word_addr(jmon);
        Control* control = lookup_control(jmon);
        // 使用mutex来保护这个条件变量
        lock(control->mutex);
        while(true){
            *p_contention = 1;
            result = lock_non_blocking_fast(jmon);
            if( result ) break;
            self->status = THREAD_STATE_MONITOR;
```

```
            wait(control->condvar, control->mutex);
            self->status = THREAD_STATE_RUNNING;
        }
        unlock(control->mutex);
    }
}

void STDCALL vm_object_unlock(Object* jmon)
{
    uint16* p_threadID = (uint16*)lock_word_addr(jmon)+1;
    uint16 self = (uint16)(current_thread()->tid);
    if( *p_threadID == self){
        // 被自身锁定, 检查递归数
        uint8* p_recursion = (uint8*)lock_word_addr(jmon)+1;
        uint8* p_contention = (uint16*)lock_word_addr(jmon);
        if( *p_recursion ){
            recursion_dec(jmon);
        }else{
            *p_threadID = 0; // 释放锁
            if( *p_contention ){
                Control* control = lookup_control(jmon);
                lock(control->mutex);
                cond_notify_all(control->condvar);
                *p_contention = 0;
                unlock(control->mutex);
            }
        }
    }else{
        vm_throw_exception("IllegalMonitorState");
    }
}
```

这个设计中用条件变量管理竞争线程，所以锁拥有者不需要遍历修改器列表来唤醒等待线程。如果有多个竞争线程的话，在它们被唤醒之后，其中一个将成功锁定这个对象，其余的则会再次被阻塞。它们会再次设置竞争标志。竞争标志最终只会被最后一个竞争线程重置为 0。当它释放锁的时候，最后一个竞争线程会发现竞争标志是自己设置的，然后重置它。

尽管只有一个线程能够获得锁，因为竞争标志被重置，所以这个设计需要唤醒所有等待线程。下一次当这个锁被释放的时候，这个锁的拥有者不会试图唤醒任何等待线程，除非其他竞争线程再次设置了这个标志。只唤醒一个线程有时候是可能的。这需要只在没有等待线程的时候重置这个标志。不幸的是，我们通常不知道一个条件变量上等待线程的数量，所以我们也不知道什么时候重置这个标志。因此，我们必须总是重置它，从而唤醒所有的等待线程。

这里使用的 mutex 保护了竞争标志和线程等待状态之间的一致性。当这个标志未被置起的时候，一定没有等待线程。如果有等待线程，那么这个标志一定被置起。同时，这个设计仍然保持了和以前一样的顺序性：如果这个标志被置起，那么解锁线程一定能够看到，因为这个标志是在它试验非阻塞锁定之前置起的。有了状态一致性和操作顺序性这两个属性，这个设计可以支持竞争标志重置。

既然现在对竞争标志的访问由 mutex 保护，它不需要一定是支持原子内存访问的单个字节。只要不影响其他操作，使用一个位也是可以的。

上面的优化在对象头中使用了一个锁字来实现锁定和解锁的常用情况。它可以被称为"瘦锁"（thin-lock），尽管与 Bacon 等人提出的最初设计并不完全相同。Bacon 的瘦锁自身并不是一个完整的 monitor 解决方案，因为它不能支持对竞争锁的休眠等待、递归数溢出和 `Object.wait()`。

18.3   胖锁

常用路径优化通常就足够好了，但有时候非常用路径对于性能也很重要。有些应用程序可能有大量锁竞争或递归锁定。

比如，当递归数溢出的时候，拥有者线程需要迭代它的 `locked_object_list` 来递增/递减递归数。当有锁竞争的时候，解锁线程需要迭代全局修改器列表来唤醒阻塞线程，或者使用一个额外的控制数据结构来支持竞争重置。

18.3.1   整合 monitor 数据结构

为了简化设计，可以创建一个简单的 monitor 数据结构与锁对象相关联，并包含其操作所需的所有信息。例如，这个数据结构可以包含递归数和在这个锁上阻塞的线程。它可能看起来如下所示。

```
struct VM_Monitor{
    VM_Thread* owner;
    int recursion;
    // 在锁定这个monitor上阻塞的线程，替代blocked_lock
    Thread_List* blocked_list;
    // 在这个monitor上等待的线程，替代waited_condition
    Thread_List* waited_list;
}
```

这个数据结构在一个位置整合了 monitor 的所有相关信息。我们最初的实现把这些信息分散在所有涉及的线程中。

为了把这样一个数据结构与锁对象相关联，类似于 GC 设计中的"转发指针"，这里需要一个映射表。它可以在对象头的锁字中使用一个指针，或者使用一个堆外目标映射表。

首先我们讨论"指针"解决方案，即在对象头的锁字中安装一个指向它关联的 monitor 数据结构的指针。在实际实现中，可以在锁字中使用一个 monitor ID，只要能用它高效地找到 monitor 数据结构就可以。

所有的 monitor 操作都可以在这个 monitor 数据结构上执行。比如：

```
void STDCALL vm_object_lock(Object* jmon)
{
    VM_Monitor* mon = monitor_pointer(jmon);
```

```
        VM_Thread* self = current_thread();

        if( mon->owner == NULL){
            int oldID = CompareExchange(&mon->owner, NULL, self);
            if( oldID == NULL ) return;
        }else if ( mon->owner == self ){
            // 被自身锁定
            mon->recursion++;
            return;
        }
        // 被其他线程锁定
        insert_self_in_list(mon->blocked_list);
        lock_blocking(mon);
        delete_self_in_list(mon->blocked_list);
        mon->owner = current_thread();
    }

    void STDCALL vm_object_unlock(Object* jmon)
    {
        VM_Monitor* mon = monitor_pointer(jmon);

        if( mon->owner == current_thread() ){
            // 被自身锁定
            if( mon->recursion ){
                mon->recursion --;
            }else{
                mon->owner == NULL;
                notify_blocking_threads(mon);
            }
        }else{ // 锁被其他线程持有
            vm_thread_exception("IllegalMonitorState");
        }
    }
```

这样维护起来要简单得多，代价是对象头中的一个指针。

注意，这个设计中没有竞争标志。释放锁的线程总要检查 blocked_list 来唤醒任何等待线程。

18.3.2　交由 OS 来支持

正如前面所讨论过的，monitor 的语义由用于锁定/解锁的 mutex，以及用于等待/通知的条件变量组成（之前的代码只展示了 mutex 部分）。直接使用底层 OS 的 mutex 和条件变量支持，实现起来更简单。有些 OS 甚至提供了原生 monitor 支持。这样 VM 就不需要维护阻塞线程列表和信号这些东西了。实际上实现正确高效的线程同步原语是很困难的，特别是在宽松内存一致性的多核平台上。

对于一个有 mutex 和条件变量支持的平台，VM 可以定义如下 monitor 数据结构。

```
struct VM_Monitor{
    VM_Thread* owner;
```

18

```
    int recursion;
    Mutex* mutex;
    Condvar* condvar;
}
```

新的锁定代码可以实现如下。

```
void STDCALL vm_object_lock(Object* jmon)
{
    VM_Monitor* mon = monitor_pointer(jmon);
    monitor_lock(mon);
}

void STDCALL vm_object_unlock(Object* jmon)
{
    VM_Monitor* mon = monitor_pointer(jmon);
    monitor_unlock(mon);
}

void monitor_lock(VM_Monitor* mon)
{
    if( mon->owner == current_thread() ){
        // 被自身锁定
        mon->recursion++;
    }else{
        mutex_lock(mon->mutex);
        mon->owner = current_thread();
    }
}

void monitor_unlock(VM_Monitor* mon)
{
    if( mon->owner == current_thread() ){
        // 被自身锁定
        if( mon->recursion ){
            mon->recursion --;
        }else{
            mon->owner == NULL;
            mutex_unlock(mon->mutex);
        }
    }else{ // 锁由其他线程持有
        vm_thread_exception("IllegalMonitorState");
    }
}
```

Object.wait()/notify()的伪码可以实现如下。

```
void STDCALL vm_object_wait(Object* jmon, unsigned int ms)
{
    VM_Monitor* mon = monitor_pointer(jmon);
    monitor_wait(mon);
}

void STDCALL vm_object_notify(Object* jmon)
```

```
{
    VM_Monitor* mon = monitor_pointer(jmon);
    monitor_notify(mon);
}

void monitor_wait(VM_Monitor* mon, unsigned int ms)
{
    VM_Thread* self = current_thread();
    if( mon->owner != self ) {
        vm_throw_exception("IllegalMonitorState");
        return;
    }
    self->status= THREAD_STATE_WAIT;
    // 使用 OS 的条件定时等待支持
    int temp_recursion = mon->recursion;
    mon->recursion = 0;
    bool signaled = cond_timed_wait(mon->condvar, mon->mutex, ms);
    // 唤醒
    self->status= THREAD_STATE_RUNNING;
    mon->recursion = temp_recursion;

    if(self->interrupted) {
        self->interrupted = false;
        vm_throw_exception("Interrupted");
    }
}

void monitor_notify(VM_Monitor* mon)
{
    if( mon->owner != current_thread() ) {
        vm_throw_exception("IllegalMonitorState");
        return;
    }
    // 使用 OS 的通知支持
    cond_notify(mon->condvar);
}
```

这个使用 monitor 数据结构的实现很简单地支持了所有情况，包括像递归数溢出、线程阻塞等边界情况。瘦锁对此并没有很好的支持。它并没有用竞争标志告诉锁拥有者是否有休眠等待线程，因为 mutex 默认就有了这个支持。解锁一个 mutex 就自动唤醒在其上等待的线程。

这个实现在性能和空间方面都有开销。与瘦锁相比，这个实现的性能代价是总要访问 monitor 数据结构以进行 monitor 操作，而不是直接在对象头上操作。空间代价是每个 monitor 都有的额外数据结构。出于这个原因，这个设计有时候也被称为"胖锁"（fat-lock）。

18.3.3 瘦锁膨胀为胖锁

如果实现可以支持在常见情况下使用瘦锁，在其他情况下使用胖锁，那就是我们想要的。一个对象可以从瘦锁开始，只在它的操作涉及递归数溢出和线程阻塞（由于因锁定阻塞或者 Object.wait()）的时候变为胖锁。社区中称这个过程为"膨胀"（inflation）。

18

膨胀设计可以使用一个膨胀标志，类似于前面讨论过的竞争标志。当膨胀发生（由于递归数溢出或者锁竞争）的时候，锁字由瘦锁数据变为一个指向 monitor 数据结构（胖锁）的指针，同时膨胀标志被置起。

膨胀函数在胖锁中需要重新生成瘦锁的当前状态，方法是再次锁定胖锁，次数与瘦锁被锁定次数相同，如下所示。

```
void lock_inflate(Object* jmon)
{
    uint8 recursion = *((uint8*)lock_word_addr(jmon)+1);

    VM_Monitor* mon = vm_alloc(sizeof(VM_Monitor));
    mon->mutex = new_recursive_mutex();
    mon->condvar = new_condvar();
    // 瘦锁已经被锁定了 recursion+1 次
    mon->owner = current_thread();
    mon->recursion = recursion;
    monitor_pointer_set(jmon, mon);
}
```

既然膨胀会改变锁字，那么在膨胀和其他锁定操作之间可能会有竞态条件。为了避免竞态条件，需要一个线程之间的协议。

一个简单协议是只允许锁的拥有者膨胀这个锁，而且膨胀的锁永远不会收缩，类似于不支持重置的竞争标志的最初设计。这里设置竞争标志的操作替换为膨胀瘦锁。也就是说，瘦锁的拥有者在通过竞争取得瘦锁之后膨胀它。同时，其他竞争线程忙等（或 yield 等待）锁从瘦锁转化为胖锁。因为竞争线程依赖于 monitor 数据结构来休眠，所以它们在膨胀完成之前无法休眠等待。

这个设计没有使用竞争标志来告诉锁拥有者是否有等待线程。当瘦锁被竞争的时候，竞争线程只能忙等。当一个锁被膨胀后，这个胖锁会负责竞争管理。

当一个锁被它的拥有者膨胀的时候，另外一个线程可能正在竞争这个锁。竞争线程可能在锁被膨胀之前看到一个瘦锁，那么这个竞争线程仍会使用瘦锁算法来锁定它。也就是说，在看到一个瘦锁和锁定它这两次操作之间，这个锁可能变成了胖锁。这个设计应该确保锁定瘦锁的操作在胖锁上会失败。一个解决方案是把两字节的线程 ID 限制为 15 位，把最高位留作膨胀标志。如果膨胀标志被设置，那么这两个字节会一起构成一个不同于任何线程 ID 的数字。瘦锁算法仍然把这两个字节一起看作线程标志。当一个线程试图用瘦锁算法锁定一个被膨胀的锁时，它会认为锁被其他线程锁定了，因此总会失败。

带膨胀支持的锁伪代码实现如下。

```
void STDCALL vm_object_lock(Object* jmon)
{
    // 首先用瘦锁非阻塞锁定试验
    bool success = lock_non_blocking_fast(jmon);
    if( success ) return;
    // 对象可能(1)被其他线程锁定、
    // (2)递归数溢出，或者(3)变为胖锁
```

```
        uint16* p_threadID = (uint16*)lock_word_addr(jmon)+1;
        uint16 newID = (uint16)(current_thread()->tid);
        if( *p_threadID == newID) // 递归数溢出，膨胀它
            lock_inflate(jmon); // 不返回，在下面锁定它
        // 被其他线程锁定
        while( !lock_is_fat(jmon) ){
            // 可能被其他线程取得并膨胀
            yield();
            success = lock_non_blocking_fast(jmon);
            if( success ){
                lock_inflate(jmon);
                return;
            }
        }
        // 胖锁
        VM_Monitor* mon = monitor_pointer(jmon);
        monitor_lock(mon);
        return;
}

void STDCALL vm_object_unlock(Object* jmon)
{
    if( !lock_is_fat(jmon) ){
        object_unlock_thin(jmon);
    }else{ // 胖锁
        VM_Monitor* mon = monitor_pointer(jmon);
        monitor_unlock(mon);
    }
}

void STDCALL vm_object_wait(Object* jmon, unsigned int ms)
{
    if( !lock_is_fat(jmon) ){
        lock_check_state(jmon);
        lock_inflate(jmon);
    }
    VM_Monitor* mon = monitor_pointer(jmon);
    monitor_wait(mon, ms);
}

void STDCALL vm_object_notify(Object* jmon)
{
    if( !lock_is_fat(jmon) ){ // 瘦锁
        lock_check_state(jmon);
        // 瘦锁没有任何锁上等待线程
        return;
    }
    VM_Monitor* mon = monitor_pointer(jmon);
    monitor_notify(mon);
}
```

注意 monitor 数据结构是在 VM 中分配的，它的地址和对象头中的 vtable 指针一样是固定的。垃圾回收不会移动它。否则对象锁字中的指针也需要像对象引用一样被更新。

18

18.3.4　休眠等待被竞争瘦锁

上面的设计有两个很容易发现的缺点。第一个缺点是，在锁被膨胀之前，在瘦锁上的竞争线程需要 yield 等待这个锁，而不是休眠等待。第二个缺点是，一旦锁被膨胀，就无法被收缩。

第一个问题无伤大雅，特别是当锁生命期比较短的时候。如果它变得很严重的话，可以再次使用竞争标志的设计来解决这个问题。这个设计允许竞争线程设置竞争标志，然后在控制数据结构上休眠。与前面的设计相比，关于竞争标志重置的主要变化如下。

□ **何时重置竞争标志**：竞争标志是为了指示对瘦锁的竞争。一旦这个锁被膨胀，竞争标志就没有用了，因为胖锁不需要它。出于这个原因，竞争标志在锁膨胀过程中被重置，而不是像在前面的设计中那样，在解锁过程中被重置。

　一个瘦锁的解锁线程只检查竞争标志是否被设置，以唤醒这个控制数据结构上的等待线程。

□ **唤醒多少个线程**：当一个瘦锁的拥有者释放这个锁的时候，如果竞争标志被置起，它需要唤醒一个等待这个控制数据结构的竞争线程。被唤醒的线程可能获取这个锁并膨胀它。

　像之前的设计那样唤醒所有等待线程没有什么意义，因为被唤醒线程中能够赢得竞争的不会超过一个。甚至可能有新创建线程在所有被唤醒线程之前获得锁。

　未被唤醒的线程会继续在这个控制数据结构上等待，直到一个竞争者赢得锁并把它膨胀为胖锁，然后它们会继续在这个胖锁上休眠。

　在之前的设计中，所有的等待线程都被唤醒，因为这时竞争标志被重置。在当前的设计中，这是在膨胀过程中完成的。

□ **竞争线程在什么上休眠**：当竞争线程等待一个瘦锁的时候，它们在与这个竞争标志管理关联的控制数据结构上休眠。

　当竞争标志被重置，并且锁被膨胀的时候，这个控制数据结构上的所有等待线程都会被唤醒，以重新请求这个锁。如果其中任何一个获取失败，那么它们就会在这个胖锁上休眠等待，而不是在这个控制数据结构上。

　在之前的设计中，因为没有胖锁，所以控制数据结构是唯一休眠的地方。

既然锁膨胀动作包含重置竞争标志和通知条件变量上的休眠线程这些动作，那么为了保持一致性，这个动作需要用控制数据结构的 mutex 来保护。前面没有竞争标志的膨胀算法不需要这个保护。

膨胀可能发生在三个位置：递归数溢出、一个竞争线程获得锁，以及一个锁拥有者在这个对象上调用 Object.wait()。所有这些都应该被 mutex 保护。

下面的伪代码给出不用线程忙等的锁膨胀设计。

```
void STDCALL vm_object_lock(Object* jmon)
{
    // 首先试验瘦锁非阻塞锁定
    bool result = lock_non_blocking_fast(jmon);
    if( result ) return;
    // 对象可能(1)被其他线程锁定、
    // (2)递归数溢出，或者(3)变为胖锁
    uint16* p_threadID = (uint16*)lock_word_addr(jmon)+1;
    VM_Thread* self = current_thread();
    uint16 newID = (uint16)self->tid;
    if( *p_threadID == newID ){ // 递归数溢出，膨胀它
        Control* control = lookup_control(jmon);
        mutex_lock(control->mutex);
        lock_inflate(jmon);
        mutex_unlock(control->mutex);
    }
    // 胖锁
    if( lock_is_fat(jmon) ){
        VM_Monitor* mon = monitor_pointer(jmon);
        monitor_lock(mon);
        return;
    }
    // 瘦锁，但是被其他线程锁定，等待
    Control* control = lookup_control(jmon);
    mutex_lock(control->mutex);
    while( !lock_is_fat(jmon) ){
        *p_contention = 1;
        result = lock_non_blocking_fast(jmon);
        if( result ){
            lock_inflate(jmon);
            mutex_unlock(control->mutex);
            return;
        }
        self->status = THREAD_STATE_MONITOR;
        cond_wait(control->condvar, control->mutex);
        self->status = THREAD_STATE_RUNNING;
    }
    mutex_unlock(control->mutex);
    VM_Monitor* mon = monitor_pointer(jmon);
    monitor_lock(mon);
    return;
}

void lock_inflate(Object* jmon)
{
    uint8 recursion = *((uint8*)lock_word_addr(jmon)+1);

    VM_Monitor* mon = vm_alloc(sizeof(VM_Monitor));
    mon->mutex = new_recursive_mutex();
    mon->condvar = new_condvar();
    mon->owner = current_thread();
    mon->recursion = recursion;
    monitor_pointer_set(jmon, mon);
```

18

```
        Control* control = lookup_control(jmon);
        *p_contention = 0;
        cond_notify_all(control->condvar);
    }


void STDCALL vm_object_unlock(Object* jmon)
{
    if( !lock_is_fat(jmon) ){ // 瘦锁
        lock_check_state(jmon);
        uint16* p_threadID = (uint16*)lock_word_addr(jmon)+1;
        // 被自身锁定，检查递归数
        uint8* p_recursion = (uint8*)lock_word_addr(jmon)+1;
        uint8* p_contention = (uint16*)lock_word_addr(jmon);
        if( *p_recursion ){
            recursion_dec(jmon);
        }else{
            *p_threadID = 0; // 释放锁
            if( *p_contention ){
                Control* control = lookup_control(jmon);
                mutex_lock(control->mutex);
                cond_notify(control->condvar);
                mutex_unlock(control->mutex);
            }
        }
    }else{ // 胖锁
        VM_Monitor* mon = monitor_pointer(jmon);
        monitor_unlock(mon);
    }
}


void STDCALL vm_object_wait(Object* jmon, unsigned int ms)
{
    if( !lock_is_fat(jmon) ){
        lock_check_state(jmon);
        Control* control = lookup_control(jmon);
        mutex_lock(control->mutex);
        lock_inflate(jmon);
        mutex_unlock(control->mutex);
    }
    VM_Monitor* mon = monitor_pointer(jmon);
    monitor_wait(mon, ms);
}


void STDCALL vm_object_notify(Object* jmon)
{
    if( !lock_is_fat(jmon) ){
        lock_check_state(jmon);
        return;
    }
    VM_Monitor* mon = monitor_pointer(jmon);
    monitor_notify(mon);
}
```

这个设计的关键点是，它为每个锁对象使用了一个控制数据结构，以允许竞争线程在其上休眠。当这个锁被膨胀为胖锁之后，就停止使用这个数据结构，竞争线程移动到胖锁上阻塞。

为保证正确性，这个设计主要确保了两点。第一点是，当一个线程在一个瘦锁上休眠的时候，它不应该错过唤醒。第二点是，当一个锁变为胖锁之后，所有休眠线程都被移动到胖锁上。

尽管在上述两种情况下，线程都是阻塞休眠，但这些线程在不同位置上以不同的方式休眠。在瘦锁中，它们在控制数据结构上休眠，等待条件变量，条件变量可以被另一个线程通过通知来唤醒。在胖锁中，它们在 monitor 数据结构上休眠，阻塞于这个 monitor 的 mutex 上，mutex 可以被其他线程通过解锁来唤醒。这个区别对接下来将要介绍的设计有重要的影响。

膨胀动作总是被 mutex 保护，所以直接把 mutex 锁定/解锁操作放入膨胀函数中也可以。而那样的话，我们就需要添加一个 mutex 解锁，在竞争线程成功赢得瘦锁之后和膨胀之前，代码如下：

```
result = lock_non_blocking_fast(jmon);
if( result ){
    mutex_unlock(control->mutex);
    lock_inflate(jmon);
    return;
}
```

这一节中的设计允许瘦锁上的竞争线程在一个控制数据结构上休眠等待。它不支持收缩。要添加收缩支持相对来说也比较简单。需要做的就是检查是否没有线程阻塞或等待在这个胖锁上，然后把锁字变回瘦锁。

18.4　Tasuki 锁

允许阻塞线程休眠等待的设计依赖于控制数据结构。我们观察到一点，那就是这个控制数据结构实际上实现了一个非递归 monitor。可以用一个 monitor 数据结构代替这个控制数据结构。我们实际上可以把胖锁实现重用于这个控制数据结构。

我们还观察到，设计中这个控制数据结构只在瘦锁膨胀为胖锁之前使用。换句话说，这个控制数据结构的使用和 monitor 数据结构的使用时段是没有交叠的。如果我们想要把控制数据结构替换为一个 monitor 数据结构，直接使用这个锁对象的同一个 monitor 数据结构就很方便。

18.4.1　将同一个胖锁 monitor 用于竞争控制

如果要把同一个 monitor 数据结构用于竞争控制和胖锁的话，在设计中有如下几处修改。

1. 访问 monitor

在之前的设计中，用于竞争标志的控制数据结构通过一个全局映射表访问，它把一个对象地址映射到控制数据结构。胖锁的 monitor 数据结构通过锁字访问。现在如果我们使用同一个数据结构，两条路径我们应该都支持，这样不管是瘦锁还是胖锁都可以一直访问到 monitor 数据，如下所示。

```
VM_Monitor* lookup_monitor(Object* jmon)
{
    if( lock_is_fat(jmon) )
        return monitor_pointer(jmon);
    else
        return lookup_control(jmon);
}
```

第一次为一个对象调用 lookup_control(jmon) 的时候创建这个对象的 monitor 数据结构。当瘦锁上有竞争的时候，它的递归数溢出的时候，或者在这个锁对象上调用 Object.wait() 的时候，这就会发生。

2. 膨胀过程

在前面的设计中，膨胀函数在 monitor 中重新生成这个瘦锁的状态，方法是以瘦锁被锁定次数的相同次数锁定 monitor。膨胀操作被一个控制数据结构的 mutex 保护，现在这个数据结构被替换为 monitor。

这意味着，在当前设计中，在膨胀被调用之前，为了保护这个膨胀过程，这个 monitor 已经被锁定了一次。因此，当膨胀函数在 monitor 中重新生成锁状态的时候，它不会再次设置锁拥有者，而会设置递归数。

另外，在前面的设计中，monitor 数据结构是在膨胀过程中创建的。既然这个 monitor 在瘦锁竞争管理和膨胀保护中会被使用，那么这个 monitor 数据结构需要在膨胀之前就存在。膨胀函数不需要创建一个数据结构，而是把 monitor 数据结构作为一个参数传给它。伪代码给出如下。

```
void lock_inflate(Object* jmon, VM_Monitor* mon)
{
    uint8 recursion = *((uint8*)lock_word_addr(jmon)+1);
    // 重新生成锁定状态为 recursion + 1 次
    mon->recursion = recursion;
    monitor_pointer_set(jmon, mon);
    *p_contention = 0;
    monitor_notify_all(mon);
}
```

3. 膨胀过程中 monitor 的双重角色

锁膨胀只能被持有这个锁的线程执行。拥有者把瘦锁切换为胖锁。在前面的设计中，用控制数据结构的一个 mutex 保护膨胀过程，在膨胀结束之后应该解锁这个 mutex。现在，既然这个控制数据结构被替换为瘦锁膨胀后的同一个 monitor，拥有者应该继续拥有它，而不是在膨胀之后解锁它。

这意味着，对于膨胀过程来说，monitor 现在有两个角色。一个是用于保护膨胀过程，另一个是作为新拥有的锁。在膨胀之后，它保护膨胀过程的角色就结束了，但它作为被拥有的锁的角色还在继续，因此在膨胀之后不需要解锁它。

4. 冗余 monitor 锁定/解锁对

在前面的设计中，如果有锁定竞争者的话，竞争线程需要锁定控制数据结构，然后置起竞争标志，并重试去锁定这个瘦锁（如果它仍然是瘦锁的话）。控制数据结构的锁和瘦锁是不同的锁。

现在通过用 monitor 替换控制数据结构，竞争线程在置起竞争标志并重试瘦锁之前，首先需要锁定这个 monitor。同时锁定同一个对象的 monitor 和瘦锁，这看起来是有问题的。但实际上这没有问题，因为此刻（这时这个对象是一个瘦锁）这个 monitor 的角色只是一个保护性控制数据机构，而不是这个对象真正的 monitor。

而如果锁被膨胀了，它的角色就是真正的 monitor。下面的场景是可能存在的：一个瘦锁的竞争线程请求这个 monitor（作为控制数据结构）并在其上休眠。当它被唤醒的时候，它用来休眠的这个 monitor 已经变成了胖锁 monitor（不再是控制数据结构）。这种情况下，当它醒来的时候，这个线程不需要解锁这个控制数据结构并锁定胖锁 monitor，因为醒来的过程中已经取得了这个胖锁。可以移除这一对控制解锁和 monitor 锁定的动作。

从另一个角度看，如果中间没有代码的话，那么任何一对胖锁锁定/解锁动作都可以被移除。锁定/解锁对可能存在是因为在前面的设计中，锁定/解锁是在不同的数据结构上进行的，即一个是在控制数据结构上，另一个是在 monitor 数据结构上。现在二者使用同一个数据结构，因此它们变成了一对冗余操作。

5. monitor 和控制合并的实现

下面是把同一个胖锁 monitor 用作并发控制的伪代码。这是基于前面设计的一个标注修改版。

```
void STDCALL vm_object_lock(Object* jmon)
{
    // 首先用瘦锁非阻塞锁定试验
    bool result = lock_non_blocking_fast(jmon);
    if( result ) return;
    // 对象可能(1)被其他线程锁定、
    // (2)递归数溢出，或者(3)变为胖锁
    uint16* p_threadID = (uint16*)lock_word_addr(jmon)+1;
    VM_Thread* self = current_thread();
    if( *p_threadID == newID){ // 递归数溢出，膨胀它
        VM_Monitor* mon = lookup_monitor(jmon);
        monitor_lock(mon);
        lock_inflate(jmon);
        // 膨胀后移除
        monitor_unlock(mon);
        return;
    }
    // 胖锁。这个逻辑合并到下面的代码中
    if( lock_is_fat(jmon) ){
        VM_Monitor* mon = monitor_pointer(jmon);
        monitor_lock(mon);
        return;
    }
    // 胖锁或者将要成为胖锁
```

```
    VM_Monitor* mon = lookup_monitor(jmon);
    monitor_lock(mon);

    while( !lock_is_fat(jmon) ){
        *p_contention = 1;
        result = lock_non_blocking_fast(jmon);
        if( result ){
            lock_inflate(jmon, mon);
            // 膨胀后移除
            monitor_unlock(mon);
            return;
        }
        monitor_wait(mon);
    }
    // 冗余锁定/解锁对
    monitor_unlock(mon);
    VM_Monitor* mon = monitor_pointer(jmon);
    monitor_lock(mon);
    return;
}


void STDCALL vm_object_unlock(Object* jmon)
{
    if( !lock_is_fat(jmon) ){ // 瘦锁
        lock_check_state(jmon);
        uint16* p_threadID = (uint16*)lock_word_addr(jmon)+1;
        // 被自身锁定，检查递归数
        uint8* p_recursion = (uint8*)lock_word_addr(jmon)+1;
        uint8* p_contention = (uint16*)lock_word_addr(jmon);
        if( *p_recursion ){
            recursion_dec(jmon);
        } else{
            *p_threadID = 0; // 释放锁
            if( *p_contention ){
                VM_Monitor* mon = lookup_monitor(jmon);
                monitor_lock(mon);
                monitor_notify(mon);
                monitor_unlock(mon);
            }
        }
    }else{ // 胖锁
        VM_Monitor* mon = monitor_pointer(jmon);
        monitor_unlock(mon);
    }
}


void STDCALL vm_object_wait(Object* jmon, unsigned int ms)
{
    if( !lock_is_fat(jmon) ){
        lock_check_state(jmon);
        VM_Monitor* mon = lookup_moniter(jmon);
        monitor_lock(mon);
        lock_inflate(jmon, mon);
        // 膨胀后移除
```

```
        monitor_unlock(mon);
    }
    VM_Monitor* mon = monitor_pointer(jmon);
    monitor_wait(mon, ms);
}

void STDCALL vm_object_notify(Object* jmon)
{
    if( !lock_is_fat(jmon) ){
        lock_check_state(jmon);
        return;
    }
    VM_Monitor* mon = monitor_pointer(jmon);
    monitor_notify(mon);
}
```

这个设计用同一个 monitor 数据结构支持休眠等待竞争管理和锁膨胀。

18.4.2　胖锁收缩为瘦锁

上面的设计看起来很优雅，但并不支持收缩。要添加收缩支持，锁拥有者需要确保没有在胖锁上的阻塞线程（由于 monitorenter）或者等待线程（由于 Object.wait()）。然后它就可以把锁字转回到瘦锁。

1. 锁收缩条件

收缩应该被锁的拥有者在解锁它的胖锁时执行。胖锁路径上的解锁代码在收缩锁之前需要检查下列条件。

(1) 这个胖锁上没有 monitorenter 调用引起的阻塞线程，即 vm_object_lock()。

(2) 这个胖锁上没有在这个锁对象上调用 Object.wait()引起的等待线程，即 vm_object_wait()。

(3) 这个胖锁的递归数不超过溢出数，即 RECURSION_OVERFLOW。

只有以上所有条件为真时，才能收缩这个锁。值得注意的是，这些条件如何能被其他线程改变，以避免在锁拥有者的检查和其他线程的修改之间出现竞态条件。

❑ **阻塞线程**：另外一个线程可以在任何时候调用 monitorenter 并被阻塞。没有办法阻止其发生，除非我们使用另一个 mutex 来保护这个 monitor，但这显然和设计目的是冲突的，因为那样实际上就变成了 monitor 的 monitor。

因此，即使在收缩线程检查这个条件（num_blocked）的时候没有阻塞线程，也可能有线程就在检查之后被阻塞。所以检查阻塞线程只是为了启发式的目的，而不是为了确定性。为了支持收缩，我们当然不希望被收缩的锁马上又被膨胀，让这个锁就在膨胀和收缩之间来回折腾。但是收缩设计必须支持存在或将存在休眠线程的情况。

18

❑ **等待线程**：既然收缩线程持有这个锁，另外一个线程就不可能同时调用 `Object.wait()`，因为调用 `Object.wait()` 需要持有这个锁。

换句话说，如果我们在 `vm_object_wait()` 代码中插桩进一个计数器，在线程等待前后分别增减；那么这个计数器就自然而然地被这个锁保护了。

收缩线程可以检查这个计数器值并根据检查结果行动，不需要关心原子化问题，只要"检查并行动"在它释放锁之前发生即可。

注意，可能同时有些线程在试图获得锁以调用 `Object.wait()`。这些线程的状态与上面讨论的"阻塞线程"是一样的。

❑ **递归数**：如果递归数溢出，那么线程不能收缩它的锁。这个数字完全由它自己控制，不会出现竞态条件。

综上，锁收缩设计唯一需要考虑的情况是 `monitorenter` 上阻塞线程的情况。

2. 锁收缩设计

收缩把胖锁变为瘦锁。在这个过程中，可能有一些线程阻塞在胖锁上，而另一些线程阻塞在瘦锁上。在当前的设计中，瘦锁利用胖锁 monitor 进行它的竞争管理。这意味着，一个线程不管是阻塞在胖锁还是瘦锁上，它都是阻塞在同一个 monitor 数据结构上。换句话说，如果收缩不释放这个锁，那么收缩过程对于其他线程根本就是不可见的。这超级整洁。这可以归因为胖锁和竞争管理使用的是同一个 monitor 数据结构。

同时，一个锁被收缩后，锁拥有者仍然持有这个 monitor 数据结构上的锁，这时候它还是作为针对其他阻塞线程或等待线程保护收缩过程原子性的控制数据结构。这实际上是膨胀的逆过程。膨胀过程也被控制数据结构保护，它在膨胀之前被锁定。那么膨胀过程锁定胖锁 monitor 的次数比瘦锁被锁定的次数少一次，因为在膨胀之前，这个 monitor 已经作为控制数据结构被锁定了一次。

收缩函数很简单，代码如下所示。它在瘦锁的锁字中重新生成胖锁状态，并确保胖锁 monitor 仍然被锁住一次。

```
void lock_deflate(Object* jmon)
{
    VM_Monitor* mon = monitor_pointer(jmon);
    uint8* p_threadID = (uint16*)lock_word_addr(jmon)+1;
    uint8* p_recursion = (uint8*)lock_word_addr(jmon)+1;
    *p_recursion = mon->recursion;
    // 留下被锁住一次的胖锁（无递归）
    mon->recursion = 0;
    // 变成瘦锁
    *p_threadID = (uint16)mon->owner->tid;
}
```

我们已经提到过，收缩由锁的拥有者在解锁它的胖锁时执行。如果满足收缩条件的话，锁的拥有者首先收缩这个锁，然后解锁这个锁。既然现在这个锁是瘦锁，锁的拥有者应该解锁这个瘦锁。然后，最终它也解锁胖锁 monitor，以完成整个解锁过程。如果这个锁被收缩了，那么最后这个步骤解除了对收缩的保护（通过解锁控制数据结构）。如果锁没有收缩，那么最后这个步骤解锁这个胖锁。

基于以上讨论，解锁代码变成如下形式。

```
void STDCALL vm_object_unlock(Object* jmon)
{
    if( !lock_is_fat(jmon) ){ // 瘦锁
        .../// （没有改变，略）
    } else{ // 胖锁
        VM_Monitor* mon = monitor_pointer(jmon);
        lock_check_state(mon);
        if(!num_blocked && !num_waiting){
            if( mon->recursion <= RECURSION_OVERFLOW ){
                lock_deflate(jmon);
                object_unlock_thin(jmon);
            }
        }
        monitor_unlock(mon);
    }
}
```

如果锁没有递归，解锁过程就释放了这个瘦锁，并且其他线程可能立即在这个瘦锁上操作，并不知道可能有一些线程已经在胖锁 monitor 上阻塞了。

特别是在锁拥有者解锁瘦锁和解锁胖锁 monitor 这两个动作之间，这个锁不能被其他线程膨胀，即使这个锁作为瘦锁已经被释放。

现有的阻塞线程（在胖锁 monitor 上）或新的阻塞线程（在瘦锁控制数据结构上）只能在收缩线程解锁胖锁之后才能重新开始活动。

就像刚刚提到过的，收缩的双解锁过程是膨胀的双加锁的逆过程，在膨胀中线程首先取得胖锁（作为控制数据结构），然后取得瘦锁并膨胀它。

3. 锁收缩支持

我们应该追踪等待线程的数量，最好还有阻塞线程的数量。为了记录阻塞和等待线程的数量，我们在 monitor 数据结构中添加了两个计数器，并把它们插桩进胖锁的锁定和等待代码中。

```
struct VM_Monitor{
    VM_Thread* owner;
    int recursion;
    Mutex* mutex;
    Condvar* condvar;
    int num_blocked;
    int num_waiting;
}

void monitor_lock(VM_Monitor* mon)
{
```

18

```
    if( mon->owner == current_thread() ){
        // 被自身锁定
        mon->recursion++;
    }else{
        atomic_inc(mon->num_blocked);
        mutex_lock(mon->mutex);
        atomic_dec(mon->num_blocked);
        mon->owner = current_thread();

    }
}

void monitor_wait(VM_Monitor* mon, unsigned int ms)
{
    VM_Thread* self = current_thread();
    if( mon->owner != self ) {
        vm_throw_exception("IllegalMonitorState");
        return;
    }
    self->status= THREAD_STATE_WAIT;
    // 利用 OS 条件超时等待支持
    int temp_recursion = mon->recursion;
    mon->recursion = 0;
    atomic_inc(mon->num_waiting);
    bool signaled = cond_timed_wait(mon->condvar, mon->mutex, ms);
    atomic_dec(mon->num_waiting);
    // 醒来
    self->status= THREAD_STATE_RUNNING;
    mon->recursion = temp_recursion;

    if(self->interrupted) {
        self->interrupted = false;
        vm_throw_exception("Interrupted");
    }
}
```

我们已经讨论过，num_blocked 条件只是启发式的。当它为零时，这个设计不能保证收缩发生时没有阻塞线程。num_waiting 条件是强制性的。如果在胖锁上有等待线程的话，锁不能被收缩，因为这个设计中的瘦锁不支持 Object.wait()。

这个锁的最初设计由 Onodera 和 Kawachiya 提出。他们把它称为 Tasuki 锁。但这里的推导过程和他们的有所不同。这里的设计开始于瘦锁中的竞争标志设置问题。

同时支持膨胀和收缩有助于那些只出现零星锁竞争的应用程序。为了避免在膨胀和收缩之间频繁抖动，需要基于动态特性的自适应收缩设计。

18.5　线程局部锁

到目前为止，在我们讨论的锁实现中，除非一个线程已经拥有这个锁，否则这个线程总是需要用原子指令来获取所有权。这是基于一个假设，即一个空闲锁可能被多个线程竞争。如果这个假设可以被证伪，那么就可以省去这个通常很昂贵的原子操作。惰性锁是优化思路中的一个。它只适用于只有一个线程有锁操作的情况。

当有多个线程使用锁的时候，可能有些锁对象只被单个线程访问。为了优化这些锁对象的操作，需要通过技术识别出这些锁对象。为此，常用的技术是逃逸分析和逃逸监测。

逃逸分析利用编译器技术分析一个对象的访问流。它从一个对象的创建点开始跟踪它的访问，直到它的引用被另外一个线程访问（即逃逸），或者变得无用了（或被清空）。如果一个对象被识别为不会逃逸，其上的锁操作就可以被优化。

逃逸检测动态地监测一个对象在运行时是否会被第二个线程访问（即逃逸）。它通常在线程局部状态分配一个对象，利用访问屏障捕获任何来自其他线程的访问，然后把对象标记为全局的。就像惰性锁所做的那样，VM 应该追踪锁操作，这样当对象逃逸的时候才能恢复正确的锁状态。

当一个对象逃逸时，并不意味着这个对象上的锁操作一定会被多个线程执行。作为一个 monitor，这个对象可能只被一个线程锁定/解锁。它不是一个线程局部对象，但它是一个线程局部锁。

线程局部锁也不需要原子指令。基于对象访问的检测在这里不起作用，应该使用基于锁访问的检测。

18.5.1　锁保留

VM 社区开发了各种识别线程局部锁的技术，比如 Kawachiya 等人提出的**锁保留**（Lock Reservation），Hirt 和 Lagergren 提出的**惰性解锁**（Lazy Unlocking），还有本书作者提出的**私有锁**（Private Lock）技术。

1. 锁保留设计

所有这些设计的思路在概念上都是类似的。当一个对象被一个线程锁住的时候，这个线程变成了这个对象的默认拥有者，在它解锁这个对象后，仍然保留着所有权。我们称这个线程是这个对象的"锁保留者"（lock reserver）。之后同一个线程（锁保留者）再次锁定这个对象的时候，它假定这个锁是线程局部的，不需要原子操作。锁保留者使用的锁定/解锁序列是非线程安全的。

如果第二个线程试图锁定被另一个线程保留的对象，不管这个锁当前是否被锁着，第二个线程都不能像对瘦锁或胖锁那样简单地锁定这个对象，因为这会与锁保留者使用的非线程安全代码冲突。VM 在允许第二个线程锁定它之前，需要通过某种方法通知锁保留者，开始使用线程安全的代码对保留的锁进行锁定/解锁。

要通知锁保留者它对这个锁的线程局部性的假设已经非真，有多种不同的方法。一个常用协议是第二个线程暂停锁保留者，把锁状态恢复为不可保留模式，然后恢复这个线程，它就不再是这个锁的保留者了。这个过程就是对一个锁"解除保留"。

　　这个线程暂停机制需要确保锁保留者的暂停点不在锁定/解锁的非安全代码范围之内。这里可以利用 GC 安全点机制，以保证锁保留者只在安全点被暂停。非安全代码不是安全点，它应该被快速执行完毕，因此不适合暂停。

　　如果锁保留设计使用类似于瘦锁的锁字，它可以从递归字节中拿出一位作为"可保留位"，指示锁是否处于可保留模式。这个设计只在膨胀位未被置起的时候有效。

　　当可保留位未被置起的时候，像平时的瘦锁一样使用这个锁字。

　　如果可保留位被置起，两字节的线程 ID（去掉膨胀位）用作锁保留者的 ID。如果这个 ID 有值，就意味着这个锁被这个 ID 的线程所保留，而不是像在瘦锁中一样表示已被锁定。可保留模式并不意味着这个对象已经被保留。

　　现在用递归数来指示锁定状态。如果递归数为 0，这个锁是空闲的。当这个对象被锁定一次时，递归数变为 1。当递归数溢出的时候，这个锁需要被膨胀。

　　对象被创建的时候，可保留位是置起的，第一个锁定它的线程自然就保留了它。它会用自己的 ID 设置线程 ID，并将递归数设置为 1。

　　胖锁也可以有保留设计。可保留标志可以放在 monitor 数据结构中。

2. 锁保留实现

可保留瘦锁的锁定和解锁代码类似如下：

```
void STDCALL vm_object_lock(Object* jmon)
{
    if( is_reservable_mode(jmon) ){
        if( reserved_by_self(jmon) ){
            recursion_inc(jmon);
            return;
        }else if( lock_is_free(jmon) ){
            // 竞争锁保留者
            bool result = lock_non_blocking(jmon);
            if( result ){
                // 作为保留者持有锁
                // 设置递归数来指示它已被锁定
                recursion_inc(jmon);
                return;
            }
            // 锁定失败，直接向下运行到解除保留部分
        }
        // 锁被另一个线程保留
        lock_unreserve(jmon);
    }
    // 锁未被保留或者刚在前面被解除保留
    object_lock_normal(jmon);
}

void STDCALL vm_object_unlock(Object* jmon)
{
```

```
    if( lock_is_reserved(jmon) ){
        lock_check_state(jmon);
        recursion_dec(jmon);
        return;
    }
    // 锁未被保留
    object_unlock_normal(jmon);
}
```

多个线程可能同时对同一个锁解除保留，因此解除保留锁的操作需要是线程安全的，比如像下面的伪代码这样：

```
void lock_unreserve(Object* jmon)
{
    if( !is_reservable_mode(jmon) ) return;
    VM_Thread* reserver = lock_reserver( jmon );
    vm_suspend_thread( reserver );
    // 锁保留者在安全点被暂停
    int* p_lockword = lock_word_addr(jmon);
    int old_word = *p_lockword;
    if ( !reservable_bit_on(old_word) ) return;
    int new_word = normalize_lock_word(old_word);
    CompareExchange(p_lockword, old_word, new_word );
    vm_resume_thread( reserver );
}
```

当第二个线程试图解除保留一个锁的时候，这个锁可能是被持有的，也可能是空闲的。即使这个锁是空闲的，解除保留过程仍然需要暂停锁保留者，以防止它再次执行（非安全）锁定动作。

原子操作 CompareExchange 不需要检查它是否成功。如果锁保留者被暂停，只有这一行代码会改变锁字。如果一个线程失败，那么必然有另一个线程成功。

3. 锁保留竞争管理

显然，当一个可保留锁被锁定的时候，它的状态看起来像是比相应的瘦锁多锁定了一次。换句话说，在保留者第一次锁定线程局部锁的过程中，从瘦锁的角度来看，它实际上锁定了这个对象两次：一次是持有这个锁，另一次是增加递归数。之后当保留者锁定/解锁同一个对象的时候，它像平常的瘦锁一样工作。

上述事实导致这个对象看起来总是比被实际锁定次数多锁定了一次。即使在这个对象被保留者释放之后，从瘦锁的角度来看，它仍然是被锁定了一次。也就是说，线程 ID 被设置了，递归数为 0。这额外的一次锁定帮助锁保留者可以不用原子指令就完成锁定/解锁，同时防止其他线程锁定这个对象。当另一个线程想要锁定这个对象的时候，它需要通知锁保留者多解锁这个对象一次。这是为了解除对这个锁的保留。通过这种方式，锁保留者释放这个锁之后，这个锁才是"真正"空闲的。显然，只有在这个锁"真正"空闲，没有被保留或锁定的时候，其他线程才能获得这个锁。

换句话说，锁解除保留是一个线程竞争修改锁字的过程。锁定瘦锁也是一个线程竞争修改锁字的过程。既然它们实际上是类似的过程，这两种场景下就有可能使用同样的竞争管理。

18

在之前的设计中，我们使用一个控制数据结构来管理瘦锁上的线程竞争。竞争瘦锁的线程应该首先取得与瘦锁关联的控制数据结构。既然这些线程需要竞争锁解除保留（在它们竞争瘦锁之前），那么使用同一个控制数据结构来管理线程对锁解除保留的竞争是合理的。

就像对 Tasuki 锁一样，我们可以为此使用胖锁 monitor，没有任何问题。锁解除保留的伪代码给出如下：

```
void lock_unreserve(Object* jmon)
{
    VM_Monitor* mon = lookup_monitor(jmon);
    monitor_lock( mon );
    if( !is_reservable_mode(jmon) ){
        monitor_unlock( mon );
        return;
    }
    VM_Thread* reserver = lock_reserver( jmon );
    vm_suspend_thread( reserver );
    // 锁保留者在安全点被暂停
    int* p_lockword = lock_word_addr(jmon);
    int old_word = *p_lockword;
    if ( !reservable_bit_on(old_word) ) {
        monitor_unlock( mon );
        return;
    }
    int new_word = normalize_lock_word(old_word);
    *p_lockword = new_word;
    vm_resume_thread( reserver );
    monitor_unlock( mon );
}
```

使用这个 monitor 来管理锁解除保留的竞争是没有问题的，原因如下。

❑ 胖锁 monitor 在瘦锁变为胖锁之前纯粹是为了控制目的，而锁解除保留通常发生在被保留锁变为普通瘦锁之前。

❑ 瘦锁有可能在另一个线程 T 试图解除保留它之前膨胀为胖锁。这个膨胀发生在线程 T 发现锁被保留之后，以及线程 T 开始解除保留锁之前。然后这个控制数据结构开始变为胖锁。

　　如果这个胖锁被线程 S 持有，那么解除保留线程 T 在试图获取胖锁的时候会被阻塞。前文中已经提到，锁解除保留只是锁定操作的一个前奏。这里锁解除保留引起的阻塞和锁定胖锁引起的阻塞没有本质上的区别。

　　如果这个胖锁是空闲的，那么解除锁定线程 T 就取得它。它发现锁已经被解除保留，就会释放这个锁。之后，线程 T 会进入实际的锁定序列。

❑ 在锁解除保留线程 T 已经持有这个 monitor 之后，瘦锁也有可能试图膨胀。这种情况下，锁拥有者 S 不能膨胀它，因为膨胀过程被这个 monitor 数据结构保护。线程 S 需要在这个 monitor 上等待，直到线程 T 从锁解除保留函数返回。这会阻挡锁拥有者一小段时间。它发生在锁保留者由于递归数溢出而试图膨胀瘦锁的情况下。

任何情况下,锁膨胀和锁解除保留的过程都是顺序化的。如果我们想要让胖锁也支持锁保留,这个顺序化的性质是有意义的。锁解除保留可以在锁膨胀之前或之后进行,但永远不会与锁膨胀过程并行,因为锁膨胀过程中的锁字在变换之中。因此,这个设计是一致的:monitor 数据结构用于管理线程对锁字修改的竞争。

从另一个角度看,概念上我们只允许可以获取锁的线程为这个锁解除保留。这是合理的,因为解除保留最终是为了锁定这个锁。

4. 关于锁保留的讨论

这两个设计中的锁解除保留都需要暂停锁保留者,这通常比原子指令要昂贵一个或更多数量级。因此,鉴于频繁解除保留的潜在代价,这两个设计都不鼓励让同一个锁以后再次变为可保留。

一个解决方案是采用启发式方法,来决定何时把一个对象转变为可保留模式。当前的设计在对象创建的时候设置为可保留模式,盲目假定所有对象都有线程局部性,也盲目假定了它们对各自的创建线程是线程局部的。一个好的启发式算法可以预测一个锁具有线程局部性的可能时段,然后只在这个时段足够长的情况下才打开保留模式。一个锁的线程局部性时段"足够长"意味着在第二个线程能锁它之前,这个对象多次被同一个线程锁定。如果确定有好处的话,也可以把一个普通锁恢复为可保留模式。

另一个解决方案是消除锁解除保留的必要性。之所以需要锁解除保留,是因为锁保留者以非线程安全代码修改锁字。但根本原因是所有线程都必须修改同一个锁字数据来进行锁定/解锁。比如,如果一个空闲锁被一个锁保留者保留,那么在其他线程的眼中,它就像是"已被锁定"。锁字必须被修改为看起来像是"空闲"的,然后其他线程才能锁定它。

18.5.2　线程亲密锁

为了消除锁解除保留的必要性,"锁保留者"字段不应该指示锁是否被持有,或者被谁锁定的状态。为此,我们增加两个新字段指示锁定状态:一个是"保留者锁定"字段(rlocked),指示这个锁被锁保留者持有;另一个是"其他锁定"字段(xlocked),指示锁被其他线程持有。这两个字段总是一起操作,状态相反(互斥性),即一个被置起时,另一个应该被清除。这样"锁保留者"字段就不再表示这个锁是否被锁定,也就不需要"解除保留"操作。

1. 线程亲密锁设计

使用这两个独立字段,我们可以在这个字上用原子指令 CompareExchange 设置"其他锁定"字段,这个字段允许所有非保留者线程安全竞争。我们用非原子的设置–检查–重置来设置"保留者锁定"字段,这个字段只有锁保留者可以访问。可能被多个线程访问的两个不同字段的互斥性,用访问–检查–访问模式加一个原子指令来维护是很常见的。

比如,在"当前副本不变"移动算法的并发 GC 设计中,我们用一个字段作为转发位来指示一个对象是否在转发中,这是所有回收线程用原子指令竞争的。当一个修改器想要访问这个对象的时候，它可以使用读–检查–重读（read-check-reread）模式来确保总是读到对象的最新副本，或者用写–检查–重写（write-check-rewrite）模式确保总是写到最新副本，不需要原子指令。

与转发位设计的一点区别是，这里"其他锁定"字段应该只在"保留者锁定"字段未置起（即值为 0）的时候置起。通过为原子操作 CompareExchange 把这个两个字段打包到同一个字，可以很容易地实现这一点。这个原子指令把"保留者锁定"字段放到它的比较操作数中。

一个对象最初是未保留的。第一个锁定它的线程保留它。一旦一个对象被保留，保留状态就不会改变，保留者也不会改变。

基于这个思路，可以通过下面的伪代码支持线程局部锁。

```
// 为了便于描述，每个字段使用一个字节
// 锁字布局: xlocked - rlocked - recursion - reserver
#define XLOCKED(a)  ((int8)a<<24)    // "其他锁定"字段
#define RLOCKED(a)  ((int8)a<<16)    // "保留者锁定"字段
#define RECURSION(a) ((int8)a<<8)    // 锁拥有者的递归数
#define RESERVER(a) ((int8)a)        // 锁保留者 ID

bool lock_non_blocking(Object* jmon)
{
    uint8* p_word = (uint8*)lock_word_addr(jmon);
    uint8* p_xlocked = p_word + 3;
    uint8* p_rlocked = p_word + 2;
    uint8* p_reserver = p_word;
    uint8 myID = (uint8)(current_thread()->tid);
    uint8 reserver = *p_reserver;

    if( reserver == 0){
        // 还未被保留，竞争来锁定并保留它
        int newword = XLOCKED(0) | RLOCKED(myID) | RESERVER(myID);
        int oldword = CompareExchange(p_word, 0, newword);
        if( oldword == 0 ) return TRUE;
        return FALSE;
    }else if( reserver == myID ){
        // 被自身保留，检查它是否被持有
        if( *p_rlocked == myID ){
            // 锁被自身持有
            return recursion_inc(jmon);
        }
        // 锁未被自身持有，以写-检查-再写模式
        // 用非原子操作竞争它
        *p_rlocked = myID;
        if( *p_xlocked ){ // 如果这个锁被其他线程持有
            *p_rlocked = 0; // 那么我放弃
            return FALSE;
        }
        return TRUE;          // 否则，我得到了它
    }else{  // 被其他线程保留，写 p_xlocked 字段
        if( *p_xlocked == myID ){
            // 被自身持有
            return recursion_inc(jmon);
```

```
        }
        // 未被自身持有, 用原子指令竞争它
        // 如果 rlocked 字段被置起, 这个原子指令会失败
        If( *p_rlocked !=0 ) return FALSE;
        int newword = XLOCKED(myID) | RLOCKED(0) | reserver;
        int tmpword = XLOCKED(0) | RLOCKED(0) | reserver;
        int oldword = CompareExchange(p_word, tmpword, newword );
        return ( oldword == tmpword);
    }
}

void lock_release(Object* jmon)
{
    uint8* p_word = (uint8*)lock_word_addr(jmon);
    uint8* p_xlocked = p_word + 3;
    uint8* p_rlocked = p_word + 2;
    uint8* p_recursion = p_word + 1;
    uint8* p_reserver = p_word;
    uint8 myID = (uint8)(current_thread()->tid);

    // 找到正确锁拥有者 ID
    uint8* p_lockID;
    if( *p_reserver == myID ){
        p_lockID = p_rlocked;
        else
            p_lockID = p_xlocked;

        if( *p_lockID != myID ){
            vm_throw_exception("IllegalMonitorState");
            return;
        }

        if( *p_recursion != 0 )
            recursion_dec(jmon);
        else // 无递归, 释放锁
            *p_lockID = 0;
    }
}
```

在这个锁中, 锁保留者总是不用原子指令就能取得锁。更重要的是, 锁的保留不会妨碍其他线程获得锁。它们仍然可以用原子指令取得锁, 不需要解除保留这个锁。

一旦一个锁被一个线程保留, 它就永远被保留。如果在应用程序中, 同一个对象被多个线程锁定, 但它大部分时间被其中一个线程锁定, 那么这对应用程序而言是有利的。换句话说, 这个锁对于任何线程都未必有长期局部性, 但是它对于特定线程是亲密的。我们称之为"线程亲密锁"。

上面的代码只给出了非阻塞路径。增加阻塞路径也不难, 可以通过使用线程局部数据结构或膨胀为胖锁。

注意释放锁的时候, 当前锁拥有者只需要检查它自己的锁定状态字段。有可能在某个短暂的时间段内, 两个锁定状态的字段 (即保留者锁定字段和其他锁定字段) 都有数据。当一个非保留

者线程取得了锁，然后很快又释放了这个锁时，这就会发生。与此同时，保留者试图通过写它的锁状态字段获取锁，发现非保留者字段已经被写入。这样，两个锁状态字段中都有数据。现在当非保留者释放这个锁的时候，它可能看到保留者锁状态字段还没有被清除，所以它只需要清除自己的锁状态字段。图 18-5 展示了这个锁字的状态，其中保留者锁定字段被置起，但是这个锁并没有被保留者持有。

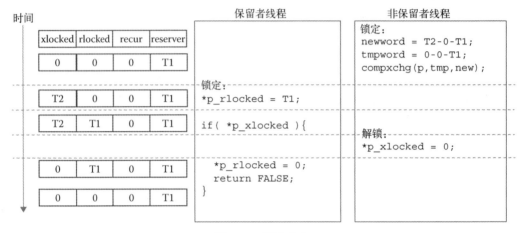

图 18-5　锁字状态

在锁保留者清除它的状态字段之前，它有可能被从处理器中调度出去。在非保留者释放这个锁之后，保留者状态字段中的非零值会阻止其他线程获得锁，而锁保留者并没有持有这个锁。这会导致所有线程获取锁失败。根据锁的设计，失败的线程可以 yield 等待这个锁，也可以休眠等待。幸运的是，不可能所有的竞争线程都进入休眠。锁保留者必须在进入阻塞锁的慢路径之前清除它的锁状态字段，那时候它会在进入休眠之前再次检查锁状态，所以可以确保过程向前推进。

Onodera 等人把他们这种基于 Dekker 的互斥算法开发的设计称为"非对称 spin lock"。他们用这个设计代替了 Tasuki 锁的瘦锁，不需要锁解除保留支持就得到了线程局部锁的好处。接下来我们讨论亲密锁的膨胀支持。感兴趣的读者可以阅读他们的论文原文。

2. 线程亲密锁的膨胀支持

为了向线程亲密锁提供膨胀/收缩支持，有几点需要指出。

第一点是关于锁字中的数据字段。上面的线程亲密锁缺少两个 Tasuki 锁中需要的标志。一个是竞争标志，另一个是膨胀标志。想要获得高性能实现，就需要找到一个高效的方法，把所有需要的信息打包到对象头中。下面是所需的数据项。

(1) 锁保留者 ID：这个字段代表当前锁保留者。它需要放在锁字中来支持原子操作。在上面的代码中，这个字段使用一个字节，可以支持最多 127 个线程。（0 表示没有被保留。）可以扩展这个字段以支持更多线程。

(2) 锁保留者锁定状态（即保留者锁定字段）：这个字段表示锁保留者是否持有这个锁。它需要放在锁字中来支持原子操作。在上面的代码中，它编码了与锁保留者 ID 同样的信息。实际上为了避免冗余信息，它只需要一位来指示锁是否被持有。

(3) 其他线程锁定状态（即其他锁定字段）：这个字段表示非保留者锁拥有者，所以它需要编码一个线程 ID。它需要放在锁字中以支持原子操作。

(4) 膨胀标志：这个字段可以是单个位，用来指示锁字是否为一个 monitor ID。它需要放在锁字中，避免在胖锁锁字上的原子操作成功。它确保一个 monitor ID 加上膨胀标志永远不会恰好与合法线程亲密锁字有相同的位模式。

(5) 竞争标志：这个字段可以是单个位，指示这个线程亲密锁是否被竞争并有可能膨胀。它不会被用于原子操作。实际上它需要远离前面四个字段，因为竞争线程设置竞争标志不应该干扰那些原子操作。原子操作是为了竞争，而竞争标志是为竞争失败者准备的。

(6) 递归数：这个字段只是为了性能优化，避免线程亲密锁过早或过于频繁地膨胀。它不是强制性的，它的位数也是随机应变的。它不需要一定在锁字中，因为它只在锁被持有时被访问，所以不涉及任何竞争。

第二点是在 monitor 数据结构中添加锁保留者 ID，这样可以在线程亲密锁被膨胀的时候持有这个值，并在锁收缩的时候恢复这个值。

最后一点是，在锁膨胀和收缩过程中，如果锁被锁保留者持有，那么过程和以前是一样的，即在锁字中与膨胀标志一起设置一个 monitor ID。

如果在膨胀/收缩过程中，锁被一个非保留者线程持有，那么这个过程需要关心保留者锁定状态。正如之前提到的，当一个非保留者持有锁的时候，持有者锁定字段中可能是有值的，这是因为锁保留者试图获取锁的时候总是无条件地设定这个字段。

非保留者可能在保留者设置保留者锁定字段之前取得锁。然后在保留者执行下一步，也就是检查其他锁定字段之前，这个非保留者可能膨胀、收缩、甚至释放这个锁。到了检查操作的时候，保留者可能发现其他锁定字段是空的，然后获取锁并返回。所以在保留者锁定字段被置起的情况下，非保留者线程上的膨胀、收缩和释放过程都可以被执行。不管保留者锁定字段是否被置起，其中的值应该在这个过程中保留不动。锁保留者执行膨胀/收缩就没有这个问题，因为那时保留者锁定字段在它的控制之下。

为了支持保留者无条件设定保留者锁定字段，即使在锁已经被膨胀后，这个字段也需要被放入锁字中。它必须与 monitor ID 以及膨胀标志放在一起。如果我们用锁字中的最后一个字节作为保留者锁定字段，monitor ID 就会减少为 3 字节，再去掉作为膨胀标志的最高位。

基于上述讨论，非保留者线程膨胀/收缩锁的时候，它不能像锁保留者那样做。它需要用原子指令确保保留者锁定字段不会被它修改。接下来是使用新 monitor 数据结构定义的锁膨胀/收缩的伪代码。

18

```
struct VM_Monitor{
    VM_Thread* owner;
    int recursion;
    Mutex* mutex;
    Condvar* condvar;
    int num_blocked;
    int num_waiting;
    VM_Thread* reserver;
}

void lock_inflate(Object* jmon, VM_Monitor* mon)
{
    uint8* p_word = (uint8*)lock_word_addr(jmon);
    uint8 recursion = lock_recursion(jmon);
    uint8 myID = (uint8)(current_thread()->tid);
    // 重新产生锁状态
    mon->recursion = recursion;
    mon->reserver = lock_reserver(jmon);
    if( myID == mon->reserver ){ // 被自身保留
        // 锁保留者不需要原子操作
        *p_word = (mon | INFLATION_FLAG);
    }else{ // 锁拥有者不是保留者
        do{ // 保持保留者锁定状态
            int tmpword = *p_word;
            int rlocked_state = tmpword & RLOCKED_MASK;
            int newword = (mon | INFLATION_FLAG | rlocked_state);
            int oldword = CompareExchange(p_word, tmpword, newworld);
        }while( oldword != tmpword );
    }
    // 重置竞争标志为 FALSE
    lock_set_contention(jmon, FALSE);
    monitor_notify_all(mon);
}

void lock_deflate(Object* jmon)
{
    VM_Monitor* mon = monitor_pointer(jmon);
    // 留下被锁定一次的胖锁 (即无递归)
    uint8 recursion = mon->recursion;
    mon->recursion = 0;

    // 转变为线程亲密锁
    uint8 myID = (uint8)(current_thread()->tid);
    uint8 reserver = (uint8)(mon->reserver->tid);
    uint rlocked_state; // 保留者锁定状态
    uint xlocked_state; // 其他锁定状态
    if( myID == reserver ){ // 锁拥有者是保留者
        rlocked_state = myID;
        xlocked_state = 0;
        *p_word = lockword_pack(xlocked_state, rlocked_state,
                                recursion, reserver);
    }else{ // 锁拥有者不是保留者
        do{  // 保持保留者锁定字段
            int tmpword = *p_word;
```

```
            rlocked_state = tmpword & RLOCKED_MASK;
            xlocked_state = myID;
            int newword = lockword_pack(xlocked_state, rlocked_state,
                                        recursion, reserver);
            int oldword = CompareExchange(p_word, tmpword, newworld);
        }while( oldword != tmpword );
    }
}
```

以上伪代码像之前一样用线程 ID 作为保留者锁定状态，但使用一个位也可以。

锁实现仍然有改进的空间。与垃圾回收一样，很难设计一个满足所有应用程序特性的算法。基于启发式的改进是必要的，否则用户在运行他们的应用程序时，不得不在命令行中指定需要的选项。

第 19 章　基于硬件事务内存的设计

到目前为止，我们的讨论都关注于针对传统微处理器的虚拟机（VM）设计。微体系结构的新发展让我们能够以不同的方式设计软件。硬件事务内存（hardware transactional memory，HTM）是最近的微体系结构创新之一。它引发了 VM 设计领域的关注，是因为它改变了线程交互的方式，而这是 monitor 设计的核心，同时对垃圾回收器的设计也是至关重要的。因为在 2014 年本书写作的时候，HTM 对于社区来说还是新鲜事物，所以本章的讨论只是为了头脑风暴。

19.1　硬件事务内存

在软件开发中，事务处理是用于维护数据完整性的常用技术。一个事务中的操作被认为是一个原子单元，也就是说一个事务的所有结果要么完全被提交，要么完全没有提交。中间结果对于事务外部是不可见的。（严格来讲，一个事务不一定是一个原子单元。这里我们就不深究细节了，因为这不会影响我们的讨论。）

19.1.1　从事务数据库到事务内存

在处理线程间数据共享的时候，可以把事务的概念应用到多线程编程中。例如，同一个锁保护的多个临界区运行实例，彼此之间可以被看作是原子的。这个特性与事务类似。如果系统可以向通用多线程编程提供事务支持，那就有机会避免编写基于锁的复杂逻辑，或者还可以提高基于锁的代码性能。

基于这个观察结果，社区已经开发了事务性编程的各种模式或解决方案，目标是让程序员可以关注于高性能设计，把复杂的正确性逻辑留给事务，这样就能同时得到(1)更高的性能以及(2)更好的可编程性。

与数据库事务不同，通用应用程序的大部分执行状态都在内存中维护，而内存对于所有线程可见。那么提交执行状态就意味着把数据写入内存层级体系中，包括与内存数据一致的缓存。因此，对应用程序提供事务支持在这里就意味着提供**事务内存**（transactional memory）支持。也就是说，一个事务中的所有内存写或者全部提交到内存层级体系中，或者全部没有。

这种事务内存可以由软件、硬件或者二者混合实现。软件事务内存（software transactional memory，STM）在传统处理器之上提供事务编程 API。HTM 在处理器级提供支持，预期性能要远远高于 STW。

但对那两个目标（即性能和可编程性）来说，事务内存不太可能得到比通用编程模型更好的可编程性。一个原因是，对于程序员的理解来说，事务内存过于底层。这个问题与弱序内存一致性模型类似，多线程程序员要掌握它总是不太容易的。

另一个原因是，被事务封装的一段代码与无事务结构的同一段代码的单线程操作语义可能并不一致。例如，如果代码段中有异常，那么带事务结构的和不带事务结构的单线程运行结果可能有所不同。与之相对的是，不管是否存在单纯支持多线程运行的锁结构或内存栅栏（屏障），单线程程序在不同弱序内存模型上总是会得到相同的结果。

这些问题所导致的结果就是，把事务内存作为给系统软件使用的底层机制更为合理，这要好于把它作为一个通用编程模型。

向普通应用程序开发者隐藏事务内存之后，对它来说剩下的目标就是获得比基于锁的同步更好的性能。人们自然会去研究如何把事务内存应用于 VM 设计，并保持原来的语言 API 不变。由于 STM 的性能比 HTM 要差得多，我们对 STM 不感兴趣。

19.1.2 Intel 的 HTM 实现

这一章将用 Intel 的 HTM 实现来展示如何用它设计 VM 中的线程交互，用于 monitor 支持和垃圾回收器。所有这些使用对 Java 开发者都是不可见的。

Intel HTM ABI：Intel 处理器的 HTM 实现称为事务性同步扩展（transactional synchronization extension，TSX）。它包括受限事务内存（restricted transactional memory，RTM）编程接口，提供了几个可以用于编写事务的新指令，特别是 XBEGIN 和 XEND 指令，它们分别表示一个事务区域的开始和结束。XBEGIN 指令还会指定一个回退处理器。这个代码结构用汇编语言表示如下。

```
XBEGIN _fallback_handler
... // 事务性区域
XEND

_fallback_handler:
... // 回退处理
```

Intel 处理器会展平嵌套事务。不管哪一层嵌套事务中止，结构状态都会回滚到最外层。

回退处理器（fallback handler）：当事务由于数据冲突、异常、I/O 或者其他原因中止时，处理器状态都会回滚到事务开始时的状态，并且控制流进入到一段回退处理器中，它的地址由 XBEGIN 指令给出。回退处理器可以决定究竟是回去重试这个事务，还是继续走普通非事务路径。它不能只重试事务，因为 RTM 不保证一个事务执行最终会被提交。

19

确保能够最终推进是回退处理器的责任。

数据冲突（data conflict）：为了支持事务性运行，在事务执行过程中，处理器维护了一个读集和一个写集，记录事务中访问的所有内存位置。这些集合在事务开始之前以及结果提交之后是空的。传统上，如果多个线程访问同一个内存位置，并且其中一个访问是写操作，就发生了数据竞争。现在使用事务的时候，如果涉及数据竞争的访问之一来自某个事务，就发生了**数据冲突**。

更精确地说，当一个事务在一个处理器中执行的时候，如果另一个处理器读某个位于这个事务的写集当中的内存位置，或者另一个处理器写这个事务的读集或写集当中的某个内存位置，就会发生数据冲突。所有冲突事务都会中止。数据冲突也可能发生在事务和非事务执行之间。如果两个事务没有数据冲突，那么它们可以并行执行。

事务中止：除了数据冲突之外，一个事务还可能由于多种微体系结构原因中止，下面是可能与我们的讨论最相关的几个例子。

第一个原因是，事务中的缓冲内存访问量超过了一个逻辑处理器的缓冲容量。这意味着对内存访问集来说，事务区域不能过大。

第二个原因是，这个事务执行一个无法在本地缓冲的操作，也就是无法事务化地执行，比如 I/O 操作、异常以及系统调用。

第三个原因是，在事务中直接调用 XABORT 指令。事务和非事务之间的线程交互需要这个指令。接下来我们将很快看到它的使用。

19.2　使用 HTM 的 monitor 实现

用 HTM 实现 monitor 的一个直观思路是把整个同步区域（方法或块）看作一个事务——把字节码 monitorenter 看作 XBEGIN，把 monitorexit 看作 XEND。

例如，当 JIT 编译器为 monitorenter 生成代码的时候，它就只生成 XBEGIN 指令。伪代码如下所示。

```
void STDCALL vm_object_lock(Object* jmon)
{
_fallback_handler:
    XBEGIN _fallback_handler;
}

void STDCALL vm_object_unlock(Object* jmon)
{
    XEND;
}
```

注意，我们仍然使用带_lock 和_unlock 后缀的、和以前相同的函数名，以保持命名规范一致性，尽管事务可能与实际的锁定完全不相关。

当两个线程同时执行事务的时候，如果它们没有数据冲突或者其他中止条件，那么两个线程都可以成功完成事务。这意味着，即使这两个同步区域理应锁定同一个对象，如果它们用事务封装的话，也可以并行执行。换句话说，同步区域是否需要串行化，并不由它们是否使用同一个锁决定，而是在运行时由实际的正确性要求（即是否有数据冲突）决定。这是使用事务的主要动机。

不幸的是，无论是出于正确性还是性能方面的原因，上面的代码都无法实际工作。

19.2.1　基于 HTM 的 monitor 的正确性问题

关于正确性，Intel 的 HTM 实现不保证向前推进。一个事务可能不管重试多少次都总是中止。

例如，如果两个事务在同时执行时有数据冲突，它们可能都回滚并重试，然后又再次冲突并中止。这种情况在 Java 应用程序中并不少见。

1. 回退处理器的问题

回退处理器应该决定如何正确处理中止以保证向前推进，而不仅仅是重试事务。于是之前的伪代码修订如下：

```
void STDCALL vm_object_lock(Object* jmon)
{
    XBEGIN _fallback_handler;
    return;

_fallback_handler:
    object_lock_normal(jmon);
}

void STDCALL vm_object_unlock(Object* jmon)
{
    if( object_is_locked(jmon) ){
        lock_check_state(jmon);   // 如果被其他线程锁定，就抛出异常
        object_unlock_normal(jmon);
        return;
    }
    XEND;
}
```

因为 XBEGIN/XEND 并不接触对象头来操作锁字，所以当应用程序执行一个事务的时候，从对象头的角度来看，它是没有锁定的。

上面的代码在回退路径中放入普通锁定过程，这样如果事务中止的话，可以用基于锁的 monitor 实现重新开始同步区域。

同样地，当锁被（自身）持有的时候，解锁函数使用普通解锁代码。如果在解锁函数中锁是空闲的，那就意味着这是一个事务执行，因此只需要 XEND 指令。可以使用指令 XTEST 测试处理器当前是否处于事务执行模式中。

19

2. 非事务性执行的问题

这个代码仍然是有问题的。既然有两类同步区域执行（一个是基于事务的，另一个是基于锁的），那么有可能第一个线程用基于锁的 monitor（在事务中止后）进入它的同步区域，然后第二个线程使用基于事务的 monitor 进入它的同步区域。

问题是，这种情况下同步区域的数据竞争可能不会被捕获为数据冲突，因为第一个线程可能在第二个线程事务执行之前或者之后访问共享内存位置。那么第二个线程会认为并没有数据冲突，然后就成功提交它的结果。

图 19-1 中展示了这个出错条件，它给出了两种情况作为对比。在情况 1 中，两个线程都在执行事务。在情况 2 中，一个线程使用基于锁的 monitor，另一个使用事务。

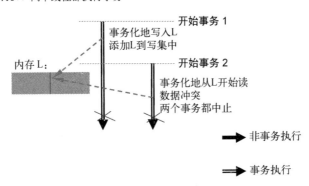

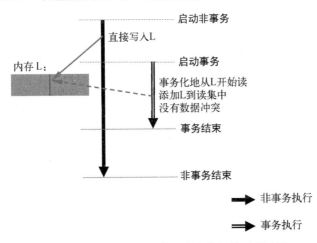

图 19-1　使用事务执行和不使用事务执行的同步区域

图 19-1 中，当两个线程都作为事务执行同步区域时（情况 1），会有一个数据冲突。如果第

一个线程使用基于锁的 monitor,它没有维护读/写集合。当它在事务执行之前或者之后访问共享内存位置的时候,事务无法检测到这个冲突访问(情况 2)。

3. 事务中的冲突检测

为了捕获基于事务和基于锁的同步区域之间的数据冲突,我们需要确保事务能够检测到锁变量(即对象头中的锁字)是否已被另一个线程锁住。这意味着执行下面这两种情况。

情况 1:尽管事务代码不修改锁变量,但是它应该把锁变量添加到事务的读集中,这样就可以检测到任何其他处理器对它的修改,并中止这个事务。

这确保了**在事务期间**的任何锁获取都能够被检测到,如图 19-2 所示。

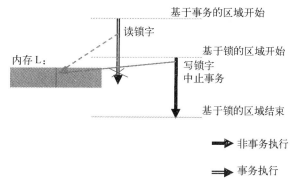

图 19-2　把锁字添加到事务的读集中

情况 2:事务应该在事务开始时检查 monitor 是否已被锁定。如果是的话,这个事务应该被串行化,也就是中止。

这确保了任何在事务开始**之前**获得的锁都可以被检测到,如图 19-3 所示。

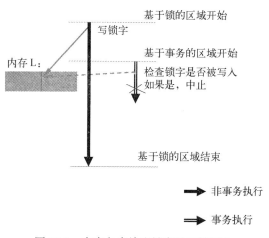

图 19-3　在事务中检查锁字是否被写入

情况 2 中的锁检查操作自动把锁变量添加到读集中，所以这个操作自然就满足了情况 1 的需求。

我们不需要担心在事务完成之后被获取的锁。

新添了这些锁检查操作之后，伪代码的变化如下所示。它解决了正确性问题。

```
void STDCALL vm_object_lock(Object* jmon)
{
    XBEGIN _fallback_handler;
    if( object_is_locked(jmon) ){
        XABORT;
    }
    return;

_fallback_handler:
    object_lock_normal(jmon);
}
```

// 解锁函数保持不变

这个设计没有提及支持对象的 wait() 和 notify() 的需求。把传统的非事务实现与 Intel 的 HTM 一起使用没什么问题。Java 要求线程在调用 wait() 和 notify() 之前持有 monitor。如果事务化地进入 monitor，那么由于系统调用或者异常，wait() 和 notify() 中的传统代码会导致事务中止。因此，使用传统实现没有正确性问题。

19.2.2　基于 HTM 的 monitor 的性能问题

性能方面有更多需要讨论的内容。Intel 处理器上的当前 HTM 实现开销很大。为了支持事务执行的原子化，事务的开销可能要比原子指令的开销高上一到几倍。

1. 向事务引入瘦锁

用 XBEGIN/XEND 对代替 monitorenter/monitorexit 似乎已经消除了执行 monitor 代码的需要。它可能比瘦锁实现要慢一些，瘦锁实现通常只比一个原子指令多一点点操作。

即使 XBEGIN/XEND 的成本不比一个原子指令高，与基于锁的解决方案相比，潜在的事务中止也会导致额外开销。事务中止要求恢复处理器的体系结构状态，这可能比原子指令要昂贵得多，更不要提那些已经完全浪费掉的事务操作了。

如果瘦锁支持线程局部锁，比如锁保留和线程亲密锁，锁定开销甚至会更小。由于这个事实，基于事务的 monitor 可能希望像之前一样使用瘦锁，只用事务代替胖锁实现。伪代码如下所示。

为了简洁的缘故，与我们在第 18 章中给出的实现相比，这段代码大大简化了逻辑。

```
void STDCALL vm_object_lock(Object* jmon)
{
    // 瘦锁
    bool success = object_lock_thin(jmon);
```

```
    if( success ) return;

    // 胖锁
    XBEGIN _fallback_handler;

    if( object_is_locked_fat(jmon) ){
        XABORT;
    }
    return;

_fallback_handler:
    object_lock_fat(jmon);
}

// 解锁函数
void STDCALL vm_object_unlock(Object* jmon)
{
    // 瘦锁
    if( object_is_locked_thin(jmon) ){
        lock_check_state(jmon);   // 如果被其他线程锁定，就抛出异常
        object_unlock_thin(jmon);
        return;
    }

    // 胖锁
    if( object_is_locked_fat(jmon) ){
        lock_check_state(jmon);   // 如果被其他线程锁定，就抛出异常
        object_unlock_fat(jmon);
        return;
    }

    XEND;
}
```

上面的实现为瘦锁的时候没有使用事务。换句话说，瘦锁总是串行执行同步区域。因为瘦锁的预设就是这个锁不会被竞争，所以没什么问题。否则，瘦锁会膨胀为胖锁。竞争的意思是，当一个线程持有这个锁的时候，另一个线程试图获取同一个锁。如果没有竞争，那么瘦锁执行本身就是串行的，所以使用基于事务的解决方案并没有好处。

而如果锁被竞争的话，基于事务的解决方案能展示出它的性能优势。如果多个线程并行执行，试图获取同一个锁，那么基于锁的解决方案会串行化它们在同步区域的执行。如果这些线程的同步区域没有任何数据访问冲突，它们可以作为事务被并行执行并运行成功。这也是我们选择为胖锁使用事务的原因，它本身就是倾向于被竞争的锁。

2. 重试事务以缓解旅鼠效应

当事务真正冲突的时候，它们会中止并回退到胖锁路径。问题是，一旦一个同步区域进入到胖锁路径，正如我们讨论过的，不管其他事务有没有数据冲突，为了正确性，所有并发事务都需要中止并串行化。

19

　　进一步说，当所有同步区域都被串行化后，它们还会导致新来的事务中止，直到没有基于锁的同步区域在执行中。这在社区中被称为**旅鼠效应**（lemming effect）。它严重降低了基于事务的解决方案的性能。为了缓解这个问题，一个常用实践是在进入胖锁路径之前重试中止的事务。伪代码给出如下。

```
void STDCALL vm_object_lock(Object* jmon)
{
    // 瘦锁
    bool success = object_lock_thin(jmon);
    if( success ) return;

    // 胖锁
    int retry_count = 0;
_RETRY:
    XBEGIN _fallback_handler;
    if( object_is_locked_fat(jmon) ){
        XABORT;
    }
    return;

_fallback_handler:
    retry_count += 1;
    if( retry_count < MAX_RETRIES ){
        goto _RETRY
    }else{
        object_lock_fat(jmon);
    }
}

// 解锁函数保持不变
```

　　事务重试次数是一个依赖于应用程序特性的经验值。如果基于锁的同步区域不会很快完成，重试事务无法解决这个问题，因为很容易就会超过重试阈值。然后事务回退到胖锁，因此还会出现旅鼠效应。在锁被释放之前重试事务注定还是会中止。一个改进是推迟重试，直到锁被释放，如以下伪代码所示。

```
void STDCALL vm_object_lock(Object* jmon)
{
    // 瘦锁
    bool success = object_lock_thin(jmon);
    if( success ) return;

    // 胖锁
    int retry_count = 0;
_RETRY:
    XBEGIN _fallback_handler;
    if( object_is_locked_fat(jmon) ){
        XABORT;
    }
    return;
```

```
_fallback_handler:
    retry_count += + 1;
    if( retry_count < RETRY_THRESHOLD ){
        // 等待锁被释放再重试
        while( object_is_locked_fat(jmon) ) pause();
        goto _RETRY
    }else{
        object_lock_fat(jmon);
    }
}
```

```
// 解锁函数保持不变
```

重试之前等待，可以提高事务成功的概率。在任何情况下，这都比不等待的连续失败事务更好，也强于不重试就直接在 monitor 上休眠。

即使与胖锁相比，基于事务的解决方案也并不是总有益处。对于一些在共享数据上高度竞争的应用程序来说，事务几乎从来不会成功，因此使用事务可能就纯粹是一个损失。而一些对 monitor 性能不敏感的应用程序中，使用事务也可能显示不出任何可见的区别。

到目前为止，这个设计只在整个同步区域应用事务概念。也有利用事务支持的其他设计。举例来说，事务会使多字原子操作更简单，它也使更精巧的线程局部锁设计成为可能，比如切换线程亲密锁的保留者。

19.3 使用 HTM 的并发垃圾回收

垃圾回收（GC）设计的主要任务之一就是处理修改器和回收器的相互干扰。只要存在线程同步的情况，HTM 就有可能在其中派上用场。

19.3.1 GC 中 HTM 的机会

一个同步区域如果想要从 HTM 中获益，需要具有以下属性。

(1) **高竞争率**：这个同步区域引起多线程间大量的串行化执行，并且很难通过更细的锁粒度消除这个串行化问题。如果用事务实现的话，多线程可以并行执行同一个区域，因此从 HTM 中获益。

(2) **低数据竞争率**：并行执行的时候，这个同步区域应该具有较低的数据竞争率。如果用 HTM 实现它的话，由于数据冲突而导致的事务中止率应该会很低。

(3) **足够长的执行时间**：事务本身有一定的开销。只有在同步区域足够大的时候这个开销才能得到补偿。否则，基于锁的同步区域可能比事务更有效。

(4) **小内存占用**：由于容量溢出而导致的事务中止应该较低。

(5) **具有非事务解决方案**：理论上说，对回退处理器而言，非事务路径总是必要的，除非开发者绝对确信事务总会最终提交，从而总是能够最终推进。

19

(6) 由于 I/O、系统调用和异常等其他因素引起的**中止率较低**。

基于上述这些条件，接下来我们逐一讨论 GC 设计中可能的线程交互。首先是对象分配。

1. 对象分配

当修改器需要分配一个对象的时候，它陷入 GC 模块得到这个服务。几乎所有 VM 设计都是简单地让修改器调用 GC 模块中的一个函数，不需要与回收器交互。实际上，如果是移动式 GC 设计的话，回收器也需要分配对象。因此，分配器不需要是专门线程。分配器只是一顶帽子，修改器和回收器都可以在分配对象的时候戴上。

然而，分配器在分配新对象的时候可能会竞争堆内存，堆内存是在线程间共享的。一个常用解决方案是为每个分配器使用线程局部分配块，这样分配器只需要竞争从堆中抓取一个内存块即可，然后在块中的分配是线程局部的。

如果要分配的对象太大，就使用一个在所有分配器之间共享的全局空间。访问这个全局空间需要线程同步。

分配器在共享空间上的竞争可以用 HTM 实现。锁定这个空间、分配一个块（或一个大对象），然后解锁这个空间的过程是一个同步区域。这里可以使用与前一节中相同的 HTM 设计。但它不一定会带来任何好处，因为事务可能太短了。

接下来我们看一下垃圾回收。当一个对象不再被系统引用的时候，纯粹的引用计数 GC 可以实时回收这个对象。和分配操作一样，此时不涉及回收器。更新引用计数需要在修改器之间同步，但是这个同步区域太小了。对于追踪式 GC，情况就不同了，需要以下任务。

2. 根集枚举

一个修改器的根集可以由它自己枚举，也可以由其他线程枚举。如果是由其他线程枚举，在活跃操作自己的执行上下文的修改器与需要读取这个上下文的枚举线程之间就有了潜在的竞态条件。如果为根集枚举暂停修改器，那就可以避免这个竞态条件，否则就需要同步来协调交互。可以用 HTM 保护栈帧，这样如果修改器操作这些这些帧，那么对它们的枚举就会中止。

如果是区域式或分代式 GC，通常用写屏障追踪跨区域或跨代引用，也就是作为根集补充的记忆集。这个操作不涉及回收器。线程同步可能发生在一个全局池中维护所有修改器的根集和/或记忆集时。但是这个同步区域太小了，无法从 HTM 中获益。

3. 活跃对象标记

如果是停止世界（STW）并行标记，为获得负载均衡和可扩展性，回收器合作标记任务。通过任务池共享，所有的标记任务都放在一个全局任务池中。回收器存取一个任务或一组任务的时候会锁定这个池。与根集和记忆集管理类似，这个同步区域太小了。另外，任务推送技术支持无须同步的并行活跃对象标记。

在并行标记过程中，多个回收器可能同时到达同一个对象，并试图标记它。通常不使用同步也没什么问题，因为可以把对象标记设计为幂等操作，所以丢失的更新不会引起任何问题。

如果追踪过程是并发的，传统的解决方案是用写屏障记忆对象图的起始快照（SATB）或增量更新（INC）对象图来匹配当前状态。它不需要任何显式线程同步。实际上写屏障试图隐式地解决修改器和回收器之间的竞争，前者活跃地修改对象图，后者活跃地读取对象图。

可以像写屏障一样使用 HTM 来解决这个竞争。问题是对象图是可变的，很难预先分割。这意味着，在一个事务中不管回收器追踪对象图中的哪一部分，修改器都有很高的概率会写图中的同一部分。换句话说，我们对事务的成功率没有信心。

读屏障也可以用于并发活跃对象标记。也就是说，不管何时一个修改器访问一个对象，修改器都标记这个对象（如果它还没有被标记的话），然后把这个对象引用压入标记栈用于扫描。扫描可以由修改器增量式地完成，也可以由回收器并发完成。在这个设计中，回收器只追踪对象图中还没有被修改器访问过的那部分。它们的工作是补充性的，而不是竞争性的，因此这里不会导致大量的同步需求。

4. 死亡对象回收

在标记清除回收中，清除阶段很简单，并没有涉及很多线程交互，不管是 STW、并发的还是推迟的。

在 STW 移动式回收中，我们已经讨论过，对象移动过程涉及对象分配。回收器之间的其他并行操作也很容易协调。

在并发移动式回收中，数据竞争主要出现在以下两种情况中：

- 一个线程复制一个对象，同时其他线程访问同一个对象；
- 一个线程更新对一个对象的堆引用，同时其他线程修改这些堆槽位。

接下来将讨论 HTM 是否有助于并发移动式回收。

19.3.2 复制式回收

在并发复制式回收的过程中，当一个对象被复制的时候，线程之间存在竞争。

1. 目标空间不变

如果 GC 采用"目标空间不变"并发复制，对一个对象而言，通过在对象转发过程中锁定这个对象来只允许一个线程转发它，或者是修改器，或者是回收器。在复制完成之前，没有其他线程能够访问这个对象，因为任何对这个对象的访问或者只能在这个对象被复制后发生在目标空间中，或者会触发对象复制。

对象转发过程是一个很可能无数据竞争的同步区域，因为直觉上多个线程同一时间访问同一对象的概率就不会很高。因此，可以在对象转发例程中使用 HTM。

但是，我们前面为"目标空间不变"设计开发的对象转发代码为同步区域使用了单对象锁（per-object lock）。这是对基于对象复制可用的粒度来说最小的锁。这意味着，虽然数据竞争率很低，但是串行化率也很低。为达到高并发性，基于锁的解决方案已经足够好了。

2. 使用修改器事务的当前副本不变设计

如果 GC 使用"当前副本不变"并发复制，并且如果当前副本在源空间的话，那么修改器访问和回收器复制之间存在数据竞争。

传统的设计是让对象转发、读取、写入操作对于彼此是原子化的。举例来说，如果回收器启动了一次复制，想要写入同一个对象的修改器需要等待复制完成，然后写入新副本。或者反过来，在修改器访问这个对象的时候，回收器需要放弃复制。然后，或者回收器重试复制，或者修改器需要负责转发这个对象。可以使用 HTM 实现这个原子性。

如果修改器的对象访问是事务化的，伪代码如下所示，以对象写为例。与之前为"当前副本不变"GC 开发的代码相比，做了修改的代码用加粗字体表示。

```
void write_barrier_current(Object* obj, int field, Value val)
{
    bool fld_is_ref = field_is_ref(field);
    // 只向 field 写入当前副本地址
    if(fld_is_ref && in_from_space(val) && is_forwarded(val))
        val = forwarding_pointer(val);

    if( !in_from_space(obj) ){
        object_write(obj, field, val);
    }else{ // 对象在源空间中
_RETRY:
        if( !is_forwarded(obj) ){
            XBEGIN _RETRY
                if( under_forwarding(obj))
                    XABORT;
            object_write(obj, field, val);
            XEND
        }
        // 对象已被转发
        obj = forwarding_pointer(obj);
        object_write(obj, field, val);
    }
}
```

上面的代码遵循了我们在上一节的 monitor 实现中开发的 HTM 编程原则。

它并没有假定回收器对象复制是事务化的，而是假定回收器用对象头指示对象转发状态。如果这个对象还没有被转发，就开始这个事务。这段代码在事务一开始检查这个对象是否已经在转发中，这实际上把这个对象头放入这个事务的读集。如果一个回收器试图通过设置对象头来复制这个对象的话，修改器事务就会中止。

控制流从被中止的事务进入重试路径。如果这个对象正在转发过程中的话，中止和重试实际上就一起形成了一个忙等循环。因为可以确定回收器的对象复制过程一定会结束，所以重试最终总会取得进展。

在这个设计中，事务只用于源空间的对象访问，因为只有源空间的写入与对象复制有数据竞争关系。

3. 使用回收器事务的当前副本不变设计

如果回收器的对象复制是事务化的，伪代码看起来就像下面的函数 obj_forward_ transactional()。之前为并发复制式 GC 开发的函数 obj_forward() 在回退路径中被调用。

```
Object* obj_forward_transactional(Object* obj)
{
_RETRY:
    // 开始复制事务
    XBEGIN _fallback_handler
    if( under_forwarding(obj) )
        XABORT
    // 复制对象到新地址
    Object* new = obj_copy(obj);
    // 安装转发指针
    Obj_header header = obj_header(obj);
    header = new | FORWARD_BITS;
    obj_set_header(obj, header);
    XEND
    return new;

_fallback_handler:
    retry_count += 1;
    if( retry_count < RETRY_THRESHOLD ){
        goto _RETRY
    }
    return object_forward(obj);
}
```

上面的代码在事务一开始也使用了 FORWARDING_BIT。但这不是为了修改器对象访问和回收器对象复制事务之间的交互，因为这两者都只是读取 FORWARDING_BIT 位，在其上没有数据冲突。回收器对象复制操作把整个对象放入读集，所以修改器对这个对象任何字段的写操作都是数据冲突，会中止回收器对象复制，于是这一点保证了交互正确性。

FORWARDING_BIT 是为了保证回收器事务化复制和回退路径中非事务化复制之间的交互正确性。非事务化复制在对象复制过程中会锁定 FORWARDING_BIT。

4. 关于事务设计的讨论

由于事务的高开销，把所有同步区域都实现为事务并不是一个好主意。相反，我们在能够接受中止和几次重试的时候可以使用事务，而在更关心延迟性的时候可以使用基于锁（或基于原子指令）的操作。当执行基于锁的操作时，并发的基于事务的操作会中止。这实际上是给了基于锁的操作更高优先级。

例如，在并发复制设计中，最好使用事务用于回收器复制操作，而用基于锁的解决方案给修改器访问更高的优先级，以此得到更好的修改器响应性，即更高的最小修改器利用率（MMU）。

因为在一般的应用程序中，回收器和修改器访问同一个对象的概率通常是很低的，所以事务成功率就会很高。但是传统设计使用细粒度的单对象锁用于同步，因此修改器访问和回收器复制的串行化率不是很高。HTM 解决方案的收益可能是有限的。一个降低事务开销的方法是在一个事务中复制多个对象。

19.3.3　压缩式回收

正如第 17 章中已经讨论论过的，复制式回收可以用单趟堆操作完成活跃对象标记和复制，缺点是堆空间的低利用率，还可能有较低的数据局部性。为了支持滑动和看似"就地"的压缩回收，在独立一趟中完成活跃对象标记是合理的，这样 GC 可以一个区域接一个区域地回收堆以获得压缩效果。还有一个副产品是，GC 可以选择只压缩能够带来最大回收吞吐量的区域。

1. 利用 HTM 的思路

一旦活跃对象被标记，并发回收器就还有两个剩余任务：

(1) **对象移动**：把活跃对象从选中的源区域移动到目标区域；

(2) **引用修正**：把堆中所有的过时引用更新到被引用对象的新地址。

这两个任务都可能在回收器和修改器之间存在数据竞争。在对象移动任务中，修改器可能修改回收器正在转发的同一个对象。在引用修正任务中，修改器可能写入回收器试图更新的同一个引用字段。并发压缩式 GC 对于这两个问题都有解决方案，或者用锁，或者用原子指令。现在使用 HTM，可以用事务来处理这些潜在的数据竞争。

一个思路是把对一个对象的这两个任务放到一个事务中，也就是转发一个对象并更新所有持有这个对象过时引用的堆槽位。每个活跃对象有一个事务。概念上说，如果所有活跃对象的所有事务都成功完成，压缩回收就结束了。

如果与修改器有数据冲突，这个事务就中止。如果修改器写入源区域的同一个对象，或者修改器访问一个堆槽位，该堆槽位持有指向源区域中的这个对象的引用时，就会发生数据冲突。Iyengar 等人在 Azul 的 C4 算法基础上，提出了这个他们称为 Collie 的设计。

要设计一个事务，首先要了解事务将要访问的内存位置，也就是读集和写集。在对象移动和引用修正中，回收器读取源区域中的对象，把这个对象写入目标区域，并且把它的新地址写入所有持有其旧地址的堆槽位。这个事务的初始伪代码如下所示。

```
_XBEGIN
Object* new = obj_copy( obj );
Object** slot;
for( each slot in remember-set(obj) ){
    *slot = new;
}
_XEND
```

2. 找到指向一个对象的所有堆槽位

为了找到所有要更新的堆槽位，回收器应该在活跃对象标记阶段记忆每个活跃对象的堆槽位。也就是说，每个活跃对象都有一个关联的每对象记忆集，其中包含所有持有指向它的引用的堆槽位（所有活跃对象的所有记忆集的总大小等于所有堆引用槽位的数量，因此每个对象记忆集的平均大小就是每个对象引用字段的平均数量，通常是几个）。

问题是这个每对象记忆集在运行时不是固定的。它在修改器执行过程中可能发生以下几种改变。

第 1 种，槽位内容改变：在活跃对象标记阶段之后，在对象 S 的事务执行之前，记忆集槽位中的一部分可能会被其他引用值覆盖。

这不是一个大问题。这个事务可以在更新之前检查每个记忆集槽位。如果不是指向这个事务的对象的旧引用，回收器就跳过这个槽位，如下所示。

```
_XBEGIN
Object* new = obj_copy( obj );
Object** slot;
for( each slot in remember-set(obj) ){
    if( *slot != obj ) continue;
    *slot = new;
}
_XEND
```

第 2 种，记忆集之外的新槽位：在记忆集之外，可能有额外的堆槽位持有指向对象 S 的引用。这是因为修改器可能用对 S 的引用覆盖一些堆槽位，或者创建持有指向 S 的引用的新对象。

这样做是有问题的，因为新引用槽位没有记录在对象 S 的记忆集中。对象 S 的事务或者需要使用最近更新的记忆集，或者不得不因无法完成使命而放弃。

如果我们不想暂停修改器的话，实际上是不可能拥有稳定的最新每对象记忆集用于它的事务的。一个直接的解决方案是走放弃路径，也就是说，用写屏障来捕获这种情况，然后通知事务放弃。

当写屏障检测到对一个对象的引用被写入堆中时，它就在这个对象头中设置一个位 NO_TRANSACTION 来标记这种情况。针对这个对象的事务会读取这一位，如果这一位被置起的话就中止。下面给出修改后的事务代码。

```
_XBEGIN
if( is_no_transaction(obj) )
    XABORT
Object* new = obj_copy( obj );
Object** slot;
for( each slot in remember-set(obj) ){
    if( *slot != obj ) continue;
    *slot = new;
}
_XEND
```

19

第 3 种，事务引起的记忆集改变：如果被转发对象包含指向其他一些对象的引用，那么移动这个对象本质上就改变了这些对象的记忆集，因为旧副本中原来的槽位现在应该被替换为新副本中的槽位。这使得每对象记忆集由于事务本身而变得不稳定。

幸运的是，不像修改器的行为在 VM 的控制之外，回收器的行为可以被很好地设计。比如，最简单的设计就是只用一个回收器，这样所有事务都被串行化了，回收器对记忆集的更新就不会引起数据冲突。

第 4 种，修改器执行上下文中的槽位：为了正确转发一个对象，不只需要更新记忆集，修改器执行上下文中的引用也应该被更新。

在传统并发移动式 GC 设计中，需要一个翻转阶段来更新执行上下文中的那些引用。如果我们想要事务不用翻转阶段来完成对一个对象的完整移动，我们必须放弃被执行上下文中引用指向的对象的事务。

为了识别从执行上下文指向的这些对象，需要一个接一个地暂停修改器来枚举运行中根集。根引用指向的对象被标记为 NO_TRANSACTION。这个过程称为一个检查点。

在检查点之后，修改器读取的任何引用值，即加载进入执行上下文的引用值，应该被一个读屏障捕获。这个读屏障所做的就是把被引用对象标记为 NO_TRANSACTION。

有了这些检查点和读屏障，所有修改器可以直接访问的对象都一定被标记为 NO_TRANSACTION。通过这种方式，上面的写屏障实际上不再被严格要求，因为被写入的引用或者来自执行上下文，或者从堆中加载。前者可以被检查点捕获，后者可以被读屏障捕获。在任何修改器被恢复之前，读屏障应该在检查点处被打开，这样它才不会遗漏任何加载的引用。

3. 处理潜在数据冲突

除了记忆集稳定性问题之外，还有两种可能的数据冲突。

第 1 种，修改器访问（读或写）记忆集槽位：当修改器访问一个持有指向源区域的引用的堆槽位时，就发生了数据冲突。因为事务会写入记忆集中的每个槽位来修正引用，所以任何访问记忆集槽位的修改器都会中止这个事务。

问题是修改器访问可能发生在活跃对象标记阶段之后以及事务之前，可能不与事务执行冲突。应该用读/写屏障捕获它们。

如果访问是用引用 S 覆盖引用 T 的修改器写操作，就产生了指向对象 S 的一个额外堆槽位，以及对象 T 记忆集中的一个无用槽位。前面已经描述过，这个写操作会被写屏障捕获，它会把对象 S 标记为 NO_TRANSACTION，而对对象 T 什么也不做。

如果访问是修改器在一个记忆集槽位上的读操作，它把引用 S 加载到这个修改器的执行上下文中，事务对执行上下文是不可能更新的。因此，上面提到的读屏障需要捕获这个读操作,并把对象 S 标记为 NO_TRANSACTION。

第2种,修改器写入对象: 修改器写入对象时会发生数据冲突。如果写操作发生在事务之前,从事务执行的角度看应该没有问题。但是修改器要写入这个对象,就必须持有指向这个对象的引用。前面已经提到,这已经把这个对象从事务化移动中排除出去——或者通过检查点,或者通过读屏障。

如果对象有一个字段持有指向自身的引用,作为记忆集的一个元素,这个槽位应该在事务中被回收器更新。这不是一个数据冲突。

下面的伪代码首先为这个对象分配了新地址,更新了记忆集,并最终把这个对象复制到新地址。它确保对象中的自指引用会被修正。

```
_XBEGIN
if( is_no_transaction(obj) )
    XABORT
Object* new = obj_new_address( obj );
Object** slot;
for( each slot in remember-set(obj) ){
    if( *slot != obj ) continue;
    *slot = new;
}
mem_copy(obj, new);
_XEND
```

如果一个事务成功完成,系统就只能看到单个新副本。旧副本中不需要转发指针,因为堆中不再有指向这个旧副本的剩余引用。如果一个事务中止,系统中就只有旧副本。

不能被事务化移动的对象是被检查点或读/写屏障标记为 NO_TRANSACTION 的那些对象。应该用非事务化解决方案移动它们。这个设计可以选择使用传统并发压缩算法来移动这些标记为 NO_TRANSACTION 的对象。为了避免复杂化,可以在事务化移动阶段之后执行非事务化移动。这里我们不再深入讨论。

这里的研究只是为了开阔你的思路,并不意味着基于事务的设计能够带来任何实际收益。

19

参考文献

ADL-TABATABAI A R, CIERNIAK M, LUEH G, et al. Fast, effective code generation in a just-in-time Java compiler[C]// Proceedings of the SIGPLAN 1998 Conference on Programming Language Design and Implementation (PLDI), Montreal, Canada, June 1998:280-290.

AGESEN O, DETLEFS D, GARTHWAITE A, et al. An efficient meta-lock for implementing ubiquitous synchronization[C/OL]//OOPSLA 1999, October 1999:207-222. [2001-01-05]. https://dl.acm.org/citation.cfm?doid=320384.320402. DOI: 10.1145/320384.320402.

APPEL A W, ELLIS J R, LI K. Real-time concurrent collection on stock multiprocessors[J]. ACM SIGPLAN Notices, 1988, 23(7):11-20.

BACON D F, CHENG P, RAJAN V. The Metronome: a simpler approach to garbage collection in real-time systems[C]// MEERSMAN R, TARI Z. On the Move to Meaningful Internet Systems 2003: OTM 2003 Workshops. Berlin, Heidelberg: Springer, 2003:466-478.

BACON D F, KONURU R B, MURTHY C, et al. Thin locks: featherweight synchronization for Java[C/OL]//ACM SIGPLAN Conference on Programming Language Design and Implementation, Montréal, Quebec, June 1998:258-268. [2000-09-07]. https://dl.acm.org/citation.cfm?doid=989393.989452. DOI: 10.1145/989393.989452.

BAKER JR. H G. List processing in real time on a serial computer[J]. Communications of the ACM, 1978, 21(4):280-294.

BEN-ARI M. On-the-fly garbage collection: New algorithms inspired by program proofs[C]//Automata, Languages and Programming. Berlin, Heidelberg: Springer, 1982:14-22.

BEN-ARI M. Algorithms for on-the-fly garbage collection[J]. ACM Transactions on Programming Languages and Systems (TOPLAS), 1984, 6(3):333-344.

BENDERSKY A, PETRANK E. Space overhead bounds for dynamic memory management with partial compaction[J]. ACM Transactions on Programming Languages and Systems (TOPLAS), 2012, 34(3):13.

BLELLOCH G E, CHENG P. On bounding time and space for multiprocessor garbage collection[J]. ACM SIGPLAN Notices, 1999, 34(5):104-117.

BOND M D, MCKINLEY K S. Bell: bit-encoding online memory leak detection[C/OL]//International Conference on Architectural Support for Programming Languages and Operating Systems, San Jose, CA, October 2006:61-72. [2007-11-16]. https://dl.acm.org/citation.cfm?doid=1168857.1168866. DOI: 10.1145/1168857.1168866.

BROOKS R A. Trading data space for reduced time and code space in real-time garbage collection on stock hardware[C]// Proceedings of the 1984 ACM Symposium on LISP and Functional Programming. New York: ACM, 1984:256-262.

CIERNIAK M, LEWIS B, STICHNOTH J. The open runtime platform: flexibility with performance using interfaces[C]// Proceedings of Joint ACM Java Grande - ISCOPE 2002 Conference, Seattle, November 2002:156-164.

CIERNIAK M, LUEH G, STICHNOTH J. Practicing JUDO: Java under dynamic optimizations[C]//Proceedings of the SIGPLAN 2000 Conference on Programming Language Design and Implementation (PLDI), Vancouver B.C., Canada, June 2000: 13-26.

CHENG P, BLELLOCH G E. A parallel, real-time garbage collector[J]. ACM SIGPLAN Notices, 2001, 36(5):125-136.

CHENG P, HARPER R, LEE P. Generational stack collection and profile-driven pretenuring[J]. ACM SIGPLAN Notices, 1998, 33(5):162-173.

CLICK C, TENE G, WOLF M. The pauseless GC algorithm[C]//Proceedings of the 1st ACM/USENIX International Conference on Virtual Execution Environments. New York: ACM, 2005:46-56.

DEMERS A, WEISER M, HAYES B, et al. Combining generational and conservative garbage collection: Framework and implementations[C]//Proceedings of the 17th ACM SIGPLAN-SIGACT Symposium on Principles of Programming Languages. New York: ACM, 1989:261-269.

DETLEFS D, FLOOD C, HELLER S, et al. Garbage-first garbage collection[C]//Proceedings of the 4th International Symposium on Memory Management. New York: ACM, 2004:37-48.

DICE D. Biased locking in HotSpot[EB/OL]. (2006-08-18)[2016-08-20]. https://blogs.oracle.com/dave/entry/biased_ locking_in_hotspot.

DICE D. Implementing fast Java monitors with relaxed-locks[C]//Java Virtual Machine Research and Technology Symposium (JVM), Monterey, CA, April 2001:79-90.

DICE D, HUANG H, YANG M. Asymmetric Dekker synchronization[R]. Sun Microsystems, 2001.

DIJKSTRA E W, LAMPORT L, MARTIN A J, et al. On-the-fly garbage collection: An exercise in cooperation[J]. Communications of the ACM, 1978, 21(11):966-975.

DOLIGEZ D, GONTHIER G. Portable, unobtrusive garbage collection for multiprocessor systems[C]//Proceedings of the 21st ACM SIGPLAN-SIGACT Symposium on Principles of Programming Languages. New York: ACM, 1994: 70-83.

DOLIGEZ D, LEROY X. A concurrent, generational garbage collector for a multithreaded implementation of ML[C]//Proceedings of the 20th ACM SIGPLAN-SIGACT Symposium on Principles of Programming Languages. New York: ACM, 1993:113-123.

DOMANI T, KOLODNER E K, PETRANK E. A generational on-the-fly garbage collector for Java[J]. ACM SIGPLAN Notices, 2000, 35(5):274-284.

FRANKE H, RUSSELL R. Fuss, futexes and furwocks: fast userlevel locking in Linux[C]//Ottawa Linux Symposium, Ottawa, Ontario, June 2002:479-495.

GLEW N, TRIANTAFYLLIS S, CIERNIAK M, et al. LIL: an architecture-neutral language for virtual-machine stubs[C]//Proceedings of Third Virtual Machine Research and Technology Symposium (VM '04), San Jose, CA, May 2004.

HERLIHY M P, WING J M. Linearizability: a correctness condition for concurrent objects[J]. ACM Transactions on Programming Languages and Systems (TOPLAS), 1990, 12(3):463-492.

HUDSON R L, MOSS J E B. Sapphire: copying GC without stopping the world[C]//Proceedings of the 2001 Joint ACM-ISCOPE Conference on Java Grande. New York: ACM, 2001: 48-57.

IYENGAR B, TENE G, WOLF M, et al. The Collie: a wait-free compacting collector[J]. ACM SIGPLAN Notices, 2012, 47(11):85-96.

KAWACHIYA K, KOSEKI A, Onodera T. Lock reservation: Java locks can mostly do without atomic operations[C/OL]// ACM SIGPLAN Conference on Object-Oriented Programming, Systems, Languages, and Applications, Seattle, WA, November 2002:130-141. [2003-03-19]. https://dl.acm.org/citation.cfm?doid=582419.582433. DOI: 10.1145/582419.582433.

KLIOT G, PETRANK E, STEENSGAARD B. A lock-free, concurrent, and incremental stack scanning for garbage collectors[C]//Proceedings of the 2009 ACM SIGPLAN/SIGOPS International Conference on Virtual Execution Environments. New York: ACM, 2009:11-20.

LAI C, IVAN V, LI X F. Behavior characterization and performance study on compacting garbage collectors with Apache Harmony[C/OL]//The 10th Workshop on Computer Architecture Evaluation using Commercial Workloads (CAECW-10) Held with HPCA-13, Phoenix, AZ, February 2007. [2008-04-03]. https://home.apache.org/~xli/papers/caecw07-compacting-GCs.pdf.

LI X F. Quick hacking guide on Apache Harmony GC[EB/OL]. [2008-04-09]. https://home.apache.org/~xli/presentations/harmony_gc_source.pdf.

LI X F. Quick guide on Tick design, the Apache Harmony concurrent GC[EB/OL]. [2009-04-12]. https://home.apache.org/~xli/presentations/harmony_tick_concurrent_gc.pdf.

LI X F. Managed runtime technology: general introduction[EB/OL]. [2012-10-11]. https://home.apache.org/~xli/presentations/managed-runtime-introduction.pdf.

LI X F, WANG L, YANG C. A fully parallel LISP2 compactor with preservation of the sliding[C]//Properties, Languages and Compilers for Parallel Computing (LCPC) 21st Annual Workshop, Edmonton, Alberta, July 31–August 2, 2008: 264-278.

LIM T F, PARDYAK P, BERSHAD B N. A memory-efficient real-time non-copying garbage collector[J]. ACM SIGPLAN Notices, 34(3):118-129, 1999.

LIU S, TANG J, WANG L, et al. Packer: parallel garbage collection based on virtual spaces[J]. IEEE Transactions on Computers, November 2012, 61(11):1611-1623.

LIU S, WANG L, LI X F, et al. Space-and-time efficient garbage collectors for parallel systems[C]// Proceedings of the 6th Conference on Computing Frontiers, 2009, Ischia, Italy, May 18-20, 2009:21-30.

MICHAEL M M. Hazard pointers: safe memory reclamation for lock-free objects[J]. IEEE Transactions on Parallel and Distributed Systems, 2004, 15(6):491-504.

NETTLES S, O'TOOLE J. Real-time replication garbage collection[J]. ACM SIGPLAN Notices, 1993, 28(6):217-226.

ONODERA T, KAWACHIYA K. A study of locking objects with bimodal fields[J]. ACM SIGPLAN Notices, 1999, 34(10):223-237.

ONODERA T, KAWACHIYA K, KOSEKI A. Lock reservation for Java reconsidered[C]//ODERSKY M. ECOOP 2004–Object-Oriented Programming. volume 3086 of Lecture Notes in Computer Science. Berlin, Heidelberg: Springer, 2004:559-583.

OOPSLA 1999. ACM SIGPLAN Conference on Object-Oriented Programming, Systems, Languages, and Applications, Denver, CO, October 1999[C/OL]. [2002-11-05]. https://dl.acm.org/citation.cfm?doid=320384. DOI: 10.1145/320384.

OOPSLA 2006. ACM SIGPLAN Conference on Object-Oriented Programming, Systems, Languages, and Applications, Portland, OR, October 2006[C/OL]. [2007-10-19]. https://dl.acm.org/citation.cfm?doid=1167473. DOI: 10.1145/1167473.

Oracle America. The Java language specification, Java SE 8 edition[EB/OL]. (2015-02-13)[2015-02-16]. https://docs.oracle.com/javase/specs/jls/se8/jls8.pdf.

Oracle America. The Java Virtual Machine specification, Java SE 8 edition. (2015-02-13)[2015-02-16]. http://docs.oracle.com/javase/specs/jvms/se8/jvms8.pdf.

OSTERLUND E, LOWE W. Concurrent compaction using a Field Pinning Protocol[C]//Proceedings of the 2015 ACM SIGPLAN International Symposium on Memory Management, ISMM 201. New York: ACM, 2015:56-69.

O'TOOLE J, NETTLES S. Concurrent replicating garbage collection[G]//ACM SIGPLAN Lisp Pointers. volume 7. New York: ACM, 1994:34-42.

PIZLO F, BLANTON E, HOSKING A, et al. Schism: fragmentationtolerant real-time garbage collection[C]//ACM SIGPLAN Conference on Programming Language Design and Implementation, Toronto, Ontario, June 2010:146-159. [2010-12-05]. https://dl.acm.org/citation.cfm?doid=1806596.1806615. DOI: 10.1145/1806596.1806615.

PIZLO F, FRAMPTON D, PETRANK E, et al. Stopless: a real-time garbage collector for multiprocessors[C]// Proceedings of the 6th International Symposium on Memory Management. New York: ACM, 2007:159-172.

PIZLO F, PETRANK E, STEENSGAARD B. A study of concurrent real-time garbage collectors[J]. ACM SIGPLAN Notices, 2008, 43(6):33-44.

PIZLO F, ZIAREK L, MAJ P, et al. Schism: fragmentation-tolerant real-time garbage collection[J]. ACM SIGPLAN Notices, 2010, 45(6):146-159.

PIZLO F, ZIAREK L, VITEK J. Real time Java on resource constrained platforms with Fiji VM[C/OL]// HIGUERA-TOLEDANO M T, SCHOEBER M. International Workshop on Java Technologies for Real-Time and Embedded Systems (JTRES), Madrid, Spain, September 2009. New York: ACM, 2009: 110-119. [2010-03-02]. https://dl.acm.org/citation.cfm?doid=1620405.1620421. DOI: 10.1145/1620405.1620421.

RITSON C G, UGAWA T, JONES R E. Exploring garbage collection with haswell hardware transactional memory[C]// Proceedings of the 2014 International Symposium on Memory Management. New York: ACM, 2014:105-115.

ROBSON J M. An estimate of the store size necessary for dynamic storage allocation[J]. Journal of the ACM (JACM), 1971, 18(3):416-423.

ROBSON J M. Bounds for some functions concerning dynamic storage allocation. Journal of the ACM (JACM), 1974, 21(3):491-499.

RUSSELL K, DETLEFS D. Eliminating synchronization-related atomic operations with biased locking and bulk rebiasing[C/OL]//Proceedings of the 21st annual ACM SIGPLAN conference on Object-oriented programming systems, languages, and applications. New York: ACM, 2006:263-272. [2006-11-10]. https://dl.acm.org/citation.cfm?doid=1167473.1167496. DOI: 10.1145/1167473.1167496.

SIEBERT F. Realtime garbage collection in the Jamaica VM 3.0[C]//Proceedings of the 5th International Workshop on Java Technologies for Real-Time and Embedded Systems. New York: ACM, 2007:94-103.

SPOONHOWER D, AUERBACH J, BACON D F, et al. Eventrons: a safe programming construct for high-frequency hard real-time applications[C]//Proceedings of the 2006 ACM SIGPLAN Conference on Programming Language Design and Implementation, PLDI. New York, ACM, 2006:283-294.

STEELE JR. G L. Multiprocessing compactifying garbage collection[J]. Communications of the ACM, 1975, 18(9):495-508.

TENE G, IYENGAR B, WOLF M. C4: the continuously concurrent compacting collector[C]//Proceedings of the International Symposium on Memory Management, ISMM'11. New York: ACM, 2011:79-88.

WU M, LI X F. Task-pushing: a scalable parallel GC marking algorithm without synchronization operations[C/OL]// IEEE International Parallel and Distribution Processing Symposium (IPDPS) 2007, Long Beach, CA, March 2007. (2007-06-11)[2007-06-12]. https://ieeexplore.ieee.org/document/4228045. DOI: 10.1109/IPDPS.2007.370317.

XIAO L, LI X F. Cycler: improve heap management for allocation-intensive applications with on-the-fly object reuse[C]//Parallel and Distributed Computing and Systems (PDCS 2011), Dallas, TX, December 14-16, 2011:757-063.

YUASA T. Real-time garbage collection on general-purpose machines[J]. Journal of Systems and Software, 1990, 11(3):181-198.

站在巨人的肩膀上
Standing on Shoulders of Giants

TURING

图灵教育

iTuring.cn

站在巨人的肩膀上

Standing on Shoulders of Giants

TURING
图灵教育

iTuring.cn